高等教育精品课程"十三五"规划教材
四川省"十二五"规划教材

电路分析

（第三版）

主　编　谭永霞
副主编　王颖民　郭　爱　郭　蕾
参　编　马　冰　汤晓钟

西南交通大学出版社
·成都·

内容简介

本书是根据教育部颁布的"高等学校电路课程教学基本要求"编写的。全书较全面地阐述了电路分析的基本理论，内容共分十五章，主要包括：电路的基本概念与基本定律、电阻电路的等效变换、线性电路的基本分析方法、线性电路的基本定理、含有运算放大器电路的分析方法、正弦交流电路的稳态分析、含有互感的电路、三相电路的正弦稳态分析、非正弦周期电流电路、双口网络、一阶电路的时域分析、二阶电路的时域分析、拉普拉斯变换及其应用、状态变量法、非线性电阻电路等。本书各章配有较丰富的典型例题和习题，书末附有答案。

本书适用面广，可作为高等学校电类（强、弱电，即电力、自控、通信、电子信息、计算机等）专业本科生、专科生，以及成人教育、高职高专学生的教材，也可供相关专业的工程技术人员参考。

图书在版编目（CIP）数据

电路分析 / 谭永霞主编. —3 版. —成都：西南交通大学出版社，2019.8（2023.7 重印）
高等教育精品课程"十三五"规划教材
ISBN 978-7-5643-7047-3

Ⅰ. ①电… Ⅱ. ①谭… Ⅲ. ①电路分析—高等学校—教材 Ⅳ. ①TM133

中国版本图书馆 CIP 数据核字（2019）第 180044 号

高等教育精品课程"十三五"规划教材
电路分析
第三版
谭永霞　主编

责任编辑	张华敏
特邀编辑	陈正余　杨开春　唐建明
封面设计	阎冰洁

出版发行	西南交通大学出版社
	（四川省成都市金牛区二环路北一段 111 号
	西南交通大学创新大厦 21 楼）
邮政编码	610031
发行部电话	028-87600564
官网	http://www.xnjdcbs.com
印刷	四川煤田地质制图印务有限责任公司

成品尺寸	170 mm × 230 mm
印张	25.75
字数	463 千字
版次	2004 年 1 月第 1 版　2019 年 8 月第 3 版
印次	2023 年 7 月第 19 次印刷
定价	57.00 元
书号	ISBN 978-7-5643-7047-3

课件咨询电话：028-81435775
图书如有印装质量问题　本社负责退换
版权所有　盗版必究　举报电话：028-87600562

第三版序言

电路分析是高等工科院校电类专业的一门非常重要的技术基础课,对发展学生的科学思维能力,培养学生分析问题和解决问题的能力具有十分重要的作用。为此,我们于2004年组织多年从事电工理论研究和教学的教师编写了这本《电路分析》教材。

本教材自2004年出版以来,以其理论知识全面、内容新颖以及讲解清晰的特点,受到老师、同学的普遍欢迎,并被许多高校选作教材。在此期间我们收到了不少读者的建议和意见,为此,我们于2009年对本教材进行了修订,出版了《电路分析》(第二版)。

《电路分析》(第二版)自出版以来,至今已有近十年,曾被列为四川省"十二五"规划教材。近年来,随着相关理论技术的不断完善和发展,对"电路分析"课程的要求也不断更新,为了保证本教材内容的科学性和合理性,使教材结构更加完善、教学内容更易于理解,我们依据教育部高等学校电子信息科学与电气信息类基础课程教学指导分委员会修订的"电路理论基础""电路分析基础"课程教学基本要求,以及多年来的教学实践,对本教材再次进行修订,此次修订出版的为《电路分析》(第三版)。

《电路分析》(第三版)仍然保持了第二版教材的特点,内容阐述深入浅出、通俗易懂,有利于学生阅读和自学。在内容编排上是先易后难、先静态后动态,遵循了学生的认知规律,引导学生循序渐进、由浅入深地学习。在内容组织上,既注重基本知识的全面性和完整性,同时对知识的关键点和难点也进行了较深入的分析和讨论。

《电路分析》(第三版)的修订说明如下:

(1)国内外的行业专家都一致认为"电路分析"课程的教学内容和范围基本趋于稳定,所以本教材第三版的内容与结构基本上与第二版相同。

(2)对《电路分析》(第二版)中的"含有运算放大器电路的分析方法""非正弦周期性电路"两章的内容重新进行了编写,对部分章节的习题做了修订和调整。

(3) 由于目前有关电路的计算机辅助分析软件已极大丰富且更新快速,《电路分析》(第二版)中编写的相应内容(第十六章)已意义不大,所以在本教材第三版中取消了这部分内容。

(4) 对《电路分析》(第二版)教材中的错误及表述不当之处进行了纠正。

《电路分析》(第三版)的内容覆盖面广,兼顾强电和弱电专业的需求。可以通过对其中章节内容的搭配、选择,满足不同专业、不同学时对"电路分析"课程的需求。

本教材由谭永霞主编,其中,第一、二、三、四、六、七、十、十一、十二、十五章由谭永霞编写,第八章由汤晓钟编写,第十四章由马冰编写,第五章由郭爱编写,第十三章由王颖民编写,第九章由郭蕾编写。全书由谭永霞统稿。

在本教材的编写、修订过程中,我们得到了许多同行和专家的鼓励及支持,同时还得到了西南交通大学及西南交通大学电气工程学院各级领导的关心和支持,在此编者表示衷心的感谢。另外,本教材自出版以来,一直受到广大读者的关注和青睐,在此编者也衷心感谢广大读者的厚爱。

由于编者的时间和水平所限,此次修订难免存在不足和错误之处,希望广大读者批评指正。读者意见请发往以下邮箱:yxtan@swjtu.edu.cn 。

谢谢!

编 者
2019 年 6 月

目 录

第一章　电路的基本概念及基本定律 ……………………………………………… 1
　§1-1　实际电路与电路模型 ……………………………………………………… 1
　§1-2　基本物理量与参考方向 …………………………………………………… 2
　§1-3　电阻、电感和电容元件 …………………………………………………… 4
　§1-4　独立电源 …………………………………………………………………… 9
　§1-5　受控电源 …………………………………………………………………… 12
　§1-6　基尔霍夫定律 ……………………………………………………………… 13
　习题一 ……………………………………………………………………………… 17

第二章　电阻电路的等效变换 …………………………………………………… 21
　§2-1　电阻的串联与并联 ………………………………………………………… 21
　§2-2　电阻的三角形(△)连接与星形(Y)连接 ………………………………… 24
　§2-3　电源的串联、并联 ………………………………………………………… 29
　§2-4　电源的等效变换 …………………………………………………………… 31
　习题二 ……………………………………………………………………………… 33

第三章　线性电路的基本分析方法 ……………………………………………… 38
　§3-1　支路电流法 ………………………………………………………………… 38
　§3-2　结点电压法 ………………………………………………………………… 40
　§3-3　网孔电流法 ………………………………………………………………… 48
　§3-4　网络图论基础 ……………………………………………………………… 52
　§3-5　回路分析法 ………………………………………………………………… 57
　§3-6　割集分析法 ………………………………………………………………… 60
　习题三 ……………………………………………………………………………… 63

第四章　线性电路的基本定理 …… 68

- §4-1　叠加定理 …… 68
- §4-2　替代定理 …… 72
- §4-3　戴维南定理与诺顿定理 …… 74
- §4-4　特勒根定理 …… 84
- §4-5　互易定理 …… 86
- §4-6　对偶原理 …… 89
- 习题四 …… 92

第五章　含有运算放大器电路的分析方法 …… 98

- §5-1　运算放大器简介 …… 98
- §5-2　运算放大器的外部特性 …… 99
- §5-3　比例放大电路 …… 101
- §5-4　含有理想运算放大器的电路 …… 103
- 习题五 …… 108

第六章　正弦交流电路的稳态分析 …… 111

- §6-1　正弦量 …… 111
- §6-2　相量法的基本知识 …… 114
- §6-3　基本定律与基本元件的相量形式 …… 118
- §6-4　阻抗与导纳 …… 123
- §6-5　正弦交流电路的功率 …… 127
- §6-6　功率因数的提高 …… 132
- §6-7　正弦交流电路的稳态分析 …… 134
- §6-8　最大功率传输 …… 138
- §6-9　串联电路的谐振 …… 140
- §6-10　并联电路的谐振 …… 144
- 习题六 …… 148

第七章　含有互感的电路 …… 155

- §7-1　互感与互感电压 …… 155
- §7-2　含有互感电路的分析计算 …… 160
- §7-3　空芯变压器 …… 167
- §7-4　全耦合变压器与理想变压器 …… 170

习题七 ……………………………………………………………………… 175

第八章　三相电路的正弦稳态分析 …………………………………… 180
　　§8-1　三相电路 ……………………………………………………… 180
　　§8-2　对称三相电路的计算 ………………………………………… 185
　　§8-3　不对称三相电路 ……………………………………………… 190
　　§8-4　三相电路的功率及测量 ……………………………………… 194
　　习题八 ……………………………………………………………………… 200

第九章　非正弦周期性电路 ……………………………………………… 204
　　§9-1　非正弦周期信号 ……………………………………………… 204
　　§9-2　周期函数分解为傅里叶级数 ………………………………… 205
　　§9-3　周期性非正弦量的有效值、绝对平均值和功率 …………… 213
　　§9-4　非正弦周期电流电路的计算 ………………………………… 217
　　习题九 ……………………………………………………………………… 221

第十章　双口网络 ………………………………………………………… 225
　　§10-1　双口网络简介 ……………………………………………… 225
　　§10-2　双口网络的四组方程及参数 ……………………………… 226
　　§10-3　双口网络的等效电路 ……………………………………… 234
　　§10-4　回转器和负阻抗变换器 …………………………………… 237
　　§10-5　双口网络的连接 …………………………………………… 240
　　习题十 ……………………………………………………………………… 243

第十一章　一阶电路的时域分析 ………………………………………… 247
　　§11-1　引　言 ……………………………………………………… 247
　　§11-2　初始条件的确定 …………………………………………… 248
　　§11-3　一阶电路的零输入响应 …………………………………… 252
　　§11-4　一阶电路的零状态响应 …………………………………… 258
　　§11-5　一阶电路的全响应 ………………………………………… 262
　　§11-6　一阶电路的三要素法 ……………………………………… 264
　　§11-7　一阶电路的阶跃响应 ……………………………………… 267
　　§11-8　一阶电路的冲激响应 ……………………………………… 271
　　§11-9　卷积积分法 ………………………………………………… 277
　　习题十一 …………………………………………………………………… 282

第十二章　二阶电路的时域分析 ……………………………………………… 290

§12-1　二阶电路的零输入响应 …………………………………………… 290
§12-2　二阶电路的零状态响应和全响应 ………………………………… 296
§12-3　二阶电路的阶跃响应和冲激响应 ………………………………… 299
习题十二 ……………………………………………………………………… 301

第十三章　拉普拉斯变换及其应用 ……………………………………… 304

§13-1　拉普拉斯变换 ………………………………………………………… 304
§13-2　基本函数的拉普拉斯变换 …………………………………………… 307
§13-3　拉普拉斯变换的基本性质 …………………………………………… 310
§13-4　拉普拉斯逆变换 ……………………………………………………… 320
§13-5　电路的复频域模型 …………………………………………………… 328
§13-6　线性电路的复频域分析 ……………………………………………… 335
§13-7　网络函数 ………………………………………………………………… 343
习题十三 ……………………………………………………………………… 351

第十四章　状态方程 ……………………………………………………………… 357

§14-1　电路的状态变量及状态方程 ………………………………………… 357
§14-2　状态方程的建立 ……………………………………………………… 361
§14-3　状态方程的复频域解法 ……………………………………………… 369
习题十四 ……………………………………………………………………… 373

第十五章　非线性电阻电路 ……………………………………………………… 375

§15-1　非线性电阻元件 ……………………………………………………… 375
§15-2　非线性电阻电路的图解法 …………………………………………… 376
§15-3　非线性电阻电路的分段线性化法(折线法) ……………………… 381
§15-4　非线性电阻电路的小信号分析法 ………………………………… 386
习题十五 ……………………………………………………………………… 389

习题部分答案 ……………………………………………………………………… 392

参考文献 …………………………………………………………………………… 404

第 一 章

电路的基本概念及基本定律

———— 内 容 提 要 ————

本章主要介绍电路的基本概念及基本定律。内容包括：实际电路与电路模型；基本物理量与参考方向；电阻、电感和电容元件；独立电源；受控电源；基尔霍夫定律。

§1-1 实际电路与电路模型

实际电路是由电工设备和元器件组成的，大到庞大的电力供电系统，小到日常生活中使用的手电筒(其实际电路如图 1-1 所示)。而实际电路的形式和功能是多种多样的，各种元器件的性能千差万别，直接分析和计算实际电路是比较困难的。因此，我们需要对实际电路的元器件进行抽象化、理想化和近似化处理，用为数有限的理想电路元件表征种类繁多的实际器件，以便构成一个便于分析和计算的电路模型(以下简称电路)。例如，将图 1-1 所示的实际电路抽象化，即可得到图 1-2 所示的电路模型。其中，提供电能的干电池，在其内电阻忽略不计的情况下，抽象为电压源 U_S；作为用电设备的灯泡抽象为电阻 R；在连接导线的电阻值与灯泡的阻值相比很小的情况下，连接导线的电阻值可以忽略不计，因此图 1-2 所示的导线只起连接作用，与其长短和形状无关。

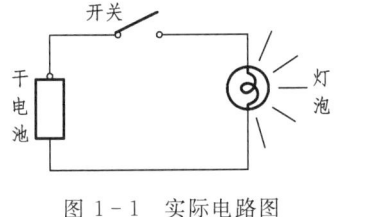

图 1-1 实际电路图

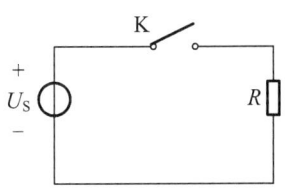

图 1-2 电路模型

本书分析的电路都是电路模型,模型中的元件都是理想元件。至于如何由实际电路抽象为电路模型,这不是本书要讨论的主要内容。

对于电路中元件的分类,根据描述角度的不同大致分为线性元件与非线性元件、二端元件与多端元件、静态元件与动态元件等。这些元件均会在后面的章节中详细讨论。

还有一种常见的元件分类方法:集中参数元件与分布参数元件。当实际电路的尺寸远远小于电路工作频率所对应的波长时,该电路可以用集中参数模型来表示,否则只能用分布参数模型来表示。本书只讨论集中参数电路。

§1-2 基本物理量与参考方向

在电路分析中,常用的基本物理量(亦称基本变量)有:电流 i,电压 u,电量 q,磁链 ψ,能量 W 和功率 p。通过这些物理量可以反映电路所具有的性能和特征。这些物理量的含义在物理学中已学过,这里不再赘述。

在电路中,最基本的量是电流和电压,它们都具有方向性,而且其方向的不同直接影响到物理量之间的数学表达式和对分析结果的解释,因此电流和电压的方向十分重要。对于简单电路来说,电流的实际流向(正电荷运动的方向)及电压的正、负极性是可以判断出来的,但对于复杂电路或方向不断变化(如日常用的 50 Hz 交流电)的交变信号来说,事先辨别出它们的方向是相当困难的。因此在分析电路之前就需要假设一个方向——参考方向。

图 1-3 所示是复杂电路中的某个元件,假设流过该元件的电流的参考方向如图中实线所示,即由 A 端流向 B 端,电流的实际方向(见图 1-3 中的虚线)是否与参考方向一致,要根据电流 i 的正、负进行判别。若解得 $i>0$,则参考方向与实际方向一致;若解得 $i<0$,则实际方向与参考方向相反。

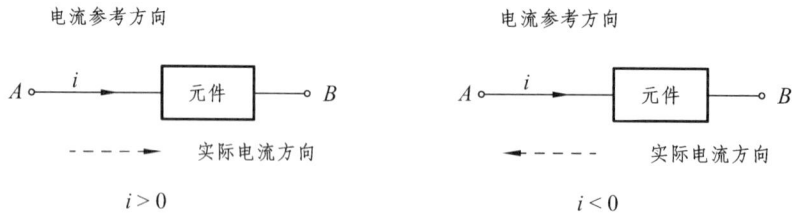

图 1-3 电流参考方向

§1-2 基本物理量与参考方向

电流的大小为单位时间内通过导体横截面的电荷量,即

$$i(t)=\frac{\mathrm{d}q(t)}{\mathrm{d}t} \qquad (1-1)$$

如果电流的大小为恒值,且方向不变,此时

$$i(t)=I=\frac{q}{t} \qquad (1-2)$$

电量的单位为库仑(简写为 C),时间的单位为秒(简写为 s),电流的单位为安培,简称安(简写为 A),且有:1 安培(A)=1 库仑/1 秒(C/s)。电流常用的单位还有千安(kA)、毫安(mA)、微安(μA)及纳安(nA)等,且有

$$1 \text{ kA}=10^3 \text{ A}, \qquad 1 \text{ mA}=10^{-3} \text{ A}$$
$$1 \text{ }\mu\text{A}=10^{-6} \text{ A}, \qquad 1 \text{ nA}=10^{-9} \text{ A}$$

同理,元件两端的电压也需要选定它的参考方向,又称参考极性。如图 1-4 所示,即假设 A 端电位高于 B 端电位(实线所示)。若 $u>0$,则实际电压极性(虚线所示)与参考极性一致;若 $u<0$,则实际极性(虚线所示)与参考极性相反。

图 1-4 电压参考方向

电压的大小等于电场力对单位正电荷从 A 端移到 B 端所做的功,即

$$u_{AB}=\frac{\mathrm{d}W}{\mathrm{d}q}=\frac{W_A-W_B}{\mathrm{d}q}=\frac{W_A}{\mathrm{d}q}-\frac{W_B}{\mathrm{d}q}=V_A-V_B \qquad (1-3)$$

式中,W_A、W_B 分别为电荷 $\mathrm{d}q$ 在 A 端、B 端的电能;V_A、V_B 分别为 A 端、B 端的电位。所以,电压也常被称为电位差或电压降。

电压的参考方向也可以用双下标表示,如 u_{AB},并认为 A 端为高电位,B 端为低电位。

电压的常用单位有伏特(V)、千伏(kV)、毫伏(mV)、微伏(μV)等。

对于一个元件来说,其电流和电压的参考方向可以独立设定,但如果电流的参考方向是从电压的"+"极性流入、从电压的"-"极性流出,则称它们的参考方向为关联参考方向,如图 1-5 所示;否则称为非关联参考方向,如图 1-6 所示。

图 1-5 关联参考方向　　图 1-6 非关联参考方向

当元件的电压、电流取关联参考方向时(见图 1-5),元件吸收的功率为

$$p(t)=u(t)i(t) \qquad (1-4)$$

如果元件的电压、电流取非关联参考方向(见图 1-6),则其吸收的功率为

$$p(t)=-u(t)i(t) \qquad (1-5)$$

并且,当 $p>0$ 时,元件实际上是在吸收功率;而当 $p<0$ 时,元件的吸收功率为负,即元件实际上是在释放功率。若讨论的是元件的发出功率,则反之。功率的单位为瓦特,简称瓦(W),常用单位还有千瓦(kW)。

元件从时刻 t_0 至时刻 t 这段时间内吸收的电能由下式求得

$$W=\int_{t_0}^{t} p\mathrm{d}t \qquad (1-6)$$

直流情况下,元件吸收的电能为

$$W=P(t-t_0) \qquad (1-7)$$

电能的国际标准单位为焦耳(J),且 $1\,\mathrm{J}=1\,\mathrm{W}\times1\,\mathrm{s}$,另一个常用的单位是度,$1\,度=1\,\mathrm{kW\cdot h}$(千瓦时)。

§1-3　电阻、电感和电容元件

电阻、电感和电容元件是电路分析中最基本的元件,下面分别对这些元件进行讨论。

1. 电阻元件

电阻是反映能量损耗的电路参数。电阻元件是电阻器等耗能器件的抽象元件。电阻元件按其电压、电流的关系曲线(又称伏安特性)是否是过原点的直线而分为线性电阻元件(如图 1-7 所示)和非线性电阻元件(如图 1-8 所示);按其特性是否随时间变化分为时变电阻元件和非时变电阻元件。本书如不特别指出,均指非时变电阻元件。本节重点介绍线性电阻元件,而非线性电阻元件将在第十五章(非线性电阻电路)中介绍。

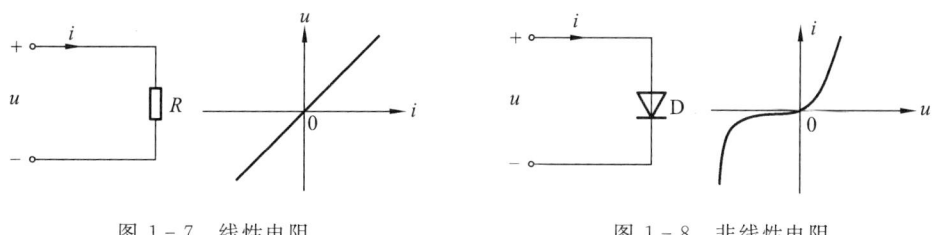

图 1-7 线性电阻   图 1-8 非线性电阻

线性电阻元件是一个二端元件,其端电压 $u(t)$ 和端电流 $i(t)$ 取关联参考方向时,满足欧姆定律

$$u(t)=Ri(t) \tag{1-8}$$

或

$$i(t)=Gu(t) \tag{1-9}$$

式中,R 为线性电阻元件的电阻;G 为线性电阻元件的电导,二者均为常量,其数值由元件本身决定,并且

$$G=\frac{1}{R} \tag{1-10}$$

电阻的单位为欧姆,简称欧(Ω);电导的单位为西门子(S)。

如果电阻元件的端电压和端电流取非关联参考方向,其关系式为

$$u(t)=-Ri(t)$$

或

$$i(t)=-Gu(t)$$

由图 1-7 不难知道,线性电阻的电阻值 R 就是线性电阻的伏安特性曲线的斜率。当电阻值 $R=0$ 时,伏安特性曲线与 i 轴重合,如图 1-9 所示,此时不论电流 i 为何值,端电压 u 总是为零,称其为"短路";当电阻值 $R=\infty$ 时,其伏安特性曲线与 u 轴重合,如图 1-10 所示,此时不论端电压 u 为何值,电流 i 总是为零,称其为"开路"或"断路"。

图 1-9 $R=0$ 的伏安特性   图 1-10 $R=\infty$ 的伏安特性

在电阻元件的端电压和端电流取关联参考方向的情况下,电阻吸收的功率为

$$p(t)=u(t)i(t)=Ri^2(t)=\frac{u^2(t)}{R}=Gu^2(t) \tag{1-11}$$

如果电阻元件的端电压和端电流取非关联参考方向,则电阻吸收的功率为

$$p(t) = -u(t)i(t) = Ri^2(t) = \frac{u^2(t)}{R} = Gu^2(t) \quad (1-12)$$

由式(1-11)、式(1-12)可知,无论电阻元件采用何种参考方向,任何时刻电阻吸收的功率都不可能为负值,也就是说,电阻元件是耗能元件。

在时刻 t_0 至时刻 t 这一时间范围内,电阻消耗的能量如下

$$W = \int_{t_0}^{t} p \, dt = \int_{t_0}^{t} Ri^2 \, dt \quad (1-13)$$

2. 电感元件

1) 电　感

电感是一种储存磁场能量的元件。如图 1-11 所示,当线圈流过电流 i_L 时,该电流在线圈中产生磁通 φ。若线圈的匝数为 N,且通过每匝的磁通量均为 φ,则通过线圈的磁链

$$\psi = N\varphi \quad (1-14)$$

磁通与磁链的单位均为韦伯(Wb)。如果磁链 ψ 与电流 i_L 的特性曲线(又称韦-安特性)是通过原点的一条直线,如图 1-12 所示,则对应的电感元件称为线性电感,否则为非线性电感,如图 1-13 所示。

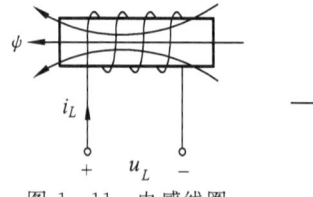
图 1-11　电感线圈

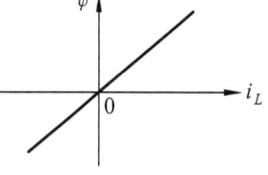
图 1-12　线性电感

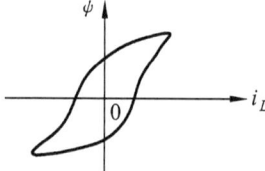
图 1-13　非线性电感

线性电感的电路符号如图 1-14 所示,且定义

$$L = \frac{\psi}{i_L} \quad (1-15)$$

式中,L 称为线性电感的电感量或电感值,为常数。电感的单位为亨利,简称亨(H),常用的还有毫亨(mH)、微亨(μH)等。

2) 电感电压与电感电流的关系

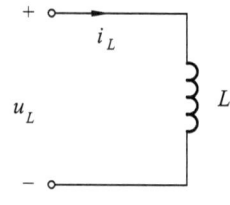
图 1-14　线性电感的符号

根据法拉第电磁感应定律,当穿过线圈的磁链变化时,在电感线圈的两端会产生感应电压,其大小为 $|u_L(t)| = \left|\dfrac{d\psi}{dt}\right|$。对于线性电感元件,当线圈两端的电压 u_L 与电流 i_L 取关联参考方向,电流与磁链方向符合右手螺旋定则时,根据

楞次定律,有

$$u_L(t) = \frac{\mathrm{d}\psi}{\mathrm{d}t} = \frac{\mathrm{d}(Li_L)}{\mathrm{d}t} = L\frac{\mathrm{d}i_L}{\mathrm{d}t} \quad (1-16)$$

即电感电压与电感电流的变化率成正比。

如果电感电压为 u_L,则电感电流

$$\begin{aligned}i_L(t) &= \frac{1}{L}\int_{-\infty}^{t} u_L(\tau)\mathrm{d}\tau = \frac{1}{L}\int_{-\infty}^{0} u_L(\tau)\mathrm{d}\tau + \frac{1}{L}\int_{0}^{t} u_L(\tau)\mathrm{d}\tau \\ &= i_L(0) + \frac{1}{L}\int_{0}^{t} u_L(\tau)\mathrm{d}\tau \quad (1-17)\end{aligned}$$

其中,$i_L(0)$ 是电感电流的初始值。

式(1-17)说明,t 时刻的电感电流 i_L 不仅与 0 至 t 这段时间内的电感电压有关,而且还与整个电路过去的历史有关,所以电感元件具有记忆功能。因此电感元件是记忆元件。

当电压 u_L 与电流 i_L 取非关联参考方向时,有

$$u_L(t) = -L\frac{\mathrm{d}i_L}{\mathrm{d}t} \quad (1-18)$$

当流过电感元件的电流为直流时,由式(1-16)、式(1-18)可知,电感两端的电压为零,所以在直流电路中,电感元件相当于短路;当电流变化比较剧烈时,电感两端会出现高电压,有可能破坏电感线圈的绝缘,故应尽可能避免电感电流的突变。但是电感元件的这种特征也被广泛应用,如日光灯的点燃等。

3) 功率和能量

在关联参考方向下,电感吸收的功率为

$$p = u_L i_L = L\frac{\mathrm{d}i_L}{\mathrm{d}t}i_L \quad (1-19)$$

即任何时刻电感吸收的功率不仅与该时刻的电流有关,而且还与该时刻电流的变化率有关。当 $p>0$ 时,表明电感在吸收能量;而 $p<0$ 时,说明电感在释放能量。所以电感元件是一种储存磁场能量的元件。

电感元件在 0 至 t 时刻这段时间内吸收的能量为

$$\begin{aligned}W &= \int_{0}^{t} p\mathrm{d}\tau = \int_{0}^{t} u_L i_L \mathrm{d}\tau = \int_{0}^{t} Li_L\frac{\mathrm{d}i_L}{\mathrm{d}\tau}\mathrm{d}\tau \\ &= \frac{1}{2}Li_L^2(t) - \frac{1}{2}Li_L^2(0)\end{aligned} \quad (1-20)$$

电感元件在 t 时刻所具有的能量为

$$W = \frac{1}{2}Li_L^2(t) \quad (1-21)$$

3. 电容元件

1) 电　容

电容是一种储存电场能量的元件,其电路符号如图 1-15 所示。

当加在电容两端的电压 u_C 增加时,电容器极板上的电荷量 q 也增加,若二者呈正比关系(特性曲线如图 1-16 所示),即为线性电容;否则为非线性电容(如图 1-17 所示的特性曲线)。电荷 q 的单位为库仑,反映电容特性的曲线又被称为库-伏特性曲线。

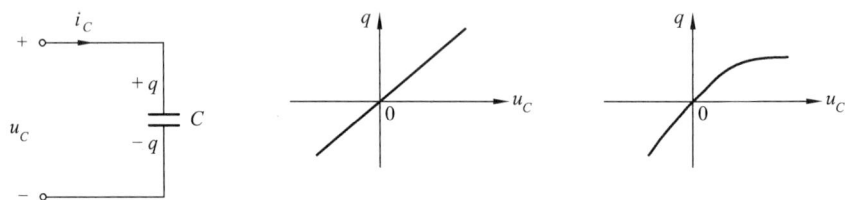

图 1-15　线性电容的符号　　图 1-16　线性电容　　图 1-17　非线性电容

对于线性电容器,其电容量(简称电容) C 定义为

$$C = \frac{q}{u_C} \tag{1-22}$$

C 实际上是图 1-16 所示的库-伏特性曲线的斜率,此时 C 为常数。电容的单位为法拉,简称法(F),常用单位还有微法(μF)、纳法(nF)和皮法(pF),它们的关系为

$$1\ \text{F} = 10^6\ \mu\text{F} = 10^9\ \text{nF} = 10^{12}\ \text{pF}$$

2) 电容电压与电容电流的关系

若电压 u_C 与电流 i_C 取关联参考方向,则

$$i_C(t) = \frac{\mathrm{d}q}{\mathrm{d}t} = \frac{\mathrm{d}(Cu_C)}{\mathrm{d}t} = C\frac{\mathrm{d}u_C}{\mathrm{d}t} \tag{1-23}$$

即流过电容的电流与电容两端的电压变化率成正比。电容电压与电容电流关系的另一表达式为

$$u_C(t) = \frac{1}{C}\int_{-\infty}^{t} i_C \mathrm{d}\tau = \frac{1}{C}\int_{-\infty}^{0} i_C \mathrm{d}\tau + \frac{1}{C}\int_{0}^{t} i_C \mathrm{d}\tau$$

$$= u_C(0) + \frac{1}{C}\int_{0}^{t} i_C \mathrm{d}\tau \tag{1-24}$$

其中, $u_C(0)$ 是电容电压的初始值。式(1-24)表明,任何时刻的电容电压 $u_C(t)$ 与该时刻以前电路的整个过去有关,所以电容也是记忆元件。

当电容电压 u_C 与电容电流 i_C 取非关联参考方向时

$$i_C(t) = -C\frac{\mathrm{d}u_C}{\mathrm{d}t} \tag{1-25}$$

当电压为恒值时,电容电流为零,所以在直流电路中电容相当于开路;当电容电压变化时,电容电流才有值。

3) 功率和能量

关联参考方向下,电容吸收的功率为

$$p = u_C i_C = C \frac{du_C}{dt} u_C \tag{1-26}$$

即任何时刻电容吸收的功率不仅与该时刻的电压有关,而且还与该时刻电压的变化率有关,其数值有可能为正,也可能为负。当 $p>0$ 时,电容吸收能量;当 $p<0$ 时,电容释放能量。

0 至 t 时刻这段时间内电容吸收的能量为

$$W = \int_0^t p d\tau = \int_0^t C u_C \frac{du_C}{dt} dt$$

$$= \frac{1}{2} C u_C^2(t) - \frac{1}{2} C u_C^2(0) \tag{1-27}$$

电容在 t 时刻具有的能量为

$$W = \frac{1}{2} C u_C^2(t) \tag{1-28}$$

§1-4 独 立 电 源

独立电源是一个二端元件,它作为电路的激励信号(又称激励源)向电路提供能量。由激励源引起的支路电压、电流等被称为响应。独立电源分为独立电压源和独立电流源两种类型,简称电压源和电流源。下面分别予以介绍。

1. 电压源

电压源的电路符号及伏安特性如图 1-18 所示。

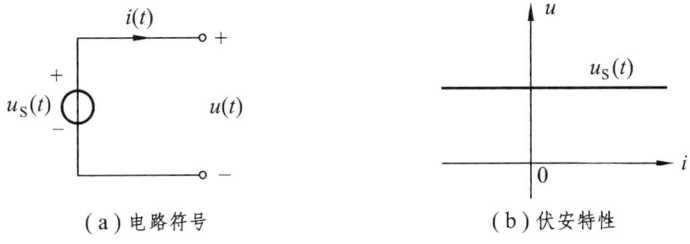

(a) 电路符号 (b) 伏安特性

图 1-18 电压源

电压源两端的电压在任何时刻与其通过的电流无关；而流过电压源的电流的大小则取决于与其相连的外接电路，即

$$u(t)=u_S(t) \tag{1-29}$$

也就是说，电压源的伏安特性是平行于电流 i 轴的一族直线，图 1-18(b) 表示的只是时刻 t 的伏安特性。

当电压源的数值恒定不变时(直流情况)，还可以采用图 1-19(a)所示的电路符号，其伏安特性如图 1-19(b)所示。

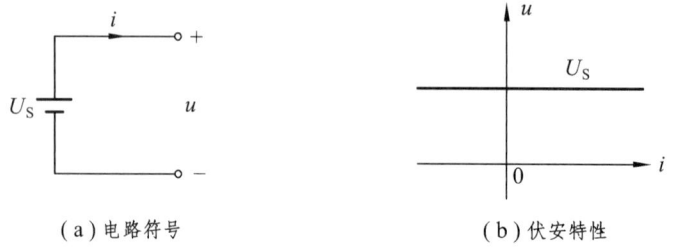

(a) 电路符号　　　　　　　　　(b) 伏安特性

图 1-19　直流电压源

当电压源的数值等于零时，即 $u_S(t)=0$ 时，其伏安特性曲线与电流 i 轴重合，与电阻 $R=0$ 的伏安特性曲线相同，此时相当于"短路"。

在图 1-18(a)所示参考方向的情况下，电压源吸收的功率为

$$p(t)=-u_S(t)i(t) \tag{1-30}$$

换一个角度来说，电压源发出的功率为

$$p(t)=u_S(t)i(t) \tag{1-31}$$

对于一个实际电压源来说，由于其内部存在损耗，输出电压会随电流的大小而改变，如图 1-20(a)所示，即端口的伏安特性不再是平行于 i 轴的直线，而是随着输出电流 i 的增大而下降，此时实际电压源可以用一个电压源串电阻的模型来等效，如图 1-20(b)中虚线框内的电路所示，即电源的内部损耗可等效为一个电阻 R_S。

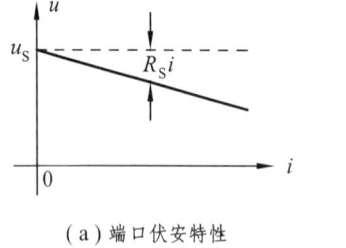 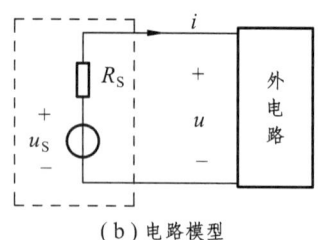

(a) 端口伏安特性　　　　　　　　(b) 电路模型

图 1-20　实际电压源

图 1-20(b)所示电路端口处的电压、电流的数学表达式为

$$u = u_S - R_S i \tag{1-32}$$

2. 电流源

电流源也是一个二端元件,其电流与加在它两端的电压无关,电流源的特性可表述为

$$i(t) = i_S(t) \tag{1-33}$$

式中,$i_S(t)$为电流源的电流。而电流源两端电压的数值则取决于外接电路。

电流源的电路符号如图 1-21(a)所示,其伏安特性是一条平行于电压 u 轴的直线,如图 1-21(b)所示。当电流源的数值等于零,即 $i_S(t)=0$ 时,其伏安特性曲线与 u 轴重合,与电阻 $R=\infty$ 的伏安特性曲线相同,此时相当于"开路",如图 1-21(c)所示。

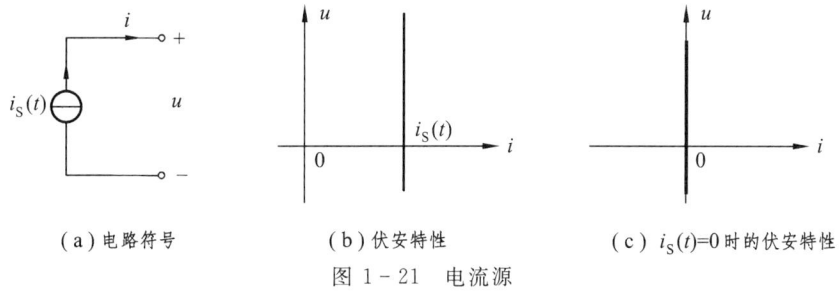

(a) 电路符号　　　(b) 伏安特性　　　(c) $i_S(t)=0$ 时的伏安特性

图 1-21　电流源

在图 1-21(a)所示参考方向的情况下,电流源吸收的功率为

$$p(t) = -u(t)i_S(t) \tag{1-34}$$

换句话说,电流源发出的功率为

$$p(t) = u(t)i_S(t) \tag{1-35}$$

而对于一个实际电流源来说,由于其内部存在损耗,输出电流 i 不再是平行于 u 轴的直线,而是随着输出电压 u 的增大而减小的一条斜线,如图 1-22(a)所示,此时实际电流源可以用一个电流源并电阻的模型来等效,如图 1-22(b)所示,其内部损耗可等效为一个电阻 R_S。端口处电压、电流的数学表达式为

$$i = i_S - \frac{u}{R_S} \tag{1-36}$$

需要说明的是,一个实际的电源既可以用一个电压源串电阻的形式来等效,也可以用一个电流源并电阻的形式来等效,采取何种方式并无严格规定。其实,这两种等效形式在电路分析中是可以互相置换的,具体内容将在第二章中介绍。

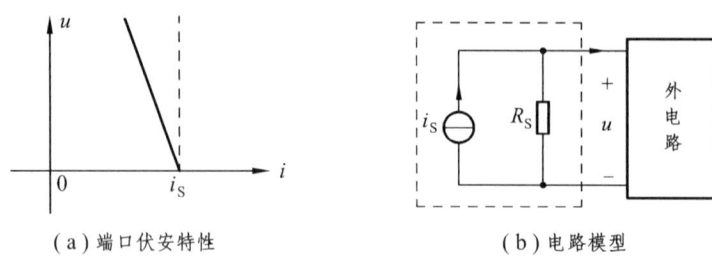

(a) 端口伏安特性　　　　　(b) 电路模型

图 1-22　实际电流源

§1-5　受控电源

上节讲的电源均为独立电源，电压源的电压值和电流源的电流值与电路中其他支路的电压或电流无关。而受控源却不同，它是一种非独立电源，电源数值的大小受电路中某一电流或电压控制，当控制量为零时，受控源的大小也等于零。

受控源是多端元件，对外有两个端口，一个端口为控制端口，另一个端口则为受控的电源端口。许多电子器件如晶体管、电子管、运算放大器等都可以用受控源来等效。根据受控源的控制量与被控制量的不同分为四种类型，分别是电压控制电压源（Voltage-Controlled Voltage Source，简称 VCVS）、电流控制电压源（Current-Controlled Voltage Source，简称 CCVS）、电压控制电流源（Voltage-Controlled Current Source，简称 VCCS）和电流控制电流源（Current-Controlled Current Source，简称 CCCS），如图 1-23 所示。为区别于独立电源，受控源采用菱形符号，图中的

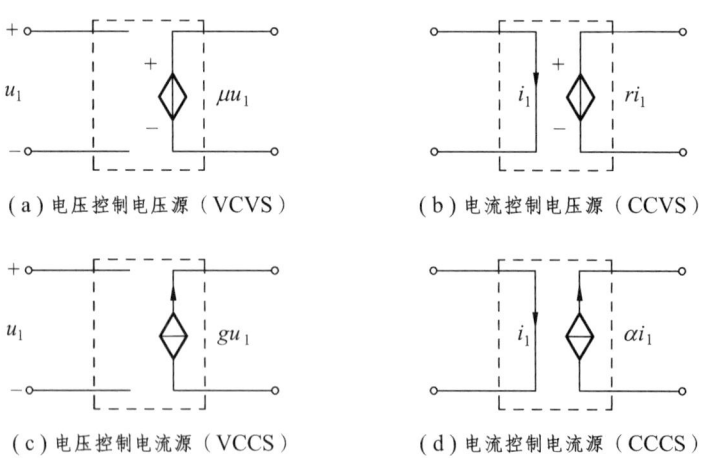

(a) 电压控制电压源（VCVS）　　　　　(b) 电流控制电压源（CCVS）

(c) 电压控制电流源（VCCS）　　　　　(d) 电流控制电流源（CCCS）

图 1-23　受控电源

μ、r、g、α 为控制系数,其中 r 具有电阻的量纲,g 具有电导的量纲,μ 和 α 没有量纲。当这些系数为常数时,控制量与被控制量为线性关系,该受控源称为线性受控源。本书只讨论线性情况。

需要指出的是,在实际电路中,控制量和受控源不一定会放在一起。

§1-6　基尔霍夫定律

基尔霍夫定律是由德国物理学家基尔霍夫提出来的,是电路理论中最基本的定律。定律有两个,分别是基尔霍夫电流定律(Kirchhoff's Current Law,简称 KCL)和基尔霍夫电压定律(Kirchhof's Voltage Law,简称 KVL)。

在介绍基尔霍夫定律之前,先介绍几个电路中的常用名词。

1. 名词介绍

- **支路**　在电路中,一般可以把一个二端元件当成一条支路,但为了方便起见,通常把流过同一电流的分支称为一条支路。图 1-24 所示电路中的支路有 acb、adb、ab。

- **结点**　一般认为支路间的连接点即为结点。为简便起见,今后定义三条和三条以上的支路连接点为结点。在图 1-24 所示的电路中,通常认为只有 a 和 b 两个结点。

- **回路**　电路中的任何一条闭合路径称为回路。图 1-24 所示电路的回路有 $acbda$、$acba$ 和 $adba$。

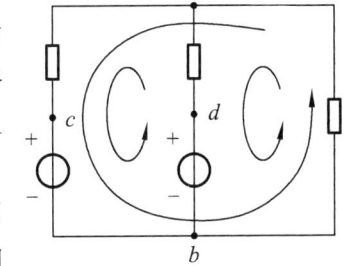

图 1-24　电路的支路、结点和回路

- **网孔**　在回路内部如果不含任何支路时,则称该回路为网孔。图 1-24 所示电路中的回路 $acbda$ 和 $adba$ 即可视为网孔。但回路 $acba$ 不是网孔,因为在该回路中含有支路 adb。

2. 基尔霍夫电流定律

在集中参数电路中,对于任意一个结点来说,任何时刻流出该结点的各支路电流的代数和等于零,即

$$\sum_{k=1}^{n} i_k = 0 \qquad (1-37)$$

式中，i_k 为连接于该结点的第 k 条支路的电流（通常称为支路电流）。

如图 1-25 所示，它是某电路的一个结点，与该结点相连的共有四条支路，各支路电流的变量和参考方向如图所标。在列写该结点的 KCL 方程时，首先假设流出该结点的电流为正，那么流入该结点的电流即为负，于是有

$$-i_1+i_2-i_3+i_4=0 \qquad (1-38)$$

反之亦然，此时该结点的 KCL 方程可表述为

$$i_1-i_2+i_3-i_4=0 \qquad (1-39)$$

将上面两式改写，得

$$i_1+i_3=i_2+i_4 \qquad (1-40)$$

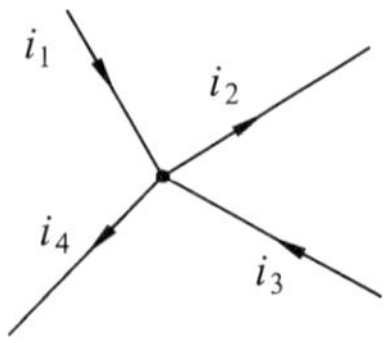

图 1-25 电路中的一个结点

因此，基尔霍夫电流定律（KCL）也可以描述为：在集中参数电路中，对于任意一个结点来说，任何时刻流入该结点的电流之和等于流出该结点的电流之和。

基尔霍夫电流定律还可以引申到一个闭合面（又称高斯面、广义结点）上，即在任何瞬间，流入闭合面的电流等于流出闭合面的电流。

现举例加以证明。电路如图 1-26 所示，它只是电路的一部分，电流的参考方向如图所标，选取的高斯面如图中虚线所画，现证明流入高斯面的电流的代数和等于零，即

$$i_1+i_2+i_3=0$$

证 结点①、②、③的 KCL 方程分别为

$$i_1=i_1'-i_3'$$
$$i_2=i_2'-i_1'$$
$$i_3=i_3'-i_2'$$

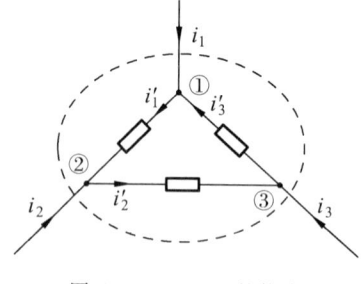

图 1-26 KCL 的推广

三等式相加得 $i_1+i_2+i_3=i_1'-i_3'+i_2'-i_1'+i_3'-i_2'=0$

所以 $i_1+i_2+i_3=0$

证毕。

例 1-1 电路如图 1-27 所示。已知 $i_1=3\mathrm{e}^{-t}$，$i_2=2\sin t$，求 i_3。

解 根据结点 a 或右侧高斯面（虚线所示）均可列出 KCL 方程

$$i_1-i_2+i_3=0$$

所以 $i_3=i_2-i_1=2\sin t-3\mathrm{e}^{-t}$

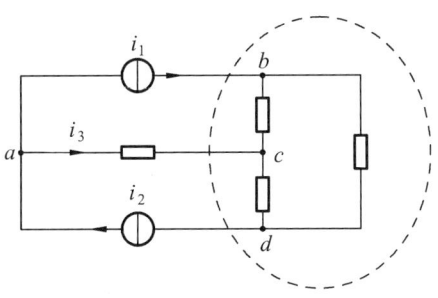

图 1-27 例 1-1 图

例 1-2 电路如图 1-28 所示,已知 $i_2=2\text{ A}$, $i_4=-1\text{ A}$, $i_5=6\text{ A}$。求 i_3。

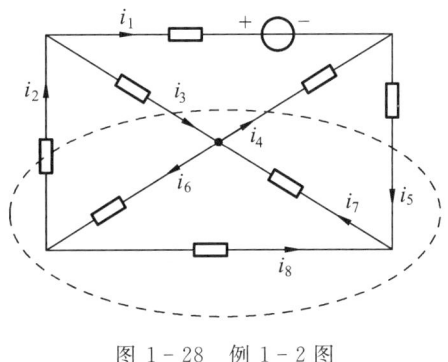

图 1-28 例 1-2 图

解 画高斯面如图中虚线所示,应用 KCL 可知

$$i_2-i_3+i_4-i_5=0$$

所以
$$i_3=i_2+i_4-i_5=(2-1-6)\text{A}=-5\text{ A}$$

3. 基尔霍夫电压定律

对于集中参数电路来说,在任何时刻沿任一闭合回路绕行一周,各支路电压的代数和等于零,即

$$\sum_{k=1}^{n}u_k=0 \qquad (1-41)$$

式中,u_k 为回路中第 k 条支路的电压(通常称为支路电压)。

以图 1-29 所示电路的某一回路为例。选取该回路的绕行方向为顺时针方向,如图中箭头方向所示。该回路共经

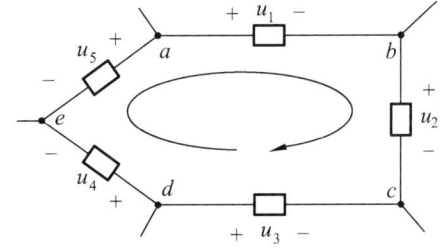

图 1-29 KVL 方程示例

过五条支路,各支路的电压参考方向如图所示。假设电压的压降方向与绕行的方向一致时取"+",反之取"-",则该回路的 KVL 方程为

$$u_1 + u_2 - u_3 + u_4 - u_5 = 0$$

另外,结点 a 与结点 d 之间的电压 u_{ad} 满足关系式

$$u_1 + u_2 - u_3 = u_{ad}$$

将该式带入上面回路的 KVL 方程,得

$$u_{ad} + u_4 - u_5 = 0$$

即

$$u_{ad} = u_5 - u_4$$

因此,在求解 a、d 两点间的电压 u_{ad} 时,既可以从右边各支路求解,也可以从左边各支路求解。换句话说,求两点间的电压与路径无关。

注意:① KCL、KVL 只用在集中参数电路中(分布参数不适用);

② KCL、KVL 与元件的性质无关,所以线性、非线性电路均适用。

例 1-3 图 1-30 所示是某电路的一个回路,该回路由电阻和电压源构成,支路电流如图所标,列出该回路的 KVL 方程。

解 根据 KVL 可以列出

$$u_{ab} + u_{bc} + u_{cd} + u_{da} = 0$$

而 $u_{ab} = R_1 i_1$, $u_{bc} = u_{S2} + R_2 i_2$

$u_{cd} = -R_3 i_3$, $u_{da} = -u_{S4} - R_4 i_4$

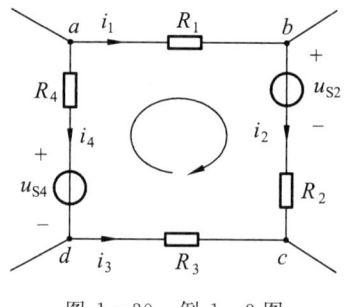

图 1-30 例 1-3 图

代入回路方程得

$$R_1 i_1 + u_{S2} + R_2 i_2 - R_3 i_3 - R_4 i_4 - u_{S4} = 0$$

即

$$R_1 i_1 + R_2 i_2 - R_3 i_3 - R_4 i_4 = -u_{S2} + u_{S4}$$

通过该例题的分析可知,在只有电压源和线性电阻构成的回路中,电阻上电压降的代数和等于电压源电压升的代数和,即

$$\sum R_k i_k = \sum u_{Sk} \tag{1-42}$$

式中,i_k 为流过电阻 R_k 的电流,当该电流的参考方向与绕行方向一致时取"+",反之取"-";而电压源 u_{Sk} 的压降方向与绕行方向一致时取"-",反之则取"+"。

例 1-4 求图 1-31 所示电路的各支路电流 i_1、i_2 和 i_3。已知 $u_{S1} = 3$ V,$u_{S2} = 2$ V,$u_{S3} = 5$ V,$R_2 = 1$ Ω,$R_3 = 4$ Ω。

解 根据 KCL 可知

$$i_1 + i_2 + i_3 = 0$$

根据 KVL 可列回路 1 和回路 2 的方程

回路 1 $-u_{S1} - R_2 i_2 + u_{S2} = 0$

回路 2 $-u_{S2} + R_2 i_2 - u_{S3} - R_3 i_3 = 0$

代入数据,联立求解得

$$i_1 = 3 \text{ A}, \quad i_2 = -1 \text{ A}, \quad i_3 = -2 \text{ A}$$

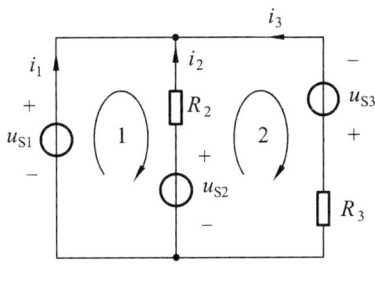

图 1-31 例 1-4 图

习 题 一

1-1 根据题 1-1 图中给定的数值,计算各元件吸收的功率。

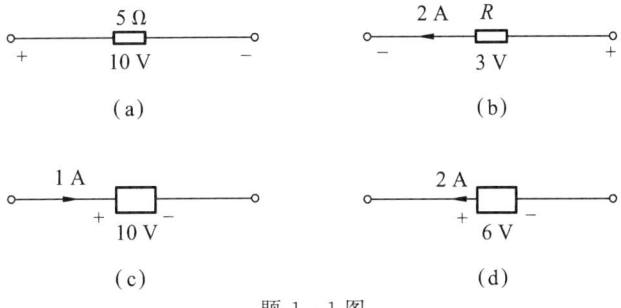

题 1-1 图

1-2 如题 1-2 图所示电路,已知各元件发出的功率分别为 $P_1 = -250$ W, $P_2 = 125$ W, $P_3 = -100$ W。求各元件上的电压 U_1、U_2 及 U_3。

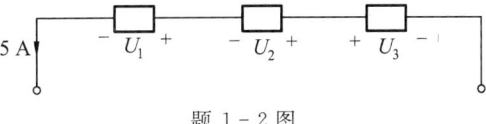

题 1-2 图

1-3 电路如题 1-3 图(a)、(b)所示。$i_L(0) = 0$,电容电压 u_C、电感电压 u_L 的波形如图(c)所示,试求电容电流 i_C 和电感电流 i_L。

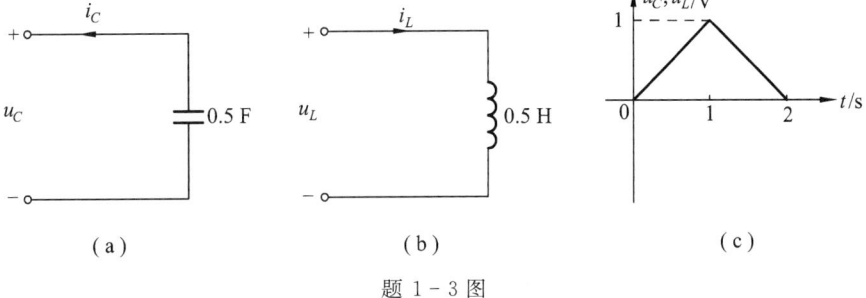

题 1-3 图

1-4 求题 1-4 图(a)所示电路的等效电感和图(b)所示电路的等效电容。

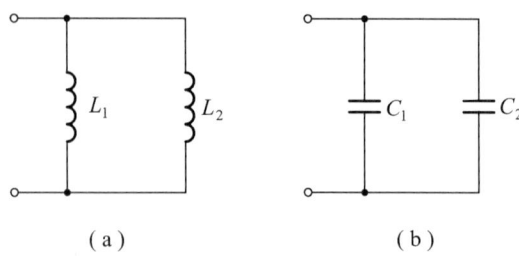

题 1-4 图

1-5 题 1-5 图所示电路。在下列情况下，求端电压 u_{ab}。

(1) 图(a)中，电流 $i=5\cos2t$ (A)；

(2) 图(b)中，$u_C(0)=4$ V，开关 K 在 $t=0$ 时由位置"1"打到位置"2"。

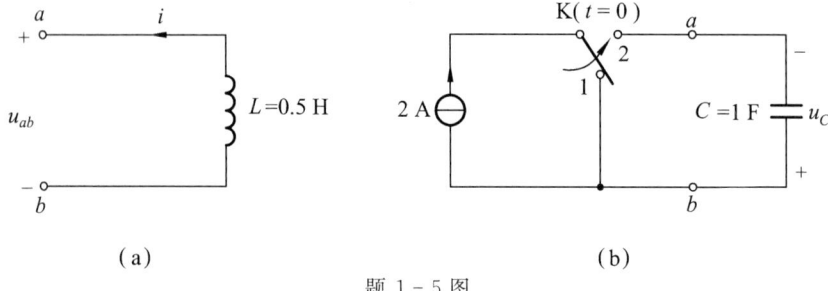

题 1-5 图

1-6 电路如题 1-6 图所示。设 $i_S(t)=A\sin\omega t$ (A)，$u_S(t)=Be^{-at}$ V，求 $u_{R1}(t)$、$u_L(t)$、$i_C(t)$ 和 $i_{R2}(t)$。

1-7 题 1-7 图所示电路中，已知 $U_1=20$ V，$U_2=10$ V，$U_3=5$ V，$R_1=5$ Ω，$R_2=2$ Ω，$R_3=5$ Ω，求图中标出的各支路电流。

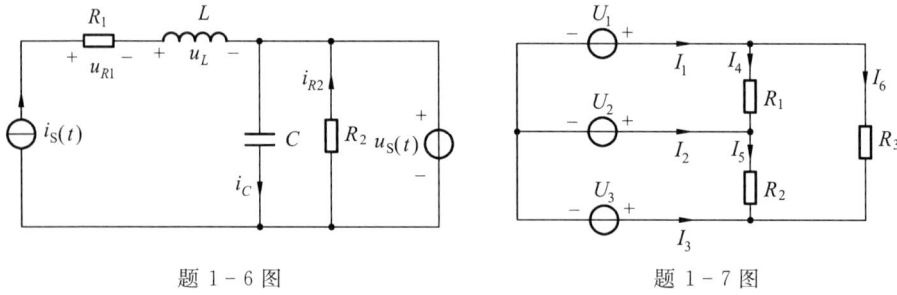

题 1-6 图　　　　　　　　　　　题 1-7 图

1-8 电路如题 1-8 图所示。已知 $I_1=2$ A，$U_2=5$ V，求电流源 I_S、电阻 R 的数值。

1-9 试分别求出题 1-9 图所示独立电压源和独立电流源发出的功率。

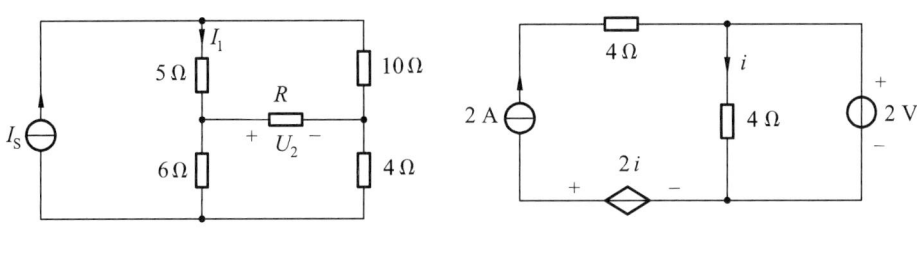

题 1-8 图 题 1-9 图

1-10 有两个阻值均为 1 Ω 的电阻,一个额定功率为 25 W,另一个额定功率为 50 W,作为题 1-10 图所示电路的负载应选哪一个?此时该负载消耗的功率是多少?

1-11 题 1-11 图所示电路中,已知 $i_1=4$ A,$i_2=6$ A,$i_3=-2$ A,求 i_4 的值。

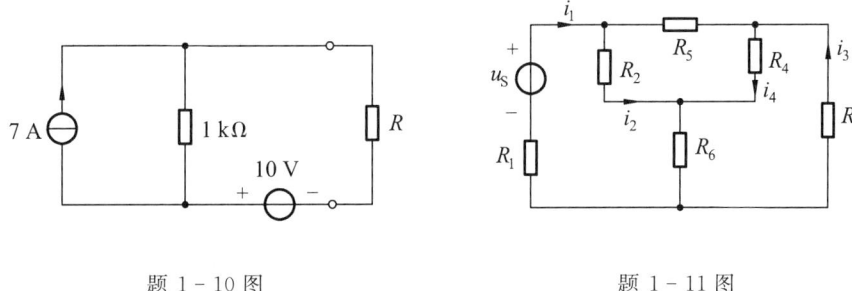

题 1-10 图 题 1-11 图

1-12 在题 1-12 图所示电路中,已知 $U_{S1}=20$ V,$U_{S2}=10$ V。

(1) 若 $U_{S3}=10$ V,求 U_{ab} 及 U_{cd};

(2) 欲使 $U_{cd}=0$,则 $U_{S3}=$?

1-13 题 1-13 图所示电路,已知 $I=1$ A,求 R_2 的值。

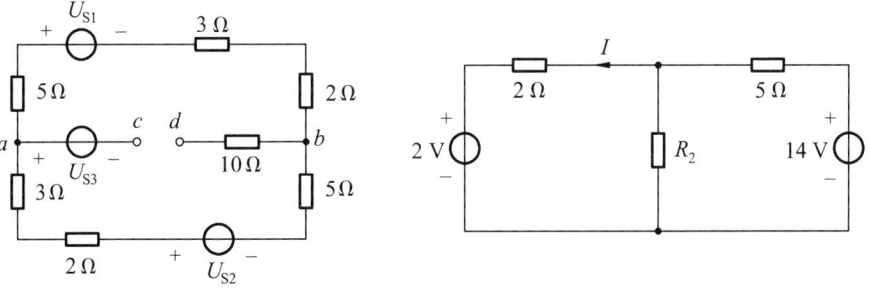

题 1-12 图 题 1-13 图

1-14 题 1-14 图所示电路中,已知 $I_1=1$ A,$I_2=3$ A,求 I_3、I_4、I_5 和 I_6。

1-15 求题 1-15 图所示电路的电流 I_1、I_2 和 I_3。

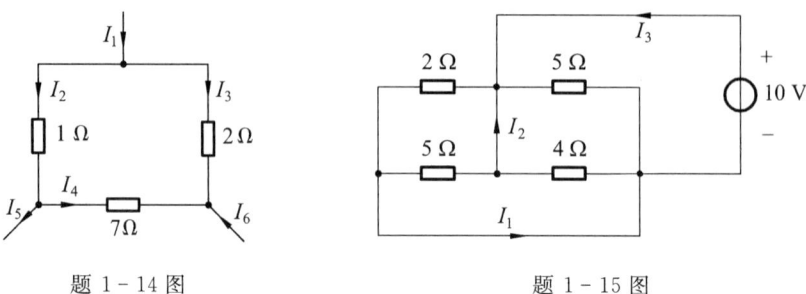

题 1-14 图   题 1-15 图

1-16 电路如题 1-16 图所示。求 U、I 以及 1 V 电压源发出的功率。

1-17 题 1-17 图所示电路中,已知 $I_1=I_2=2$ A,求 I_3、I_4、R_1 和 R_2 的值。

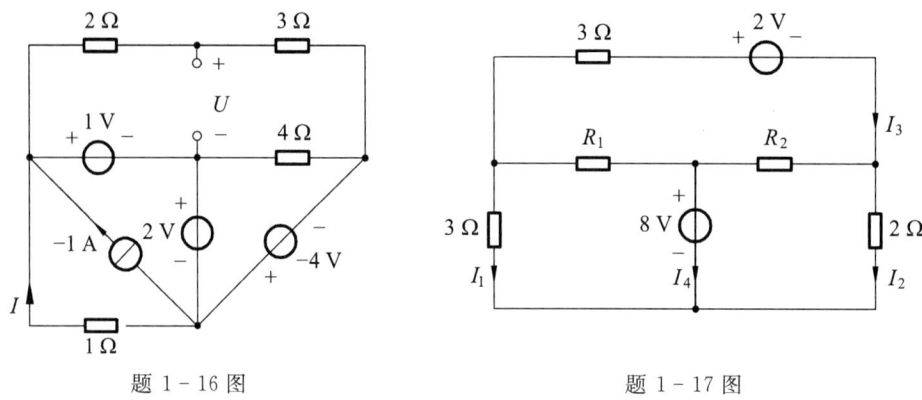

题 1-16 图   题 1-17 图

第 二 章

电阻电路的等效变换

———— 内 容 提 要 ————

本章介绍的是简单电阻电路的分析方法。主要内容有:电阻的串联、并联;电阻的星形连接(Y)与三角形连接(△)之间的等效变换;电源的串联、并联;电压源串电阻与电流源并电阻之间的等效变换等。

§2-1 电阻的串联与并联

电路元件中最基本的连接方式就是串联和并联。下面分别对电阻元件的串联和并联进行讨论。

1. 电阻的串联

当元件与元件之间首尾相连时称其为串联,如图 2-1 所示。串联电路的特点是流过各元件的电流为同一电流。

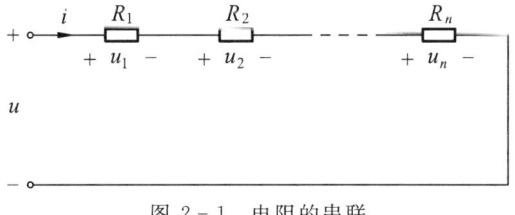

图 2-1 电阻的串联

根据 KVL 可知,图 2-1 所示的电阻串联电路的端口电压等于各电阻电压的叠加,即

$$u = u_1 + u_2 + \cdots + u_n = \sum_{k=1}^{n} u_k \tag{2-1}$$

而 $u_k = R_k i$

所以 $u = R_1 i + R_2 i + \cdots + R_n i = (R_1 + R_2 + \cdots + R_n)i = Ri$

其中 $$R = R_1 + R_2 + \cdots + R_n = \sum_{k=1}^{n} R_k \tag{2-2}$$

式中，称 R 为 n 个电阻串联时的等效电阻，又称为端口的输入电阻。图 2-2 所示电路为串联电阻的等效电路。

如果已知端口电压为 u，在图 2-1 所示的参考方向下，分配到电阻 R_k 上电压为

$$u_k = R_k i = \frac{R_k}{R} u \tag{2-3}$$

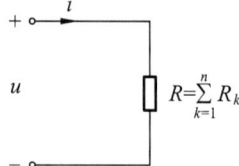

图 2-2 串联电阻的等效电路

由式(2-3)可知，串联电路中各电阻上电压的大小与其电阻值的大小成正比。

图 2-1 所示电路吸收的总功率为

$$\begin{aligned} p &= ui = (u_1 + u_2 + \cdots + u_n)i \\ &= p_1 + p_2 + \cdots + p_n = \sum_{k=1}^{n} p_k \end{aligned} \tag{2-4}$$

即电阻串联时，电路消耗的总功率等于各电阻消耗功率的总和。

2. 电阻的并联

当 n 个电阻并联连接时，其电路如图 2-3 所示。并联电路的特点是各元件上的电压相等，均为 u。

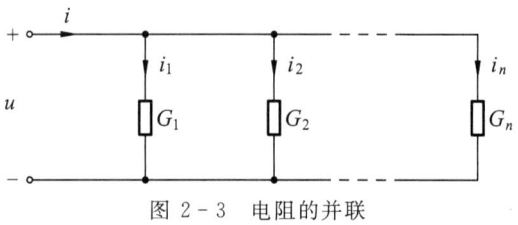

图 2-3 电阻的并联

根据 KCL 可知

$$i = i_1 + i_2 + \cdots + i_n = \sum_{k=1}^{n} i_k \tag{2-5}$$

而 $i_k = \dfrac{u}{R_k} = G_k u$

所以 $i = (G_1 + G_2 + \cdots + G_n)u = Gu$

其中 $$G = G_1 + G_2 + \cdots + G_n = \sum_{k=1}^{n} G_k \tag{2-6}$$

式中，G 是 n 个电阻并联时的等效电导，又称为端口的输入电导。并联电阻的等效电路如图 2-4 所示。

如果已知端口电流为 i，在图 2-3 所示的参考方向下，分配到第 k 个电阻上的电流为

$$i_k = G_k u = \frac{G_k}{G} i \qquad (2-7)$$

该式说明并联电路中各电阻上分配到的电流与其电导值的大小成正比。

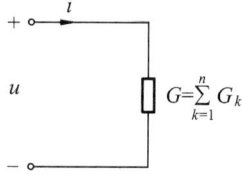

图 2-4 并联电阻的等效电路

图 2-3 所示电路吸收的总功率为

$$p = ui = (i_1 + i_2 + \cdots + i_n)u$$
$$= p_1 + p_2 + \cdots + p_n = \sum_{k=1}^{n} p_k \qquad (2-8)$$

即电阻并联时，电路消耗的总功率等于各电阻消耗功率的总和。

例 2-1 电路如图 2-5 所示。求：(1) ab 两端的等效电阻 R_{ab}；(2) cd 两端的等效电阻 R_{cd}。

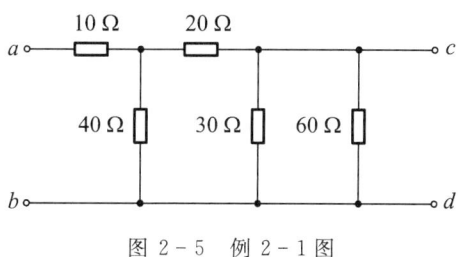

图 2-5 例 2-1 图

解

(1) 求解 R_{ab} 的过程如图 2-6 所示。所以

$$R_{ab} = 30 \ \Omega$$

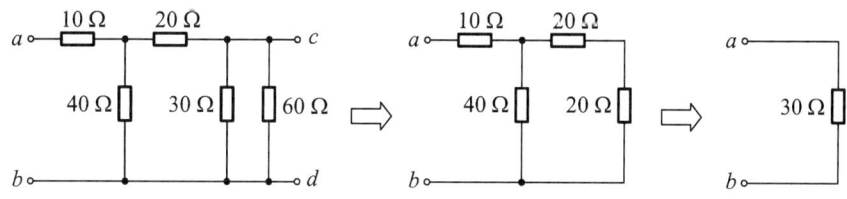

图 2-6 求 R_{ab} 的图示过程

(2) 求 R_{cd} 时，一些电阻的连接关系发生了变化，10 Ω 电阻对于求 R_{cd} 不起作用。R_{cd} 的求解过程如图 2-7 所示。所以

$$R_{cd} = 15 \ \Omega$$

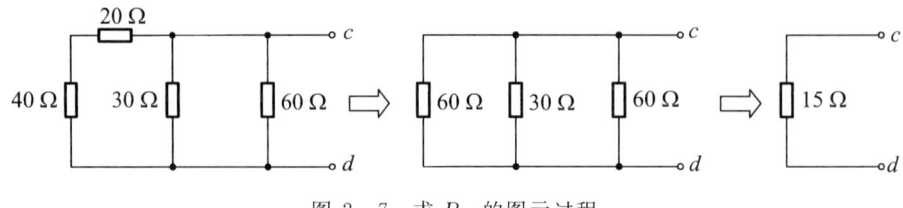

图 2-7 求 R_{cd} 的图示过程

例 2-2 求图 2-8 所示的惠斯通电桥的平衡条件。

解 电桥平衡时,检流计Ⓖ的读数为零,因此,电桥平衡的条件就是指电阻 R_1、R_2、R_3、R_4 满足一定条件时,检流计的读数为零。

检流计的读数为零,即 $i_g=0$ 时,检流计所在的支路相当于开路,于是有

$$i_1=i_3, \quad i_2=i_4$$

另外,由于检流计的读数为零,电阻 R_5 上的电压为零,结点 b、c 之间相当于一条短路线,因此

$$u_{cb}=0$$

所以 $\quad u_{ac}=u_{ab}, \quad u_{cd}=u_{bd}$

即 $\quad R_1 i_1 = R_2 i_2, \quad R_3 i_3 = R_4 i_4$

两式相比有 $\quad \dfrac{R_1}{R_3}=\dfrac{R_2}{R_4}$

即电桥平衡的条件是

$$R_1 R_4 = R_2 R_3$$

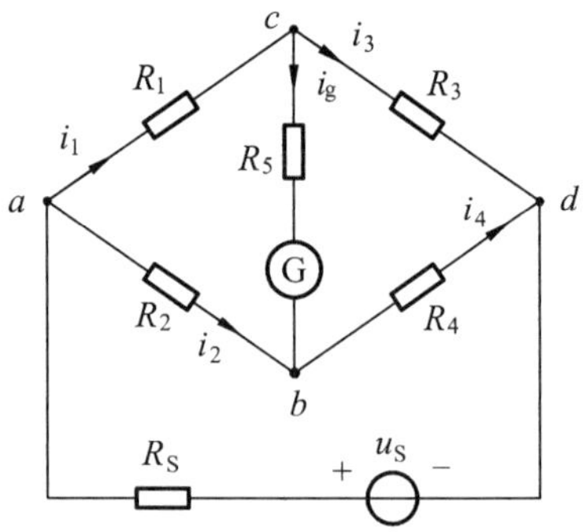

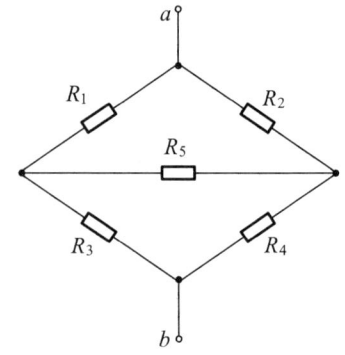

图 2-8 例 2-2 图

§2-2 电阻的三角形(△)连接与星形(Y)连接

1. 电阻的三角形(△)连接与星形(Y)连接

图 2-9 所示电路的各电阻之间既非串联连接又非并联连接,求 a、b 间的等效电阻时,无法再利用电阻串联、并联的计算方法进行求解。

当三个电阻首尾相连,并且三个连接点又分别与电路的其他部分相连时,这三个电阻的连接关系称为三角形(△)连接。如图 2-9 所示电路中,电阻 R_1、R_2、R_5 以及 R_3、R_4、R_5 均为三角形(△)连接。

图 2-9 电阻的三角形(△)
连接与星形(Y)连接

当三个电阻的一端接在公共结点上,而另一端分别接在电路的其他三个结点上时,这三个电阻的连接关系称为星形(Y)连接。如图 2-9 所示电路中,电阻 R_1、R_5、R_3 以及 R_2、R_5、R_4 的连接形式就是星形(Y)连接。

2. △ 连接与 Y 连接的等效变换

Y 连接与 △ 连接的电阻电路如图 2-10(a)、(b)所示。在电路分析中,如果将 Y 连接等效为 △ 连接或者将 △ 连接等效为 Y 连接,可以使电路变得简单而易于分析。下面就二者之间的等效变换进行讨论。

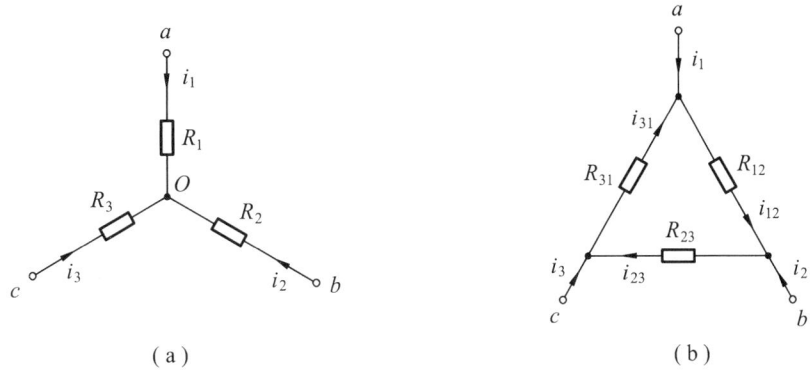

图 2-10 电阻的 Y 连接与 △连接

所谓等效是针对外电路而言的,以图 2-10 为例,在变换前后,a、b、c 三个端子上流过的电流是不变的,a、b、c 三个结点间的电压也是不变的。下面首先讨论如何由 Y 连接电路求解它的 △ 连接等效电路,即已知 R_1、R_2、R_3,求 R_{12}、R_{23}、R_{31}。

对于图 2-10(b)所示的 △ 连接,根据 KCL 可知

$$\left.\begin{aligned} i_1 &= i_{12} - i_{31} = \frac{u_{ab}}{R_{12}} - \frac{u_{ca}}{R_{31}} \\ i_2 &= i_{23} - i_{12} = \frac{u_{bc}}{R_{23}} - \frac{u_{ab}}{R_{12}} \\ i_3 &= i_{31} - i_{23} = \frac{u_{ca}}{R_{31}} - \frac{u_{bc}}{R_{23}} \end{aligned}\right\} \qquad (2-9)$$

对于图 2-10(a)所示的 Y 连接,根据 KVL 可知

$$u_{ab} = R_1 i_1 - R_2 i_2$$
$$u_{bc} = R_2 i_2 - R_3 i_3$$
$$u_{ca} = R_3 i_3 - R_1 i_1 = -(u_{ab} + u_{bc})$$

根据 KCL 得 $i_1+i_2+i_3=0$

联立求解以上 Y 连接的方程，并整理得

$$\left.\begin{aligned} i_1 &= \frac{u_{ab}}{\dfrac{R_1R_2+R_2R_3+R_3R_1}{R_3}} - \frac{u_{ca}}{\dfrac{R_1R_2+R_2R_3+R_3R_1}{R_2}} \\ i_2 &= \frac{u_{bc}}{\dfrac{R_1R_2+R_2R_3+R_3R_1}{R_1}} - \frac{u_{ab}}{\dfrac{R_1R_2+R_2R_3+R_3R_1}{R_3}} \\ i_3 &= \frac{u_{ca}}{\dfrac{R_1R_2+R_2R_3+R_3R_1}{R_2}} - \frac{u_{bc}}{\dfrac{R_1R_2+R_2R_3+R_3R_1}{R_1}} \end{aligned}\right\} \quad (2-10)$$

由于图 2-10(a) 与图 2-10(b) 所示两电路等效，式(2-9)与式(2-10)对应的系数必然相等，由此得

$$\left.\begin{aligned} R_{12} &= \frac{R_1R_2+R_2R_3+R_3R_1}{R_3} \\ R_{23} &= \frac{R_1R_2+R_2R_3+R_3R_1}{R_1} \\ R_{31} &= \frac{R_1R_2+R_2R_3+R_3R_1}{R_2} \end{aligned}\right\} \quad (2-11)$$

同理，可以得出由 △ 连接转换到 Y 连接的关系式

$$\left.\begin{aligned} R_1 &= \frac{R_{31}R_{12}}{R_{12}+R_{23}+R_{31}} \\ R_2 &= \frac{R_{12}R_{23}}{R_{12}+R_{23}+R_{31}} \\ R_3 &= \frac{R_{23}R_{31}}{R_{12}+R_{23}+R_{31}} \end{aligned}\right\} \quad (2-12)$$

当 △ 连接的三个电阻相等，即 $R_{12}=R_{23}=R_{31}=R_\triangle$ 时，由式(2-12)可知，等效为 Y 连接的三个电阻也必然相等，即 $R_1=R_2=R_3=R_Y$。反之亦然，并有

$$R_Y = \frac{1}{3}R_\triangle \quad (2-13)$$

例 2-3 求图 2-11(a)所示电路的等值电阻 R_{ab}。

解 将图 2-11(a) 所示电路中的 △ 连接部分等效为 Y 连接，如图 2-11(b)所示，其中

$$R_1 = \frac{3\times 5}{3+5+2}\ \Omega = 1.5\ \Omega$$

§2-2 电阻的三角形(△)连接与星形(Y)连接

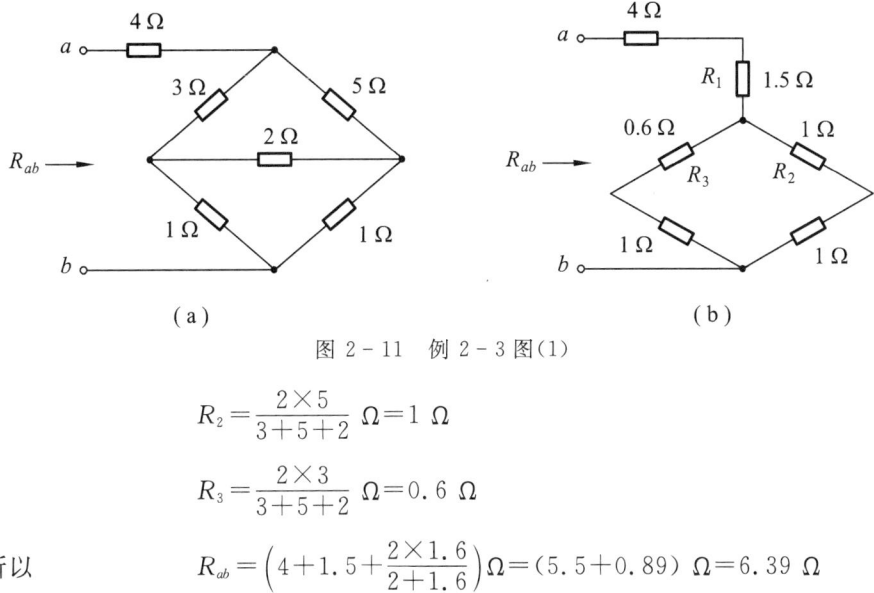

图 2-11 例 2-3 图(1)

$$R_2 = \frac{2\times 5}{3+5+2}\ \Omega = 1\ \Omega$$

$$R_3 = \frac{2\times 3}{3+5+2}\ \Omega = 0.6\ \Omega$$

所以
$$R_{ab} = \left(4+1.5+\frac{2\times 1.6}{2+1.6}\right)\Omega = (5.5+0.89)\ \Omega = 6.39\ \Omega$$

另解 也可以将图 2-11(a)中的 1 Ω、2 Ω 和 3 Ω 三个 Y 连接的电阻变换成 △ 连接,如图 2-12 所示。其中

$$R_1 = \frac{1\times 2+2\times 3+3\times 1}{1}\ \Omega = 11\ \Omega$$

$$R_2 = \frac{1\times 2+2\times 3+3\times 1}{3}\ \Omega = 3.67\ \Omega$$

$$R_3 = \frac{1\times 2+2\times 3+3\times 1}{2}\ \Omega = 5.5\ \Omega$$

所以
$$R_{ab} = \left(4+\frac{5.5\times 4.224}{5.5+4.224}\right)\ \Omega = 6.39\ \Omega$$

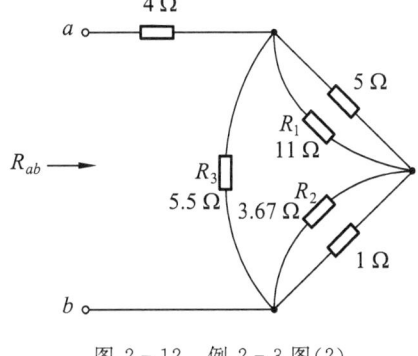

图 2-12 例 2-3 图(2)

两种方法求出的结果完全相等。

例 2-4 电路如图 2-13(a)所示,各电阻的阻值均为 1 Ω。试求 a、b 间的等效电阻。

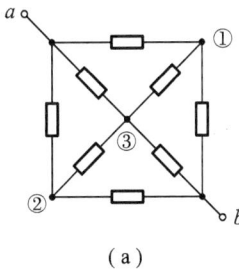

(a)

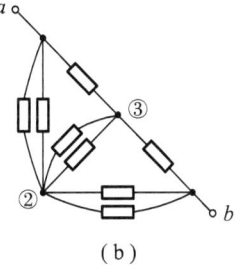

(b)

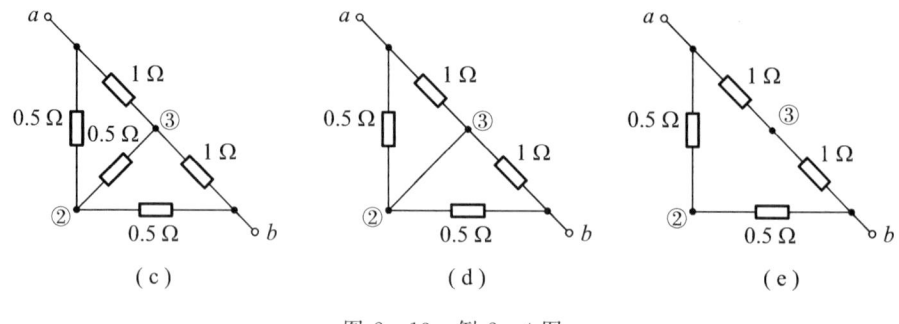

图 2-13 例 2-4 图

解 本题可利用 △ 形与 Y 形之间的等效变换进行求解,但也可利用电路的对称性进行求解。这里采用后面一种方法。

图 2-13(a)所示电路,如在 a、b 间施加电压,结点①和结点②是两个对称结点,为等电位点,因此可将结点①与结点②短接,如图 2-13(b)所示。图 2-13(c)所示电路为图 2-13(b)的等效电路,该电路满足电桥平衡条件,故结点②与结点③可视为短路,见图 2-13(d)。另外,电桥平衡时,图 2-13(c)中结点②与结点③之间的支路电流为零,所以结点②与结点③之间也可视为开路,如图 2-13(e)所示。

由图 2-13(d)或图 2-13(e)均可求得

$$R_{ab} = \frac{2}{3} \ \Omega$$

例 2-5 图 2-14(a)所示电路为一个无限链型网络,每个环节由 R_1 与 R_2 组成,求输入电阻 R_{ab}。

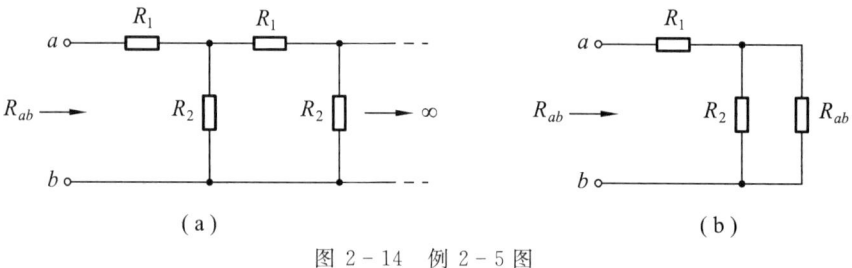

图 2-14 例 2-5 图

解 因为是无限链型网络,所以在输入端去掉一个或增加一个(或有限个)环节,网络的输入电阻不变,如图 2-14(b)所示,于是有

$$R_{ab} = R_1 + \frac{R_2 R_{ab}}{R_2 + R_{ab}}$$

即

$$R_{ab}^2 - R_1 R_{ab} - R_1 R_2 = 0$$

解得 $$R_{ab} = \frac{R_1 \pm \sqrt{R_1^2 + 4R_1R_2}}{2}$$

由于 $R_{ab} > 0$

所以 $$R_{ab} = \frac{R_1 + \sqrt{R_1^2 + 4R_1R_2}}{2}$$

§2-3 电源的串联、并联

1. 电压源的串联与并联

当电路中有多个电压源串联时，以图 2-15(a)所示的三个电压源串联为例，对于外电路来说，可以等效成一个电压源，如图 2-15(b)所示。根据 KVL 可知等效电压源的电压值为

$$u = u_1 + u_2 - u_3$$

即多个电压源串联时，其等效电压源的电压为各个电压源电压的代数和。

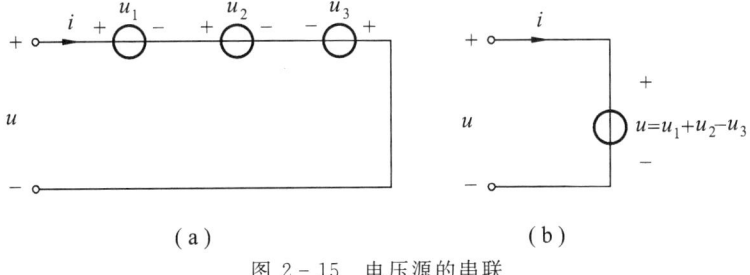

图 2-15 电压源的串联

关于电压源的并联，必须在满足大小相等、方向相同这一条件下方可进行，并且其等效电压源的电压值就是其中任何一个电压源的电压值。

2. 电流源的并联与串联

当电路中有多个电流源并联时，以图 2-16(a)所示的三个电流源并联为例，对于外电路来说，可以等效成一个电流源，如图 2-16(b)所示。根据 KCL 可知等效电流源的电流值为

$$i = -i_1 + i_2 - i_3$$

即多个电流源并联时，其等效电流源的电流为各个电流源电流的代数和。

关于电流源的串联，则必须严格满足大小相等、方向相同这一条件，并且其等效电流源的电流值就是其中任何一个电流源的电流值。

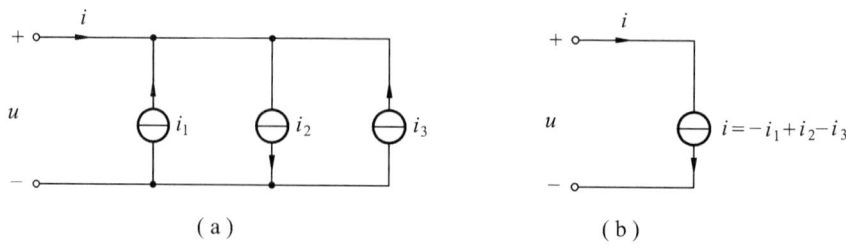

图 2-16 电流源的并联

由于等效电路是针对外电路而言的,故一个电压源与一个电流源并联时,可等效为一个电压源,如图 2-17(a)所示,即此时电流源被视为多余元件,可以去掉;而当一个电流源与一个电压源串联时,可等效为一个电流源,如图 2-17(b)所示,即电压源被视为多余元件,可以去掉。同理可推出图 2-18(a)、(b)所示的等效电路。

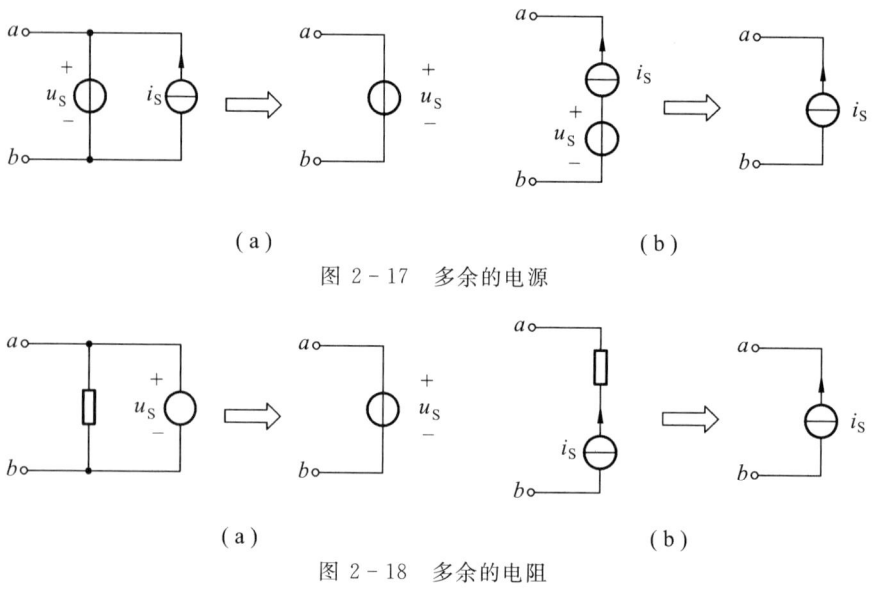

图 2-17 多余的电源

图 2-18 多余的电阻

例 2-6 电路如图 2-19(a)所示。求图中电阻和电流源上的电压。

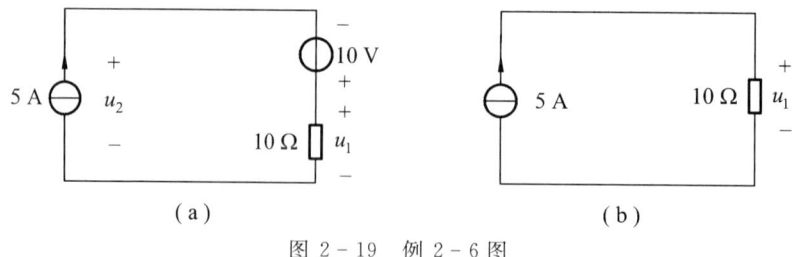

图 2-19 例 2-6 图

解 设所求电压分别为 u_1 和 u_2,如图 2-19(a)所标。

求 u_1 时,由于电流源与电压源串联,故对电阻而言,只有电流源起作用,电压源可以去掉,其等效电路如图 2-19(b)所示。因此

$$u_1 = 5 \times 10 \text{ V} = 50 \text{ V}$$

求电流源上的电压 u_2 时,则不能将电压源去掉,应回到原电路中去求解。根据 KVL 可知

$$u_2 = -10 + u_1 = (-10 + 50) \text{ V} = 40 \text{ V}$$

§2-4 电源的等效变换

一个实际的电压源(电压源串电阻)如图 2-20(a)所示,一个实际的电流源(电流源并电阻)如图 2-20(b)所示,它们作用于完全相同的外电路。如果对外电路而言,这两种电源作用的效果完全相同,即两电路端口处的电压 u、电流 i 相等,则称这两种电源对外电路而言是等效的,那么这两种电源之间可以等效互换。

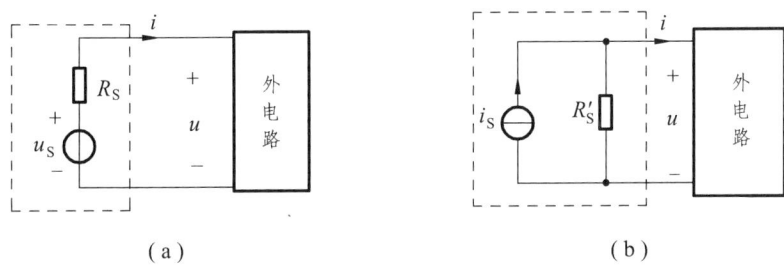

图 2-20 电源的等效

对于图 2-20(a)所示的电压源串电阻的端口,根据 KVL 得

$$u = u_S - R_S i$$

即

$$i = \frac{u_S}{R_S} - \frac{1}{R_S} u \tag{2-14}$$

对于图 2-20(b)所示的电流源并电阻的端口,根据 KCL 得

$$i = i_S - \frac{1}{R_S'} u \tag{2-15}$$

因为两电路等效,故两电路端口处的电压 u、电流 i 相等,比较式(2-14)和式(2-15)得

$$\left.\begin{aligned} i_S &= \frac{u_S}{R_S} \\ R'_S &= R_S \end{aligned}\right\} \quad (2-16)$$

由此可将电压源串电阻的电路等效为电流源并电阻的电路,反之亦然。等效变换如图 2-21 所示。

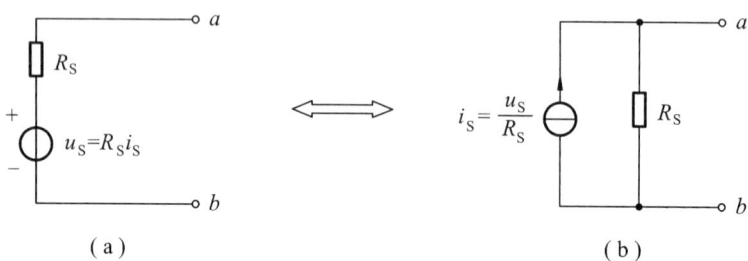

图 2-21 电源间的等效变换

例如图 2-22(a)所示电路,可将其等效为图 2-22(b)所示的电压源串电阻的形式。

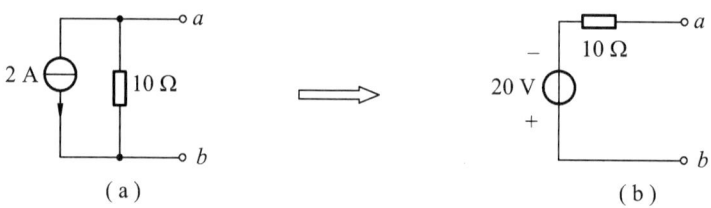

图 2-22 电流源并电阻的等效电路

电压源串电阻与电流源并电阻进行等效变换后,可以通过下面两种方法检查等效正确与否:

① 等效变换前后两电路端口处的开路电压应相等。如图 2-22 所示电路,令 $i=0$(开路),图(a)、(b)所示两电路的开路电压均为 $u_{OC}=-20$ V(设 a 端为正极性)。

② 等效变换前后两电路端口处的短路电流应相等。如图 2-22 所示电路,图(a)、(b)所示两电路的短路电流均为 $i_{SC}=-2$ A(设电流由 a 端流向 b 端)。

注意:理想电压源和理想电流源不能进行等效变换。

例 2-7 电路如图 2-23(a)所示,用电源等效变换法求流过负载 R_L 的电流 I。

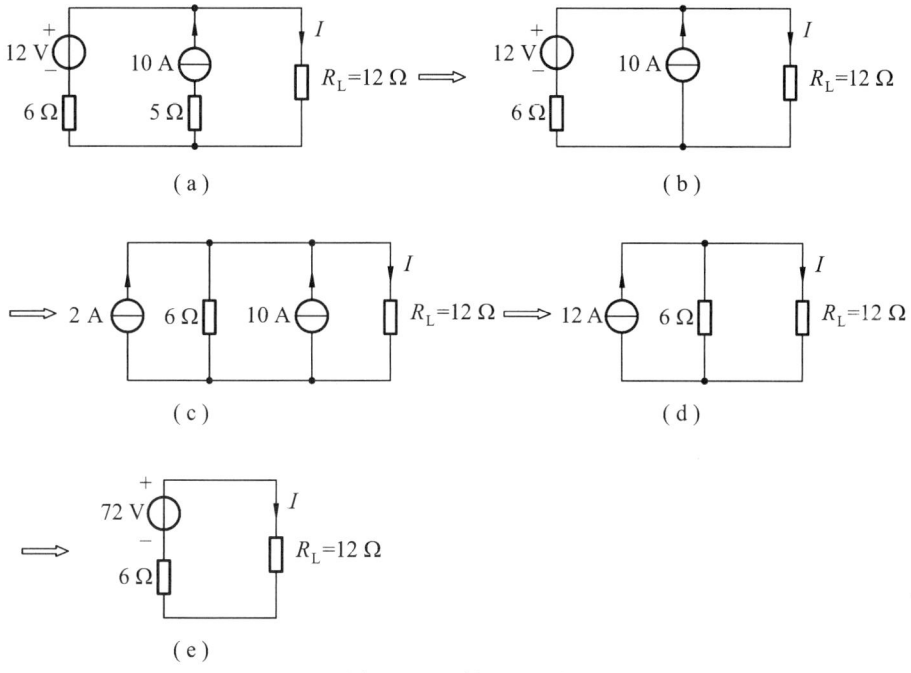

图 2-23 例 2-7 图

解 在图 2-23(a)中,由于 5 Ω 电阻与电流源串联,对于求解电流 I 来说,5 Ω 电阻为多余元件可去掉,故图 2-23(a)所示电路可等效为图(b)所示的电路。以后的等效变换过程分别如图(c)、(d)、(e)所示。最后由简化后的电路[见图 2-23(d)或(e)]便可求得电流

$$I = \frac{72}{6+12} \text{ A} = 4 \text{ A}$$

习 题 二

2-1 分别求出题 2-1 图所示电路在开关 K 打开和闭合两种情况下的电流表 Ⓐ 的读数。

2-2 题 2-2 图所示电路,当电阻 $R_2 = \infty$ 时,电压表 Ⓥ 的读数为 12 V;当 $R_2 = 10$ Ω 时,电压表 Ⓥ 的读数为 4 V,求 R_1 和 U_S 的值。

2-3 题 2-3 图所示电路。求开关 K 打开和闭合情况下的输入电阻 R_i。

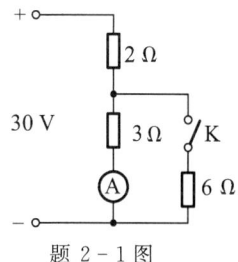

题 2-1 图

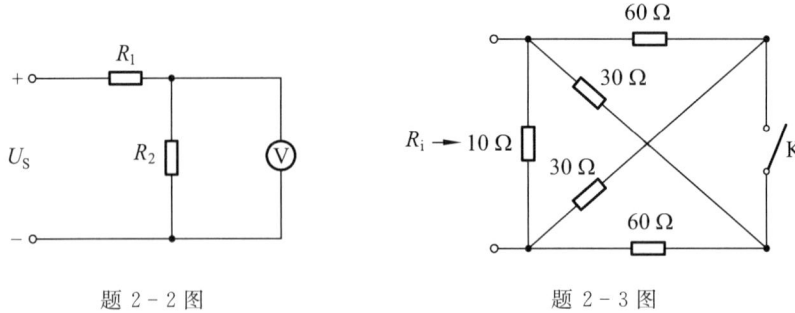

题 2-2 图　　　　　　　　题 2-3 图

2-4　求题 2-4 图所示电路的等效电阻 R_{ab}、R_{cd}。

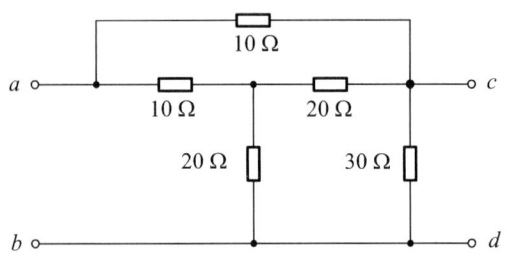

题 2-4 图

2-5　求题 2-5 图所示各电路的等效电阻 R_{ab}。

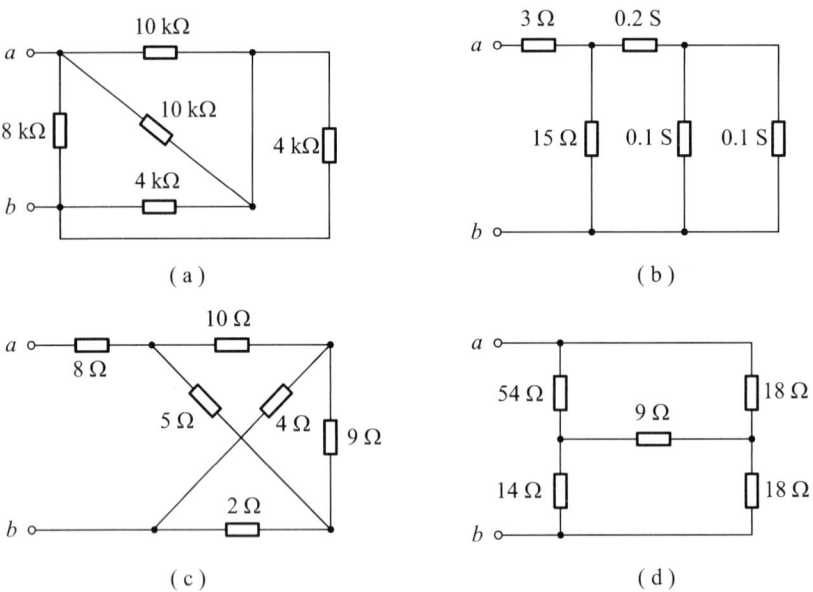

题 2-5 图

2-6 题 2-6 图所示电路中各电阻的阻值相等，均为 R，求等效电阻 R_{ab}。

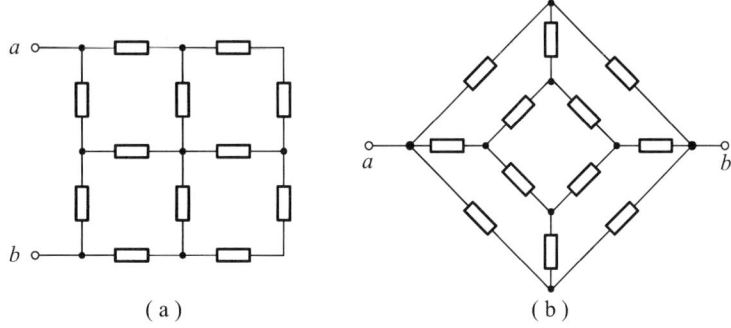

题 2-6 图

2-7 化简题 2-7 图所示各电路。

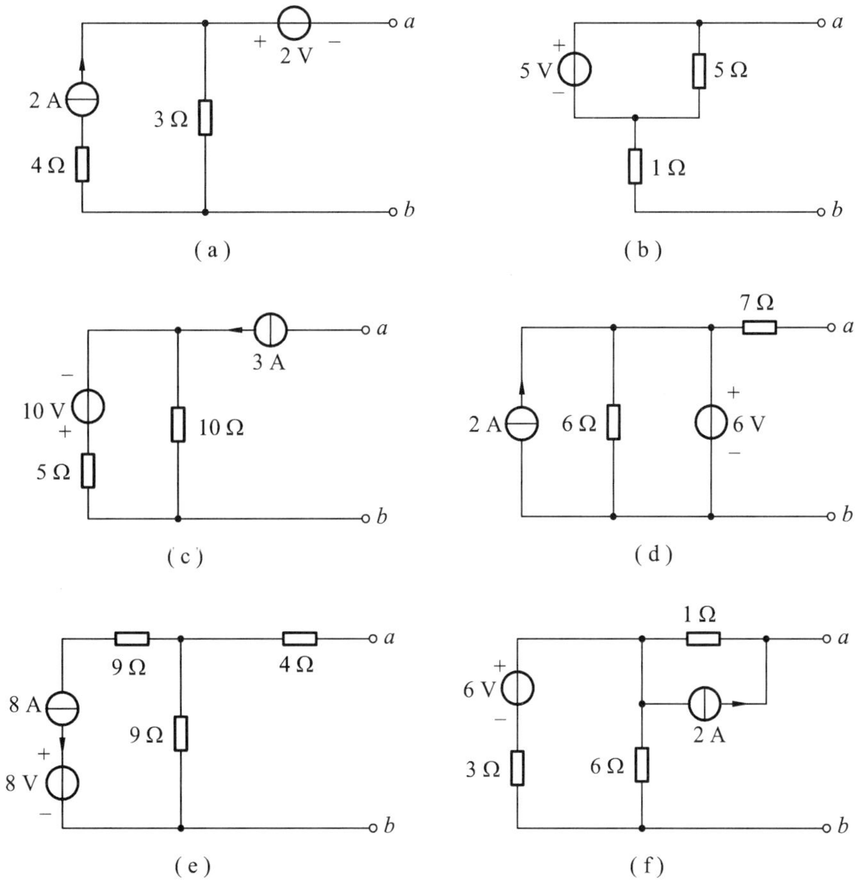

题 2-7 图

2-8 用电源等效变换法求题 2-8 图所示电路中负载 R_L 上的电压 U。

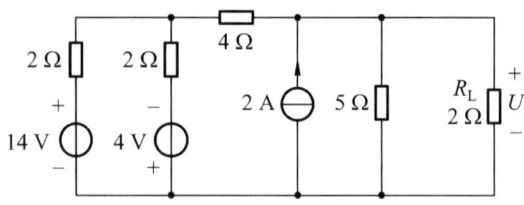

题 2-8 图

2-9 题 2-9 图所示电路。用电源等效变换法求电流 i。

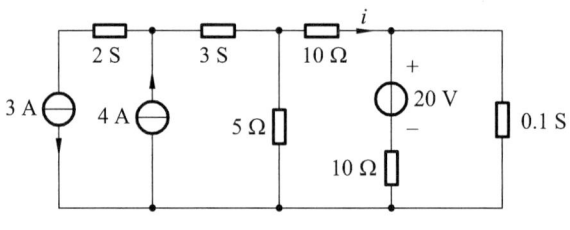

题 2-9 图

2-10 若题 2-10 图所示电路中电流 i 为 1.5 A，问电阻 R 的值是多少？

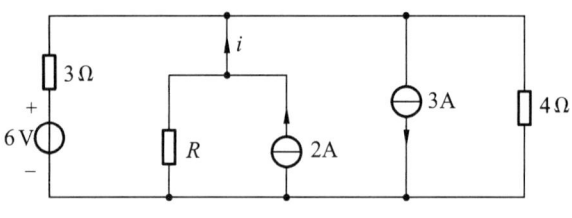

题 2-10 图

2-11 化简题 2-11 图所示电路。

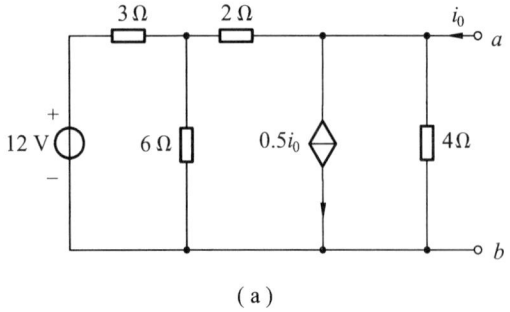
(a)

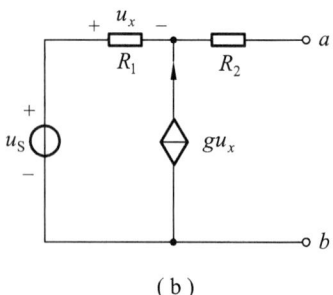
(b)

题 2-11 图

2-12 求题 2-12 图所示电路中电流源和电压源提供的功率分别是多少？

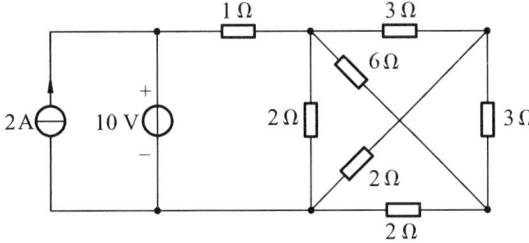

题 2-12 图

2-13 求题 2-13 图所示电路中 a、b 端的等效电阻 R_{ab}。

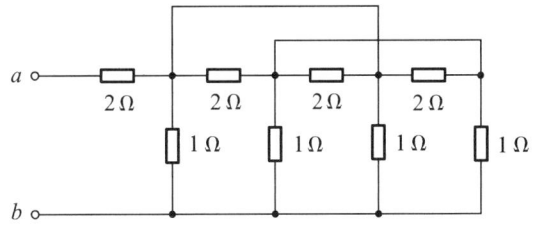

题 2-13 图

2-14 简化题 2-14 图所示电路。

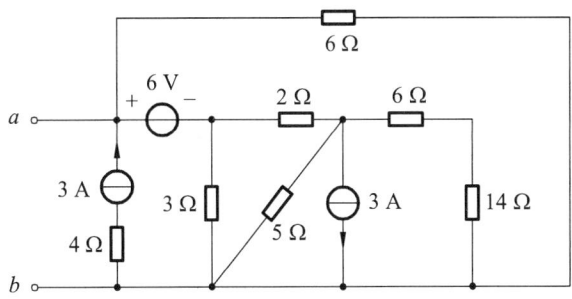

题 2-14 图

2-15 求题 2-15 图所示电路中的电流 I_1 和 I_2。

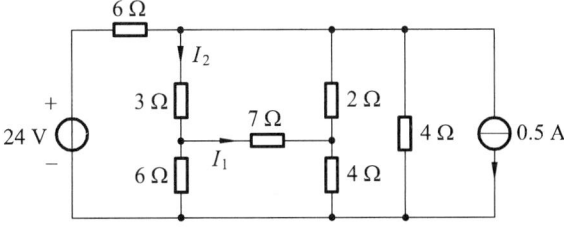

题 2-15 图

第 三 章

线性电路的基本分析方法

———————— 内 容 提 要 ————————

以前主要是利用等效变换法逐步化简电路来进行电路分析。但这种方法用于分析复杂电路就太繁杂了,而且没有一定的规律。为此本章介绍一些常用的、规范的电路分析方法,它们分别是支路电流法、结点电压法、网孔电流法、回路分析法和割集分析法。

§3-1 支路电流法

支路电流法是线性电路最基本的分析方法。它是以支路电流作为待求变量,根据基尔霍夫电流定律(KCL)建立独立的电流方程,根据基尔霍夫电压定律(KVL)建立独立的电压方程,然后联立求解方程即求得支路电流。

下面通过例题介绍该分析方法的具体求解过程。

例 3-1 用支路电流法求解图 3-1 所示电路。

解 各支路电流如图 3-1 所设,支路有 6 条,故变量有 6 个。

如果一个电路有 n 个结点,那么对于每个结点都可以列出相应的 KCL 方程,但只有其中的 $n-1$ 个结点的 KCL 方程是独立的。

本电路有 4 个结点,所以有 3 个独立的 KCL 方程。建立 KCL 方程时,选择 4 个结点中的任意 3 个即可,并假设流出结点的电流

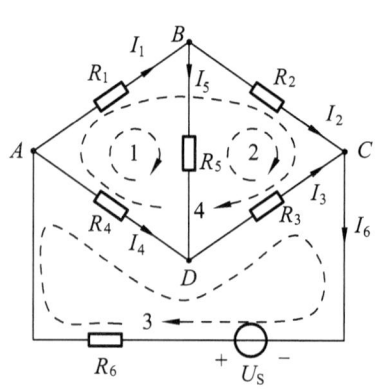

图 3-1 例 3-1 图

为正,流入结点的电流为负,于是有

结点 A: $I_1+I_4-I_6=0$

结点 B: $-I_1+I_2+I_5=0$

结点 C: $-I_2-I_3+I_6=0$

因为有 6 个变量,所以还需要 3 个方程方能求得支路电流,这 3 个方程可以通过 3 个回路建立 3 个独立的 KVL 方程获得。图 3-1 中,电路有若干个回路,如何从中选取 3 个独立的回路呢?确保方程独立的充分条件是每个回路必须至少含有一条其他回路所没有的支路。这里选回路 1、2、3(如图所示)列写 KVL 方程,并假设电压降方向与回路绕向一致时取正,反之取负,于是有

回路 1: $R_1I_1+R_5I_5-R_4I_4=0$

回路 2: $R_2I_2-R_3I_3-R_5I_5=0$

回路 3: $R_4I_4+R_3I_3-U_S+R_6I_6=0$

联立求解上述 6 个方程便可求得支路电流 $I_1 \sim I_6$。需要说明的是,如果列写 KVL 方程时选取的回路是回路 1、2、4(如图所示),则方程不独立。在选取独立回路列写 KVL 方程时,除了按前面提到的方法选取之外,按网孔建立的 KVL 方程也是完全独立的。

例 3-2 用支路电流法求图 3-2(a)所示电路的电压 u_1 和 u_2。已知 $R_1=1\ \Omega$, $R_2=2\ \Omega$, $R_3=3\ \Omega$, $u_{S1}=1\ V$, $u_{S2}=2\ V$。

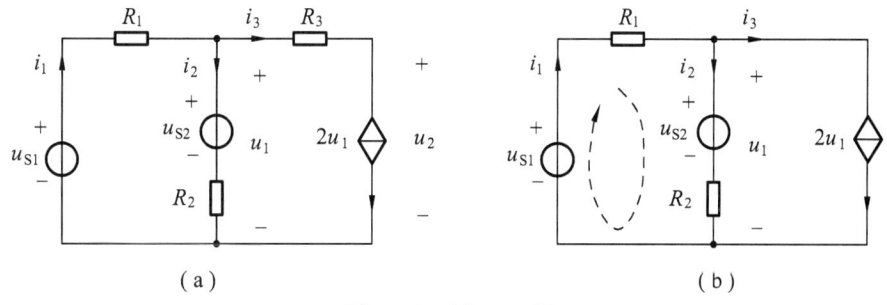

图 3-2 例 3-2 图

解 设支路电流 i_1、i_2、i_3 如图 3-2(a)所示。受控源 $2u_1$ 与独立源处理方式相同,由于电阻 R_3 与电流源串联,故电阻 R_3 用短路线代替后[如图 3-2(b)所示]并不影响支路电流 i_1、i_2、i_3 以及电压 u_1 的求解。电路共有 2 个结点,选其中任意一个结点建立 KCL 方程均可,其方程为

$$i_1-i_2-i_3=0$$

对图 3-2(b)所示的虚线回路建立 KVL 方程

$$-u_{S1}+R_1i_1+u_{S2}+R_2i_2=0$$

由于支路电流 i_3 的数值就是受控电流源的数值,所以

$$i_3 = 2u_1$$

支路电流法未知量是支路电流,故上式中的控制量 u_1 应转换为支路电流表示,即

$$u_1 = u_{S2} + R_2 i_2$$

代入数据并联立求解得

$$i_1 = 0.43 \text{ A}, \quad i_2 = -0.71 \text{ A}, \quad i_3 = 1.14 \text{ A}, \quad u_1 = 0.57 \text{ V}$$

求解受控源上的电压 u_2 时,应回到原电路即图 3-2(a)所示的电路中进行求解,此时

$$\begin{aligned} u_2 &= -R_3 i_3 + u_{S2} + R_2 i_2 \\ &= [-3 \times 1.14 + 2 + 2 \times (-0.71)] \text{ V} \\ &= -2.84 \text{ V} \end{aligned}$$

§3-2 结点电压法

支路电流法意味着电路有多少条支路就有多少个变量,变量多,求解量大,为此需要一种既可以求解电路,而变量数或方程数又相对少的分析方法,结点电压法(有的书上称为节点电压法)即为其中之一。当电路的支路数较多,而结点数较少时,采用结点电压法分析电路最为简便。

所谓结点电压是指,任选电路中的某一结点作为参考点,并假设该结点的电位为零(通常用接地符号或 0 表示,如图 3-3 所示),那么其他结点与该参考结点之间的电压就是结点电压,又称结点电位。

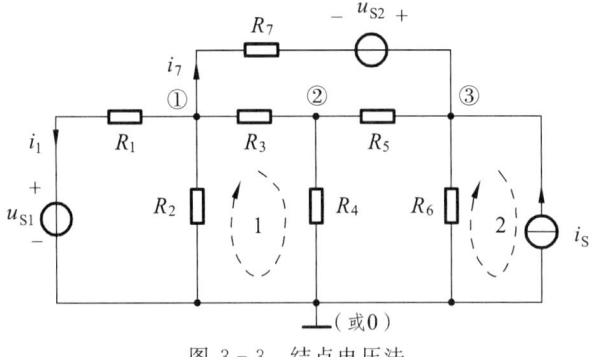

图 3-3 结点电压法

结点电压法又被称为结点电位法或结点法,此分析方法是将结点电压作为一组独立的求解变量,根据基尔霍夫电流定律对独立结点(通常选除参考点以

外的结点)建立关于结点电压的 KCL 方程,联立求解方程即可解得结点电压。

图 3-3 所示电路共有 4 个结点,如选最下面的结点作为参考点(即认为该结点的电位为零),那么结点①与参考结点之间的电压就是结点①的结点电压,记作 u_1;同理,结点②的结点电压为 u_2,结点③的结点电压为 u_3。结点电压的极性规定为:参考结点为"$-$"极性,其余结点均为"$+$"极性,故用结点电压法分析电路时通常不需要标注结点电压的参考极性。

对结点电压做以下几点说明:

① 电路中所有的量均可由结点电压表示,如图 3-3 中

结点①与结点②之间的电压:$u_{12}=u_1-u_2$

R_5 上的电压: $u_{23}=u_2-u_3$

支路 1 的电流: $i_1=\dfrac{u_1-u_{S1}}{R_1}$

支路 7 的电流: $i_7=\dfrac{u_{13}+u_{S2}}{R_7}=\dfrac{u_1-u_3+u_{S2}}{R_7}$

因此,结点电压是一组独立的求解变量。

② 结点电压自动满足基尔霍夫电压定律(KVL),如

回路 1: $-u_1+u_{12}+u_2=0$,

而 $u_{12}=u_1-u_2$

所以 $-u_1+u_1-u_2+u_2=0$

回路 2: $-u_3+u_3=0$

因此,结点电压法不能利用 KVL 列方程,只能根据 KCL 建立方程。

③ 如果一个电路中有 n 个结点、b 条支路,那么结点电压法变量的数目为 $(n-1)$,需要列写的 KCL 方程的数目也是 $(n-1)$ 个。与支路电流法对照,结点电压法比支路电流法少了 $b-(n-1)$ 个变量。

下面具体介绍结点电压法。分两种情况进行讨论。

1. 电路中没有不串联电阻的电压源

电路如图 3-3 所示,结点电压 u_1、u_2、u_3 如图所设。下面建立结点①、②、③的 KCL 方程,并假设流出结点的电流为正,流入结点的电流为负,即

$$\left.\begin{aligned}
\text{结点①}: & \ \frac{1}{R_1}(u_1-u_{S1})+\frac{1}{R_2}u_1+\frac{1}{R_3}(u_1-u_2)+\frac{1}{R_7}(u_1-u_3+u_{S2})=0 \\
\text{结点②}: & \ \frac{1}{R_3}(u_2-u_1)+\frac{1}{R_4}u_2+\frac{1}{R_5}(u_2-u_3)=0 \\
\text{结点③}: & \ \frac{1}{R_5}(u_3-u_2)+\frac{1}{R_6}u_3+\frac{1}{R_7}(u_3-u_1-u_{S2})-i_S=0
\end{aligned}\right\} \quad (3-1)$$

对方程组(3-1)进行整理得

$$\left.\begin{aligned}\left(\frac{1}{R_1}+\frac{1}{R_2}+\frac{1}{R_3}+\frac{1}{R_7}\right)u_1-\frac{1}{R_3}u_2-\frac{1}{R_7}u_3&=\frac{u_{S1}}{R_1}-\frac{u_{S2}}{R_7}\\ -\frac{1}{R_3}u_1+\left(\frac{1}{R_3}+\frac{1}{R_4}+\frac{1}{R_5}\right)u_2-\frac{1}{R_5}u_3&=0\\ -\frac{1}{R_7}u_1-\frac{1}{R_5}u_2+\left(\frac{1}{R_5}+\frac{1}{R_6}+\frac{1}{R_7}\right)u_3&=i_S+\frac{1}{R_7}u_{S2}\end{aligned}\right\} \quad (3-2)$$

对方程组(3-2)联立求解,便可求得结点电压 u_1、u_2、u_3。另外,通过结点电压还可求得各支路的电流、功率等物理量。

方程组(3-2)有一定的规律性,可通过观察直接写出来。以结点①的方程为例,其中:

$\frac{1}{R_1}+\frac{1}{R_2}+\frac{1}{R_3}+\frac{1}{R_7}=G_{11}$ ——与结点①相连的各支路电导的总和,称为结点①的自电导,且为正。

$-\frac{1}{R_3}=G_{12}$ ——结点①与结点②之间各支路电导之和,并取其负值,称其为结点①与结点②的互电导。

$-\frac{1}{R_7}=G_{13}$ ——结点①与结点③之间各支路电导之和,并取其负值。

$\frac{u_{S1}}{R_1}-\frac{u_{S2}}{R_7}=i_{11}$ ——流入结点①的电流源之和,且流入为正,流出为负。

所以式(3-2)可简写为

$$\left.\begin{aligned}G_{11}u_1+G_{12}u_2+G_{13}u_3&=i_{11}\\ G_{21}u_1+G_{22}u_2+G_{23}u_3&=i_{22}\\ G_{31}u_1+G_{32}u_2+G_{33}u_3&=i_{33}\end{aligned}\right\} \quad (3-3)$$

将式(3-3)写成矩阵形式,则有

$$\begin{bmatrix}G_{11} & G_{12} & G_{13}\\ G_{21} & G_{22} & G_{23}\\ G_{31} & G_{32} & G_{33}\end{bmatrix}\begin{bmatrix}u_1\\ u_2\\ u_3\end{bmatrix}=\begin{bmatrix}i_{11}\\ i_{22}\\ i_{33}\end{bmatrix} \quad (3-4)$$

其中 $\begin{bmatrix}G_{11} & G_{12} & G_{13}\\ G_{21} & G_{22} & G_{23}\\ G_{31} & G_{32} & G_{33}\end{bmatrix}=\boldsymbol{G}$,称为结点电导矩阵。

当电路中不含受控源时,不难知道有下列式子成立

$G_{12}=G_{21}$, $G_{13}=G_{31}$, $G_{23}=G_{32}$

例 3-3 列出图 3-4 所示电路的结点电压方程。

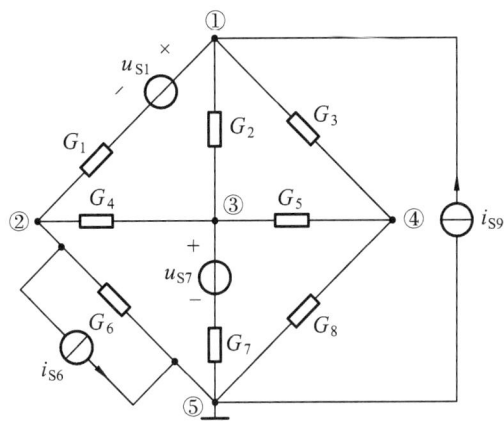

图 3-4 例 3-3 图

解 选结点⑤作为参考点,各结点电压分别为 u_1、u_2、u_3、u_4。根据列写结点电压方程的规律,不难得出结点电压方程为

结点①: $(G_1+G_2+G_3)u_1-G_1u_2-G_2u_3-G_3u_4=G_1u_{S1}+i_{S9}$

结点②: $-G_1u_1+(G_1+G_4+G_6)u_2-G_4u_3=-i_{S6}-G_1u_{S1}$

结点③: $-G_2u_1-G_4u_2+(G_2+G_4+G_5+G_7)u_3-G_5u_4=G_7u_{S7}$

结点④: $-G_3u_1-G_5u_3+(G_3+G_5+G_8)u_4=0$

例 3-4 电路如图 3-5 所示。用结点电压法求电流 I_2 和 I_3 以及各电源发出的功率。

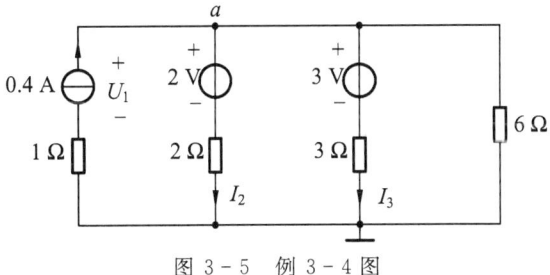

图 3-5 例 3-4 图

解 选参考结点如图 3-5 所示,其结点电压为 U_a。结点 a 的 KCL 方程为

$$\left(\frac{1}{2}+\frac{1}{3}+\frac{1}{6}\right)U_a=0.4+\frac{2}{2}+\frac{3}{3}$$

所以 $U_a=2.4\text{ V}$

故 $I_2=\dfrac{U_a-2}{2}=0.2\text{ A}, \quad I_3=\dfrac{U_a-3}{3}=-0.2\text{ A}$

两个电压源发出的功率分别为

$$P_{2V}=-2\times I_2=-0.4 \text{ W}$$
$$P_{3V}=-3\times I_3=0.6 \text{ W}$$

在求电流源发出的功率之前,先求出电流源上的电压 U_1(注意:此时 1 Ω 电阻不能作为多余元件去掉)

$$U_1=U_a+1\times 0.4=2.8 \text{ V}$$

所以
$$P_{0.4A}=0.4\times U_1=1.12 \text{ W}$$

例 3 - 5 用结点电压法求图 3 - 6 所示电路的结点电压 u_1 和 u_2。

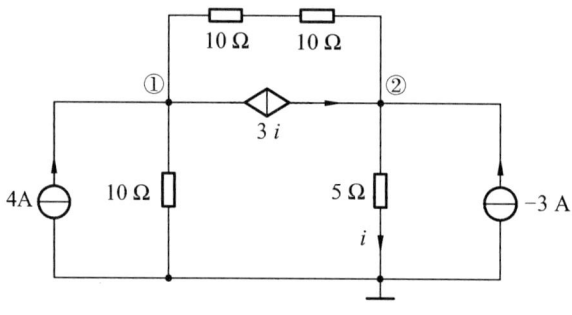

图 3 - 6 例 3 - 5 图

解 对结点①、结点②分别建立 KCL 方程,即

结点①: $\left(\dfrac{1}{10}+\dfrac{1}{10+10}\right)u_1-\dfrac{1}{10+10}u_2=4-3i$ （1）

结点②: $-\dfrac{1}{10+10}u_1+\left(\dfrac{1}{5}+\dfrac{1}{10+10}\right)u_2=3i+(-3)$ （2）

由于电路中含有受控源,所以还需要增加一个关于受控源的控制量与结点电压的关系式。根据电路可知

$$i=\dfrac{u_2}{5} \tag{3}$$

将关系式(3)代入式子(1)、(2),整理得

$$\begin{cases}3u_1+11u_2=80\\ u_1+7u_2=60\end{cases}$$

联立求解得结点电压为

$$u_1=-10 \text{ V}, \quad u_2=10 \text{ V}$$

例 3 - 6 两个实际电压源并联向三个负载供电的电路如图 3 - 7 所示。其中 R_1、R_2 分别是两个电源的内阻,R_3、R_4、R_5 为负载,求负载两端的电压。

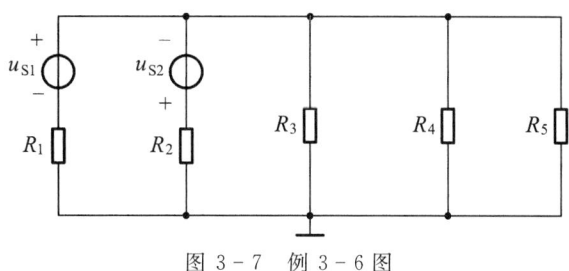

图 3-7 例 3-6 图

解 由于电路只有两个结点，所以只需要列一个结点电压方程。参考结点如图中所设，结点电压为 u，其 KCL 方程为

$$\left(\frac{1}{R_1}+\frac{1}{R_2}+\frac{1}{R_3}+\frac{1}{R_4}+\frac{1}{R_5}\right)u=\frac{u_{S1}}{R_1}-\frac{u_{S2}}{R_2}$$

即

$$(G_1+G_2+G_3+G_4+G_5)u=G_1 u_{S1}-G_2 u_{S2}$$

所以

$$u=\frac{G_1 u_{S1}-G_2 u_{S2}}{G_1+G_2+G_3+G_4+G_5}$$

像例 3-6 所示的支路多但结点却只有两个的电路，采用结点法分析电路最为简便，只需要列一个方程就可以了，其通用式子为

$$u=\frac{\sum Gu_S}{\sum G} \tag{3-5}$$

式(3-5)被称为弥尔曼定理。

2. 电路中含有不串联电阻的电压源

电路中含有不串联电阻的电压源支路的情况下，采用结点电压法建立与该支路相连的结点的 KCL 方程时，由于该支路的电流无法用结点电压表示，所以不能采用上面总结的有关结点电压方程的规律来列写。下面就含有不串联电阻的电压源电路，通过例题介绍几种具体的求解方法。

例 3-7 电路如图 3-8 所示。求结点①与结点②之间的电压 u_{12}。

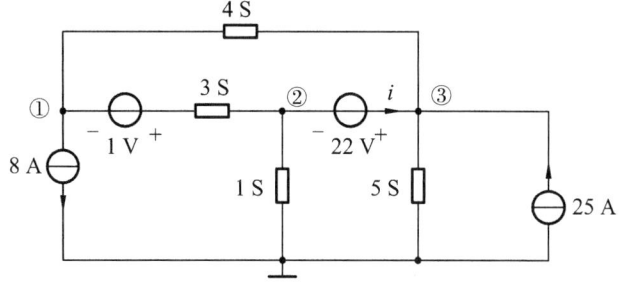

图 3-8 例 3-7 图(1)

解法 1 由于列写结点的 KCL 方程的实质就是流出（或流入）该结点的电流代数和为零，所以对这种电路的处理方法之一便是假设流过 22 V 电压源的电流为 i，如图 3-8 中所示，那么各结点的电流方程为

结点①：　$4(u_1-u_3)+3(u_1-u_2+1)+8=0$

结点②：　$3(u_2-u_1-1)+1\times u_2+i=0$

结点③：　$4(u_3-u_1)-i+5u_3-25=0$

由于多了一个未知量 i，所以必须再增加一个方程，即

$$u_3-u_2=22$$

联立 4 个方程求解得

$$u_1=-4.5\text{ V},\quad u_2=-15.5\text{ V},\quad u_3=6.5\text{ V}$$

所以　　　　　　　$u_{12}=u_1-u_2=11$ V

解法 2 将 22 V 电压源包围在封闭面内，如图 3-9 所示。结点电压仍为 u_1、u_2 和 u_3，但在建立 KCL 方程时，不再单独对结点②和结点③分别列写方程，而是建立虚线所示广义结点（又称超结点或高斯面）的 KCL 方程，而结点①的 KCL 方程不变，于是有

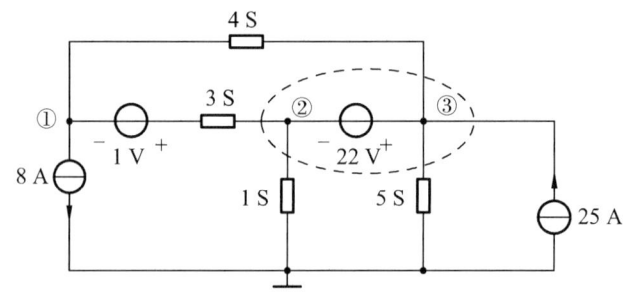

图 3-9　例 3-7 图(2)

结点①：　　$4(u_1-u_3)+3(u_1-u_2+1)+8=0$

广义结点：$4(u_3-u_1)+3(u_2-u_1-1)+1\times u_2+5u_3-25=0$

辅助方程：$u_3-u_2=22$

联立求解得　　　$u_1=-4.5\text{ V},\quad u_2=-15.5\text{ V},\quad u_3=6.5$ V

所以　　　　　　$u_{12}=u_1-u_2=11$ V

解法 3 如果电路的参考结点可以任意选择，那么可以选 22 V 电压源的一端作为参考结点，并重新标注其他结点，如图 3-10 所示。由于结点③的电压正好是电压源电压，可以认为结点③的电压已经确定，故不再列写结点③的 KCL 方程，只需建立结点①和结点②的 KCL 方程即可，故有

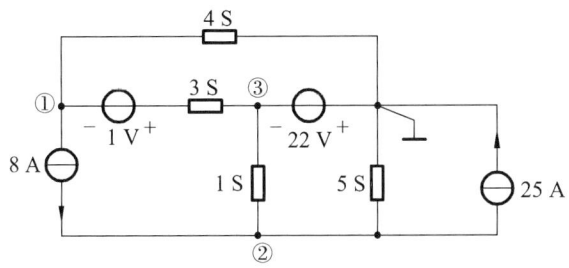

图 3-10 例 3-7 图(3)

结点①：$4u_1+3(u_1-u_3+1)+8=0$

结点②：$-8+1\times(u_2-u_3)+5u_2+25=0$

结点③：$u_3=-22$ V

联立求解得　　$u_1=-11$ V，$u_2=-6.5$ V

所以　　$u_{13}=u_1-u_3=11$ V

例 3-8　用结点电压法求图 3-11 所示电路的电流 I。

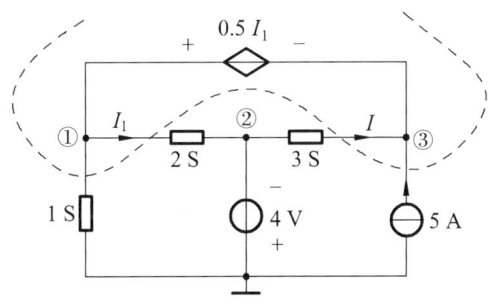

图 3-11　例 3-8 图

解　参考结点以及结点电压 U_1、U_2、U_3 如图所设。结点②的电压为

$$U_2=-4 \text{ V}$$

广义结点如虚线所示。假设流出广义结点的电流为正，流入广义结点的电流为负，则广义结点的 KCL 方程为

$$1\times U_1+2(U_1-U_2)+3(U_3-U_2)-5=0$$

辅助方程为
$$\begin{cases} U_1-U_3=0.5I_1 \\ I_1=2(U_1-U_2) \end{cases}$$

联立求解得　　$U_1=-1$ V，$U_2=-4$ V，$U_3=-4$ V

所以　　$I=3(U_2-U_3)=0$

§3-3 网孔电流法

网孔电流法是以网孔电流作为首要的求解变量,通过网孔建立独立的 KVL 方程的一种分析方法。网孔电流法只适合于平面电路。

所谓平面电路,是指可以画在平面上,而又不出现支路交叉的电路。图 3-12(a)所示电路,表面上看虽然有支路的交叉,但展开后如图 3-12(b)所示,实为平面电路。图 3-13 所示电路为立体电路,又称为非平面电路。

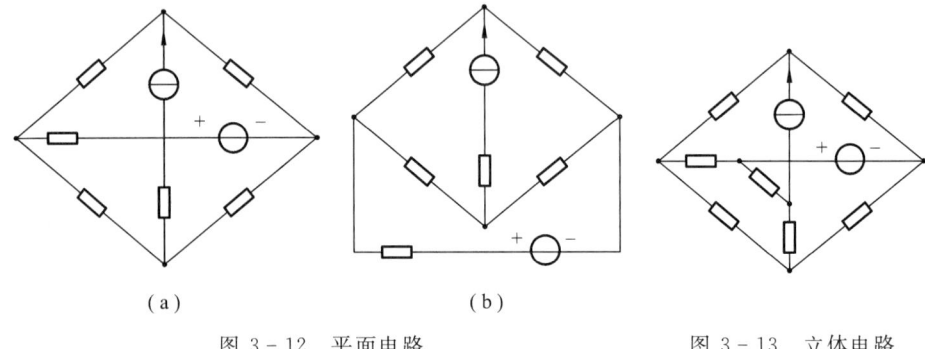

图 3-12 平面电路   图 3-13 立体电路

网孔电流是指环流于网孔各支路的电流,如图 3-14 所示的电流 i_1、i_2 和 i_3 即为网孔电流。

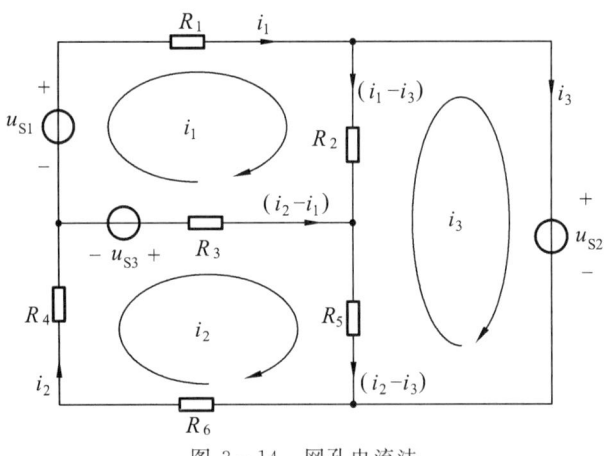

图 3-14 网孔电流法

由于网孔电流流入一个结点必然从该结点流出,所以网孔电流自动满足 KCL 方程,因而求解网孔电流时只能通过 KVL 建立方程。另外,如果网孔电流已知,则电路各支路的电流、电压均可由网孔电流求得(用网孔电流表示的支路电流如图 3-14 所标),所以网孔电流为一组独立的求解变量。如果电路有 n

个结点、b 条支路,则网孔电流的数目为 $b-(n-1)$ 个,比支路电流法少 $n-1$ 个变量。

下面分两种不同的电路类型介绍网孔电流法的分析求解过程。

1. 电路中没有不并联电阻的电流源

图 3-14 所示电路即为这种类型的电路。网孔电流 i_1、i_2 和 i_3 如图所示。假设各元件上的电压降方向与网孔电流的流向一致时取正,反之取负,那么三个网孔的 KVL 方程分别为

$$\left.\begin{aligned}&i_1 \text{ 网孔:} \quad -u_{S1}+R_1 i_1+R_2(i_1-i_3)+R_3(i_1-i_2)+u_{S3}=0 \\ &i_2 \text{ 网孔:} \quad -u_{S3}+R_3(i_2-i_1)+R_5(i_2-i_3)+(R_4+R_6)i_2=0 \\ &i_3 \text{ 网孔:} \quad R_5(i_3-i_2)+R_2(i_3-i_1)+u_{S2}=0 \end{aligned}\right\} \quad (3-6)$$

整理方程组(3-6)得

$$\left.\begin{aligned}&(R_1+R_2+R_3)i_1-R_3 i_2-R_2 i_3=u_{S1}-u_{S3} \\ &-R_3 i_1+(R_3+R_4+R_5+R_6)i_2-R_5 i_3=u_{S3} \\ &-R_2 i_1-R_5 i_2+(R_2+R_5)i_3=-u_{S2} \end{aligned}\right\} \quad (3-7)$$

联立求解即可得网孔电流。将方程组(3-7)简写成

$$\left.\begin{aligned}&R_{11}i_1+R_{12}i_2+R_{13}i_3=u_{11} \\ &R_{21}i_1+R_{22}i_2+R_{23}i_3=u_{22} \\ &R_{31}i_1+R_{32}i_2+R_{33}i_3=u_{33} \end{aligned}\right\} \quad (3-8)$$

网孔电流的 KVL 方程也具有一定的规律性,以 i_1 网孔为例,其中:

$R_{11}=R_1+R_2+R_3$——i_1 网孔的自电阻,即网孔电流 i_1 所经过的电阻之和,为正。

$R_{12}=-R_3$——i_1 网孔与 i_2 网孔的互电阻。网孔电流 i_1 与 i_2 共用的支路上,当网孔电流 i_1 与 i_2 方向相同时取"+",反之取"−"。

$R_{13}=-R_2$——i_1 网孔与 i_3 网孔的互电阻。在网孔电流 i_1 与 i_3 共用的支路上,当网孔电流 i_1 与 i_3 方向相同时取"+",反之取"−"。

$u_{11}=u_{S1}-u_{S3}$——i_1 网孔内电压源的代数和。电压源压降的方向与网孔电流 i_1 为关联参考方向时取"−",反之取"+"。

同理,i_2 网孔和 i_3 网孔的 KVL 方程也有上述规律。当电路中没有受控源时,下式成立

$$R_{12}=R_{21}, \quad R_{13}=R_{31}, \quad R_{23}=R_{32}$$

例 3-9 如图 3-15 所示，用网孔电流法求流过 6 Ω 电阻的电流 i。

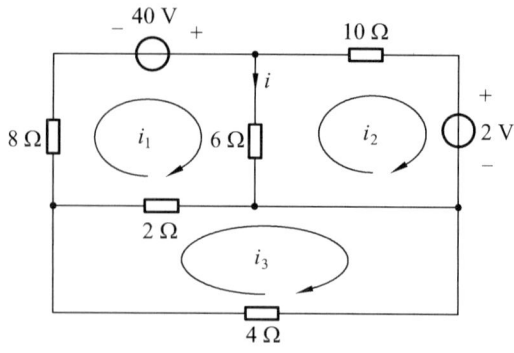

图 3-15　例 3-9 图

解 网孔电流 i_1、i_2 和 i_3 如图 3-15 所设，对应各网孔的 KVL 方程为

i_1 网孔：$(8+6+2)i_1 - 6i_2 - 2i_3 = 40$

i_2 网孔：$-6i_1 + (6+10)i_2 = -2$

i_3 网孔：$-2i_1 + (2+4)i_3 = 0$

联立求解得　　　$i_1 = 3$ A，$i_2 = 1$ A，$i_3 = 1$ A

所以　　　$i = i_1 - i_2 = 2$ A

例 3-10 电路如图 3-16 所示。求网孔电流 i_1 和 i_2。

解 把受控电压源当作独立电压源处理，两个网孔的 KVL 方程分别为

$$\begin{cases}(1+2)i_1 + 2i_2 = u_S \\ 2i_1 + (2+3)i_2 = 3i\end{cases}$$

由于电路中含有受控电压源，方程中增加了一个变量 i，所以需要再增加一个辅助方程，即

$$i = i_1 + i_2$$

联立求解方程得　$i_1 = \dfrac{1}{4}u_S$，$i_2 = \dfrac{1}{8}u_S$

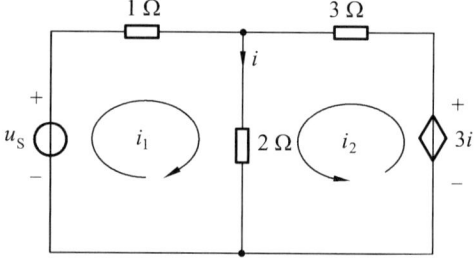

图 3-16　例 3-10 图

2. 电路中含有不并联电阻的电流源

当电路中含有不并联电阻的电流源时，在建立网孔的 KVL 方程时，由于电流源两端的电压不能用网孔电流表示，因而采用上述方法列写方程时遇到了困难，为此下面通过例题介绍这类电路的分析方法。

例 3-11 试求图 3-17 所示电路的网孔电流。

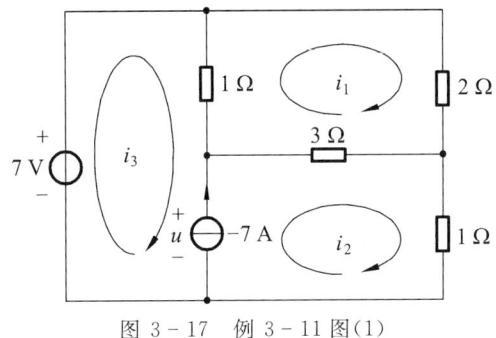

图 3-17 例 3-11 图(1)

解法 1 因为网孔电流法的实质是沿着网孔绕行一周,各元件上的电压的代数和为零,故在列写网孔的 KVL 方程时,假设电流源上的电压为 u,网孔电流 i_1、i_2、i_3 如图 3-17 中所设,对应的 KVL 方程为

i_1 网孔: $(1+2+3)i_1 - 3i_2 - 1 \times i_3 = 0$

i_2 网孔: $3(i_2 - i_1) + 1 \times i_2 - u = 0$

i_3 网孔: $1 \times (i_3 - i_1) + u - 7 = 0$

由于多设了一个变量,所以需要再增加一个方程,即

$$i_2 - i_3 = -7$$

联立求解 4 个方程得网孔电流为

$$i_1 = 2.5 \text{ A}, \quad i_2 = 2 \text{ A}, \quad i_3 = 9 \text{ A}$$

解法 2 网孔电流 i_1、i_2、i_3 仍然如图 3-17 所设,网孔 i_1 电流的 KVL 方程不变,仍为

$$(1+2+3)i_1 - 3i_2 - 1 \times i_3 = 0$$

为避免变量数增加,在建立方程遇到电流源时,电流源上的电压可以由其他支路的电压来代替。对于本例题来说,电流源上的电压从右侧看过去等于 3Ω 和 1Ω 电阻上的电压,而从左侧看过去等于 1Ω 电阻和 7 V 电压源上的电压,而且两者相等,为此可按图 3-18 所示的虚线回路建立 KVL 方程,并称该回路为超网孔或广义网孔。超网孔的 KVL 方程为

$$1 \times (i_3 - i_1) + 3(i_2 - i_1) + 1 \times i_2 - 7 = 0$$

根据 i_1 网孔和超网孔的两个 KVL 方程无法求出 i_1、i_2、i_3 三个变量,所以需要再增加一个方程,即

$$i_2 - i_3 = -7$$

联立求解 3 个方程,同样得

$$i_1 = 2.5 \text{ A}, \quad i_2 = 2 \text{ A}, \quad i_3 = 9 \text{ A}$$

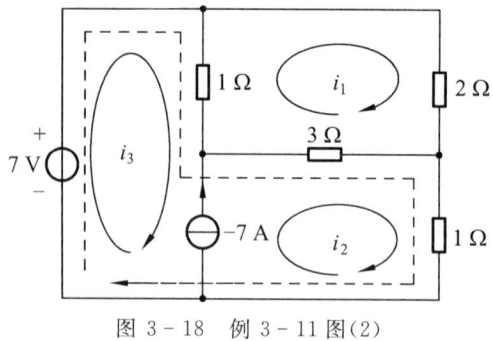

图 3-18 例 3-11 图(2)

例 3-12 求图 3-19 所示电路的网孔电流。

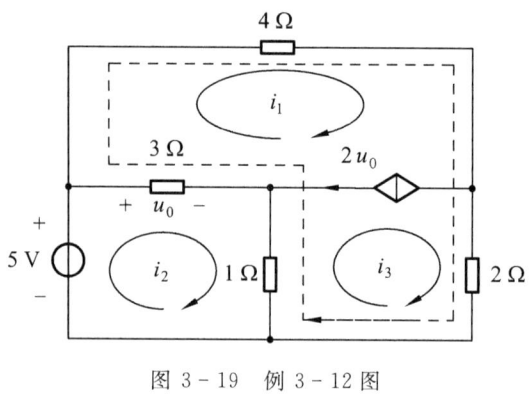

图 3-19 例 3-12 图

解 网孔电流 i_1、i_2、i_3 如图所设。i_2 网孔和超网孔(虚线所示)的 KVL 方程分别为

$$\begin{cases} 4i_2 - 3i_1 - i_3 = 5 \\ 3(i_1 - i_2) + 4i_1 + 2i_3 + (i_3 - i_2) = 0 \end{cases}$$

辅助方程

$$\begin{cases} i_1 - i_3 = 2u_0 \\ u_0 = 3(i_2 - i_1) \end{cases}$$

联立方程求解得 $i_1 = 1.83 \text{ A}$, $i_2 = 2.33 \text{ A}$, $i_3 = -1.17 \text{ A}$

§3-4 网络图论基础

网络图论又称网络拓扑,是电路理论以及计算机辅助分析电路的重要组成部分。本章后面介绍的回路分析法和割集分析法就是基于图论的网络分析方法。下面介绍一些关于图论的基本知识。

1. 拓扑图

一个网络 N，如果将其支路用线段表示（与线段的长短、曲直无关），那么得到的将是一个结点与线段组成的图形，此图形即被称为网络 N 的拓扑图，简称为图，通常用 G 表示。

图 3-20(b)就是图 3-20(a)所示电路的拓扑图。拓扑图中的线段可以代表电路的一个元件，也可以代表几个元件的组合。拓扑图是一组结点和支路的集合，其中每条支路的两端都终止在结点上。拓扑图是一个几何图形，它反映了网络的支路与结点之间的连接关系。以下是拓扑图中几个概念的介绍。

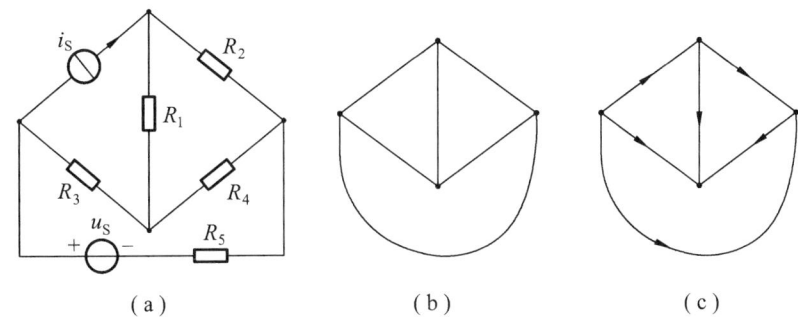

图 3-20 网络的拓扑图

1) 孤立结点

没有任何支路与之连接的结点即被称为孤立结点，如图 3-21 所示拓扑图右上方的那个结点即为孤立结点。因为在图论中，如果移去一条支路，并不意味着把它所连接的结点同时移去；但是移去一个结点，则意味着与该结点相连的支路也移去了，所以在拓扑图中有孤立结点存在。

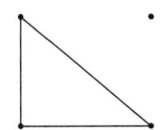

图 3-21 拓扑图中的孤立结点

2) 子 图

如果一个图 G_1 的每个结点和每条支路都是图 G 的结点和支路，则称图 G_1 是图 G 的子图。图 3-22(b)、(c)、(d)、(e)、(f)均为图 3-22(a)的子图。

3) 路 径

从图 G 的某个结点沿不同支路及结点到达另一结点，那么所经过的支路序列称为路径。如图 3-22(a)中从结点①到结点④的路径有{3}、{1,4}和{1,2,5}。

4) 连通图与非连通图

图 G 中的任意两个结点之间至少存在一条路径时，则称图 G 为连通图，否

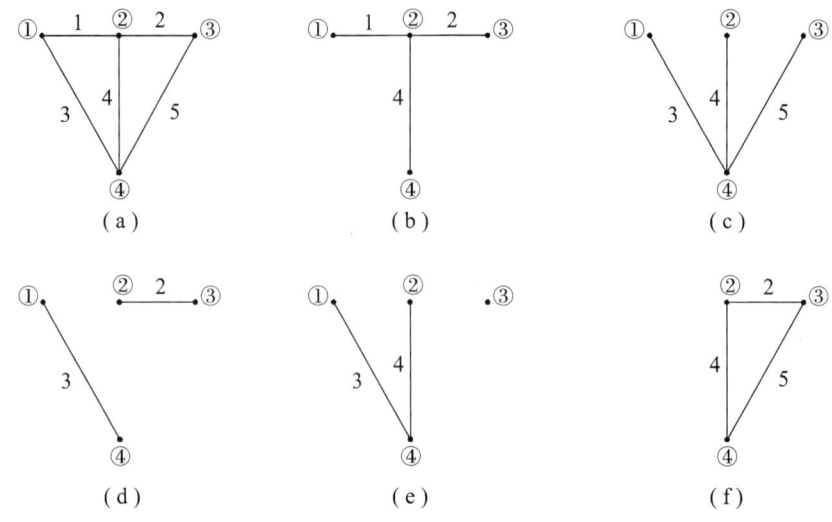

图 3-22 图及其子图

则称图 G 为非连通图。在图 3-22 中,图(a)、(b)、(c)、(f)为连通图,图(d)、(e)为非连通图。

5) 有向图(定向图)

标有电流参考方向的图称为有向图[图 3-20(c)即为有向图],否则称为无向图。若采用关联参考方向,有向图中的箭头方向既是电流的参考方向也是电压降的参考方向。

2. 树

树在图论中占有非常重要的地位,下面介绍树及其相关概念的定义。

1) 树的概念

设图 G 是一个连通图,图 T 是图 G 的一个子图,当图 T 同时满足下列三个条件时,则称图 T 是图 G 的树:① 是一个连通的子图;② 包含图 G 的全部结点;③ 不包含回路。

树又定义为连接全部结点所需的最少支路的集合。一个图有许多不同的树。在图 3-22 所示的子图中,图(b)、(c)是图(a)的树,图(d)、(e)、(f)则不是图(a)的树,这是因为图(d)和图(e)虽然包含了图(a)的所有结点,但不是一个连通图;而图(f)中含有回路且没有包含图(a)的所有结点。

2) 树 支

组成树的支路称为树支。如选图 3-22(b)作为图 3-22(a)的树,则树支有支路 1、2 和 4。一个图虽有许多不同的树,但树支数是确定的,如果一个图的

结点数为 n,则树支数为 $(n-1)$。

3) 连 支

除去树支后所剩支路即为连支。如选图 3-22(b)作为图 3-22(a)的树,则连支有支路 3 和支路 5。如一个图有 b 条支路、n 个结点,那么其连支数为 $b-(n-1)$。

3. 回路与基本回路

1) 回 路

一个闭合的路径称为回路。

2) 基本回路

基本回路是建立在树的基础上的,因此首先对图 G 选一个树,如图 3-23(a)所示的粗线部分,即选支路 2、3、7、8 为树支,那么每加一条连支,就和树支形成一个回路,即为基本回路。

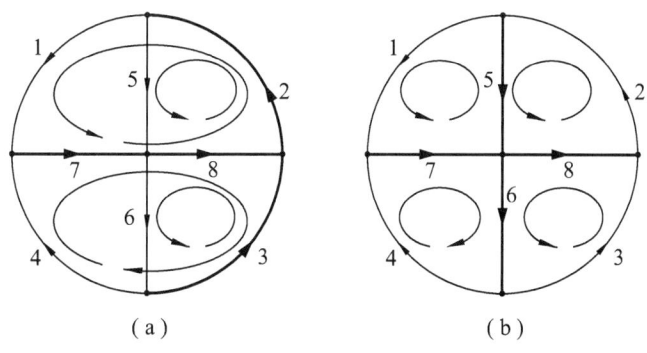

图 3-23 基本回路

基本回路是仅由一条连支与多条树支构成的回路。如所选树支如图 3-23(a)所示,则其基本回路所经过的支路分别为{5,8,2}、{6,3,8}、{1,7,8,2}、{4,7,8,3}。如选支路 5、6、7、8 为树支[图 3-23(b)所示的粗线部分],则其基本回路所经过的支路分别为{1,7,5}、{2,5,8}、{3,8,6}、{4,7,6}。选定的树不同,相应的基本回路也就不同。但是树一旦选定后,对应的基本回路是唯一确定的。通常,规定基本回路的方向与连支的方向一致。如果图 G 有 b 条支路、n 个结点,那么图 G 的基本回路数等于连支数,为 $b-(n-1)$。

4. 割集与基本割集

1) 割 集

割集是支路的集合,它必须满足以下两个条件:

① 移去该集合中的所有支路,则图被分为两部分;

② 当少移去该集合中的任何一条支路，则图仍是连通的。

需要说明的是，在移去支路时，与其相连的结点并不移去。

如图 3-24(a)所示，图 G 是一个连通图，支路集合{1,5,2}、{1,5,3,6}、{2,5,4,6}均为图 G 的割集。将以上割集的支路用虚线表示，分别如图 3-24(b)、(c)、(d)所示，不难看出，去掉虚线支路后，各图均被分成了两部分，但是只要少去掉其中的一条虚线支路，图仍然是连通的，故满足割集所要求的条件。

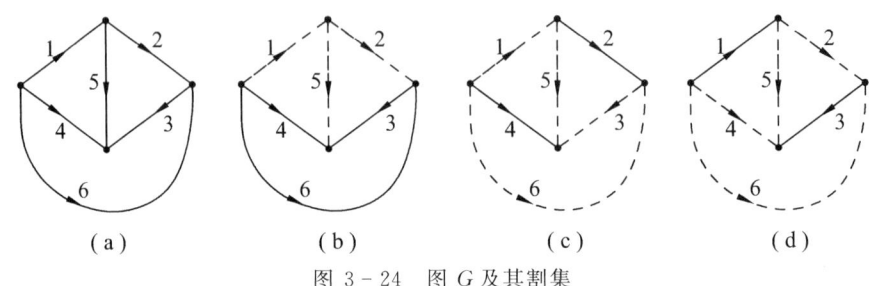

图 3-24　图 G 及其割集

而支路集合{1,5,4,6}、{1,2,3,4,5}不是图 G 的割集。将集合中的支路用虚线表示后如图 3-25(a)和(b)所示。对于图 3-25(a)来说，移去支路 1、5、4、6 后，图虽说被分为两部分[结点①为其中的一部分]，但如果不移去支路 5，图也被分为两部分；而对于图 3-25(b)来说，将支路 1、2、3、4、5 移去后，图被分成了三部分，故这两种支路集合不是割集。

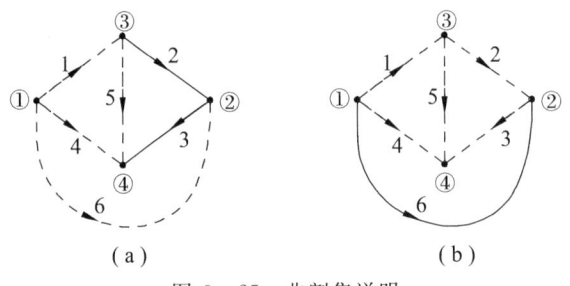

图 3-25　非割集说明

2) 做高斯面确定割集

在图 G 上做一个高斯面(闭合面)，使其包围 G 的某些结点，而每条支路只能被闭合面切割一次，去掉与闭合面相切割的支路，图 G 将被分为两部分，那么这组支路集合即为图 G 的一个割集。在图 G 上画高斯面(闭合面)C_1、C_2、C_3 如图 3-26 所示，对应割集 C_1、C_2、C_3 的支路集合为{1,5,2}、{1,5,3,6}、{2,5,4,6}。

3) 基本割集

基本割集又称单树支割集，即割集中只含一条树支，其余均为连支。如图

3-27 所示,选支路 1、5、3 为树支,则割集 C_1、C_2、C_3 为基本割集,基本割集的方向与树支的参考方向一致。

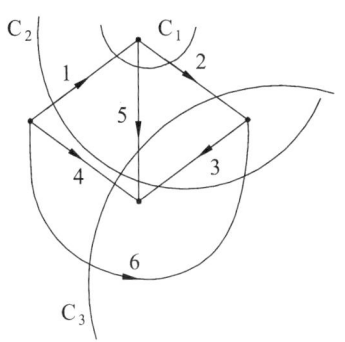
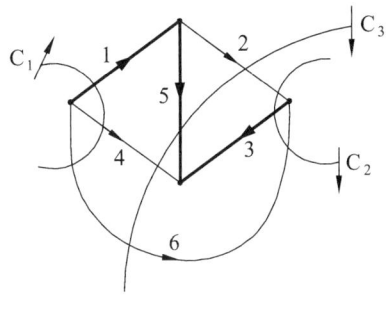

图 3-26 做高斯面确定割集　　　　图 3-27 基本割集

当树选定后,对应的基本割集是唯一确定的。当然选的树不同,相应的基本割集也就不同。如选支路 1、5、6 为树支以及选支路 1、5、2 为树支的基本割集分别如图 3-28(a)和(b)所示,当图 G 有 n 个结点、b 条支路时,基本割集的数目等于树支数,为 $(n-1)$。

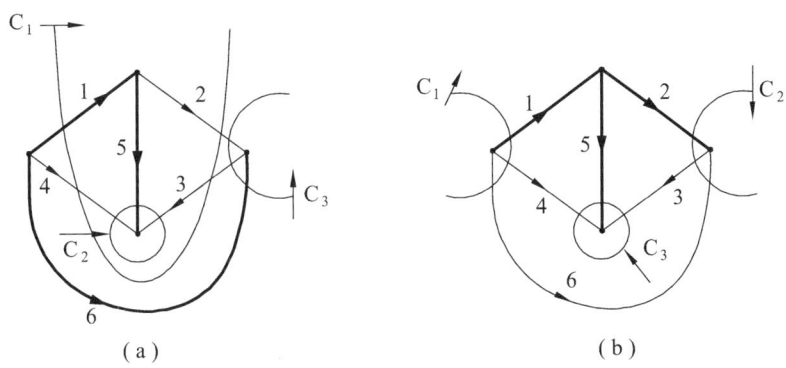

图 3-28 基本割集示例

§3-5 回路分析法

回路分析法实际上是回路电流分析法,即以基本回路电流(即相应基本回路的连支电流)作为求解变量,沿基本回路建立 KVL 方程的一种分析方法。回路分析法不仅适用于平面电路,立体电路同样适用,因而其应用范围较网孔电流法广泛。

所谓基本回路电流,是指沿基本回路流动的环流。由于基本回路中只有一条连支,所以基本回路电流也就是连支电流,基本回路电流的参考方向取与连支电流一致的参考方向。基本回路电流是一组独立的求解变量,它们自动满足基尔霍夫电流方程(KCL)，故只能通过 KVL 建立电路的独立方程。

设网络的图有 n 个结点、b 条支路，则回路分析法中基本回路电流的数目应与连支数相等，为 $b-(n-1)$。由于回路分析法是建立在树的基础上的一种分析方法，而树的选取方法有很多种，为了使解题方便、简单，应选择一个"合适的树"，即树尽可能这样选：

① 把电压源支路选为树支；
② 把受控源的电压控制量选为树支；
③ 把电流源选为连支；
④ 把受控源的电流控制量选为连支。

下面通过例题对回路分析法加以介绍。

例 3 - 13 用回路分析法分析求解图 3 - 29(a)所示电路。

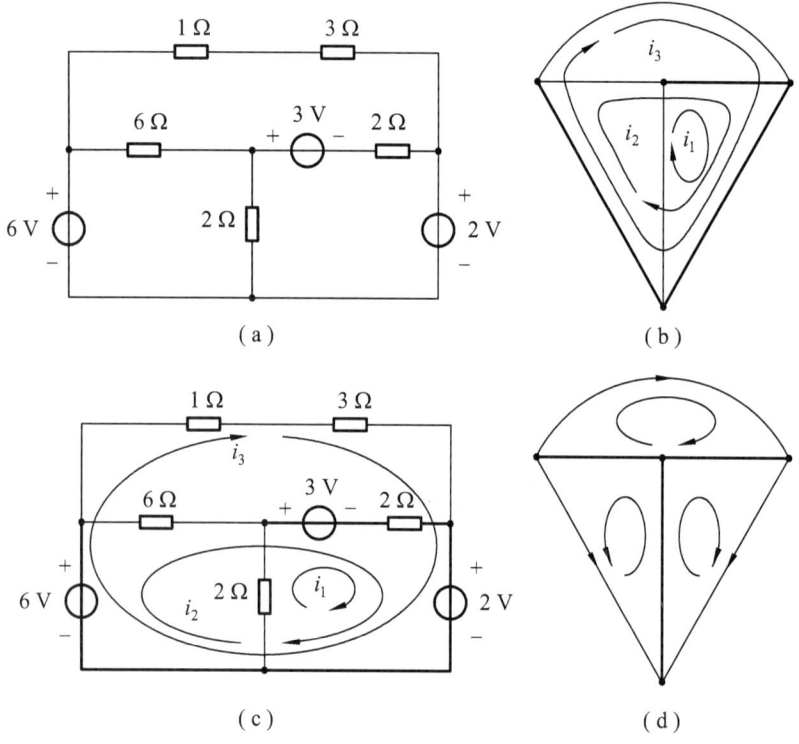

图 3 - 29 例 3 - 13 图

解 图 3 - 29(a)所示电路的拓扑图如图 3 - 29(b)所示，选出的树为图 3 - 29(b)中的粗线，回路电流 i_1、i_2、i_3 如图所标。为方便方程的建立，将树以及回路电流标注在原电路上，如图 3 - 29(c)所示。

沿基本回路建立 KVL 方程得

$$\begin{cases} 2i_1+3+2(i_1+i_2)+2=0 \\ -6+6i_2+3+2(i_1+i_2)+2=0 \\ (1+3)i_3+2-6=0 \end{cases}$$

联立方程求解得 $i_3=1\,\text{A}$，$i_1=-1.5\,\text{A}$，$i_2=0.5\,\text{A}$

如按 3-29(d)所示的方式选树，则所选的基本回路电流正好是网孔电流，回路电流方程正好是网孔电流方程，所以网孔电流法可以说是回路分析法的一个特例。

例 3-14 试用回路电流法求图 3-30(a)所示电路的电压 u。

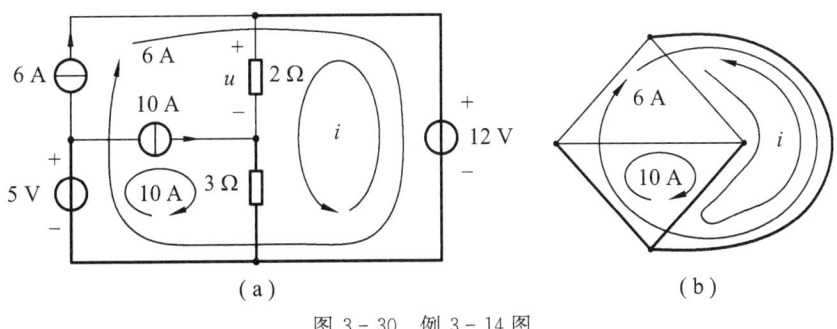

图 3-30 例 3-14 图

解 图 3-30(b)是图 3-30(a)的拓扑图，图中粗线为树。回路电流有三个，分别为 6 A、10 A 和 i。由于两个电流源电流被选为回路电流，故只需要列出 i 回路的 KVL 方程即可

$$2i+3(i+10)-12=0$$

解得　　　　$i=-3.6\,\text{A}$

所以　　　　$u=2i=-7.2\,\text{V}$

例 3-15 电路如图 3-31 所示。问控制系数 g_m 取何值时，电流 $i=0$？

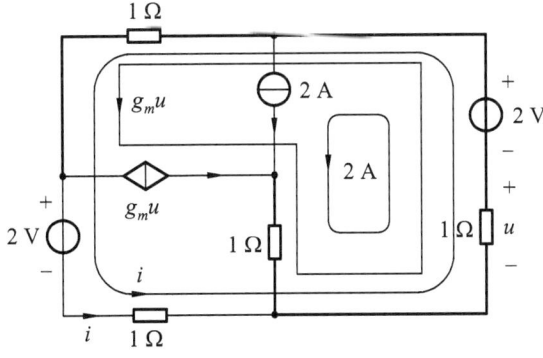

图 3-31 例 3-15 图

解 采用回路分析法。选树如图 3-31 粗线所示。回路电流分别为 2 A、$g_m u$ 和 i。前两个回路电流为电流源电流,可视为已知,故这两个回路电流的 KVL 方程可不建立,只需要列 i 回路的 KVL 方程

$$2+1\times i+1\times(i+g_m u+2)-2+1\times(i+g_m u)=0$$

即

$$3i+2g_m u=-2$$

辅助方程为

$$u=-1\times(i+2+g_m u)$$

联立求解得

$$i=\frac{2(g_m-1)}{3+g_m}$$

因

$$i=0$$

所以

$$g_m=1\text{ S}$$

由以上电路分析可知,当一个电路的电流源较多时,在选择了一个"合适的树"的情况下,采用回路分析法可以使求解变量大为减少。因此,回路分析法最适合电流源多的电路分析。

§3-6 割集分析法

割集分析法与回路分析法一样,也是建立在树的基础上的一种分析方法。割集分析法是将树支电压作为一组独立的求解变量,根据基本割集建立 KCL 方程,因此,割集分析法也可以称为割集电压分析法。割集分析法的选树原则与回路分析法相同,即尽可能将电压源及电压控制量选为树支,电流源及电流控制量选为连支。

设网络的图有 n 个结点、b 条支路,则割集分析法中基本割集的数目与树支数相等,为 $(n-1)$ 个,树支电压变量也为 $(n-1)$ 个。因此,当电路中电压源支路较多时,采用割集分析法最为有效。

下面通过例题说明割集分析法的求解过程。

例 3-16 用割集分析法分析求解图 3-32(a)所示电路。

解 割集分析法的求解步骤如下:

(1) 画出电路的拓扑图,选一个合适的树,并给各支路定向。

本电路的拓扑图如图 3-32(b)所示,其中粗线为树,树支电压为 u_1、u_2、u_3,参考方向如箭头方向所示。

(2) 画出基本割集及其参考方向。

基本割集 C_1、C_2、C_3 如图 3-32(b)所示,其参考方向与树支电压方向相同。

(3) 列写基本割集的 KCL 方程。

为建立方程方便起见,将基本割集 C_1、C_2、C_3 画在原电路上,如图 3-32(c)所示。每一条支路的电流都可以用树支电压以及激励源表示。对应基本割集的 KCL 方程分别为

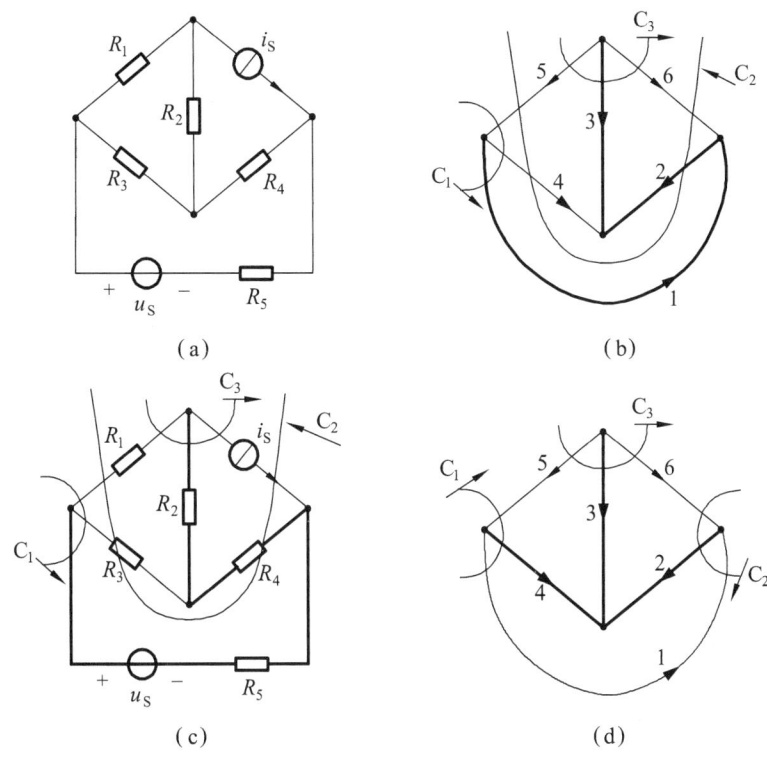

图 3-32 例 3-16 图

$$C_1: \quad -\frac{u_3-u_2-u_1}{R_1}+\frac{u_1-u_S}{R_5}+\frac{u_1+u_2}{R_3}=0$$

$$C_2: \quad -i_S+\frac{u_2}{R_4}+\frac{u_1+u_2}{R_3}-\frac{u_3-u_2-u_1}{R_1}=0$$

$$C_3: \quad \frac{u_3-u_2-u_1}{R_1}+\frac{u_3}{R_2}+i_S=0$$

(4) 联立求解,得树支电压 u_1、u_2、u_3。

(5) 利用树支电压求得电路的其他物理量。

如所选树如图 3-32(d) 所示,则所得基本割集方程正好是结点电压方程,所以,结点电压法是割集分析法的特例。

例 3-17 电路如图 3-33 所示。求结点①与结点②之间的电压 u_{12}。

解 选树支电压如图 3-33 所示,分别为 u_1、u_2 和 u_3。$u_3=22$ V,可以不建立关于 u_3 的基本割集方程。另外两个基本割集的 KCL 方程分别为

$$C_1: \quad 4(u_1-22)+3(1+u_1)+8=0$$
$$C_2: \quad 8+1\times u_2+5(22+u_2)-25=0$$

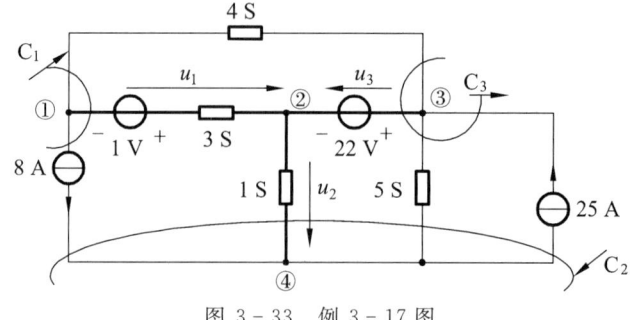

图 3-33 例 3-17 图

两式联立求解得 $u_1 = 11$ V, $u_2 = -15.5$ V

所以 $u_{12} = u_1 = 11$ V

例 3-18 电路如图 3-34(a)所示。已知 $G_1 = 1$ S, $G_2 = 2$ S, $G_3 = 3$ S, $G_5 = 5$ S, $u_{S1} = 1$ V, $u_{S3} = 3$ V, $i_{S3} = 3$ A, $u_{S4} = 4$ V, $u_{S6} = 6$ V。试用割集分析法求电流 i_1 以及电压源 u_{S1} 发出的功率 p。

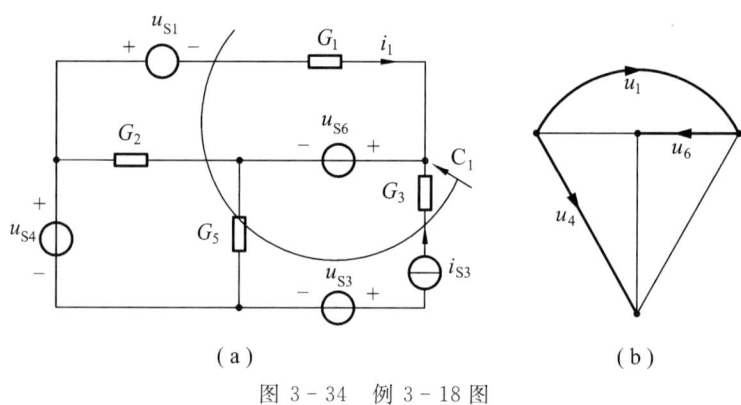

图 3-34 例 3-18 图

解 选树如图 3-34(a)中的粗线所示，树支电压如图 3-34(b)所示，为 u_1、u_4 和 u_6。

因为 $u_4 = u_{S4} = 4$ V, $u_6 = u_{S6} = 6$ V，所以可以不建立关于 u_4 和 u_6 的基本割集方程，只需要列写关于 u_1 的基本割集方程。基本割集 C_1 如图 3-34(a)所画，其方程为

$$G_1(u_1 - u_{S1}) + G_2(u_1 + u_{S6}) + G_5(-u_{S4} + u_1 + u_{S6}) + i_{S3} = 0$$

即 $8u_1 + 24 = 0$

得 $u_1 = -3$ V

所以 $i_1 = G_1(u_1 - u_{S1}) = (-3-1)$ A $= -4$ A

$p = -u_{S1} i_1 = 4$ W

习 题 三

3-1 用支路电流法求题 3-1 图所示电路的各支路电流。

3-2 用支路电流法求题 3-2 图中各支路电流，并计算各元件吸收的功率。

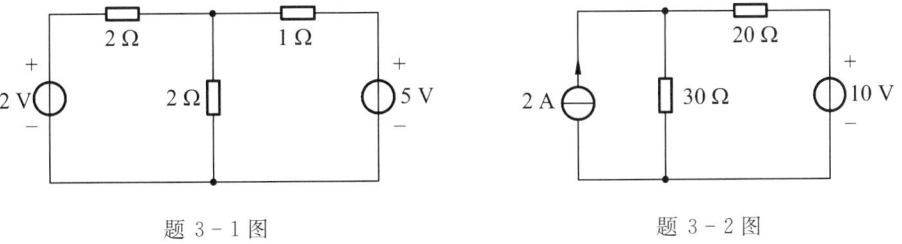

题 3-1 图   题 3-2 图

3-3 列出题 3-3 图所示电路的支路电流方程。

3-4 列出题 3-3 图所示电路的结点电压方程。

3-5 求题 3-5 图所示电路的结点电压 u_1 和 u_2。

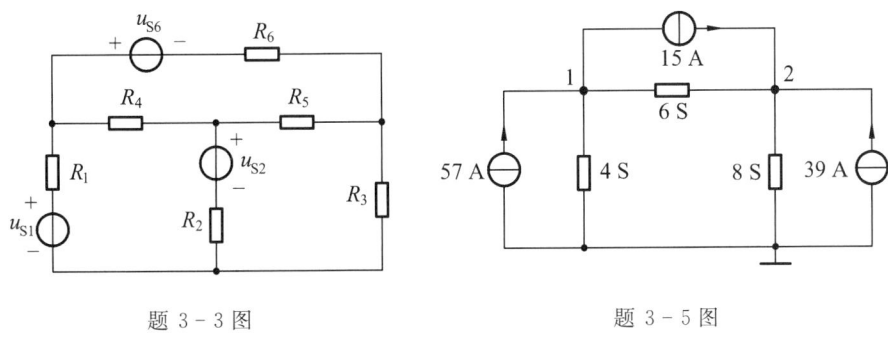

题 3-3 图   题 3-5 图

3-6 电路如题 3-6 图所示。用结点法求 U_1 和 I_2。

3-7 用结点电压法求题 3-7 图所示电路的结点电压 U_1 和 U_2。

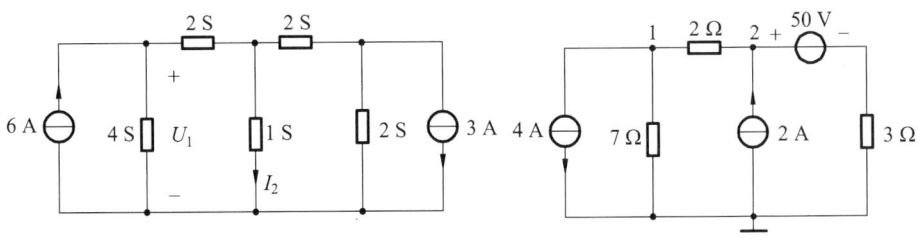

题 3-6 图   题 3-7 图

3-8　如题 3-8 图所示电路,用结点电压法求 U/U_S。

3-9　用结点电压法求题 3-9 图所示电路中的电压 U。

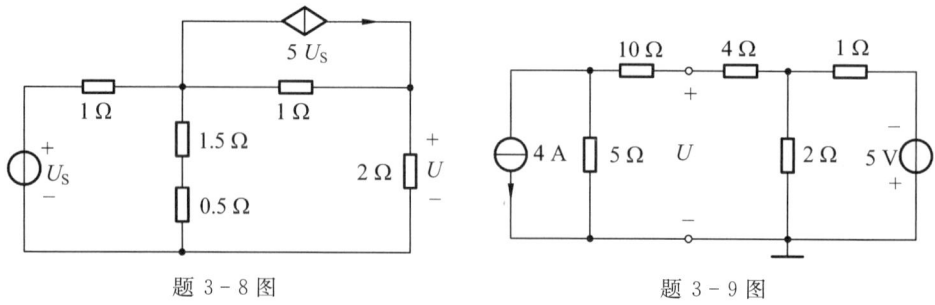

题 3-8 图　　　　　　　　题 3-9 图

3-10　用结点电压法求题 3-10 图所示电路的 U_1 和 I。

3-11　电路如题 3-11 图所示,用结点电压法求电流 I_X。

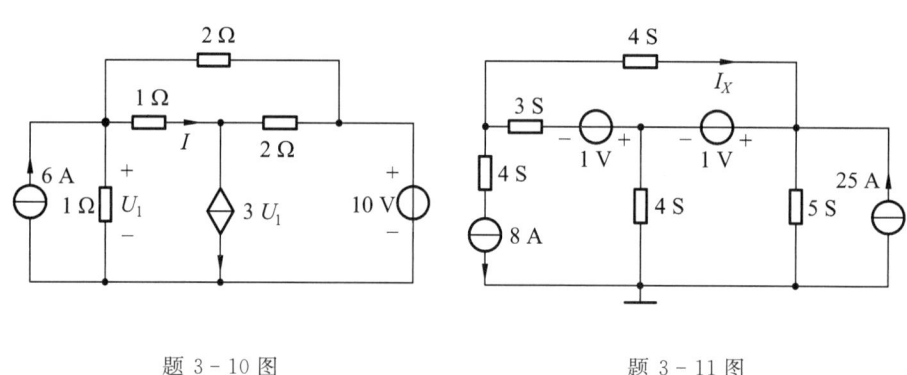

题 3-10 图　　　　　　　　题 3-11 图

3-12　用结点电压法求题 3-12 图所示电路中的 u_X。

3-13　电路如题 3-13 图所示,求各结点电压。

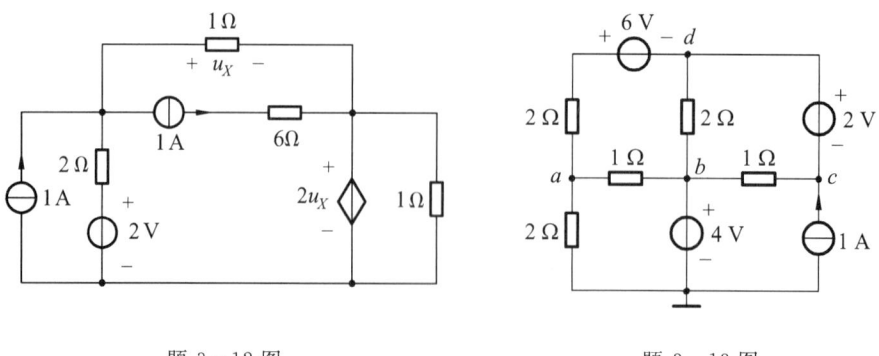

题 3-12 图　　　　　　　　题 3-13 图

3-14 如题 3-14 图所示电路,试用网孔电流法求电流 I。

3-15 用网孔电流法求题 3-15 图所示电路的电压 u。

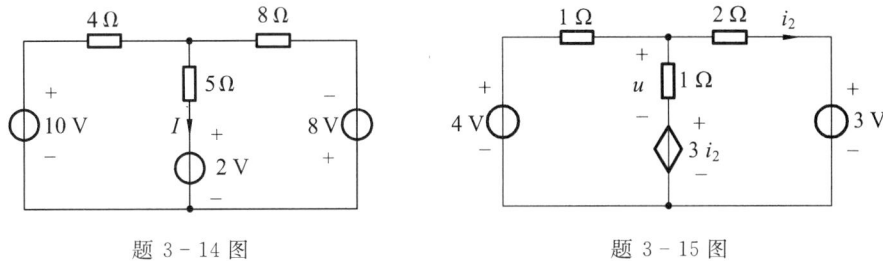

题 3-14 图　　　　　　　　题 3-15 图

3-16 求题 3-16 图所示电路的网孔电流 i_1 和 i_2。

3-17 用网孔电流法求题 3-17 图所示电路中的 i 和 u。

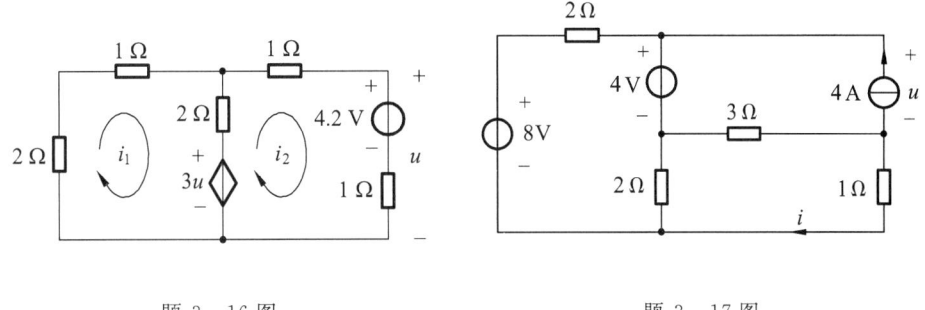

题 3-16 图　　　　　　　　题 3-17 图

3-18 用网孔电流法求题 3-12 图所示电路中的 u_x。

3-19 用网孔电流法求题 3-19 图所示电路中的电流 i。

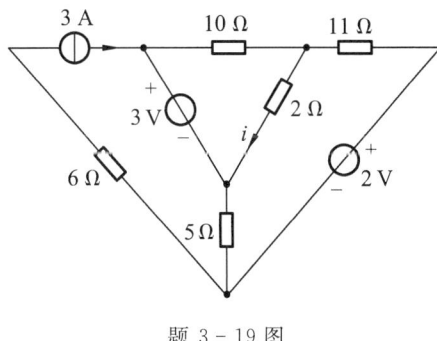

题 3-19 图

3-20 若把流过同一电流的分支作为支路,画出题 3-12 图、题 3-19 图所示电路的拓扑图。

3-21 对题 3-21 图所示拓扑图分别选出 3 个不同的树,并确定其相应基本回路和基本割集。

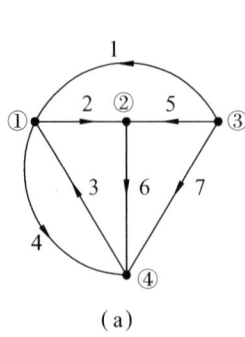
(a)

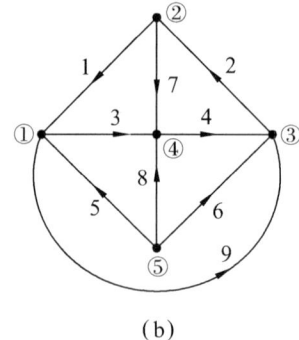
(b)

题 3-21 图

3-22 用回路电流法求题 3-22 图所示电路中的电流 I。

3-23 用回路电流法求题 3-23 图所示电路中的 I、I_0 和 U。

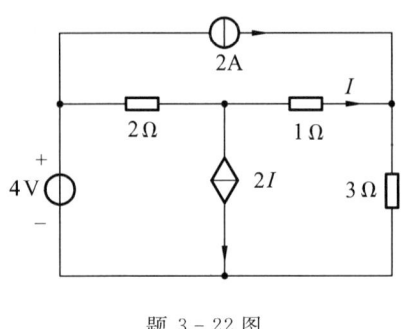

题 3-22 图

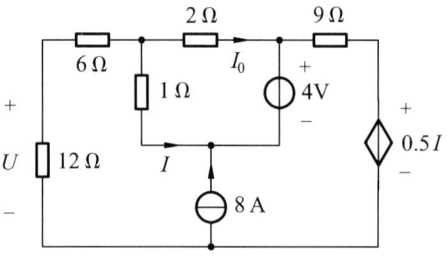

题 3-23 图

3-24 对题 3-24 图所示电路选一个合适的树,用一个方程算出电流 i 的值。

3-25 题 3-25 图所示电路中,已知 $U_R = 10$ V,试用回路法确定 R 的值。

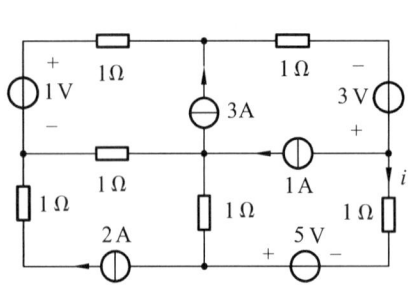

题 3-24 图

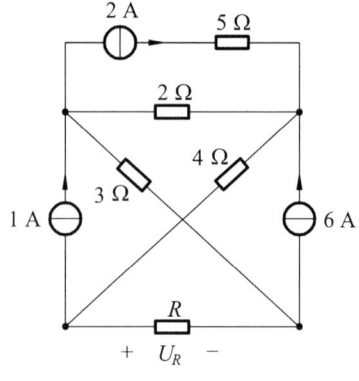

题 3-25 图

3-26 用割集分析法求题 3-26 图所示电路中的电流 I_1。

3-27 用割集分析法求题 3-27 图所示电路中的 U_X。

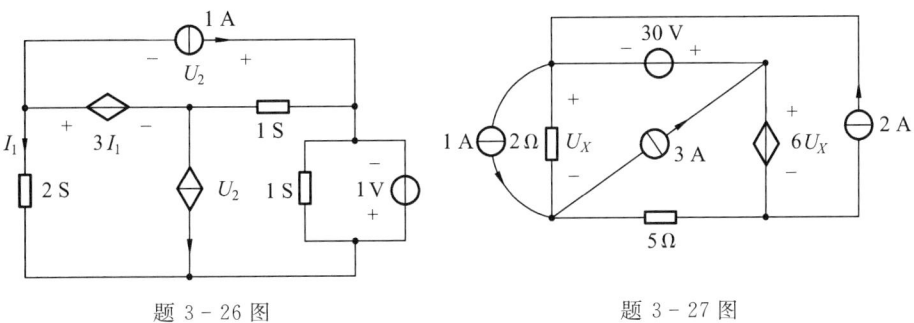

题 3-26 图　　　　　　　　题 3-27 图

3-28 求题 3-28 图所示电路的电压 U 和电流 I。

3-29 求题 3-29 图所示电路中的电压 u_A。

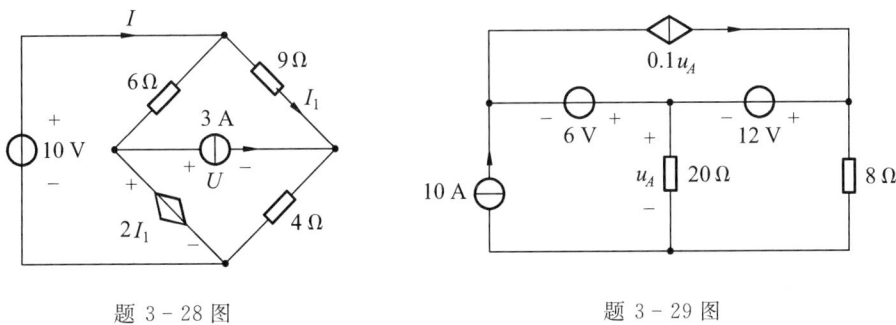

题 3-28 图　　　　　　　　题 3-29 图

第 四 章

线性电路的基本定理

———— 内 容 提 要 ————

本章介绍线性电路的基本定理。线性电路的基本定理包括叠加定理、替代定理、戴维南定理与诺顿定理、特勒根定理、互易定理和对偶原理等。这些定理不仅揭示了线性电路所具有的特性,而且对分析求解电路起到了开阔思路、增加解题手段的作用。

§4-1 叠 加 定 理

叠加定理是线性电路最基本的定理。下面利用图 4-1 所示电路进行讨论。

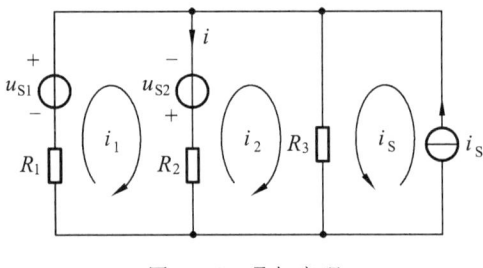

图 4-1 叠加定理

求图 4-1 所示电路的电流 i,根据网孔电流法建立方程如下

$$\begin{cases} (R_1+R_2)i_1 - R_2 i_2 = u_{S1} + u_{S2} \\ -R_2 i_1 + (R_2+R_3)i_2 = -u_{S2} - R_3 i_S \end{cases}$$

联立求解得

$$\begin{cases} i_1 = \dfrac{R_2+R_3}{R_1R_2+R_2R_3+R_3R_1}u_{S1} + \dfrac{R_3}{R_1R_2+R_2R_3+R_3R_1}u_{S2} + \dfrac{-R_2R_3}{R_1R_2+R_2R_3+R_3R_1}i_S \\ i_2 = \dfrac{R_2}{R_1R_2+R_2R_3+R_3R_1}u_{S1} + \dfrac{-R_1}{R_1R_2+R_2R_3+R_3R_1}u_{S2} + \dfrac{-R_3(R_1+R_2)}{R_1R_2+R_2R_3+R_3R_1}i_S \end{cases}$$

所以
$$i = i_1 - i_2$$
$$= \dfrac{R_3}{R_1R_2+R_2R_3+R_3R_1}u_{S1} + \dfrac{R_1+R_3}{R_1R_2+R_2R_3+R_3R_1}u_{S2} + \dfrac{R_3R_1}{R_1R_2+R_2R_3+R_3R_1}i_S$$

由电流 i 的表达式可以看出，它是激励源 u_{S1}、u_{S2}、i_S 的线性组合。

当 u_{S1} 单独作用时，令 $u_{S2}=0$，$i_S=0$，则
$$i' = \dfrac{R_3}{R_1R_2+R_2R_3+R_3R_1}u_{S1}$$

当 u_{S2} 单独作用时，令 $u_{S1}=0$，$i_S=0$，则
$$i'' = \dfrac{R_1+R_3}{R_1R_2+R_2R_3+R_3R_1}u_{S2}$$

当 i_S 单独作用时，令 $u_{S1}=0$，$u_{S2}=0$，则
$$i''' = \dfrac{R_3R_1}{R_1R_2+R_2R_3+R_3R_1}i_S$$

所以
$$i = i' + i'' + i'''$$

即三个激励源同时作用产生的电流 i 等于各电源单独作用时在该支路产生的电流之和。

以图示的方式对图 4-1 所示的各激励源单独作用的情况加以描述，如图 4-2 所示。当电压源不作用时，即电压源置零，用短路线代替；当电流源不作用时，即电流源置零，用开路线代替。

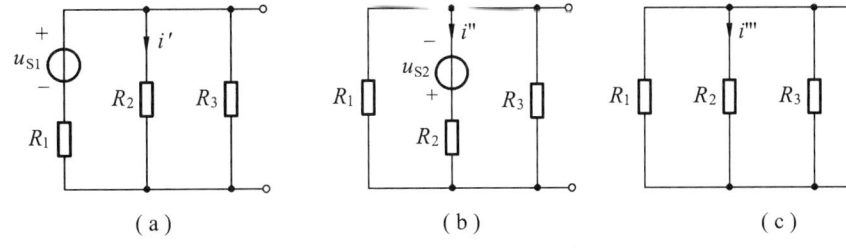

图 4-2 叠加定理示意图

推广到一般，如果有 n 个电压源、m 个电流源作用于线性电路，那么电路中某条支路的电流 i_l 可以表示为

$$i_l = K_{l1}u_{S1} + K_{l2}u_{S2} + \cdots + K_{ln}u_{Sn} + K_{l(n+1)}i_{S1} +$$
$$K_{l(n+2)}i_{S2} + \cdots + K_{l(n+m)}i_{Sm} \tag{4-1}$$

其中，系数 K_{li} 取决于电路的参数和结构，与激励源无关。若电路中的电阻均为线性且非时变，则系数 K_{li} 为常数。电路中的各支路电压同样具有与式(4-1)相同形式的表达式。

由式(4-1)可以知道，叠加定理实际包含了线性电路的两个基本性质，即叠加性和齐次性。所谓叠加性是指具有多个独立电源的线性电路，其任意一条支路的电流或电压等于各个独立电源单独作用时在该支路产生的电流或电压的代数和；而齐次性是指当所有独立电源都增大为原来的 K 倍时，各支路的电流或电压也同时增大为原来的 K 倍，如果只是其中一个独立电源增大为原来的 K 倍，那么只是由它产生的电流分量或电压分量增大为原来的 K 倍。

另外，应用叠加定理时应注意以下几点：

① 叠加定理只适用于线性电路。

② 电流、电压可以叠加，但求原电路的功率时不能用分电路的功率叠加求得。以电阻消耗的功率为例，其表达式为

$$P = I^2 R = U^2 G$$

它不是电流(或电压)的一次函数，不过可用叠加定理求得原电路的电压或电流后，再求功率。

③ 叠加时注意电压、电流的参考方向。

④ 电源单独作用指的是独立电源，受控源不能单独作用，受控源应始终保留在电路中。

例 4-1 求图 4-3 所示梯形电路的电压 U。

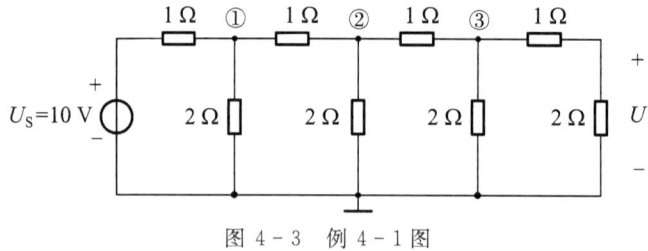

图 4-3 例 4-1 图

解 利用线性电路的齐次性求解。先假设所求电压 U' 为某值(尽可能使运算简单)，然后计算出电源电压 U'_S 的数值，根据齐次性有

$$\frac{U_S}{U} = \frac{U'_S}{U'}$$

由此式便可求得 U_S 作用下的电压 U。

这里假设 $U'=2$ V，那么：

结点②的电压 $U_2'=\left[1\times\left(\dfrac{3}{2}+1\right)+3\right]$ V$=\dfrac{11}{2}$ V

结点①的电压 $U_1'=1\times\left(\dfrac{11}{4}+\dfrac{5}{2}\right)+U_2'=\left(\dfrac{21}{4}+\dfrac{11}{2}\right)$ V$=\dfrac{43}{4}$ V

此时的电源电压 $U_S'=1\times\left(\dfrac{43}{8}+\dfrac{21}{4}\right)+U_1'=\left(\dfrac{85}{8}+\dfrac{43}{4}\right)$ V$=\dfrac{171}{8}$ V

所以 $U=\dfrac{U'}{U_S'}U_S=\dfrac{2\times 8}{171}\times 10$ V$=0.936$ V

例 4-2 电路如图 4-4(a)所示。用叠加定理求电压 U。

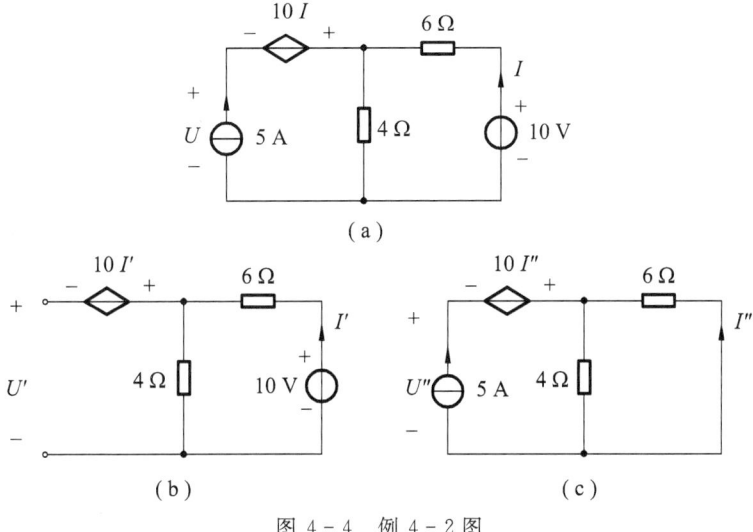

图 4-4 例 4-2 图

解 因为求的是电流源上的电压，所以尽管电流源与受控源串联，也不能将受控源短路掉。

10 V 电压源单独作用时，电路如图 4-4(b)所示，则

$$\begin{cases} I'=\dfrac{10}{4+6}\text{ A}=1\text{ A}\\ U'=-10I'+4I'=-6I'=-6\text{ V}\end{cases}$$

5 A 电流源单独作用时，电路如图 4-4(c)所示，则

$$I''=\left(-\dfrac{4}{6+4}\right)\times 5\text{ A}=-2\text{ A}$$

$$U''=-10I''-6I''=-16I''=32\text{ V}$$

所以 $U=U'+U''=26$ V

§4-2 替代定理

替代定理又被称为置换定理,其内容为:一个具有唯一解的电路,如其第 k 条支路的端电压 u_k 或电流 i_k 已知,那么这条支路可以用电压为 u_k 的电压源或电流为 i_k 的电流源替代,替代后不会影响电路各支路的电流和电压的数值。

设某电路共有 b 条支路,各支路电流分别为 i_1、i_2、$\cdots$、i_k、$\cdots$、i_b,各支路电压分别为 u_1、u_2、$\cdots$、u_k、$\cdots$、u_b,这些电流和电压分别满足 KCL 和 KVL。把电路中的第 k 条支路(该支路可能是一个电阻,也可能是一个电阻串电压源或电阻并电流源等)用电流为 i_k 的电流源替代后,各支路的电流与替代前完全相同。因为替代后的第 k 条支路为电流源,它两端的电压由外电路确定,而第 k 条支路以外的各支路电流数值不变,故它们的支路电压也不会变化,而各支路电压仍受 KVL 的约束,所以第 k 条支路的电压仍为替代前的电压 u_k。

如图 4-5 所示,对图(a)所示电路求解得

$$I_2 = 0.5 \text{ A}, \quad U = 15 \text{ V}$$

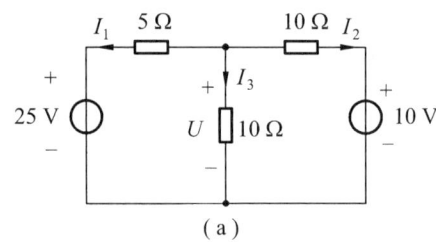

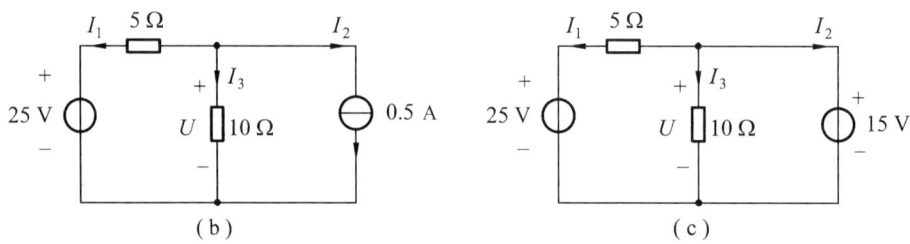

图 4-5 替代定理示例

图 4-5(a)中,将最右侧支路用 0.5 A 的电流源或用 15 V 的电压源替代后,如图 4-5(b)、(c)所示,用替代后的电路再求各支路电压、电流,其数值仍与替代前一样,即用三个图求得的各支路电压、电流都是一样的。

例 4-3 求图 4-6 所示电路的各支路电流。

解 对图 4-6 所示电路求解得

$$\begin{cases} I_1 = \dfrac{110}{5+\dfrac{10\times15}{10+15}} \text{ A} = 10 \text{ A} \\ I_2 = 6 \text{ A} \\ I_3 = 4 \text{ A} \end{cases}$$

下面对电路中的元件或支路替代后再做求解：

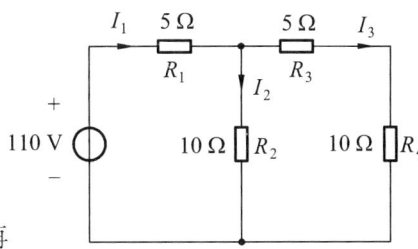

图 4-6　例 4-3 图(1)

(1) 电阻 R_4 用电流源替代，如图 4-7 所示。

用结点法计算

$$\left(\dfrac{1}{5}+\dfrac{1}{10}\right)U = \dfrac{110}{5} - 4$$

得　　　$U = 60$ V

所以　　$\begin{cases} I_1 = \dfrac{110-60}{5} \text{ A} = 10 \text{ A} \\ I_2 = \dfrac{60}{10} \text{ A} = 6 \text{ A} \\ I_3 = 4 \text{ A} \end{cases}$

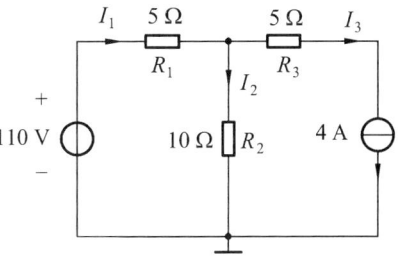

图 4-7　例 4-3 图(2)

(2) 电阻 R_2 用电压源替代，如图 4-8 所示。

对电路求解得

$$\begin{cases} I_1 = \dfrac{110-60}{5} \text{ A} = 10 \text{ A} \\ I_3 = \dfrac{60}{15} \text{ A} = 4 \text{ A} \\ I_2 = I_1 - I_3 = 6 \text{ A} \end{cases}$$

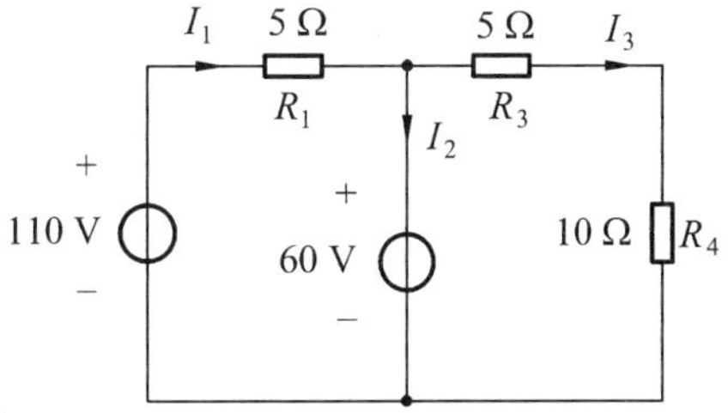

(3) R_2 用电流源替代，R_4 用电压源替代，如图 4-9 所示。

图 4-8　例 4-3 图(3)

用结点法求解得

$$\left(\dfrac{1}{5}+\dfrac{1}{5}\right)U = \dfrac{110}{5} - 6 + \dfrac{40}{5}$$

即　　　$U = 60$ V

所以　　$\begin{cases} I_1 = \dfrac{110-60}{5} \text{ A} = 10 \text{ A} \\ I_2 = 6 \text{ A} \\ I_3 = \dfrac{60-40}{5} \text{ A} = 4 \text{ A} \end{cases}$

三种替代，结果均相等。

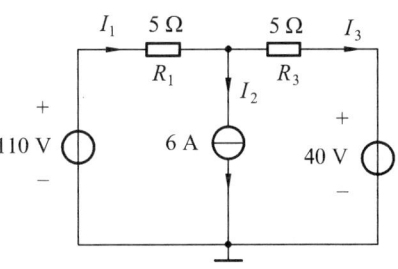

图 4-9　例 4-3 图(4)

§4-3 戴维南定理与诺顿定理

戴维南定理与诺顿定理在电路分析中占有极其重要的地位。这两个定理的分析对象是二端网络。所谓二端网络是指对外具有两个端子的网络,又称单口网络或一端口网络。

1. 戴维南定理

任何一个含有独立电源的线性电阻二端网络,对外电路来说,总可以等效为一个电压源串电阻的支路,该电压源等于原二端网络的开路电压 u_{OC},电阻 R_0 等于该网络中独立电源置零后端口处的等效电阻。

图 4-10 即为戴维南定理的示意图。其中网络 N 的开路电压 u_{OC} 由图(b)所示电路在端口开路时求得(或测得);图(c)是等效电阻 R_0 的求解电路,网络 N_0 是网络 N 中独立电源置零后的网络;图(d)中端口 a、b 左侧电路是图(a)网络 N 的等效电路,也就是说,当该等效电路与网络 N 作用于相同的外电路时,就外电路而言,二者的作用结果完全相同。

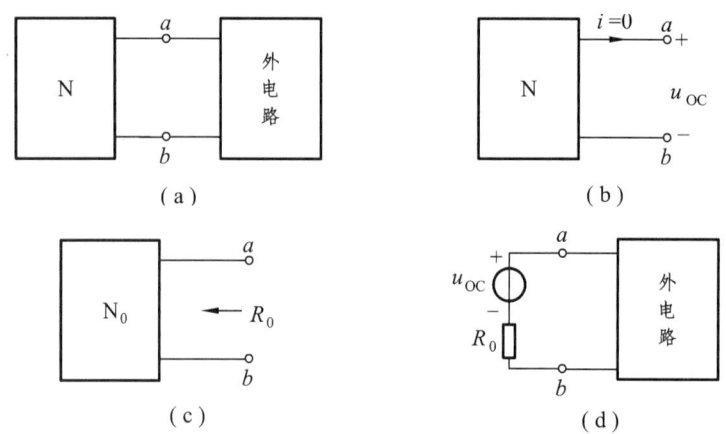

图 4-10 戴维南定理示意图

戴维南定理的证明如图 4-11 所示。设图 4-11(a)所示电路在端口 a、b 处的电压为 u,电流为 i。根据替代定理,把外电路视为一条支路,并用电流为 i 的电流源替代,电路如图 4-11(b)所示。把图 4-11(b)所示电路的独立电源分为两部分,其中网络 N 中的所有独立电源作为一部分,另外一部分就是替代后的电流源 $i_S = i$。根据叠加定理,当网络 N 中的独立电源作用时,电路如图 4-11(c)所示,ab 端口处的电压、电流为

$$u' = u_{OC}, \quad i' = 0$$

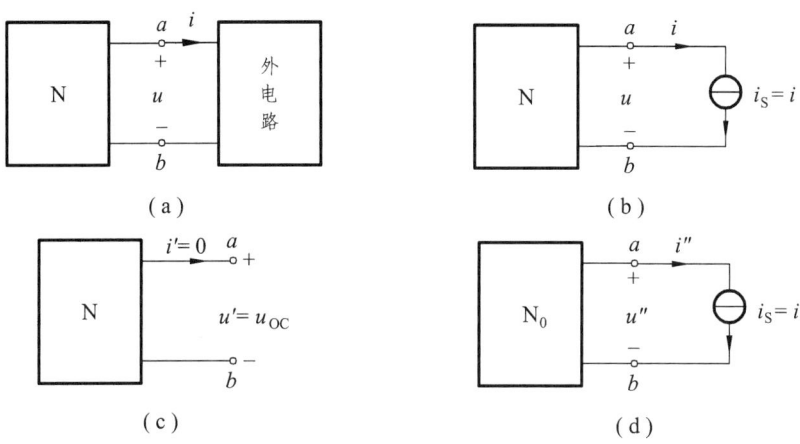

图 4-11 戴维南定理的证明

替代后的电流源 $i_S=i$ 单独作用时,电路如图 4-11(d)所示,ab 端口处的电压、电流为

$$u''=-i''R_{ab}=-iR_0, \quad i''=i$$

根据叠加定理,得

$$u=u'+u''=u_{OC}-R_0 i$$

由该表达式可画出等效电路如图 4-12(b)所示。

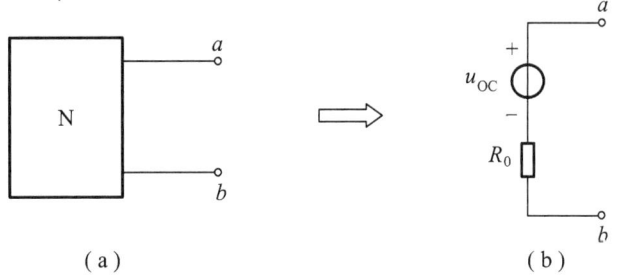

图 4-12 戴维南等效电路

2. 诺顿定理

任何一个含有独立电源的线性电阻二端网络,对外电路来说,其等效电路的形式除前面提到的电压源串电阻外,还可以等效为一个电流源并电阻的电路。如图 4-13 所示,图 4-13(b)所示电路即为图 4-13(a)所示网络 N 的诺顿等效电路,其中电流源等于原二端网络端口处的短路电流 i_{SC},电阻 R_0 等于该网络中独立电源置零后在端口处的等效电阻。

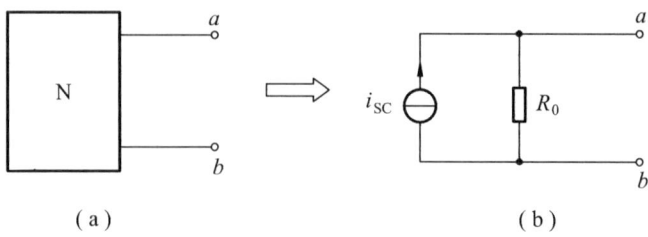

图 4-13 诺顿等效电路

诺顿定理的证明如图 4-14 所示,将图 4-14(a)中的外电路用电压源替代,如图 4-14(b)所示。根据叠加定理可知,当网络 N 中的独立电源作用时,电路等效为图 4-14(c),此时有

$$i' = i_{SC}(短路电流), \quad u' = 0$$

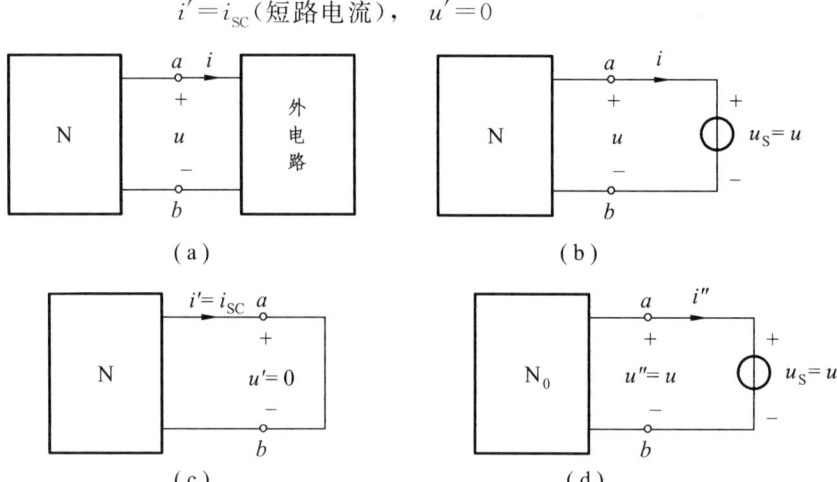

图 4-14 诺顿定理的证明

当电压源 $u_S = u$ 作用时,电路等效为图 4-14(d),有

$$i'' = -\frac{u_S}{R_{ab}} = -\frac{u_S}{R_0} = -\frac{u}{R_0}$$

$$u'' = u$$

根据叠加定理,图 4-14(a)所示电路的端口电流、电压有如下关系

$$i = i' + i'' = i_{SC} - \frac{u}{R_0}$$

由该式便可得出图 4-13(a)的等效电路如图 4-13(b)所示。

一般情况下,诺顿等效电路和戴维南等效电路只是形式上不同而已,诺顿等效电路和戴维南等效电路之间可以通过等效变换相互求得。但有两种情况二者之间不能相互转换:一是求戴维南等效电路时,等效电阻 R_0 等于零;二是求诺顿等效电路时,等效电阻 R_0 等于无穷大。因为第一种情况的等效电路是一个电压源,第二种情况的等效电路是一个电流源。

关于戴维南、诺顿等效电路的求解问题,下面根据电路中是否含有受控源分别加以讨论。

3. 电路中不含受控源

例 4-4 电路如图 4-15(a)所示。求 a、b 端的戴维南及诺顿等效电路。

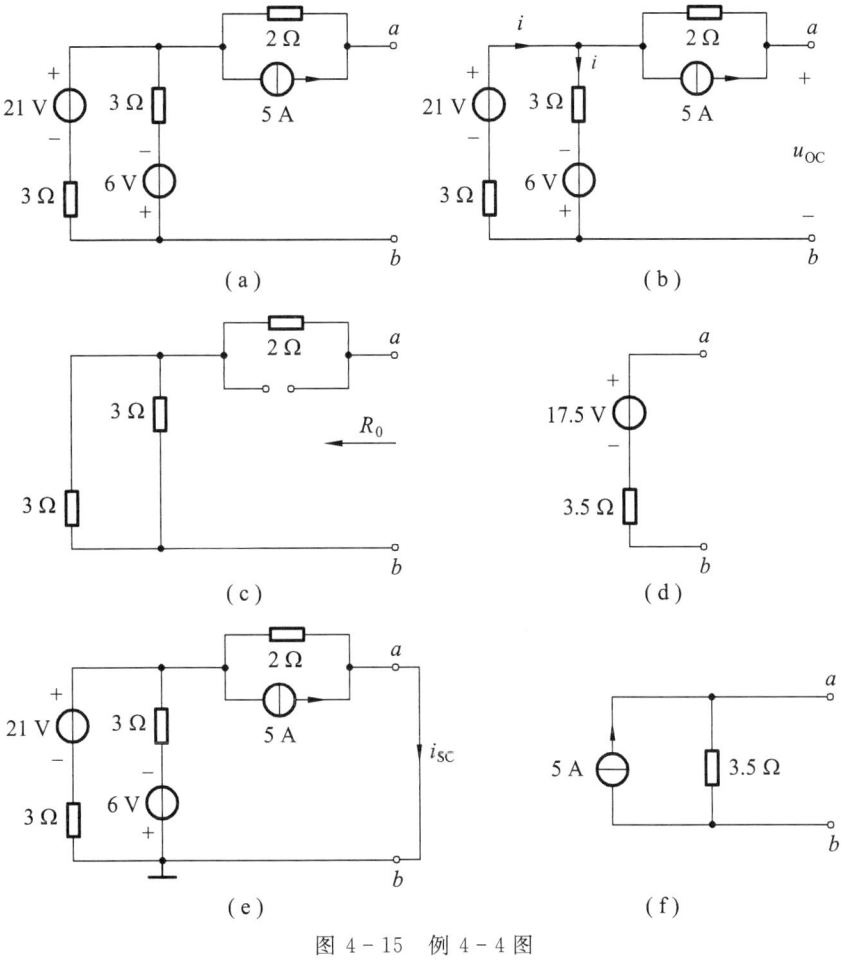

图 4-15 例 4-4 图

解

(1) 求戴维南等效电路:

① 求开路电压 u_{OC}。电路如图 4-15(b)所示,因

$$i = \frac{21+6}{3+3} \text{ A} = 4.5 \text{ A}$$

所以 $u_{OC} = 2 \times 5 + 3i - 6 = 17.5 \text{ V}$

② 求等效电阻 R_0。将独立电源置零,即电压源处短路,电流源处开路,如图 4-15(c)所示,则

$$R_0 = \left(2 + \frac{3 \times 3}{3+3}\right)\Omega = 3.5 \text{ }\Omega$$

得戴维南等效电路如图 4-15(d)所示。

(2) 求诺顿等效电路:

① 求短路电流 i_{SC}。电路如图 4-15(e)所示,采用结点法,参考结点如图所标,因

$$\left(\frac{1}{3} + \frac{1}{3} + \frac{1}{2}\right)u = \frac{21}{3} - \frac{6}{3} - 5$$

所以 $u = 0$, $i_{SC} = \frac{u}{2} + 5 = 5 \text{ A}$

② 求等效电阻 R_0。R_0 的求法同前,这里略。

诺顿等效电路如图 4-15(f)所示。

例 4-5 电路如图 4-16(a)所示,负载 R_L 可调,问 R_L 取何值可获得最大功率?最大功率是多少?

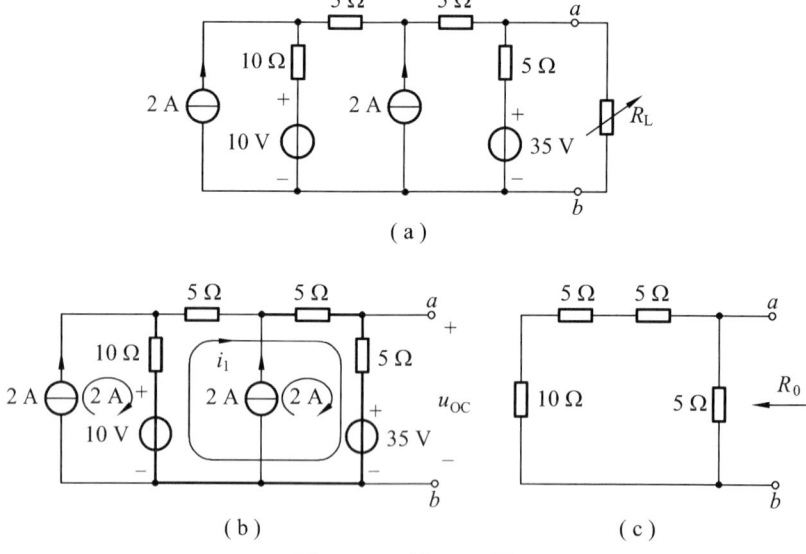

图 4-16 例 4-5 图

解 先求 R_L 左侧电路的戴维南等效电路。

(1) 求开路电压 u_{OC}，采用回路法。回路电流如图 4-16(b)所设，分别为 2 A、2 A 和 i_1，有

$$5i_1+5(i_1+2)+5(i_1+2)+35-10+10(i_1-2)=0$$

得 $i_1=-1$ A

所以 $u_{OC}=5(i_1+2)+35=40$ V

(2) 求等效电阻 R_0，如图 4-16(c)所示，有

$$R_0=\frac{5\times 20}{5+20}\ \Omega=4\ \Omega$$

戴维南等效电路如图 4-17 所示，负载 R_L 所消耗的功率为

$$P=i^2R_L=\left(\frac{u_{OC}}{R_0+R_L}\right)^2 R_L$$

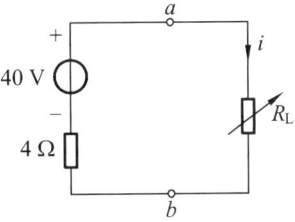

由 $\dfrac{\mathrm{d}P}{\mathrm{d}R_L}=0$ 可知，当 $R_L=R_0=4\ \Omega$ 时，可获得最大功率，且

$$P_{\max}=i^2R_L=\frac{u_{OC}^2}{4R_0}=100\ \mathrm{W}$$

图 4-17 例 4-5 图的戴维南等效电路

端口处等效电阻 R_0 有以下几种求解方法：

① 将网络内的独立电源置零，利用电阻的串、并联以及 $\triangle \leftrightarrow Y$ 之间的等效变换求得。

② 外加电源法。将网络 N 内所有独立电源置零，在端口处外加一个电压源 u（或电流源 i），求其端口处的电流 i（或电压 u），如图 4-18(b)所示，则

$$R_0=\frac{u}{i} \qquad (4-2)$$

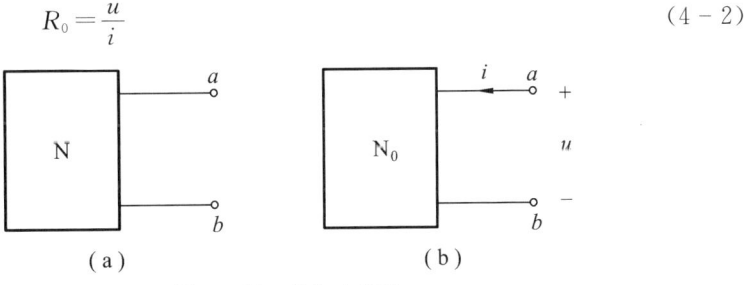

图 4-18 外加电源法

③ 开短路法。先求端口处的开路电压 u_{OC}，再求出端口处短路后的短路电流 i_{SC}，求解电路分别如图 4-19(a)、(b)所示，那么

$$R_0=\frac{u_{OC}}{i_{SC}} \qquad (4-3)$$

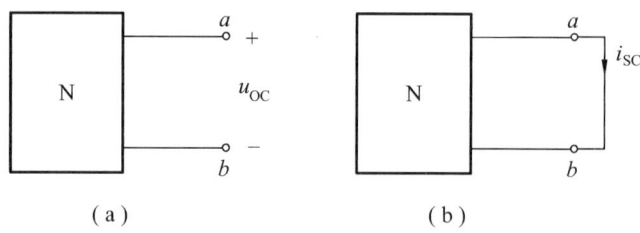

图 4-19 开短路法

4. 电路中含有受控源

当电路中含有受控源时，戴维南定理与诺顿定理同样适用。开路电压 u_{OC}、短路电流 i_{SC} 的求法同前；等效电阻 R_0 的求法一般采用外加电源法和开短路法。

例 4-6 电路如图 4-20(a)所示。求：(1) ab 左端的戴维南等效电路；(2) 电流源 i_{S2} 吸收的功率。

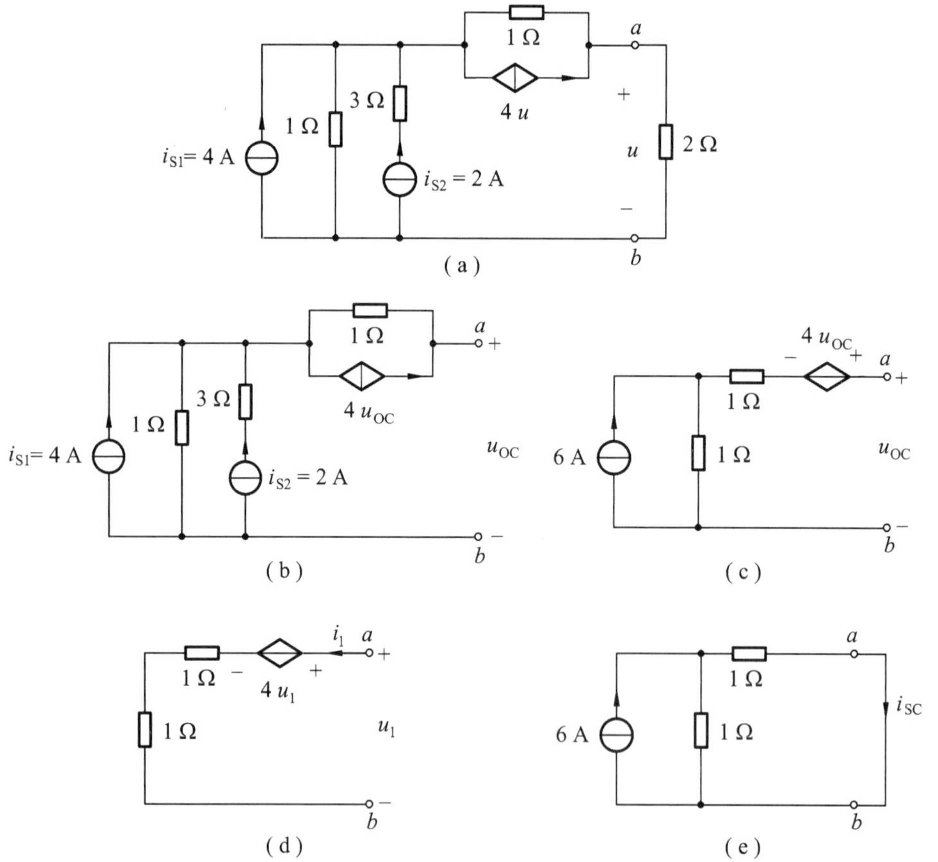

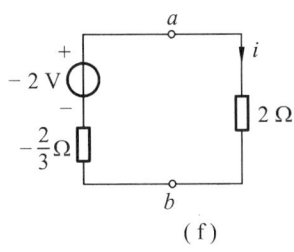
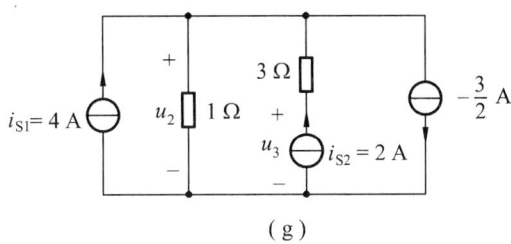

图 4-20 例 4-6 图

解

(1) 求开路电压 u_{OC} 的电路如图 4-20(b)所示,图 4-20(c)是其简化电路,根据 KVL 可得

$$u_{OC} = 4u_{OC} + 6$$

所以　　　　　$u_{OC} = -2 \text{ V}$

用外加电源法求解等效电阻 R_0,电路如图 4-20(d)所示,其方程为

$$u_1 = 4u_1 + 2i_1$$

所以　　　　　$R_0 = \dfrac{u_1}{i_1} = -\dfrac{2}{3} \text{ Ω}$

另外,用开短路法求解等效电阻 R_0,电路如图 4-20(e)所示,短路电流为

$$i_{SC} = 3 \text{ A}$$

所以　　　　　$R_0 = \dfrac{u_{OC}}{i_{SC}} = -\dfrac{2}{3} \text{ Ω}$

ab 左端的戴维南等效电路如图 4-20(f)所示。

(2) 由图 4-20(f)所示电路得

$$i = \dfrac{-2}{2 - \dfrac{2}{3}} \text{ A} = -\dfrac{3}{2} \text{ A}$$

回原电路可求得电流源 i_{S2} 的两端电压 u_3。但为简化运算起见,将右侧支路用电流源替代,替代后的电路如图 4-20(g)所示。由结点电压法得

$$u_2 = 1 \times \left(4 + 2 + \dfrac{3}{2}\right) \text{ V} = 7.5 \text{ V}$$

所以　　　　　$u_3 = 2 \times 3 + u_2 = 13.5 \text{ V}$

则电流源 i_{S2} 吸收的功率为

$$P = -2u_3 = -27 \text{ W}$$

应用戴维南或诺顿定理求解电路时,若电路中含有耦合关系,应将具有耦

合关系的支路同时放在网络 N 中。但有时所求的戴维南等效电路却使耦合支路分开了(下面的例题即是如此)，如不进行控制量转移，则 a、b 左端等效为戴维南电路之后，控制量 u_1 不再存在，受控源无法控制。考虑到求解戴维南或诺顿等效电路时，其端口处的电压或电流始终存在，所以在分析求解这类电路时，应首先将控制量转化为端口处的电压或电流的表达式，然后再求它的戴维南或诺顿等效电路。

例 4 - 7 电路如图 4 - 21(a)所示。用诺顿定理求流过 1.5 Ω 电阻的电流 I。

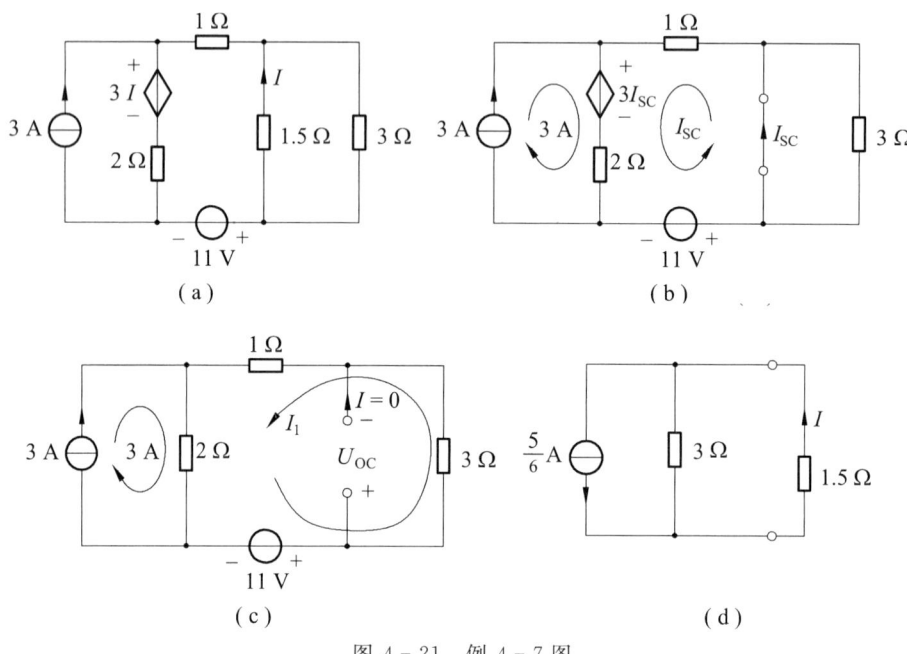

图 4 - 21 例 4 - 7 图

解

(1) 求短路电流 I_{SC}，如图 4 - 21(b)所示，列 I_{SC} 网孔的 KVL 方程

$$1 \times I_{SC} + 3I_{SC} + 2(I_{SC} + 3) - 11 = 0$$

得

$$I_{SC} = \frac{5}{6} \text{ A}$$

(2) 求等效电阻 R_0。采用开短路法，如图 4 - 21(c)所示。列 I_1 回路的 KVL 方程

$$(3+1+2)I_1 + 2 \times 3 - 11 = 0$$

得

$$I_1 = \frac{5}{6} \text{ A}$$

开路电压

$$U_{OC} = 3I_1 = 2.5 \text{ V}$$

故等效电阻 $R_0 = \dfrac{U_{OC}}{I_{SC}} = \dfrac{2.5}{5/6}\ \Omega = 3\ \Omega$

诺顿等效电路如图 4-21(d)所示,由此电路得

$$I = \left(\dfrac{2.5}{3+1.5} \times 1\right)\ A = \dfrac{5}{9}\ A$$

例 4-8 用戴维南定理求图 4-22(a)所示电路的电压 u。

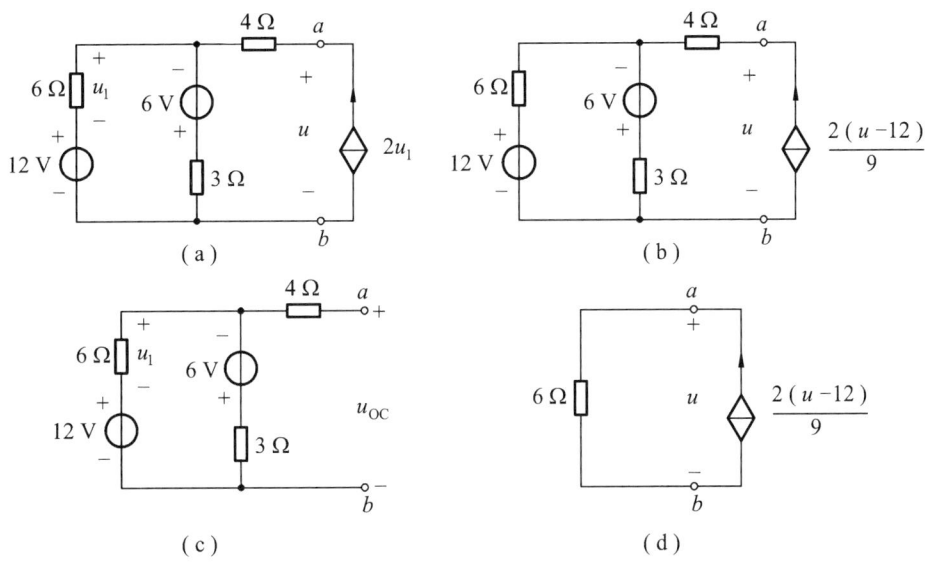

图 4-22 例 4-8 图

解 先将控制量 u_1 用端口电压 u 表示为

$$u = 4 \times 2u_1 + u_1 + 12$$

所以

$$u_1 = \dfrac{1}{9}(u - 12)$$

等效电路如图 4-22(b)所示。

由图 4-22(c)求开路电压 u_{OC} 和等效电阻 R_0

$$u_{OC} = \left(-6 + 3 \times \dfrac{12+6}{6+3}\right)\ V = 0\ V$$

$$R_0 = \left(4 + \dfrac{3 \times 6}{3+6}\right)\Omega = 6\ \Omega$$

戴维南等效电路如图 4-22(d)所示,由此得

$$u = 6 \times \dfrac{2(u-12)}{9}$$

所以 $u = 48\ V$

§4-4 特勒根定理

特勒根定理有两种形式。

1. 特勒根定理 1

对于一个具有 n 个结点、b 条支路的网络，假设各支路电压（u_k）和支路电流（i_k）取关联参考方向，则有

$$\sum_{k=1}^{b} u_k i_k = 0 \qquad (4-4)$$

该定理通过图 4-23 所示网络证明如下：

图示结点电压分别为 $u_①$、$u_②$、$u_③$，图中箭头方向既表示支路电压方向也表示支路电流方向，根据 KVL 可得各支路电压与结点电压的关系式

$$\begin{cases} u_1 = u_② - u_① \\ u_2 = u_① - u_③ \\ u_3 = u_③ \\ u_4 = u_② \\ u_5 = u_① \\ u_6 = u_② - u_③ \end{cases}$$

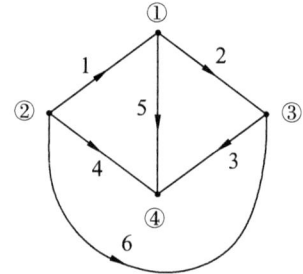

图 4-23 特勒根定理的证明

根据 KCL 可得出结点①、②、③的电流方程为

$$\begin{cases} -i_1 + i_5 + i_2 = 0 \\ i_1 + i_4 + i_6 = 0 \\ -i_2 + i_3 - i_6 = 0 \end{cases}$$

那么

$$\begin{aligned}\sum_{k=1}^{6} u_k i_k &= (u_② - u_①)i_1 + (u_① - u_③)i_2 + (u_③)i_3 + \\ & \quad (u_②)i_4 + (u_①)i_5 + (u_② - u_③)i_6 \\ &= u_①(-i_1 + i_2 + i_5) + u_②(i_1 + i_4 + i_6) + u_③(-i_2 + i_3 - i_6) \\ &= 0\end{aligned}$$

将以上证明过程推广到具有 n 个结点、b 条支路的网络，则有

$$\sum_{k=1}^{b} u_k i_k = 0$$

从特勒根定理的证明可以看出，该定理是基于 KCL、KVL 推导出来的，也就是说，特勒根定理与基尔霍夫定律一样，只与网络的拓扑结构有关，故特勒根定理适用于线性、非线性、时变、非时变的集中参数电路。

§4-4 特勒根定理

特勒根定理 1 的物理意义就在于它揭示了电路的功率守恒特性，即任何一个电路，各支路吸收的功率的代数和等于零。特勒根定理 1 又被称为功率守恒定理。

2. 特勒根定理 2

具有同一拓扑图的两个网络 N 和 N′，它们的支路电压分别为 u_k 和 u_k'，支路电流分别为 i_k 和 i_k'（均取关联参考方向），则对于任何时刻 t，有

$$\sum_{k=1}^{b} u_k(t) i_k'(t) = 0 \tag{4-5}$$

$$\sum_{k=1}^{b} u_k'(t) i_k(t) = 0 \tag{4-6}$$

其证明过程与定理 1 相同，故不再证明。

需要说明的是，特勒根定理 2 没有物理意义，它只是反映了两个具有同一拓扑图的网络的电压与电流的数学关系，但由于其乘积具有功率的量纲，所以又称为似功率定理。另外，对于同一个网络，如果支路电压 u_k 和支路电流 i_k 取值不在同一时刻，那么下面两式同样成立

$$\sum_{k=1}^{b} u_k(t_1) i_k(t_2) = 0 \tag{4-7}$$

$$\sum_{k=1}^{b} u_k(t_2) i_k(t_1) = 0 \tag{4-8}$$

此时可将两个不同时刻的数值视为拓扑图相同的两个网络。

例 4-9 如图 4-24 所示，N_R 网络由线性电阻组成。已知当 $R_2 = 2\ \Omega$、$U_1 = 6\ V$ 时，测得 $I_1 = 2\ A$，$U_2 = 2\ V$；当 $R_2 = 4\ \Omega$、$U_1 = 10\ V$ 时，测得 $I_1 = 3\ A$，求此时 U_2 的值。

解 将两次测量所对应的电路看成两个具有相同拓扑图的电路，分别视为 N 和 N′，根据特勒根定理 2 可知

$$\begin{cases} -U_1' I_1 + U_2' I_2 + \sum_{k=3}^{b} U_k' I_k = 0 & (1) \\ -U_1 I_1' + U_2 I_2' + \sum_{k=3}^{b} U_k I_k' = 0 & (2) \end{cases}$$

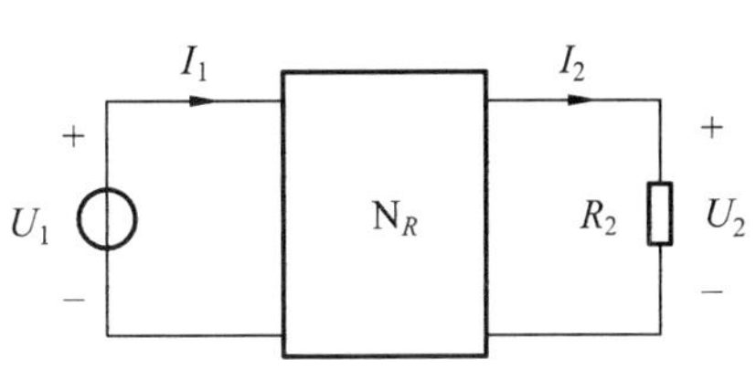

图 4-24 例 4-8 图

由于网络 N_R 由线性电阻构成，上两式中

$$U_k I_k' = R I_k I_k' = R I_k' I_k = U_k' I_k \tag{3}$$

式(1)-式(2),得
$$-U_1'I_1+U_2'I_2=-U_1I_1'+U_2I_2' \quad (4)$$

将 $U_1'=6$ V, $I_1'=2$ A、$U_2'=2$ V、$I_2'=\dfrac{U_2'}{R_2'}=\dfrac{2}{2}$ A$=1$ A 以及 $U_1=10$ V、$I_1=3$ A、$I_2=\dfrac{U_2}{R_2}=\dfrac{U_2}{4}$ 分别代入式(4)得

$$-6\times3+2\times\left(\dfrac{U_2}{4}\right)=-10\times2+U_2\times1$$

即 $\quad -18+\dfrac{U_2}{2}=-20+U_2$

所以 $\quad U_2=4$ V

§4-5 互 易 定 理

互易定理是线性网络的又一个重要定理,它有三种形式,下面分别论述。

1. 互易定理 1

对于图 4-25 所示的两个电路,设网络 N_R 仅由线性电阻元件组成,该网络对外有两对端子,在 1 与 1′之间加电压源 u_{S1} 时,在 2 与 2′之间的短路电流为 i_2,如图 4-25(a)所示;在 2 与 2′之间加电压源 u_{S2} 时,在 1 与 1′之间的短路电流为 i_1,如图 4-25(b)所示,则有

$$\dfrac{i_2}{u_{S1}}=\dfrac{i_1}{u_{S2}} \quad (4-9)$$

当 $u_{S1}=u_{S2}$ 时,有
$$i_2=i_1$$

由互易定理 1 可知,当电压源和电流表互换位置后,电流表的读数不变。

对互易定理 1 证明如下:

对于图 4-26 所示的两个电路,根据特勒根定理 2 不难得出下面两式

$$\begin{cases} u_{S1}i_1+0\times i_2'+\sum_{k=3}^{b}u_k(t)i_k'(t)=0 \\ 0\times i_1'+u_{S2}i_2+\sum_{k=3}^{b}u_k'(t)i_k(t)=0 \end{cases}$$

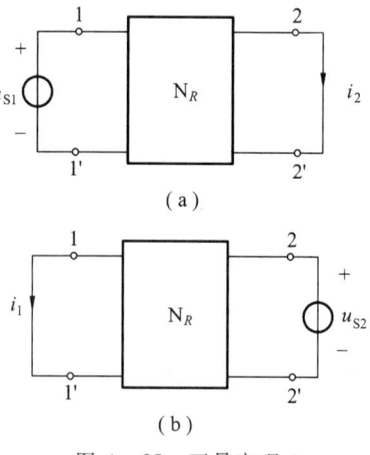

图 4-25 互易定理 1

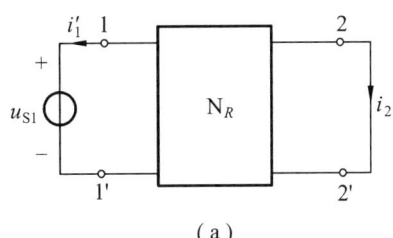
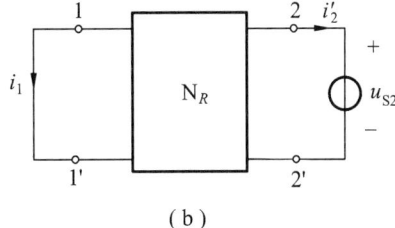

图 4-26 互易定理 1 的证明

因为
$$\sum_{k=3}^{b} u_k(t) i'_k(t) = \sum_{k=3}^{b} u'_k(t) i_k(t)$$

所以
$$u_{S1} i_1 = u_{S2} i_2$$

即
$$\frac{i_2}{u_{S1}} = \frac{i_1}{u_{S2}}$$

证毕。

2. 互易定理 2

对于图 4-27 所示的两个电路，设网络 N_R 仅由线性电阻元件组成，该网络对外有两对端子，在 1 与 1' 之间加电流源 i_{S1} 时，在 2 与 2' 之间的开路电压为 u_2，如图 4-27(a) 所示；在 2 与 2' 之间加电流源 i_{S2} 时，在 1 与 1' 之间的开路电压为 u_1，如图 4-27(b) 所示，则有

$$\frac{u_2}{i_{S1}} = \frac{u_1}{i_{S2}} \quad (4-10)$$

当 $i_{S1} = i_{S2}$ 时，有
$$u_2 = u_1$$

由互易定理 2 可知，当电流源与电压表互换位置后，电压表的读数不变。

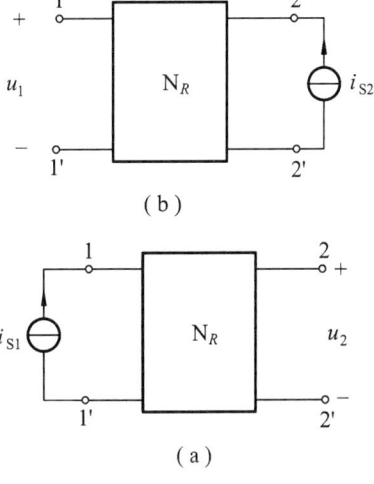

图 4-27 互易定理 2

3. 互易定理 3

对于图 4-28 所示的两个电路，设网络 N_R 仅由线性元件组成，该网络对外有两对端子。在 1 与 1' 之间加电压源 u_{S1} 时，在 2 与 2' 之间的开路电压为 u_2，如图 4-28(a) 所示；在 2 与 2' 之间加电流源 i_{S2} 时，在 1 与 1' 之间的短路电流为 i_1，如图 4-28(b) 所示，则有

$$\frac{u_2}{u_{S1}} = \frac{i_1}{i_{S2}} \quad (4-11)$$

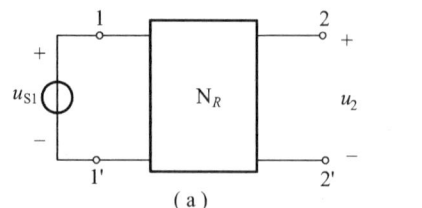 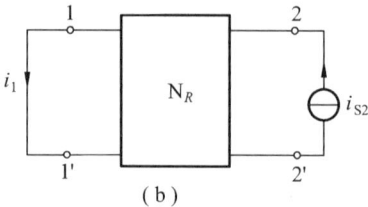

图 4-28 互易定理 3

应用互易定理时要注意极性（参考方向）。如图 4-28(a)中的端子 1 和 2 为同极性端，那么在图(b)中，端子 1 和 2 也为同极性端（均为高电位或低电位），否则应在相应的电流或电压值前添加负号。

在实际导线中，如电流从 a 端流向 b 端，表明 a 端电位高于 b 端。为了便于极性分析，在理想导线中，若电流从 a 流向 b，我们同样认为 a 端电位高于 b 端。由于 N_R 为电阻网络，不难得出电流源的输出端电位高于输入端电位。

例 4-10 图 4-29 所示电路，已知图(a)中 $u_{S1}=1\ \text{V}$，$i_2=2\ \text{A}$；图(b)中 $u_{S2}=-2\ \text{V}$，求电流 i_1。

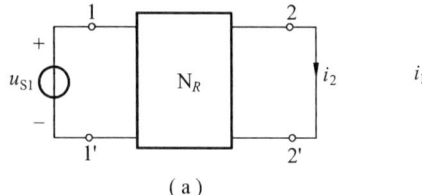 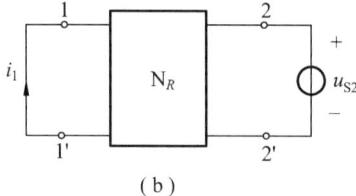

图 4-29 例 4-10 图

解 图 4-29(a)中的端子 1、2 均为正极性端，而图(b)中的端子 1、2 为反极性端。根据互易定理 1 可知

$$\frac{i_2}{u_{S1}}=\frac{-i_1}{u_{S2}}$$

所以

$$i_1=\frac{u_{S2}}{u_{S1}}i_2=\left(-\frac{-2}{1}\times 2\right)\text{A}=4\ \text{A}$$

例 4-11 已知图 4-30(a)所示电路在电压源 u_{S1} 的作用下，电阻 R_2 上的电压为 u_2。求图 4-30(b)所示电路在电流源 i_{S2} 的作用下电流 i_1 的值。

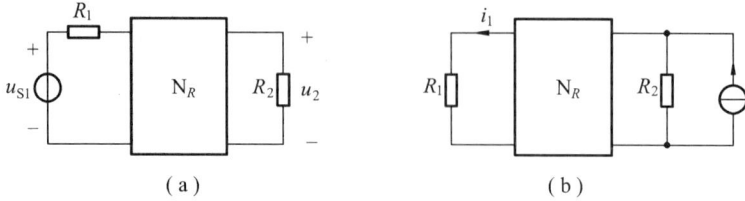

图 4-30 例 4-11 图(1)

解法 1 将电阻 R_1、R_2 和网络 N_R 当作一个新的电阻网络,如图 4-31 所示,此时可直接利用互易定理 3 的表达式求解

$$\frac{i_1}{i_{S2}} = \frac{u_2}{u_{S1}}$$

所以

$$i_1 = \frac{u_2}{u_{S1}} i_{S2}$$

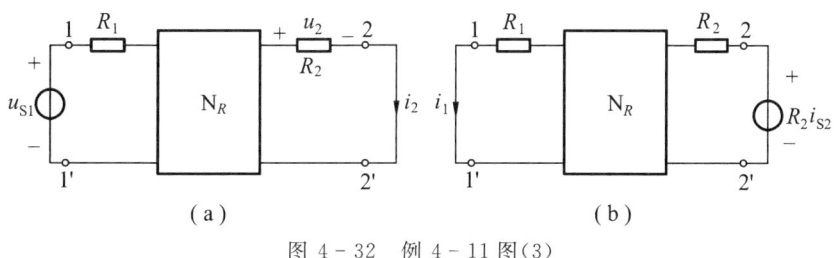

图 4-31 例 4-11 图(2)

解法 2 改变电路的画法,即可与互易定理 1 的电路对应起来,如图 4-32 所示。

不难得出

$$\frac{i_2}{u_{S1}} = \frac{i_1}{R_2 i_{S2}}$$

而

$$i_2 = \frac{u_2}{R_2}$$

所以

$$i_1 = \frac{R_2 i_{S2}}{u_{S1}} \cdot \frac{u_2}{R_2} = \frac{i_{S2}}{u_{S1}} u_2$$

§4-6 对偶原理

为了便于说明对偶原理,下面先看几组关系式。当电压与电流取关联参考方向时,对于电阻元件,其关系式为

$$u = Ri \tag{4-12}$$

或

$$i = Gu \tag{4-13}$$

对于电感元件 L，有

$$u = L\frac{\mathrm{d}i}{\mathrm{d}t} \qquad (4-14)$$

对于电容元件 C，有

$$i = C\frac{\mathrm{d}u}{\mathrm{d}t} \qquad (4-15)$$

如将式(4-12)中的电压 u 换成电流 i，将电阻 R 换成电导 G，即可得到式(4-13)；同样若将式(4-14)、式(4-15)中的 u 与 i 互换，L 与 C 互换，则两式彼此转换，为此称电阻 R 与电导 G、电感 L 与电容 C 为对偶元件；另外，电压源与电流源也是一对对偶元件，而电压与电流为一对对偶变量。

图 4-33(a)所示电路中，有

$$u_1 = \frac{R_1}{R_1 + R_2} u_\mathrm{S} \qquad (4-16)$$

图 4-33(b)所示电路中，有

$$i_1 = \frac{G_1}{G_1 + G_2} i_\mathrm{S} \qquad (4-17)$$

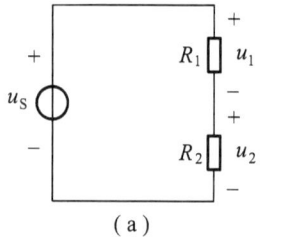 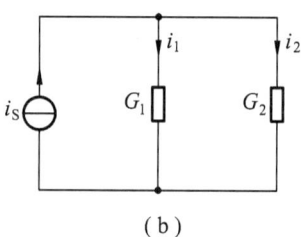

(a)　　　　　　　　　　　(b)

图 4-33　对偶电路

比较式(4-16)与式(4-17)可知，将图 4-33(a)、(b)所示元件换成其对偶元件，对偶变量互换、串联与并联互换后，两数学表达式可相互转换，为此把电路的串联与并联称为对偶连接。另外，电路的网孔与结点、短路与开路、开关的打开与闭合等均具有对偶关系。图 4-33(a)与图 4-33(b)称为对偶电路。

综上所述，对偶关系就是两个不同的元件特性或两个不同的电路，却具有相同形式的数学表达式。其意义就在于对某电路得出的关系式和结论，也必然满足其对偶电路，起到了事半功倍的作用。但是必须注意："对偶"并非"等效"，它们是两个完全不同的概念。

电路中的对偶关系如表 4-1 所示。

§4-6 对偶原理

电路中的对偶关系　　　　表 4-1

原电路 N	对偶电路 N′	原电路 N	对偶电路 N′
R	G	KCL	KVL
L	C	串联	并联
u	i	结点	网孔
电压源	电流源	割集	回路
开关打开	开关闭合	戴维南等效电路	诺顿等效电路
开路	短路	结点电压	网孔电流

求对偶电路的方法如下（设网络 N 已知，求其对偶网络 N′）：

① 在网络 N 中的网孔内画出结点，作为对偶网络 N′ 的结点；

② 在网络 N 外画一个结点，作为 N′ 的参考结点；

③ 用虚线连接相邻网孔内的结点，并让每条虚线只穿过一个元件；

④ 用虚线连接网孔内、外的结点，并让每条虚线只穿过一个元件；

⑤ 把虚线换成其穿过元件的对偶元件。

网络 N 与对偶网络 N′ 中的电压、电流变量以及电压源、电流源参考方向可由以下方法确定：

① 网络 N 的电流按顺时针方向标定的，在对偶网络 N′ 中的对偶结点为正极性。

② 网络 N 中的电压源的电压升为顺时针方向，则对偶网络 N′ 的对偶电流源流入相应的对偶结点；网络 N 中的电流源为顺时针方向时，则对偶网络 N′ 的对偶结点外对偶电压源的极性为正。

例 4-12 画出图 4-34 所示电路的对偶电路。

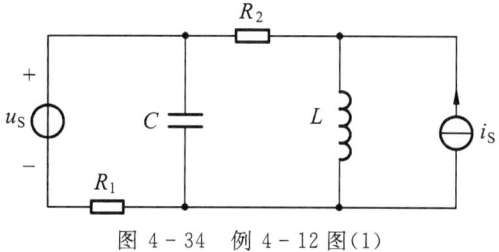

图 4-34 例 4-12 图(1)

解 图 4-34 所示电路共有三个网孔，故其对偶电路除参考结点外还有三个结点,如图 4-35(a)所示,将结点之间用虚线相连,同时使每条虚线穿过一个元件,把虚线换成它所穿过元件的对偶元件,即为所求对偶电路,如图 4-35(b)所示。

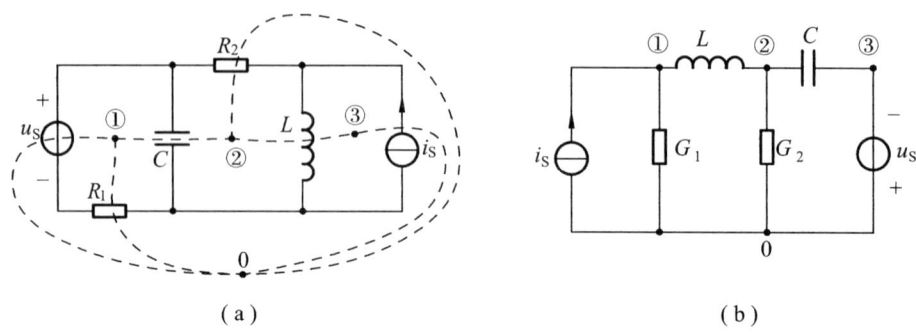

图 4-35 例 4-12 图(2)

习 题 四

4-1 用叠加定理求题 4-1 图所示电流源两端的电压 u。

4-2 用叠加定理求题 4-2 图所示电路的电流 I。

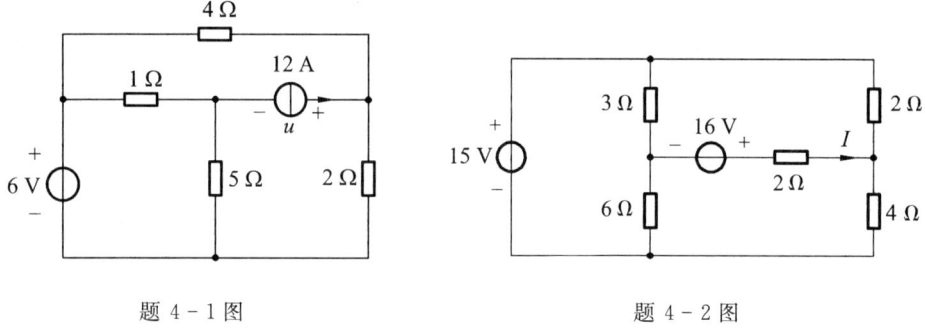

题 4-1 图 　　　　　　　　题 4-2 图

4-3 用叠加定理求题 4-3 图所示电路中的 I_X。

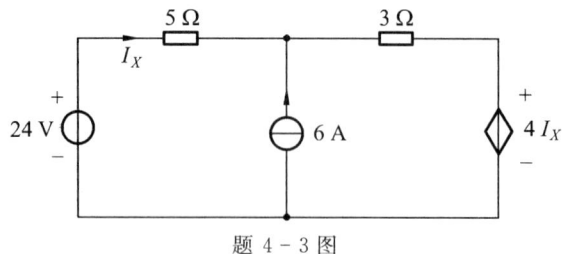

题 4-3 图

4-4 用叠加定理求题 4-4 图所示电路中的独立电压源和独立电流源发出的功率。

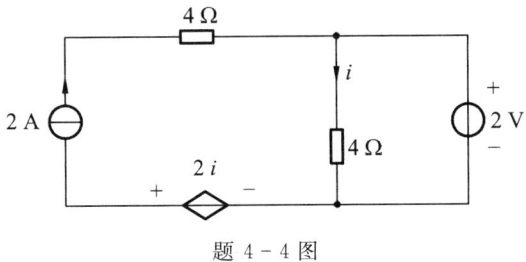

题 4-4 图

4-5 题 4-5 图所示电路中，N_R 为电阻网络，由两个电流源供电。当断开 3 A 电流源时，2 A 电流源对网络输出的功率为 28 W，端电压 u_3 为 8 V；当断开 2 A 电流源时，3 A 电流源输出的功率为 54 W，端电压 u_2 为 12 V。试求两电流源同时作用时的端电压 u_2 和 u_3，并计算此时两电流源各自输出的功率。

4-6 题 4-6 图所示电路中，网络 N 中没有独立电源，当 $u_S=8$ V、$i_S=12$ A 时，测得 $i=8$ A；当 $u_S=-8$ V、$i_S=4$ A 时，测得 $i=0$。问 $u_S=9$ V、$i_S=10$ A 时，电流 i 的值是多少？

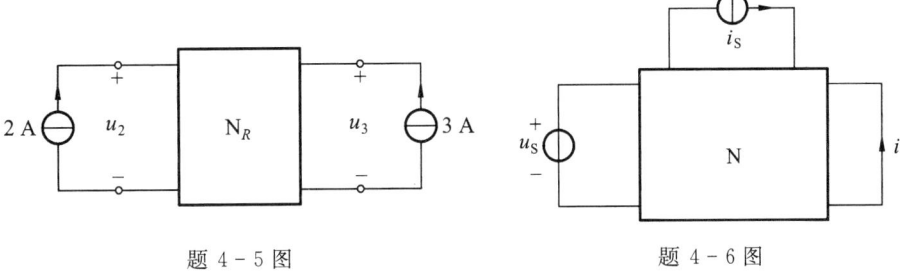

题 4-5 图   题 4-6 图

4-7 求题 4-7 图所示电路的戴维南和诺顿等效电路。

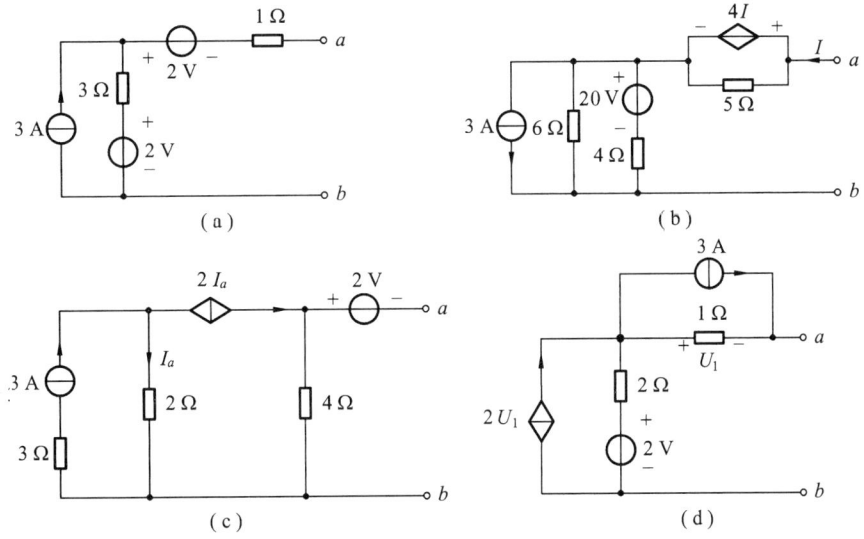

题 4-7 图

4-8 题 4-8 图所示电路工作在直流稳态状态下,求 ab 端的戴维南等效电路。

4-9 电路如题 4-9 图所示。用戴维南定理求 $R_1=23\ \Omega$ 时消耗的功率。

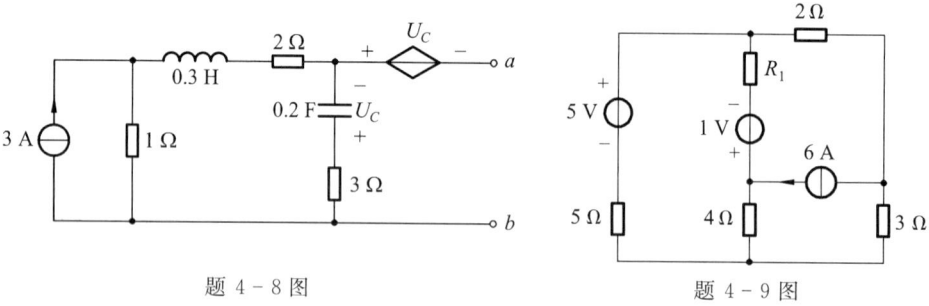

题 4-8 图　　　　　　　　　　　题 4-9 图

4-10 题 4-10 图所示电路中,外接电阻可调,由此测得端口电压 u 和电流 i 的关系曲线如图(b)所示,求网络 N 的戴维南和诺顿等效电路。

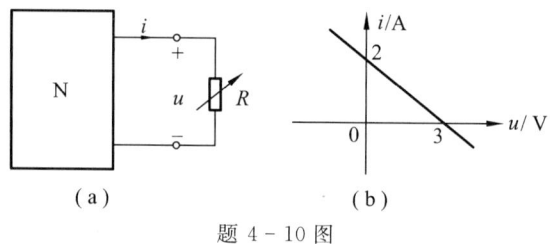

题 4-10 图

4-11 题 4-11 图所示电路中,当开关 K 打开时,开关两端的电压 u 为 8 V;当开关 K 闭合时,流过开关的电流 i 为 6 A,求网络 N 的戴维南等效电路。

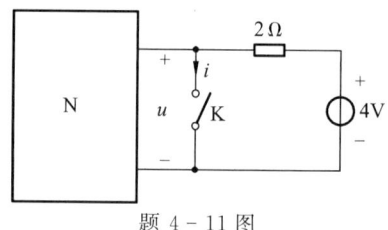

题 4-11 图

4-12 用戴维南定理求题 4-12 图所示电路中 2 A 电流源上的电压 U。

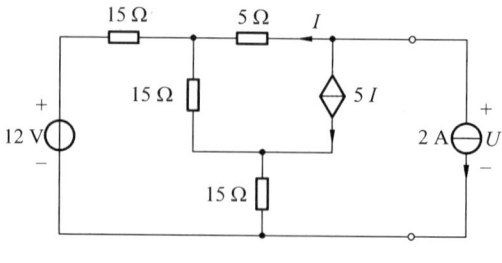

题 4-12 图

4-13 电路如题 4-13 图所示。已知 $I_1=1$ A,求:

(1) 开路电压 U。

(2) 无源网络 N_0 的等效电路。

4-14 题 4-14 图所示电路中负载 R 的阻值可调,当 R 取何值时可获最大功率 P_{max}？$P_{max}=?$

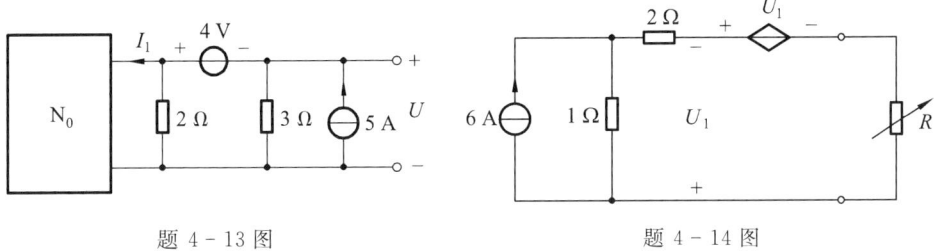

题 4-13 图　　　　　　　　　题 4-14 图

4-15 题 4-15 图所示电路中,若流过电阻 R_X 的电流 I 为 -1.5 A,用戴维南定理确定电阻 R_X 的数值。

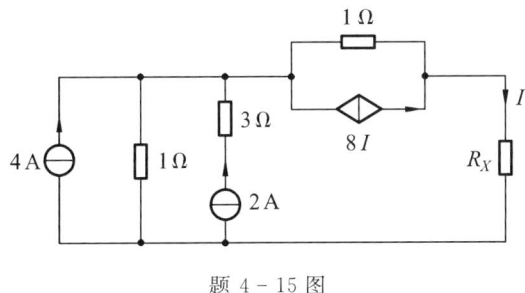

题 4-15 图

4-16 用戴维南定理确定题 4-16 图所示电路的电压 u。

4-17 电路如题 4-17 图所示。欲使流过电阻 R 的电流为 $0.1I$,问电阻 R 的值为多大？

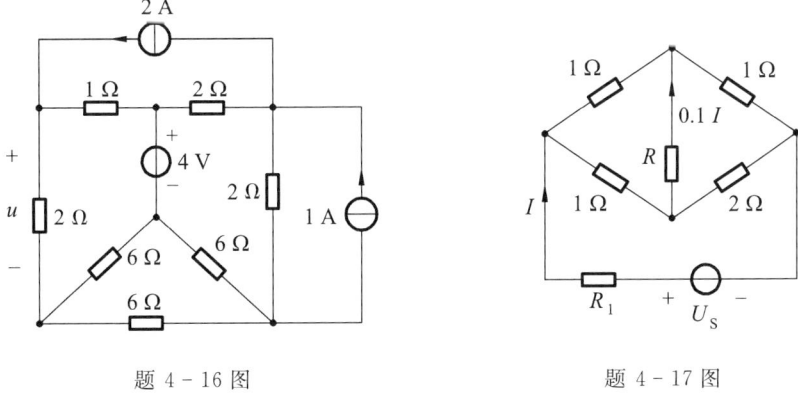

题 4-16 图　　　　　　　　　题 4-17 图

4-18 题 4-18 图所示电路中，N_R 为纯电阻网络。电路如图(a)连接时，支路电流如图所标；当电路按图(b)方式连接时，求电流 I。

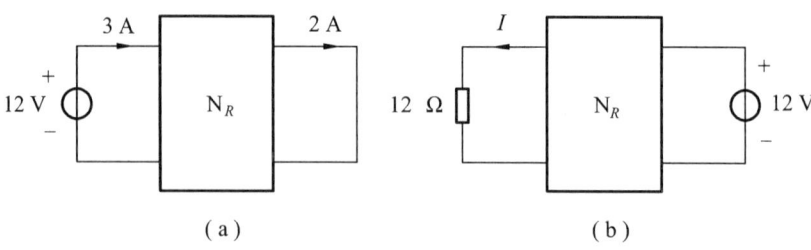

题 4-18 图

4-19 题 4-19 图所示电路中，N_R 仅由电阻元件构成，外接电阻 R_2、R_3 可调。当 $R_2 = 10\ \Omega$、$R_3 = 5\ \Omega$、$I_{S1} = 0.5\ A$ 时，$U_1 = 2\ V$、$U_2 = 1\ V$、$I_3 = 0.5\ A$；当 $R_2 = 5\ \Omega$、$R_3 = 10\ \Omega$、$I_{S1} = 1\ A$ 时，$U_1 = 3\ V$、$U_3 = 1\ V$，用特勒根定理求此时 I_2 的数值。

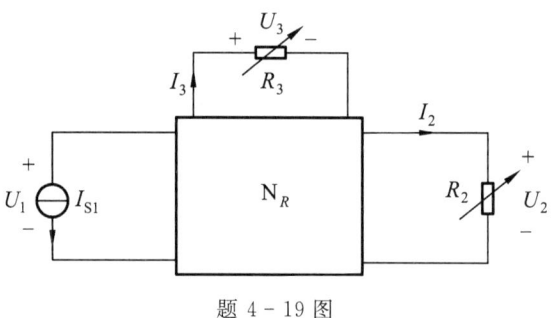

题 4-19 图

4-20 题 4-20 图所示电路中，N_R 为线性无源电阻网络，两次接线分别如图(a)、图(b)所示，求图(b)电路中的电压 U。

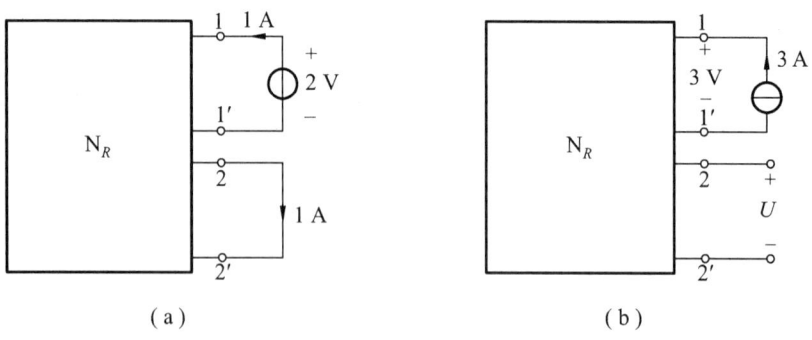

题 4-20 图

4-21 题 4-21 图所示电路中，N_R 由电阻构成，图(a)电路中 $I_1=2$ A，求图(b)电路中的电流 I_2。

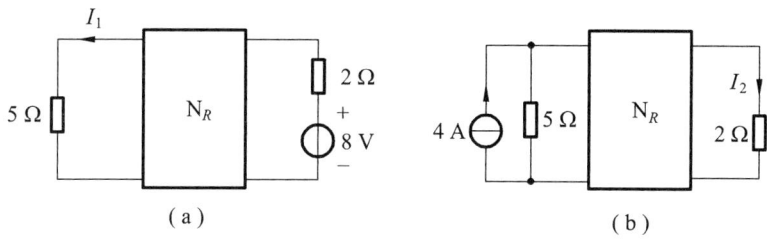

题 4-21 图

4-22 试用互易定理确定题 4-22 图所示电路中电压表的读数。

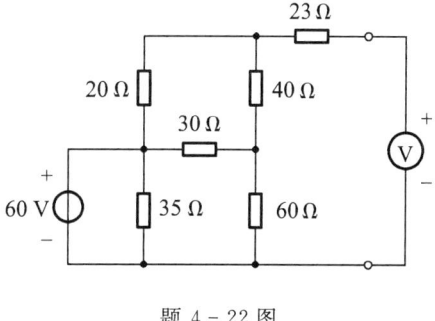

题 4-22 图

第 五 章

含运算放大器电路的分析方法

•————— 内 容 提 要 —————•

本章将学习一种常用的电路器件——运算放大器,并分析含有理想运算放大器的电路。

§5-1 运算放大器简介

世界上第一台计算机是模拟计算机,它是通过预先编排的方程和输入数据计算输出。模拟计算机的核心部件能够完成输入信号的各种运算,如加、减、乘、积分和微分等,因此称核心部件为运算放大器(operational amplifier),简称运放(op amp)。

最早的运放是采用电子管制作的,体积庞大,而且需要±350V 的供电电压。到了 20 世纪 50 年代,低压电子管的发明使运放的体积缩小到了砖头大小;到了 60 年代,晶体管的发明又使运放的体积进一步缩减到了几个立方英寸。在 60 年代中期,由于集成电路(IC)技术的发明,美国 Fairchild Semiconductor 公司推出了集成运放 uA709,它是世界上第一个商业应用成功的集成运放。集成运放是采用集成电路(IC)技术制作的一种多端电子器件,是在一小块硅晶片上制作多个相互连接的晶体管、电阻、二极管等,然后封装成为一个电路器件。uA709 虽然存在需要外部补偿电路的问题,但还是得到了广泛应用。之后,uA709 又很快被新产品 uA741 取代,uA741 的工作状态更加稳定、使用更加方便。uA741 运算放大器是微电子工业发展史上独一无二的产品,历经数十年的更迭仍未被取代,很多集成电路的制造商至今还在生产。

目前,集成运放的种类繁多,广泛应用于自动化、通信、网络等电子技术的各个领域，已成为现代电子技术中应用非常广泛的一种通用器件。

§5-2　运算放大器的外部特性

运算放大器的内部结构复杂，从电路分析的角度出发，主要关心的是运放的外部特性，即器件的输入与输出的关系，故本课程不涉及运放的复杂内部结构。后续有关课程会对运放的内部结构做详细讲解。

1. 运放的电路符号图

图 5-1(a)所示是运算放大器的电路符号，其中"▷"表示放大器，A 表示开环电压增益。运算放大器有两个输入端 a、b 和一个输出端 o。a 端称为同向输入端(或非倒向输入端)，b 端称为反向输入端(或倒向输入端)。为区别起见，a 端和 b 端分别用"+"号和"−"号标出(注意：它们不是电压参考方向的正、负极性)。电源端子 E^+、E^- 连接直流偏置电压，以维持运算放大器内部晶体管的正常工作。电源接线如图 5-1(b)所示，E^+ 端接正电压，E^- 端接负电压，这里电压的正、负是相对"地"(图中的符号"⊥")而言的。

在分析运算放大器的外部电路时，常常不需要考虑偏置电源，因而可以将图 5-1(b)简化成图 5-1(c)。在标注电压参考方向时，可以采用图 5-2 所示的方式。在图 5-2(b)中，有多个"地"("⊥")端，这些"地"之间尽管没有连线，但所有的"地"("⊥")端是等电位的。有时电路图中不画"地"("⊥")端，各端的电压参考方向没有标注，这时各端的电压参考方向都是以没画的"地"("⊥")端为"−"极性端。

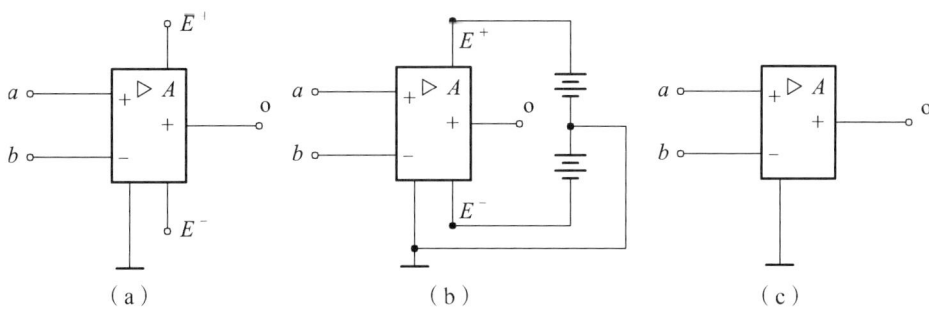

图 5-1　运算放大器的符号

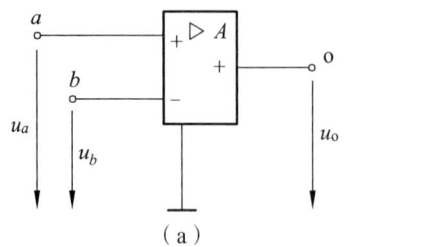
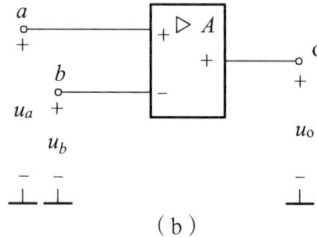

图 5-2 运算放大器的电压参考方向

2. 运放的电压传输特性

运放的同相输入端电压 u_a 与反相输入端电压 u_b 之差,称为差动输入电压 u_d,即

$$u_d = u_a - u_b$$

描述差动输入电压 u_d 和输出电压 u_o 之间的关系,称为电压传输特性,如图 5-3 所示。该曲线有两个变化区域:在线性区域中,输出电压 u_o 和差动输入电压 u_d 成正比;在饱和区域(或非线性区)中,输出电压 u_o 不随差动输入电压 u_d 变化。所以随着差动输入电压 u_d 的不同,运算放大器可工作于不同的区域。

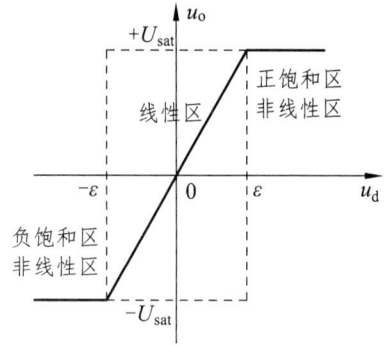

图 5-3 运放的电压传输特性

1) 线性区域

当 $-\varepsilon < u_d < \varepsilon$ 时,u_o 与 u_d 的关系用通过原点的一段直线描述,其斜率等于 A,此时

$$u_o = A u_d$$

开环电压增益 A 很大,而运放输出电压的绝对值不超过直流偏置电压,因而 ε 很小。例如,集成运放芯片 LM324,在温度为 25 ℃ 时的开环电压增益为 10^5,若选取 5 V 的直流偏置电压,那么 ε 不会超过 50 μV。可见线性区域是一个很窄的区域。

如果将运放的反相输入端接地,即 $u_b = 0$,输入电压接到同相输入端,此时 $u_o = A u_a$。当输入电压 $u_a > 0$ 时,输出 $u_o > 0$;当输入电压 $u_a < 0$ 时,输出 $u_o < 0$;输入电压与输出电压同相位,因而称 a 端为同相输入端。

如果将运放的同相输入端接地,即 $u_a = 0$,输入电压接到反相输入端,此时 $u_o = -A u_b$。当输入电压 $u_b > 0$ 时,输出 $u_o < 0$;当输入电压 $u_b < 0$ 时,输出 $u_o > 0$;输入电压与输出电压反相位,因而称 b 端为反相输入端。

2) 饱和区域

当 $|u_d| > \varepsilon$ 时, 输出电压 u_o 趋于饱和, 则

$$u_o = \pm U_{sat}$$

式中, U_{sat} 为饱和电压, 其值略低于直流偏置电压。

由于 ε 很小, 输出电压容易饱和, 运放工作在非线性区。在运放外部引入适度的负反馈电路能够防止输出电压饱和, 从而使运放工作在线性区间。

反馈是自动控制领域中一个基本概念。所谓反馈, 就是把电路输出量的一部分或全部, 经过某些电路送回到输入端, 从而改变原来的输入量。如果反馈量对输入信号起增强作用, 则称为正反馈; 如果反馈量对输入信号起削弱作用, 则称为负反馈。在本章中, 运放的外部引入负反馈的方式是: 输出端通过一条电阻或电容支路连接到反相输入端。为方便起见, 本章中假定只要运放外接负反馈环节, 就会工作在线性区, 这意味着输出电压 u_o 被限制在 $[-U_{sat}, U_{sat}]$ 的范围。

3. 运算放大器的等效电路[①]

当运算放大器工作在线性区域时, 其等效电路如图 5-4 所示。图中, 同相输入端和反向输入端之间的电阻 R_i 称为差动输入电阻; 由一个受控电压源与一个输出电阻 R_o 串联组成输出部分, 控制系数 A 是运放的开环电压增益, 输出电阻 R_o 是从输出端看进去的戴维南等效电阻。运放的差动输入电阻 R_i 的值都比较大, 大于 1 MΩ; 而输出电阻 R_o 的值则较小, 小于 100 Ω[②]。

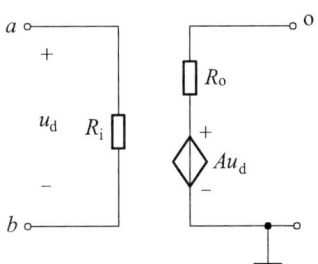

图 5-4 运放的等效电路

§5-3 比例放大电路

在控制和监测领域中, 常常需要通过传感器将温度、压力、位移等非电信号转化为电信号。传感器输出的电信号很小, 需要将其放大才能被检测或控制, 采用运算放大器构成的信号放大电路如图 5-5(a)所示。在图中, u_S 表示传感器输出的小信号, 运放的反相输入端和输出端之间联接一个电阻 R_2, 构

---

① 运算放大器的等效电路参阅《模拟电子技术基础》中集成运放的低频等效电路。
② 集成运放的性能指标中没有输出电阻, 输出电阻的范围是实际工作时估算得到的。

成了负反馈，运放工作在线性区域。

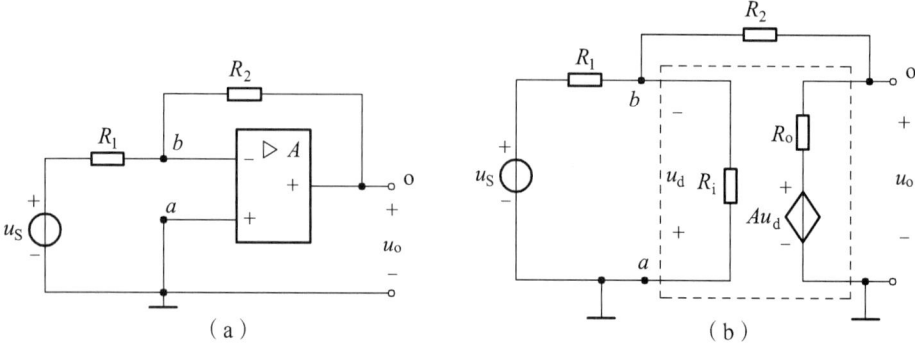

图 5-5　比例放大电路

将图 5-5(a)中的运放用其等效电路替代得到图 5-5(b)。对于图 5-5(b)，选取"地"端为参考结点，列写 b 结点和 o 结点的结点电压方程为

b 结点： $\left(\dfrac{1}{R_1}+\dfrac{1}{R_i}+\dfrac{1}{R_2}\right)u_b-\dfrac{1}{R_2}u_o=\dfrac{u_S}{R_1}$

o 结点： $-\dfrac{1}{R_2}u_b+\left(\dfrac{1}{R_o}+\dfrac{1}{R_2}\right)u_o=\dfrac{Au_d}{R_o}$

又因为 $u_d=-u_b$，联立以上两个方程，得到

$$\dfrac{u_o}{u_S}=\dfrac{\left(\dfrac{1}{R_2}-\dfrac{A}{R_o}\right)\dfrac{1}{R_1}}{\left(\dfrac{1}{R_2}+\dfrac{1}{R_o}\right)\left(\dfrac{1}{R_1}+\dfrac{1}{R_2}+\dfrac{1}{R_i}\right)+\left(\dfrac{A}{R_o}-\dfrac{1}{R_2}\right)\dfrac{1}{R_2}} \quad (5-1)$$

将外接电阻 R_1、R_2 分别取 $1\ \text{k}\Omega$、$10\ \text{k}\Omega$，运算放大器的开环电压增益 A、差动输入电阻 R_i、输出电阻 R_o 分别取 10^5、$10^6\ \text{k}\Omega$、$100\ \Omega$，代入式(5-1)中得到

$$\dfrac{u_o}{u_S}=-9.9989$$

电压比与 $-\dfrac{R_2}{R_1}$（比值为 -10）相比，误差仅为 0.011%。为简化计算，考虑仅用外接电阻近似计算电压比，将式(5-1)整理如下

$$\dfrac{u_o}{u_S}=-\dfrac{R_2}{R_1}\times\dfrac{1}{k}$$

其中　　　　 $k=1+\dfrac{\left(1+\dfrac{R_o}{R_2}\right)\left(1+\dfrac{R_2}{R_1}+\dfrac{R_2}{R_i}\right)}{A-\dfrac{R_o}{R_2}}$ 　　(5-2)

在式(5-2)中，由于电压增益 A 远大于 R_o/R_2，因此系数 k 近似为1。依据运算放大器参数数值的大小将它们理想化处理，即电压增益 A、输入电阻 R_i、输出电阻 R_o 分别取 ∞、∞、0，代入式(5-2)，很容易得到 $k=1$。

当运算放大器的电压增益 A、输入电阻 R_i、输出电阻 R_o 分别取 ∞、∞、0 时，此时的放大器称为理想运算放大器，简称理想运放，符号如图 5-6 所示，与之前符号的不同之处在于将字母 A 变成符号 ∞。由于输入电阻 R_i 为 ∞，从图 5-5(b)所示的等效电路中，可以看出两个输入端电流为零，即 $i_d=0$；又由于输出电压 u_o 等于电压增益 A 与差动输入电压 u_d 的乘积，输出电压 u_o 有限，电压增益 A 为 ∞，因此差动输入电压 $u_d=0$，即两个输入端之间等电位。

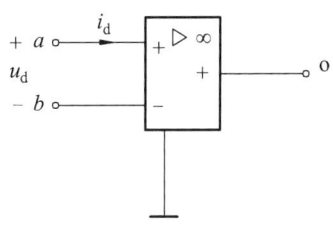

图 5-6 理想运算放大器的符号

§5-4 含理想运算放大器的电路

由上一节分析可知，对于含有运算放大器的电路，为简化计算可将运算放大器看成理想运算放大器。理想运算放大器有两个特点：

① 流入两个输入端的电流为零，称为"虚断路"或"虚断"。

② 两个输入端间的电压为零，称为"虚短路"或"虚短"。

合理运用这两个特点分析电路，将使计算大为简化。以下举例说明。

例 5-1 图 5-7 所示电路为反相比例放大器电路，求电压比 u_o/u_S。

解 设电流 i_1、i_2、i_d 及电压 u_d 的参考方向如图所示。

列写 b 点的 KCL 方程

$$-i_1+i_2+i_d=0$$

因为 $i_d=0$（虚断），所以

$$i_1=i_2 \quad (5-3)$$

又因为 $u_d=0$（虚短），b 点与地等电位，使电压 u_S 加在电阻 R_1 两端，同时电压 u_o 加在电阻 R_2 两端。电流 i_1 流过电阻 R_1，与其两端的电压 u_S 为关联参考方向，即有

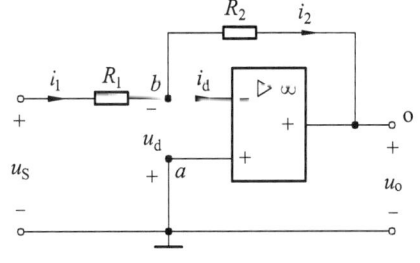

图 5-7 反相比例放大器

$$i_1=\frac{u_S}{R_1} \quad (5-4)$$

电流 i_2 流过电阻 R_2，与其两端的电压 u_o 为非关联参考方向，即有

$$i_2 = -\frac{u_o}{R_2} \qquad (5-5)$$

将式(5-4)、式(5-5)代入式(5-3)，得到

$$\frac{u_S}{R_1} = -\frac{u_o}{R_2}$$

整理得

$$\frac{u_o}{u_S} = -\frac{R_2}{R_1}$$

反相比例放大器的电压放大倍数仅由外接的电阻决定，与放大器的参数无关，这给电路的设计带来很大的方便。考虑集成芯片的要求，外接电阻的阻值一般在 1 kΩ 至几十 kΩ 的范围。

例 5 - 2 图 5 - 8 所示电路为同相比例放大器电路，求电压比 u_o/u_S。

解 设电流 i_1、i_f、i_d 及电压 u_d 的参考方向如图所示。

列写 A 点的 KCL 方程

$$i_1 + i_f + i_d = 0$$

因为 $i_d = 0$(虚断)，所以

$$i_1 + i_f = 0 \qquad (5-6)$$

又因为 $u_d = 0$(虚短)，所以 A 点与同相输入端等电位，使电压 u_S 加在电阻 R_1 两端，电流 i_1 流过电阻 R_1，与其两端的电压 u_S 为关联参考方向，即有

$$i_1 = \frac{u_S}{R_1} \qquad (5-7)$$

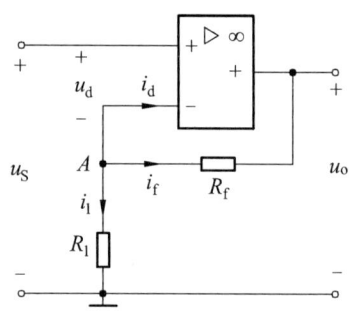

图 5 - 8 同相比例放大器

将上代入式(5-6)，得到

$$i_f = -\frac{u_S}{R_1} \qquad (5-8)$$

电压 u_o 可表示为

$$u_o = -R_f i_f + R_1 i_1$$

将式(5-7)、式(5-8)代入上式，有

$$u_o = R_f \cdot \frac{u_S}{R_1} + R_1 \cdot \frac{u_S}{R_1} = \left(1 + \frac{R_f}{R_1}\right) u_S$$

整理得

$$\frac{u_o}{u_S} = 1 + \frac{R_f}{R_1}$$

§5-4 含理想运算放大器的电路

在同相比例放大器中，将电阻 $R_1 \to \infty$、$R_f \to 0$，得到如图 5-9 所示的电路。该电路满足 $u_o/u_S = 1$，即输出电压等于输入电压，称其为电压跟随器。由于输入端电流为 0，从输入端口看进去其输入电阻为无穷大，因而具有"隔离作用"。

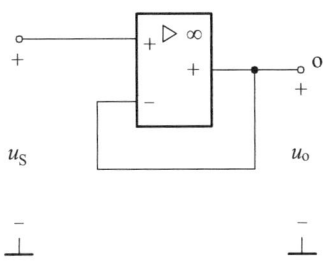

图 5-9 电压跟随器

在图 5-10(a) 所示电路中，电阻 R_1 和 R_2 构成分压电路，没有联接负载电阻 R_L 时，电压 $u_2 = \dfrac{R_2}{R_1+R_2} u_{S1}$；当联接负载电阻 R_L 后，电压 u_2 会改变。如果希望电压 u_2 不受负载电阻 R_L 的影响，可以在电阻 R_2 和 R_L 之间加入电压跟随器，如图 5-10(b) 所示。图(b)中，运放同相输入端的电流为 0，则 $u_2 = \dfrac{R_2}{R_1+R_2} u_{S1}$；电压跟随器的输出电压 u_o 和输入电压 u_2 相等，因此负载电压 $u_o = \dfrac{R_2}{R_1+R_2} u_{S1}$。由于电压跟随器起到了隔离作用，负载电压不受负载电阻 R_L 的影响。

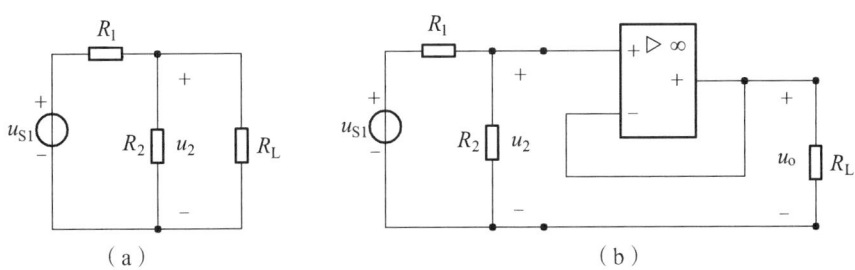

图 5-10 电压跟随器的隔离作用

运算放大器可以完成加、减、微分和积分的功能。下面举例说明如何用运放实现积分器和减法器。

例 5-3 图 5-11 所示为积分电路，说明其工作原理。

解 电流 i_R、i_C、i_d 及电压 u_d 如图所示。

因为 $u_d = 0$（虚短），所以电压 u_i 加在电阻 R 两端，同时电压 u_o 加在电容 C 两端。

对电阻 R，有 $\quad i_R = \dfrac{u_i}{R}$

对电容 C，有 $\quad i_C = -C \dfrac{du_o}{dt}$

因为 $i_d = 0$（虚断），所以

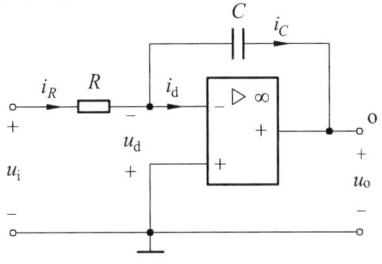

图 5-11 积分器电路

即
$$i_R = i_C$$
$$\frac{u_i}{R} = -C\frac{du_o}{dt}$$

上式两边同除以 $-C$，然后取积分，得到
$$u_o = -\frac{1}{RC}\int_{-\infty}^{t} u_i dt$$

选取适当的电阻 R 和电容 C，使得 $RC=1$，则有
$$u_o = -\int_{-\infty}^{t} u_i dt$$

由此可见，输出电压 u_o 与输入电压 u_i 的积分成正比，完成了对信号的积分功能。将图 5-11 中电阻 R 和电容 C 的位置互换，就成为微分电路。

例 5-4 图 5-12 所示电路是减法器电路，说明工作原理。

解 电流 i_1 和 i_2 如图所示。除了参考结点"地"端以外，该电路有 u_1 结点、u_2 结点、结点 1、结点 2 和 u_o 结点共五个结点。结点 1、结点 2 的结点电压分别表示为 u_{n1}、u_{n2}，对这两个结点列写结点电压方程为

结点 1：$\left(\frac{1}{R_1}+\frac{1}{R_2}\right)u_{n1} - \frac{1}{R_2}u_o - \frac{1}{R_1}u_1 = -i_1$

结点 2：$\left(\frac{1}{R_1}+\frac{1}{R_2}\right)u_{n2} - \frac{1}{R_1}u_2 = -i_2$

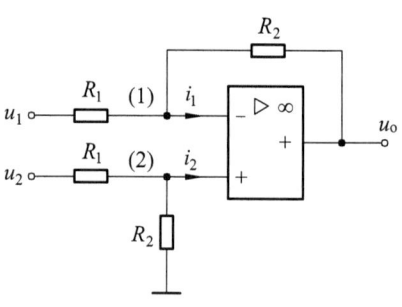

图 5-12 减法器电路

因为理想运放的两个输入端电流为零，则有 $i_1=0$、$i_2=0$，上式两个方程变为
$$\left(\frac{1}{R_1}+\frac{1}{R_2}\right)u_{n1} - \frac{1}{R_2}u_o - \frac{1}{R_1}u_1 = 0$$
$$\left(\frac{1}{R_1}+\frac{1}{R_2}\right)u_{n2} - \frac{1}{R_1}u_2 = 0$$

因为理想运放的两个输入端之间等电位，则有 $u_{n1}=u_{n2}$，以上两个方程相减得到
$$-\frac{1}{R_2}u_o - \frac{1}{R_1}u_1 + \frac{1}{R_1}u_2 = 0$$

整理得
$$u_o = -\frac{R_2}{R_1}(u_1 - u_2)$$

取电阻 $R_1 = R_2$，则有
$$u_o = -(u_1 - u_2)$$

即输出信号等于输入信号之差，完成了减法器功能。

在这个例题的推导过程中，将理想运放的两个特点"虚断""虚短"与结点电

压方程相结合,由于理想运放的输入端电流为零,因此选取运放输入端列写结点电压方程。这种方法适合于多个运放构成的电路,以下通过举例说明。

例 5-5 图 5-13 所示电路含有两个运放,求 $u_\mathrm{o}/u_\mathrm{i}$。

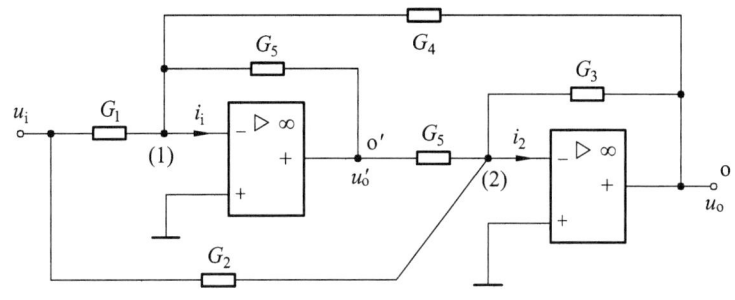

图 5-13 含有两个运放的电路

解 电流 i_1 和 i_2 如图所示。除参考结点"地"端以外,该电路有 u_i 结点、结点 1、u_o' 结点、结点 2 和 u_o 结点共五个结点。

由理想运放的"虚断"特性,有

$$i_1=0, \quad i_2=0$$

结点 1、结点 2 的结点电压分别表示为 u_{n1}、u_{n2},对这两个结点列写结点电压方程为

结点 1: $(G_1+G_4+G_5)u_{n1}-G_5 u_\mathrm{o}'-G_4 u_\mathrm{o}-G_1 u_\mathrm{i}=0$

结点 2: $(G_2+G_3+G_5)u_{n2}-G_5 u_\mathrm{o}'-G_3 u_\mathrm{o}-G_2 u_\mathrm{i}=0$

又由理想运放的"虚短"特性,有 $u_{n1}=0$、$u_{n2}=0$,代入以上两式,得到

$$-G_5 u_\mathrm{o}'-G_4 u_\mathrm{o}-G_1 u_\mathrm{i}=0$$
$$-G_5 u_\mathrm{o}'-G_3 u_\mathrm{o}-G_2 u_\mathrm{i}=0$$

以上两式相减,有

$$-G_4 u_\mathrm{o}-G_1 u_\mathrm{i}+G_3 u_\mathrm{o}+G_2 u_\mathrm{i}=0$$

所以 $\dfrac{u_\mathrm{o}}{u_\mathrm{i}}=\dfrac{G_1-G_2}{G_3-G_4}$

在这个例题中,u_o' 结点是运放的输出端,由于理想运放输出端的电流未知,不宜列写该端的结点电压方程。

在前面的例题中,均假设运放工作在线性区域,因而利用理想运放的"虚断"和"虚短"特点求解电路。然而在实际电路中,有时外接电路使运放处于正反馈,运放将工作在饱和区域。在图 5-14 所示的比较器电路中,同相输入端和输出端之

间的支路(由电阻 R_2 构成)使运放处于正反馈状态。运放的电压传输特性(见图 5-3)的参数 ε 很小，可以将它近似为 0，这样当 $u_d>0$ 时，输出电压 u_o 为正饱和电压；当 $u_d<0$ 时，输出电压 u_o 为负饱和电压。图 5-14 中，当 $u_S < \dfrac{R_1}{R_1+R_2} U_{sat}$ (U_{sat} 是运放的饱和电压)，此时，$u_d>0$，输出电压 $u_o=U_{sat}$；反之，输出电压 $u_o=-U_{sat}$。

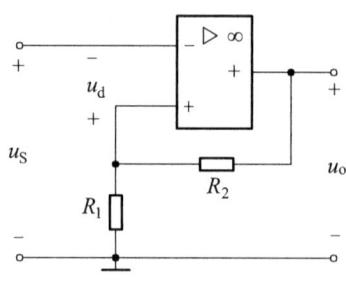

图 5-14 比较器

习 题 五

5-1 在题 5-1 图所示电路中，电压 $u_i=0.5\sin 2t$ V，电阻 $R_1=3$ kΩ，$R_2=2$ kΩ，$R_f=4$ kΩ，求输出电压 u_o。

5-2 在题 5-2 图所示电路中，电压 $u_i=0.9$ V，电阻 $R_1=1$ kΩ，$R_2=2$ kΩ，$R_3=3$ kΩ，$R_4=2$ kΩ，$R_f=4$ kΩ，求输出电压 u_o。

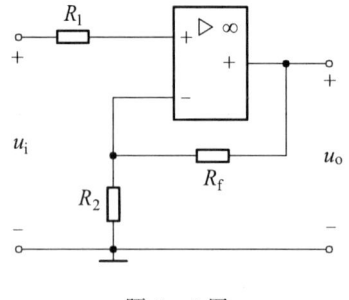
题 5-1 图

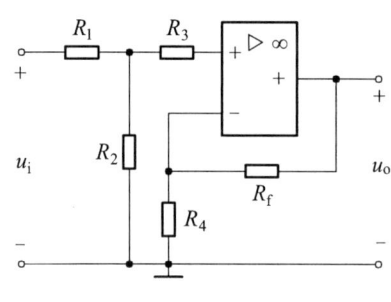
题 5-2 图

5-3 在题 5-3 图所示电路中，电压 $u_1=0.6$ V，$u_2=0.2$ V，电阻 $R_1=2$ kΩ，$R_2=3$ kΩ，$R_3=4$ kΩ，求电压 u_o 和电流 i_o。

5-4 在题 5-4 图所示电路中，电阻 $R_1=1$ kΩ，$R_2=R_3=4$ kΩ，$R_f=1$ kΩ，$R_L=4$ kΩ，求电压比 u_L/u_S。

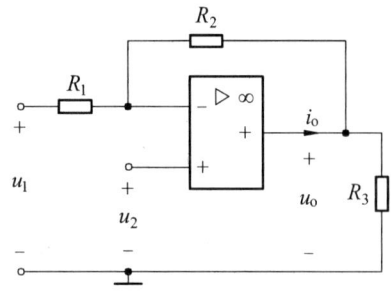
题 5-3 图

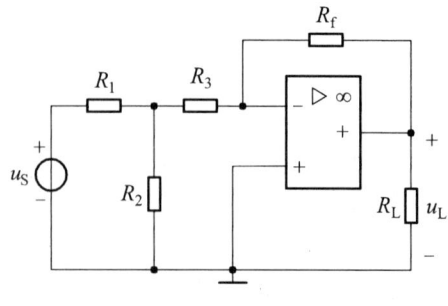
题 5-4 图

5-5 在题5-5图所示电路中,输出电压与输入电压满足 $u_o = -(3u_{i1} + 2u_{i2})$,已知电阻 $R_3 = 2\text{ k}\Omega$,求电阻 R_1 和 R_2。

5-6 在题5-6图所示电路中,电阻之间满足:$R_2 = 2R_1$,$R_3 = 6R_1$,$R_f = 4R_4$,求输出电压 u_o 与输入电压 u_{i1}、u_{i2} 的关系。

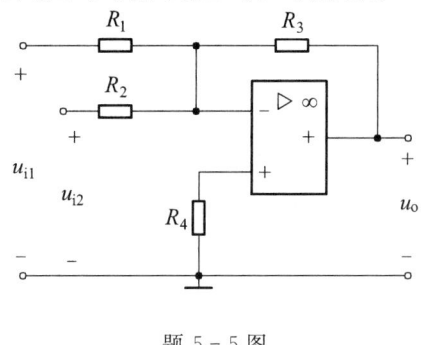
题 5-5 图

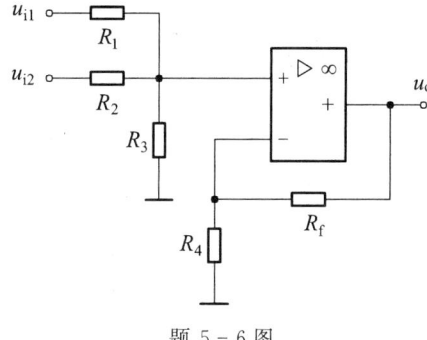
题 5-6 图

5-7 在题5-7图所示电路中,电压 $u_i = 100\cos 10t$ mV,电阻 $R_1 = 1\text{ k}\Omega$,$R_2 = 3\text{ k}\Omega$,$R_3 = R_4 = 10\text{ k}\Omega$,$R_5 = 2\text{ k}\Omega$,$R_f = 8\text{ k}\Omega$,求电压 u_o。

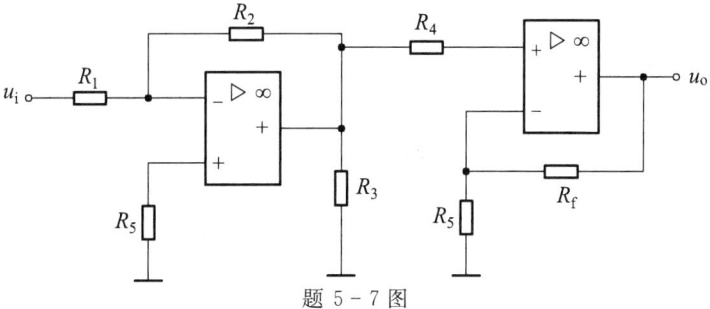
题 5-7 图

5-8 在题5-8图所示电路中,电导之间满足:$G_2 = G_3 = 2G_1$,$G_4 = G_5 = 2G_f$,求电压比 u_o/u_i。

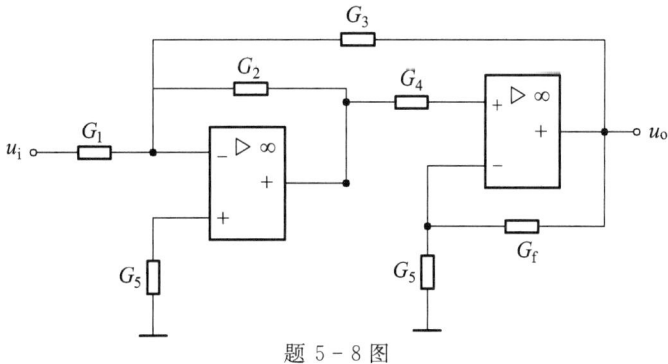
题 5-8 图

5-9 在题5-9图所示电路中,电阻 $R_1 = 3\text{ k}\Omega$,$R_{f1} = 6\text{ k}\Omega$,$R_2 = 2\text{ k}\Omega$,$R_{f2} = 5\text{ k}\Omega$,$R_3 = 20\text{ k}\Omega$,求电压比 u_o/u_i。

5-10 在题 5-10 图所示电路中,电压源 $u_S=0.3$ V,电阻 $R_1=1$ kΩ,$R_2=R_3=3$ kΩ,$R_f=15$ kΩ,求 ab 端口的戴维南等效电路。

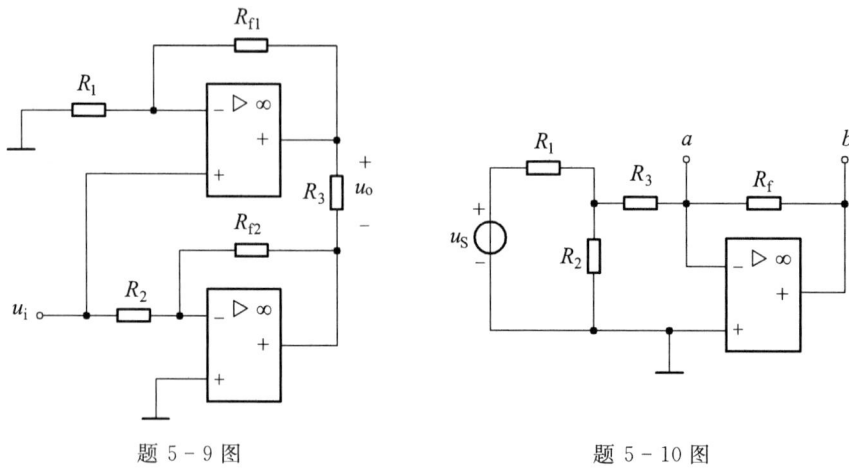

题 5-9 图　　　　　　　　题 5-10 图

5-11 在题 5-11 图所示电路中,电阻之间满足:$R_{f1}=3R_1$,$R_{f2}=4R_2$,$R_4=4R_3$,求输出电压 u_o 与输入电压 u_{i1}、u_{i2} 的关系。

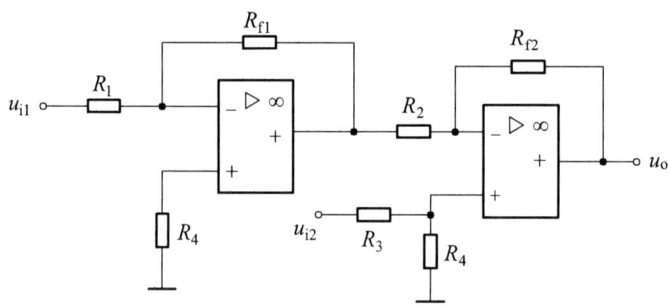

题 5-11 图

第 六 章

正弦交流电路的稳态分析

────── 内容提要 ──────

本章介绍正弦交流电路的稳态分析方法。内容包括：正弦量的概念；相量法的基本知识；基本定律与基本元件的相量形式；阻抗与导纳；正弦交流电路的功率；对正弦交流电路的稳态分析；最大功率传输；串联电路的谐振；并联电路的谐振。

§6-1 正弦量

1. 正弦量的概念

电路中按正弦规律变化的物理量称为正弦量，如正弦电压、正弦电流。下面是正弦电流的一般表达式

$$i = I_m \cos(\omega t + \psi_i) \tag{6-1}$$

其中，I_m 是正弦电流的振幅或最大值；ω 是正弦电流的角频率，它反映正弦量变化的快慢，因为 $(\omega t + \psi_i)$ 是正弦量的相角或相位，而 $\dfrac{d(\omega t + \psi_i)}{dt} = \omega$，所以 ω 称为角频率，其单位为弧度/秒(rad/s)；ψ_i 是正弦电流的初相角或初相位，即 $t=0$ 时的相角 $\psi_i = (\omega t + \psi_i)|_{t=0}$，其取值范围一般为 $|\psi_i| \leqslant \pi$，初相角的单位可以用弧度，也可以用度。

若 I_m、ω、ψ_i 已知，则可写出正弦量的解析式或画出其波形，所以通常称 I_m、ω、ψ_i 为正弦量的三要素。

正弦量的角频率 ω、周期 T 和频率 f 之间的关系为

$$f = \frac{1}{T} \tag{6-2}$$

$$\omega = \frac{2\pi}{T} = 2\pi f \quad (6-3)$$

周期 T 的单位为秒(s),频率 f 的单位为赫兹(Hz),我国工业供电系统提供的正弦交流电的频率(简称工频)为 50 Hz。

正弦波是指正弦量随时间变化的图形或曲线,在电路中通常以 ωt 作横坐标。图 6-1 是初相位取不同值时的波形图。

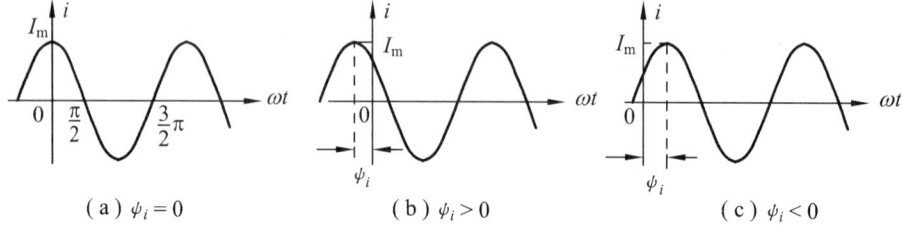

图 6-1 不同初相位情况下的正弦波形

2. 相位差

对于同频率的两个正弦量,如电压 u_1 和 u_2,其数学描述式为

$$u_1 = U_{1m}\cos(\omega t + \psi_{u1})$$
$$u_2 = U_{2m}\cos(\omega t + \psi_{u2})$$

它们的相位之差称为相位差,即

$$\varphi = (\omega t + \psi_{u1}) - (\omega t + \psi_{u2}) = \psi_{u1} - \psi_{u2} \quad (6-4)$$

对于同频率的正弦量来说,任何时刻的相位差都是一个常数,等于初相位之差。

当 $\varphi = \psi_{u1} - \psi_{u2} > 0$ 时,如图 6-2 所示,此时称电压 u_1 超前 u_2,超前的角度为 φ。

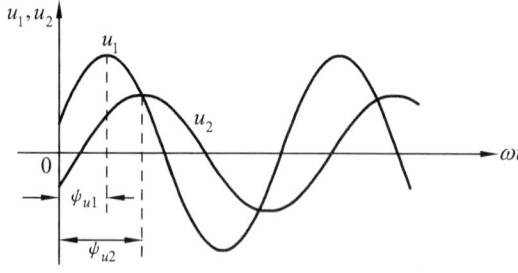

图 6-2 相位差

当 $\varphi = \psi_{u1} - \psi_{u2} < 0$ 时,称电压 u_1 落后 u_2,且落后 $|\varphi|$ 角度。

当 $\varphi = \psi_{u1} - \psi_{u2} = 0$ 时,称电压 u_1 与 u_2 同相位,简称同相。

当 $\varphi = \psi_{u1} - \psi_{u2} = \pi$(或 $180°$)时,称电压 u_1 与 u_2 反相。

当 $\varphi = \psi_{u1} - \psi_{u2} = \pm\dfrac{\pi}{2}$ 时,称电压 u_1 与 u_2 正交。

注意:不同频率的正弦量,其相位差随时间变化而变化,没有讨论的意义。

例 6-1 正弦波如图 6-3 所示。写出电流 i 的表达式。

解 根据图 6-3 所示波形可写出

$$i = 10\cos(\omega t + \psi_i)$$

依题知 $\qquad -8.66 = 10\cos\psi_i$

解得 $\qquad \psi_i = 150°$

所以 $\qquad i = 10\cos(\omega t + 150°)$

若坐标为虚线情况,则解得

$$\psi_i = -150°$$
$$i = 10\cos(\omega t - 150°)$$

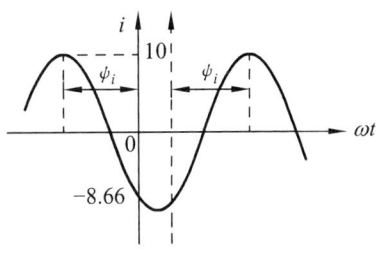

图 6-3 例 6-1 图

例 6-2 设电压 $u = 6\cos(\omega t + 90°)$ V、电流 $i = 2\cos(\omega t - 150°)$ A,问哪个相位落后?落后的角度是多少?

解 因相位差为

$$\varphi = \psi_u - \psi_i = 90° - (-150°) = 240° > 0$$

所以电流 i 落后电压 u 240°。

另作分析:

因 $\qquad i = 2\cos(\omega t - 150°) = 2\cos(\omega t + 210°)$ A

则相位差为 $\qquad \varphi = \psi_u - \psi_i = 90° - 210° = -120° < 0$

所以,也可以说电压 u 落后电流 i 120°。

由此可知,超前或落后是一个相对的概念。但一般情况下,相位差的绝对值应小于 π。

3. 有效值

有效值是按等效应概念来定义的,如热效应。让周期电流和直流电流流过等值的电阻,在相同时间 T(周期电流的一个周期)内,若两者产生的热效应相等,则称直流电流的数值为周期电流的有效值。

周期电流产生的热量为

$$Q_1 = \int_0^T i^2 R \mathrm{d}t \tag{6-5}$$

直流电流产生的热量为
$$Q_2 = I^2RT \qquad (6-6)$$

若 $\qquad Q_1 = Q_2$

则 $\qquad I^2T = \int_0^T i^2 \mathrm{d}t$

所以 $\qquad I = \sqrt{\dfrac{1}{T}\int_0^T i^2 \mathrm{d}t} \qquad (6-7)$

周期电流 i 的有效值用其大写字母 I 表示,有效值又称为方均根值。

同样,周期电压的有效值为
$$U = \sqrt{\dfrac{1}{T}\int_0^T u^2 \mathrm{d}t} \qquad (6-8)$$

正弦交流电流的有效值为
$$\begin{aligned} I &= \sqrt{\dfrac{1}{T}\int_0^T i^2 \mathrm{d}t} = \sqrt{\dfrac{1}{T}\int_0^T I_\mathrm{m}^2 \cos^2(\omega t + \psi_i)\mathrm{d}t} \\ &= I_\mathrm{m}\sqrt{\dfrac{1}{2T}\int_0^T [1 + \cos 2(\omega t + \psi_i)]\mathrm{d}t} \\ &= \dfrac{I_\mathrm{m}}{\sqrt{2}} \end{aligned}$$

所以,正弦交流电中
$$I = \dfrac{I_\mathrm{m}}{\sqrt{2}} \qquad (6-9)$$

正弦交流电流、电压还可描述为
$$i = \sqrt{2}I\cos(\omega t + \psi_i) \qquad (6-10)$$
$$u = \sqrt{2}U\cos(\omega t + \psi_u) \qquad (6-11)$$

因此,也可以说有效值、角频率和初相位为正弦量的三要素。

§6-2 相量法的基本知识

1. 复　数

1) 虚数的概念

如求方程 $x^2 + 9 = 0$ 的解,则 $x_{1,2} = \pm\sqrt{-9} = \pm\sqrt{-1}\times 3 = \pm\mathrm{j}3$,称 $x_1 = \mathrm{j}3$, $x_2 = -\mathrm{j}3$ 为虚数。其中,$\mathrm{j} = \sqrt{-1}$ 称为虚数的单位(实数的单位为 1)。为防止与电流变量 i 发生混淆,在电路分析中虚数的单位用 j 而不用 i,并有
$$\mathrm{j}^2 = -1, \quad \mathrm{j}^3 = -\mathrm{j}, \quad \mathrm{j}^4 = 1, \cdots$$

2) 复数的概念

如求方程 $x^2+2x+5=0$ 的解，则 $x_{1,2}=-1\pm j2$，由实数和虚数加减构成，称为复数。在电路分析中，复数可以反映正弦量，该复数通常被称为相量（后面介绍），用大写字母并加圆点表示，如 $\dot{A}$。复数的表达形式有代数、指数和极坐标三种。

(1) 代数形式

其代数形式为

$$\dot{A}=a+jb \tag{6-12}$$

其中，a 为复数 $\dot{A}$ 的实部；b 为虚部，并有

$$a=\mathrm{Re}\dot{A}=\mathrm{Re}[a+jb] \tag{6-13}$$

$$b=\mathrm{Im}\dot{A}=\mathrm{Im}[a+jb] \tag{6-14}$$

式中，Im 表示取复数 $\dot{A}$ 的虚部，Re 表示取复数 $\dot{A}$ 的实部。

任何一个复数都可以表示在复平面上。所谓复平面是指横轴表示复数的实部，纵轴表示复数的虚部的一个平面。横轴叫实轴，记作"+1"；纵轴叫虚轴，记作"+j"。如 $\dot{A}=3+j2$，$\dot{B}=-2-j2$，其在复平面上可表示为图 6-4 所示。复数 $\dot{A}$ 的共轭记作 A^*，二者的关系如图 6-5 所示。如 $\dot{A}=a+jb$，则 $A^*=a-jb$。

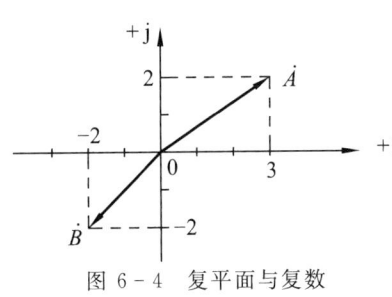

图 6-4 复平面与复数

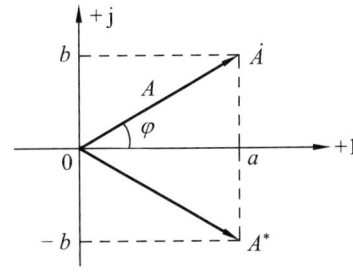

图 6-5 复数及其共轭复数

(2) 指数形式

复数反映在复平面上是一条带箭头的直线，称为矢量（或向量）。如图 6-5 中长度为 A 的线段，称为矢量 $\dot{A}$ 的模，为正。矢量与实轴正方向之间的夹角称为矢量 $\dot{A}$ 的辐角，表示为 φ。从实轴正方向逆时针旋转到矢量 $\dot{A}$ 时，辐角 φ 取正，顺时针旋转时取负。

根据图 6-5 的关系可知

$$\left.\begin{array}{l}a=A\cos\varphi\\b=A\sin\varphi\end{array}\right\} \tag{6-15}$$

所以 $\dot{A}=A\cos\varphi+jA\sin\varphi=A(\cos\varphi+j\sin\varphi)$

根据欧拉公式 $e^{j\varphi}=\cos\varphi+j\sin\varphi$

得
$$\dot{A} = A\mathrm{e}^{\mathrm{j}\varphi} \tag{6-16}$$
即为复数的指数形式。

与代数形式的关系为
$$\left. \begin{aligned} A &= \sqrt{a^2 + b^2} \\ \varphi &= \arctan\frac{b}{a} \end{aligned} \right\} \tag{6-17}$$

式中,辐角 φ 可在四象限内取值。

(3) 极坐标形式

工程上常把复数简写成极坐标形式
$$\dot{A} = A\underline{/\varphi} \tag{6-18}$$

以上三种复数的表达形式完全相等,即
$$\dot{A} = a + \mathrm{j}b = A\mathrm{e}^{\mathrm{j}\varphi} = A\underline{/\varphi} \tag{6-19}$$

如 $\dot{A}_1 = a_1 + \mathrm{j}b_1 = A_1\mathrm{e}^{\mathrm{j}\varphi_1} = A_1\underline{/\varphi_1}$、$\dot{A}_2 = a_2 + \mathrm{j}b_2 = A_2\mathrm{e}^{\mathrm{j}\varphi_2} = A_2\underline{/\varphi_2}$,当复数相等($\dot{A}_1 = \dot{A}_2$)时,则 $a_1 = a_2, b_1 = b_2; A_1 = A_2, \varphi_1 = \varphi_2$。

若 $\dot{A} = a + \mathrm{j}b = A\mathrm{e}^{\mathrm{j}\varphi} = A\underline{/\varphi}$,则其共轭复数 $A^* = a - \mathrm{j}b = A\mathrm{e}^{-\mathrm{j}\varphi} = A\underline{/-\varphi}$。

3) 复数的运算

加减法的代数形式为
$$\dot{A}_1 \pm \dot{A}_2 = (a_1 \pm a_2) + \mathrm{j}(b_1 \pm b_2)$$

乘除法的指数或极坐标形式为
$$A_1\mathrm{e}^{\mathrm{j}\varphi_1} \cdot A_2\mathrm{e}^{\mathrm{j}\varphi_2} = A_1 A_2 \mathrm{e}^{\mathrm{j}(\varphi_1 + \varphi_2)}, \quad A_1\underline{/\varphi_1} \cdot A_2\underline{/\varphi_2} = A_1 A_2 \underline{/\varphi_1 + \varphi_2}$$

$$\frac{A_1\mathrm{e}^{\mathrm{j}\varphi_1}}{A_2\mathrm{e}^{\mathrm{j}\varphi_2}} = \frac{A_1}{A_2}\mathrm{e}^{\mathrm{j}(\varphi_1 - \varphi_2)}, \quad \frac{A_1\underline{/\varphi_1}}{A_2\underline{/\varphi_2}} = \frac{A_1}{A_2}\underline{/\varphi_1 - \varphi_2}$$

2. 正弦量的相量表示

在线性电路的稳态分析中,如电源的角频率为 ω,则响应的角频率也为 ω。因而若能求出响应的有效值(或最大值)和初相角,那么响应的正弦解也就确定了。因此,如果能用复数表示正弦量的有效值和初相位,将会对电路的运算带来极大的方便。下面是一个复指数
$$U_\mathrm{m}\mathrm{e}^{\mathrm{j}(\omega t + \psi_u)} = U_\mathrm{m}\cos(\omega t + \psi_u) + \mathrm{j}U_\mathrm{m}\sin(\omega t + \psi_u)$$

那么正弦电压
$$\begin{aligned} u &= U_\mathrm{m}\cos(\omega t + \psi_u) = \mathrm{Re}[U_\mathrm{m}\mathrm{e}^{\mathrm{j}(\omega t + \psi_u)}] \\ &= \mathrm{Re}[U_\mathrm{m}\mathrm{e}^{\mathrm{j}\psi_u} \cdot \mathrm{e}^{\mathrm{j}\omega t}] = \mathrm{Re}[\sqrt{2}U\mathrm{e}^{\mathrm{j}\psi_u} \cdot \mathrm{e}^{\mathrm{j}\omega t}] \\ &= \mathrm{Re}[\dot{U}_\mathrm{m}\mathrm{e}^{\mathrm{j}\omega t}] = \mathrm{Re}[\sqrt{2}\dot{U}\mathrm{e}^{\mathrm{j}\omega t}] \end{aligned} \tag{6-20}$$

其中,$\dot{U}_\mathrm{m} = U_\mathrm{m}\underline{/\psi}$ 称为正弦量 u 的振幅相量,$\dot{U} = U\underline{/\psi}$ 称为正弦量 u 的相量。

§6-2 相量法的基本知识

将相量画在复平面上即称为相量图。

相量反映了正弦量的两个重要的要素，如果角频率 ω 也已知，则由正弦量可写出相量，由相量可写出正弦量。但必须注意：正弦量是时间 t 的函数，而相量是一个复常数，故相量不等于正弦量，正弦量也不等于相量，即

$$\dot{U} \neq u, \quad \dot{U}_m \neq u$$

例 6-3 写出电流 $i_1 = 5\cos(\omega t + 45°)$ A 和 $i_2 = 10\sqrt{2}\sin(\omega t + 120°)$ A 的相量。

解 i_1 的相量为

$$\dot{I}_1 = \frac{5}{\sqrt{2}}\underline{/45°} \text{ A}$$

因 $\qquad i_2 = 10\sqrt{2}\sin(\omega t + 120°) = 10\sqrt{2}\cos(\omega t + 30°)$ A

所以 $\qquad \dot{I}_2 = 10\underline{/30°}$ A

在电路分析中，正弦量可以用 sin 函数表示，也可以用 cos 函数表示，但在与相量的相互变换中，本教材是基于 cos 函数进行分析的(有的教材是基于 sin 函数)。在后面的相量分析中，相量的辐角一般均指 cos 函数的初相位。

例 6-4 写出 $\dot{U}_1 = 6\underline{/50°}$ V 和 $\dot{U}_2 = 3\underline{/-60°}$ V 的正弦量。已知频率 $f = 50$ Hz。

解 $\dot{U}_1$ 的正弦量为

$$u_1 = 6\sqrt{2}\cos(2\pi f t + 50°) = 6\sqrt{2}\cos(314t + 50°) \text{ V}$$

$\dot{U}_2$ 的正弦量为

$$u_2 = 3\sqrt{2}\cos(314t - 60°) \text{ V}$$

例 6-5 已知 $i_1 = 10\sqrt{2}\cos\left(314t - \dfrac{\pi}{3}\right)$ A，$i_2 = 22\sqrt{2}\cos\left(314t - \dfrac{5}{6}\pi\right)$ A，求 $i = i_1 + i_2$。

解法 1 利用三角函数的两角和进行运算，较复杂，略。

解法 2 根据相量法，有

$$\begin{aligned}
i &= \mathrm{Re}[\sqrt{2}\dot{I}e^{j\omega t}] \\
&= i_1 + i_2 = \mathrm{Re}[\sqrt{2}\dot{I}_1 e^{j\omega t}] + \mathrm{Re}[\sqrt{2}\dot{I}_2 e^{j\omega t}] \\
&= \mathrm{Re}[\sqrt{2}(\dot{I}_1 + \dot{I}_2)e^{j\omega t}]
\end{aligned}$$

则

$$\begin{aligned}
\dot{I} = \dot{I}_1 + \dot{I}_2 &= \left(10\underline{/-\dfrac{\pi}{3}} + 22\underline{/-\dfrac{5}{6}\pi}\right) \text{ A} \\
&= (-14.05 - j19.66) \text{ A} \\
&= 24.16\underline{/-125.55°} \text{ A}
\end{aligned}$$

故 $\qquad i = i_1 + i_2 = 24.16\sqrt{2}\cos(314t - 125.55°)$ A

由此可知,正弦量做加减运算时,可利用其相量的加减运算得到简化,使三角函数的运算转换成代数运算。

§6-3 基本定律与基本元件的相量形式

1. KVL、KCL 的相量形式

由上一节的例 6-5 可知,当多个正弦量相加时,对应的相量也满足相加关系。基尔霍夫电流定律的时域形式为

$$\sum_{k=1}^{b} i_k = 0$$

其相量形式同样满足 KCL 方程

$$\sum_{k=1}^{b} \dot{I}_k = 0 \tag{6-21}$$

同理,由 KVL 的时域形式

$$\sum_{k=1}^{b} u_k = 0$$

得到 KVL 的相量形式

$$\sum_{k=1}^{b} \dot{U}_k = 0 \tag{6-22}$$

2. 在正弦交流电路中的元件 R、L、C

1) 电阻元件

(1) R 中的瞬时电压与瞬时电流

在正弦交流电路中,设电阻元件 R 的电压、电流参考方向如图 6-6(a)所示。如果

$$i_R = \sqrt{2} I_R \cos(\omega t + \psi_i)$$

根据欧姆定律　　$u_R = R i_R$

则

$$u_R = \sqrt{2} U_R \cos(\omega t + \psi_u) = \sqrt{2} R I_R \cos(\omega t + \psi_i) \tag{6-23}$$

由此可得到如下关系:

① 电阻的电压有效值与电流有效值仍然满足欧姆定律

$$U_R = R I_R \tag{6-24}$$

② 电阻的电压 u_R 与电流 i_R 同相位,即

$$\psi_u = \psi_i \tag{6-25}$$

电阻元件的瞬时电压、电流波形如图 6-6(b)所示。

§6-3 基本定律与基本元件的相量形式

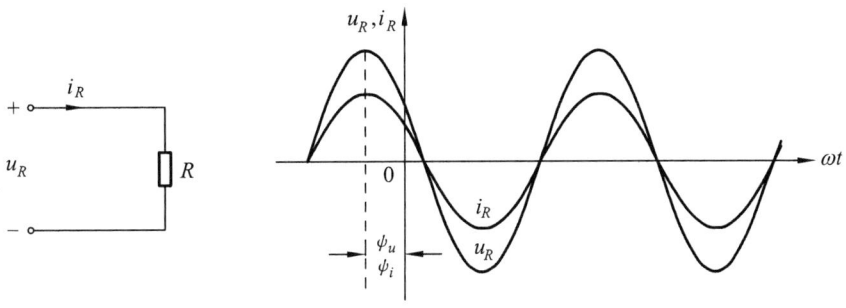

(a) 电阻的时域电路　　　(b) 电阻的瞬时电压、电流波形

图 6-6　电阻元件的瞬时电压、电流

(2) R 中的电压相量与电流相量

设电阻的电流相量为

$$\dot{I}_R = I_R \underline{/\psi_i}$$

由关系式(6-24)、式(6-25)可知电阻的电压相量

$$\dot{U}_R = U_R \underline{/\psi_u} = RI_R \underline{/\psi_i} = R\dot{I}_R$$

故电阻电压、电阻电流的相量形式仍然满足欧姆定律

$$\dot{U}_R = R\dot{I}_R \tag{6-26}$$

电阻元件的相量电路如图 6-7(a)所示,图 6-7(b)是它的相量图。

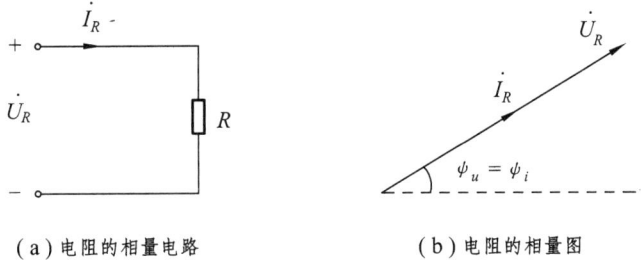

(a) 电阻的相量电路　　　(b) 电阻的相量图

图 6-7　电阻电压和电阻电流的相量关系

2) 电感元件 L

(1) L 中的瞬时电流与瞬时电压

在图 6-8(a)所示的参考方向下,任何时刻电感电压与电感电流满足关系式

$$u_L = L\frac{\mathrm{d}i_L}{\mathrm{d}t}$$

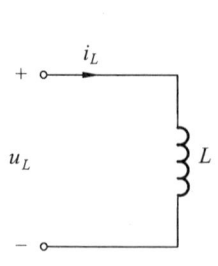
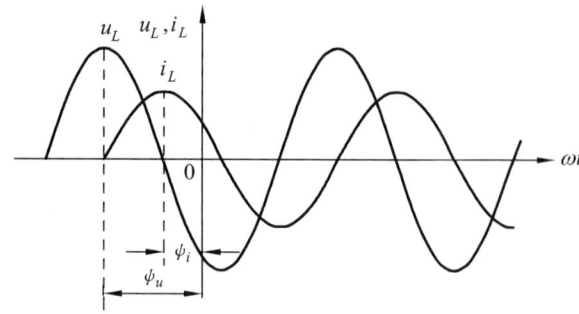

（a）电感的时域电路　　　　（b）电感的瞬时电压、电流波形

图 6-8　电感元件的瞬时电压、瞬时电流

因此，如果设电感电流为

$$i_L=\sqrt{2}\,I_L\cos(\omega t+\psi_i)$$

则电感电压

$$u_L=\sqrt{2}\,U_L\cos(\omega t+\psi_u)=L\frac{\mathrm{d}i_L}{\mathrm{d}t}$$

$$=\sqrt{2}\,\omega L I_L\cos(\omega t+\psi_i+90°) \tag{6-27}$$

由式(6-27)可得如下关系：

① 电感的电压有效值和电流有效值的关系为

$$U_L=\omega L I_L \tag{6-28}$$

② 电感电压超前电流 90°，即

$$\psi_u=\psi_i+90° \tag{6-29}$$

电感电压与电感电流的正弦波形如图 6-8(b)所示。

（2）L 中的电压相量与电流相量

设电感的电流相量为

$$\dot{I}_L=I_L\underline{/\psi_i}$$

则根据式(6-28)、式(6-29)的关系可知电感的电压相量

$$\dot{U}_L=U_L\underline{/\psi_u}=\omega L I_L\underline{/\psi_i+90°}=\mathrm{j}\omega L I_L\underline{/\psi_i}=\mathrm{j}\omega L\dot{I}_L$$

所以，电感的电压相量与电流相量的关系为

$$\dot{U}_L=\mathrm{j}\omega L\dot{I}_L=\mathrm{j}X_L\dot{I}_L \tag{6-30}$$

式中，$X_L(X_L=\omega L)$ 称为感抗，具有电阻的量纲。当角频率 ω 的单位取弧度/秒（rad/s）、电感 L 取亨利（H）的情况下，感抗的单位是欧姆。感抗的大小反映了电感对正弦电流抵抗能力的强弱。

电感元件的相量电路、相量图分别如图 6-9(a)、(b)所示。从式(6-30)可

知，在电路参数与激励源有效值为定值的情况下，响应是角频率 ω 的函数，因此，相量分析也称为频域分析。

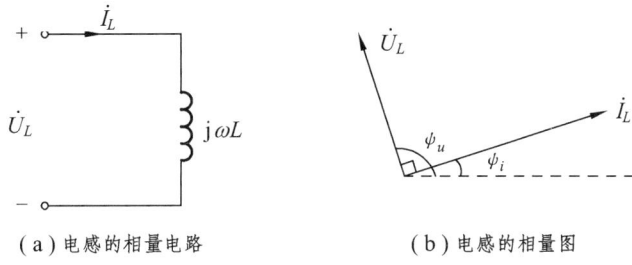

（a）电感的相量电路　　　　　（b）电感的相量图

图 6-9　电感的电压、电流相量

3) 电容元件 C

(1) C 中的瞬时电压与瞬时电流

图 6-10(a) 所示电容元件，其瞬时电压、瞬时电流的关系为

$$i_C = C\frac{du_C}{dt}$$

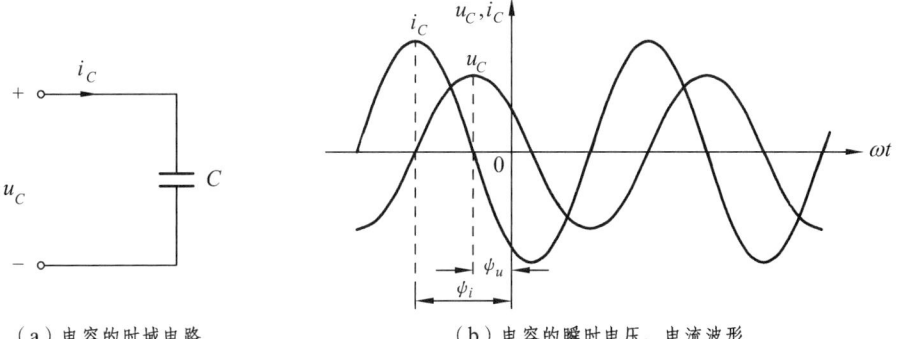

（a）电容的时域电路　　　　　（b）电容的瞬时电压、电流波形

图 6-10　电容的瞬时电压与瞬时电流

如设电容电压为　$u_C = \sqrt{2}U_C\cos(\omega t + \psi_u)$

则电容电流　　$i_C = \sqrt{2}I_C\cos(\omega t + \psi_i) = C\dfrac{du_C}{dt}$

$$= \sqrt{2}\omega C U_C \cos(\omega t + \psi_u + 90°) \tag{6-31}$$

由式(6-31)可得如下关系：

① $\quad I_C = \omega C U_C \quad$ 或 $\quad U_C = \dfrac{1}{\omega C}I_C \tag{6-32}$

② 电容电压滞后电流 90°，即

$$\psi_u = \psi_i - 90° \tag{6-33}$$

电容电压与电容电流的瞬时波形如图 6-10(b)所示。

(2) C 中的电压相量与电流相量

设电容的电压相量为
$$\dot{U}_C = U_C \underline{/\psi_u}$$

则电容的电流相量 $\dot{I}_C = I_C \underline{/\psi_i} = \omega C U_C \underline{/\psi_u + 90°} = j\omega C \dot{U}_C$

所以,电容元件的电压、电流相量的关系式为

$$\dot{U}_C = \frac{1}{j\omega C} \dot{I}_C = -j \frac{1}{\omega C} \dot{I}_C = -jX_C \dot{I}_C \qquad (6-34)$$

式中,$X_C \left(X_C = \frac{1}{\omega C} \right)$ 称为容抗,其单位也是欧姆。此时角频率 ω 的单位取弧度/秒(rad/s);电容的单位为法拉(F)。

电容元件的相量电路、相量图分别如图 6-11(a)、(b)所示。

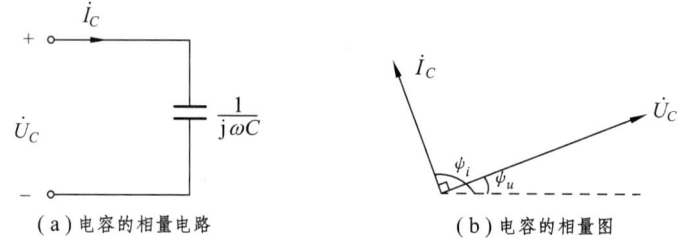

(a) 电容的相量电路　　　　　　(b) 电容的相量图

图 6-11　电容的电压、电流相量

4) 相量(频域)与正弦量(时域)的对应关系

(1) 对于电阻元件

　　正弦量： $u_R = R i_R$

　　相　量： $\dot{U}_R = R \dot{I}_R$

因此,在时域中乘一个常系数,在频域中同样也是乘一个常系数。

(2) 对于电感、电容元件

　　正弦量： $u_L = L \dfrac{d i_L}{d t}, \quad i_C = C \dfrac{d u_C}{d t}$

　　相　量： $\dot{U}_L = j\omega L \dot{I}_L, \quad \dot{I}_C = j\omega C \dot{U}_C$

对照正弦量与相量的关系式可知,时域中的微分运算,在频域中只需乘一个系数 $j\omega$。

(3) 电感、电容元件的另一种表达形式

　　正弦量： $i_L = \dfrac{1}{L} \int u_L dt, \quad u_C = \dfrac{1}{C} \int i_C dt$

　　相　量： $\dot{I}_L = \dfrac{1}{j\omega L} \dot{U}_L, \quad \dot{U}_C = \dfrac{1}{j\omega C} \dot{I}_C$

根据以上正弦量与相量的对应关系不难看出，时域中的积分运算，在频域中就是除以系数 $j\omega$。

时域中的微积分运算，采用相量法后就变成了代数运算，因而采用相量法可以简化正弦交流电路的分析与计算。

§6-4 阻抗与导纳

1. 阻 抗

在关联参考方向下，电阻、电感和电容三种元件的电压、电流相量形式为

$$\dot{U}_R = R\dot{I}_R, \quad \dot{U}_L = j\omega L\dot{I}_L, \quad \dot{U}_C = \frac{1}{j\omega C}\dot{I}_C$$

取统一形式 $\quad\quad\quad \dot{U} = Z\dot{I}$ \hfill (6-35)

称 Z 为元件的阻抗，阻抗的单位也是欧姆(Ω)。式(6-35)称为相量形式的欧姆定律。由一个元件推广到一个不含独立电源的网络 N_0，如图 6-12(a)所示电路。如设二端网络 N_0 的端口电压、电流为

$$\dot{U} = U\angle\psi_u, \quad \dot{I} = I\angle\psi_i$$

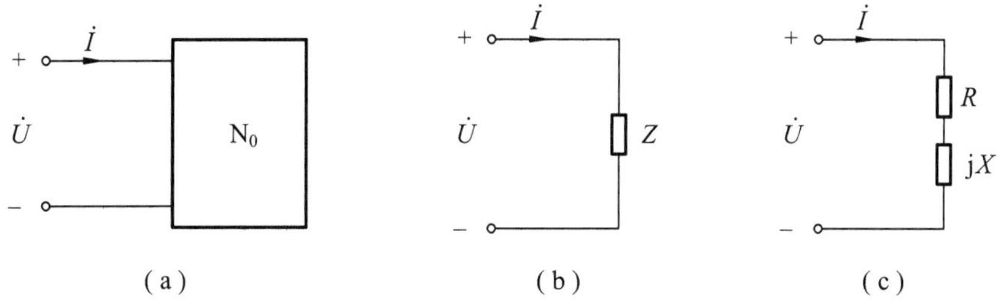

图 6-12 不含独立电源的二端网络的阻抗

则二端网络 N_0 的等效阻抗

$$Z = \frac{\dot{U}}{\dot{I}} = \frac{U\angle\psi_u}{I\angle\psi_i} = \frac{U}{I}\angle\psi_u - \psi_i = |Z|\angle\theta \quad\quad (6-36)$$

即任何一个不含独立电源的二端网络 N_0 的阻抗

$$Z = |Z|\angle\theta = |Z|\cos\theta + j|Z|\sin\theta = R + jX \quad\quad (6-37)$$

其中：$|Z|$ 称为阻抗的模；θ 为阻抗角；阻抗的实部 R 称为电阻，虚部 X 称为电抗。等效电路如图 6-12(b)、(c)所示。

阻抗 Z 反映了电压、电流的相量关系，虽是复数但并不代表正弦量，故在

其符号上面不能加圆点表示。电阻、电感和电容元件的阻抗分别为

$$Z_R=R, \quad Z_L=\mathrm{j}\omega L, \quad Z_C=-\mathrm{j}\frac{1}{\omega C}$$

例 6-6 求图 6-13 所示 RLC 串联电路的等效阻抗。

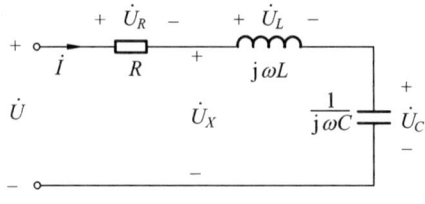

图 6-13　RLC 串联电路

解 根据 KVL 得

$$\dot{U}=\dot{U}_R+\dot{U}_L+\dot{U}_C=R\dot{I}+\mathrm{j}\omega L\dot{I}+\frac{1}{\mathrm{j}\omega C}\dot{I}$$

$$=\left(R+\mathrm{j}\omega L+\frac{1}{\mathrm{j}\omega C}\right)\dot{I}=[R+\mathrm{j}(X_L-X_C)]\dot{I}=Z\dot{I}$$

所以电路的等效阻抗为

$$Z=R+\mathrm{j}\left(\omega L-\frac{1}{\omega C}\right)=R+\mathrm{j}(X_L-X_C)=R+\mathrm{j}X$$

电路中感抗 X_L、容抗 X_C 本身均大于等于零,但电抗 X 可正、可负,所以:

① 当 $X=X_L-X_C=0$,即 $\theta=\psi_u-\psi_i=0$ 时,电路端口处电压与电流同相位,称该电路为电阻性电路,相量图如图 6-14(a)所示。

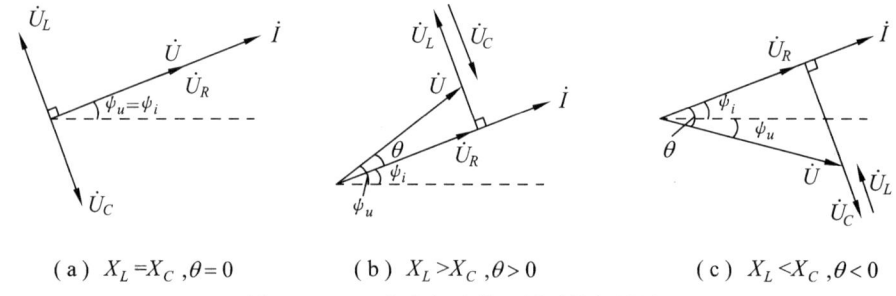

(a) $X_L=X_C$, $\theta=0$　　　(b) $X_L>X_C$, $\theta>0$　　　(c) $X_L<X_C$, $\theta<0$

图 6-14　阻抗虚部取值不同时的相量图

② 当 $X=X_L-X_C>0$,即 $\theta=\psi_u-\psi_i>0$ 时,电路端口处电压超前电流一个正角度,即阻抗角为正,那么该电路为感性电路,对应的相量图如图 6-14(b)所示。

③ 当 $X=X_L-X_C<0$,即 $\theta=\psi_u-\psi_i<0$ 时,电路为容性电路,图 6-14(c)所示为相应的相量图。

需要注意的是,ψ_u、ψ_i 分别为电压相量 $\dot{U}$、电流相量 $\dot{I}$ 与正实轴之间的夹角;而

阻抗角 θ 是电压相量 $\dot{U}$ 与电流相量 $\dot{I}$ 之间的夹角,当 $\dot{U}$ 超前 $\dot{I}$ 时取正,反之取负。

电压三角形[见图 6-15(a)]直观地反映了图 6-13 所示电路各电压有效值之间的关系

$$U = \sqrt{U_R^2 + U_X^2} = \sqrt{U_R^2 + (U_L - U_C)^2} \tag{6-38}$$

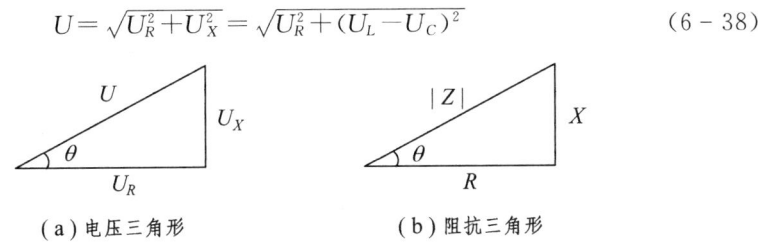

(a) 电压三角形　　　　(b) 阻抗三角形

图 6-15　电压、阻抗三角形

图 6-15(b)所示为阻抗三角形,是阻抗的模 $|Z|$ 与电阻 R 和电抗 X 的图解形式

$$|Z| = \sqrt{R^2 + X^2} = \sqrt{R^2 + (X_L - X_C)^2} \tag{6-39}$$

2. 导　纳

改写式(6-35)得

$$\dot{I} = \frac{1}{Z}\dot{U} = Y\dot{U} \tag{6-40}$$

其中,Y 为导纳,单位是西门子(S),即

$$Y = \frac{\dot{I}}{\dot{U}} = \frac{I}{U}\underline{/\psi_i - \psi_u} = |Y|\underline{/\psi} = G + jB \tag{6-41}$$

式中,$|Y|$ 为导纳的模,ψ 称为导纳角;导纳的实部 G 称为电导,虚部 B 称为电纳。

由图 6-16 所示的 RLC 并联电路可得

$$\begin{aligned}\dot{I} &= \dot{I}_G + \dot{I}_L + \dot{I}_C \\ &= \frac{\dot{U}}{R} + \frac{\dot{U}}{j\omega L} + j\omega C \dot{U} \\ &= \left[\frac{1}{R} + j\left(\omega C - \frac{1}{\omega L}\right)\right]\dot{U} \\ &= [G + j(B_C - B_L)]\dot{U} \\ &= (G + jB)\dot{U} = Y\dot{U}\end{aligned}$$

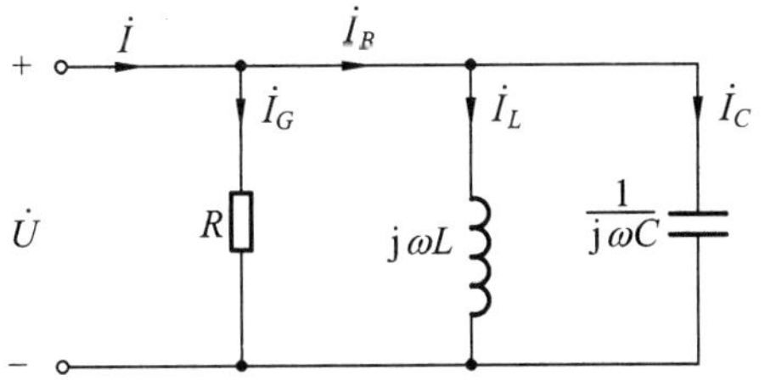

图 6-16　RLC 并联电路

其中,$B_C(B_C = \omega C)$ 称为容纳,$B_L\left(B_L = \dfrac{1}{\omega L}\right)$ 称为感纳。

所以导纳为
$$Y = \frac{1}{R} + j\left(\omega C - \frac{1}{\omega L}\right) = G + j(B_C - B_L)$$
$$= (G + jB) = |Y| \underline{/\psi}$$

因此：

① 当 $B = B_C - B_L = 0$，即导纳角 $\psi = \psi_i - \psi_u = 0$ 时，电流与电压同相位，电路呈阻性。

② 当 $B = B_C - B_L > 0$，即导纳角 $\psi = \psi_i - \psi_u > 0$ 时，电流超前电压，电路呈容性。

③ 当 $B = B_C - B_L < 0$，即导纳角 $\psi = \psi_i - \psi_u < 0$ 时，电流滞后电压，电路呈感性。

以上三种不同情况下的相量图如图 6-17 所示。

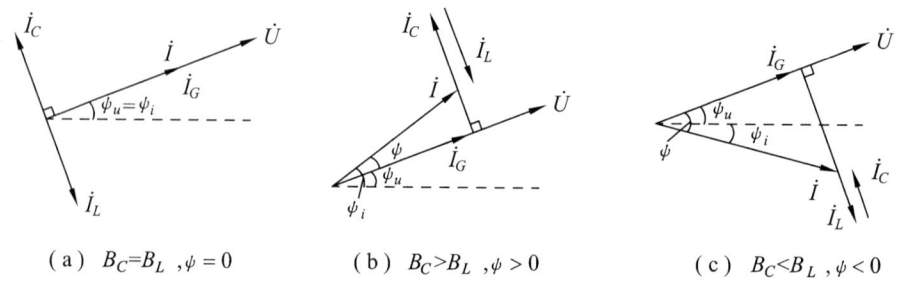

(a) $B_C = B_L, \psi = 0$　　(b) $B_C > B_L, \psi > 0$　　(c) $B_C < B_L, \psi < 0$

图 6-17　导纳虚部取值不同时的相量图

由于导纳角 ψ 是电流 $\dot{I}$ 与电压 $\dot{U}$ 之间的夹角，故电流 $\dot{I}$ 超前电压 $\dot{U}$ 时为正；$\dot{I}$ 滞后 $\dot{U}$ 时为负。

图 6-18(a)、(b)所示分别称为电流三角形和导纳三角形，并有

$$I = \sqrt{I_G^2 + I_B^2} = \sqrt{I_G^2 + (I_C - I_L)^2} \tag{6-42}$$

$$|Y| = \sqrt{G^2 + B^2} = \sqrt{G^2 + (B_C - B_L)^2} \tag{6-43}$$

(a) 电流三角形　　(b) 导纳三角形

图 6-18　电流、导纳三角形

3. 阻抗与导纳的关系

一个不含独立电源的二端网络，如图 6-19(a)所示。它既可以用阻抗等效也可以用导纳等效，分别如图 6-19(b)、(c)所示，二者之间可以相互转换。

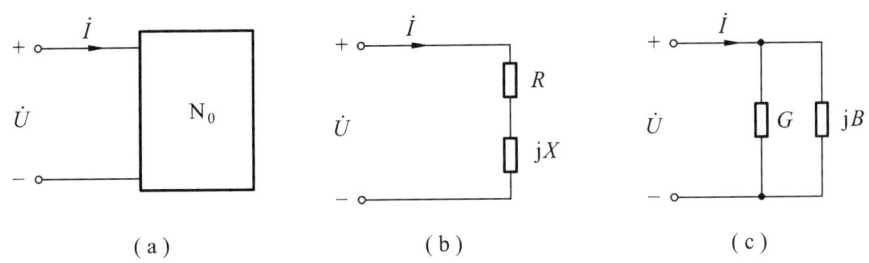

图 6-19 不含独立电源的二端网络的阻抗与导纳

阻抗 Z 与导纳 Y 的关系为

$$Y = \frac{1}{Z} \tag{6-44}$$

因此

$$Y = \frac{1}{Z} = \frac{1}{R+jX} = \frac{R}{R^2+X^2} + j\frac{-X}{R^2+X^2}$$

所以

$$\left. \begin{array}{l} G = \dfrac{R}{R^2+X^2} \\ B = \dfrac{-X}{R^2+X^2} \end{array} \right\} \tag{6-45}$$

因

$$Z = \frac{1}{Y} = \frac{1}{G+jB} = \frac{G}{G^2+B^2} + j\frac{-B}{G^2+B^2}$$

得

$$\left. \begin{array}{l} R = \dfrac{G}{G^2+B^2} \\ X = \dfrac{-B}{G^2+B^2} \end{array} \right\} \tag{6-46}$$

§6-5 正弦交流电路的功率

在正弦交流电路中，功率的种类比较多。在下面功率的介绍里，均以电压、电流取关联参考方向作为前提。

1. 瞬时功率

如图 6-20(a)所示的二端网络 N，其端口电压、电流分别为

$$u=\sqrt{2}U\cos(\omega t+\psi_u), \quad i=\sqrt{2}I\cos(\omega t+\psi_i)$$

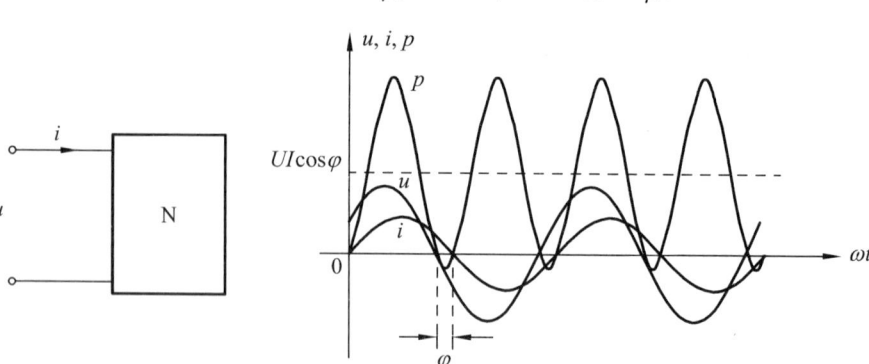

(a) 二端网络　　　　(b) 瞬时功率波形

图 6-20　瞬时功率

则网络 N 吸收的瞬时功率为

$$p = ui = 2UI\cos(\omega t+\psi_u)\cos(\omega t+\psi_i)$$
$$= UI\cos(2\omega t+\psi_u+\psi_i) + UI\cos(\psi_u-\psi_i)$$
$$= UI\cos(2\omega t+\psi_u+\psi_i) + UI\cos\varphi \qquad (6-47)$$

瞬时功率的波形如图 6-20(b)所示。该功率分为两部分：一部分是二倍于电源频率的正弦量，另一部分则为常量。瞬时功率有正、有负，当 $p>0$ 时，表示网络 N 吸收能量；当 $p<0$ 时，表示网络 N 释放能量。如果网络 N 中不含独立电源，说明网络 N 中含有储能元件。

纯电阻时：$\varphi=0$
$$p_R = UI[\cos(2\omega t+\psi_u+\psi_i)+1] = UI[\cos2(\omega t+\psi_u)+1]$$

纯电感时：$\varphi=\dfrac{\pi}{2}$
$$p_L = UI\cos(2\omega t+\psi_u+\psi_i) = UI\sin2(\omega t+\psi_u)$$

纯电容时：$\varphi=-\dfrac{\pi}{2}$
$$p_C = UI\cos(2\omega t+\psi_u+\psi_i) = -UI\sin2(\omega t+\psi_u)$$

由以上三个公式不难知道，任何时刻均有 $p_R \geqslant 0$，所以电阻 R 为耗能元件；而 p_L、p_C 的曲线正、负半轴对称，也就是说，吸收多少能量就释放多少能量，所以电感 L 和电容 C 是非耗能元件。

2. 有功功率

有功功率又称为平均功率，是瞬时功率在一个周期内的平均值，它的单位

为瓦(W)，其表达式为

$$P = \frac{1}{T}\int_0^T p\,\mathrm{d}t = UI\cos\varphi \qquad (6-48)$$

一般电器所标功率的大小即指有功功率，如电机功率为 10 kW、灯泡功率为 60 W 等。有功功率 P 的大小不仅与电压、电流有效值 U、I 有关，还与 u 与 i 的相位差 φ 有关。φ 称为功率因数角，如果网络 N 中不含独立电源，功率因数角 φ 实际上就是阻抗角 θ。$\cos\varphi$ 称为功率因数，它是正弦交流电路中一个非常重要的概念。感性电路与容性电路可通过功率因数角 φ 的正负加以区分，但由于 $\cos\varphi = \cos(-\varphi)$，所以由功率因数的数值无法区分电路是感性还是容性，此时要加文字予以说明。通常感性电路的功率因数称为滞后功率因数，容性电路的功率因数称为超前功率因数。

纯电阻时： $\varphi = 0$

$$P = UI\cos\varphi = UI = I^2 R = \frac{U^2}{R}$$

纯电感时： $\varphi = \dfrac{\pi}{2}$

$$P = UI\cos\varphi = 0$$

纯电容时： $\varphi = -\dfrac{\pi}{2}$

$$P = UI\cos\varphi = 0$$

由此同样可以得出与前面相同的结论，即电感、电容元件不消耗能量。

例 6-7 图 6-21 所示是用三表法测量一个实际线圈参数 R、L 的测量电路。已知电源频率 $f = 50$ Hz，电压表的读数为 60 V，电流表的读数为 1 A，功率表的读数为 15 W。

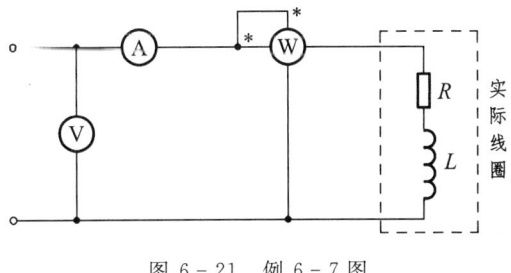

图 6-21 例 6-7 图

解 由于电感消耗的有功功率为零，所以瓦特表上的读数实际上是电阻消耗的功率，于是

$$P = I^2 R$$

所以 $R = \dfrac{P}{I^2} = 15\ \Omega$

因为 $|Z| = \sqrt{R^2 + X_L^2} = \dfrac{U}{I} = 60\ \Omega$

于是 $X_L = \sqrt{|Z|^2 - R^2} = \sqrt{60^2 - 15^2}\ \Omega = 58.09\ \Omega$

所以 $L = \dfrac{X_L}{2\pi f} = 0.185\ \mathrm{H}$

3. 无功功率

将式(6-47)的瞬时功率进行改写

$$\begin{aligned}
p(t) &= UI\cos\varphi + UI\cos(2\omega t + \psi_u + \psi_i)\\
&= UI\cos\varphi + UI\cos(2\omega t + 2\psi_u - \varphi)\\
&= UI\cos\varphi + UI\cos\varphi\cos(2\omega t + 2\psi_u) + UI\sin\varphi\sin(2\omega t + 2\psi_u)\\
&= \underbrace{UI\cos\varphi[1 + \cos(2\omega t + 2\psi_u)]}_{p_R(t)} + \underbrace{UI\sin\varphi\sin(2\omega t + 2\psi_u)}_{p_X(t)}
\end{aligned}$$

其中：$p_R(t)$部分在任何时刻 t 吸收的功率均大于等于零($|\varphi|\leqslant\pi/2$)，说明这部分始终在吸收功率，不与外部进行能量交换，类似于电阻元件吸收功率的情况，故称其为瞬时功率的有功分量；$p_X(t)$部分称为的瞬时功率的无功分量，其波形两倍于电源的频率变化，且正、负半波对称，故其平均值为零，不耗能，但与外电路有能量的来回交换，其功率交换的幅值称为无功功率。

无功功率定义为

$$Q = UI\sin\varphi \qquad (6-49)$$

单位为无功伏安，简称乏(var)。

当 $Q>0$ 时，$\varphi>0$，电压超前电流，为感性电路；当 $Q<0$ 时，$\varphi<0$，电压滞后电流，为容性电路。

纯电感时： $Q = UI\sin\varphi = UI\sin 90° = UI = I^2 X_L = \dfrac{U^2}{X_L}$

纯电容时： $Q = UI\sin\varphi = UI\sin(-90°) = -UI = -I^2 X_C = -\dfrac{U^2}{X_C}$

4. 视在功率

视在功率又称表观功率，其定义为

$$S = UI \qquad (6-50)$$

与有功功率 P、无功功率 Q 的关系为

$$S=\sqrt{P^2+Q^2} \qquad (6-51)$$

视在功率的单位是伏安(V·A)。变压器的容量即以视在功率来定义。由于变压器的电压、电流都有一个额定值,变压器即便是工作在额定状态下,其输出功率的大小还要看负载的功率因数的大小。例如,变压器的容量为 1 kV·A 且工作在额定状态下,如负载的功率因数 $\cos\varphi=0.5$,则变压器的输出功率 $P=1\times 0.5=0.5(\mathrm{kW})$;如负载的功率因数 $\cos\varphi=1$,则变压器的输出功率 $P=1\ \mathrm{kW}$。

由有功功率 P、无功功率 Q 和视在功率 S 构成的三角形称为功率三角形,如图 6-22 所示。

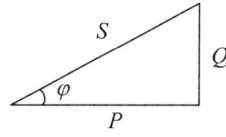

图 6-22 功率三角形

5. 复功率

任何一个二端网络 N,如图 6-23 所示,如果端口处的电压、电流为

$$\dot{U}=U\underline{/\psi_u},\quad \dot{I}=I\underline{/\psi_i}$$

则网络 N 吸收的复功率为

$$\begin{aligned}\bar{S}&=\dot{U}\dot{I}^*=U\underline{/\psi_u}\cdot I\underline{/-\psi_i}\\ &=UI\underline{/\psi_u-\psi_i}=UI\underline{/\varphi}\\ &=S\underline{/\varphi}=P+\mathrm{j}Q\end{aligned} \qquad (6-52)$$

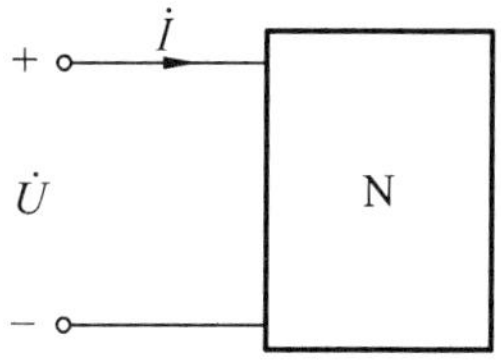

图 6-23 二端网络

复功率的单位仍为伏安(V·A)。引入复功率的概念后,可以通过电压相量 $\dot{U}$ 和电流相量 $\dot{I}$ 方便地计算出有功功率 P、无功功率 Q、视在功率 S 以及功率因数 $\cos\varphi$。由于复功率不代表正弦量,它的描述形式有别于相量。

正弦交流电路中,由于各支路电压满足 KVL,各支路电流满足 KCL,不难证明下式成立,即复功率守恒

$$\sum_{k=1}^{b}\dot{U}_k I_k^* = \sum_{k=1}^{b}\bar{S}_k = 0 \qquad (6-53)$$

同理,有功功率和无功功率也守恒,但视在功率不守恒。因此,如果图 6-23 所示网络 N 中各支路吸收的有功功率为 P_k、无功功率为 Q_k、复功率为 $\bar{S}_k$,则网络 N 吸收的总的有功功率 P、无功功率 Q 和复功率 $\bar{S}$ 可叠加求得

$$P=P_1+P_2+\cdots$$
$$Q=Q_1+Q_2+\cdots$$
$$\bar{S}=\bar{S}_1+\bar{S}_2+\cdots$$

但 $\qquad S\neq S_1+S_2+\cdots$

例 6-8 电路如图 6-24 所示。已知负载 Z_1 的有功功率 $P_1=20$ kW，$\cos\varphi_1=0.8$（滞后）；负载 Z_2 的有功功率 $P_2=10$ kW，$\cos\varphi_2=0.9$（超前）。求两负载并联后总的有功功率、无功功率、视在功率和功率因数。

解 总的有功功率为
$$P=P_1+P_2=30 \text{ kW}$$

由于 Z_1 为滞后的功率因数，所以为感性负载，于是
$$\varphi_1=\arccos 0.8=36.87°$$
$$Q_1=S_1\sin\varphi_1=\frac{P_1}{\cos\varphi_1}\sin\varphi_1$$
$$=P_1\tan\varphi_1=15 \text{ kvar}$$

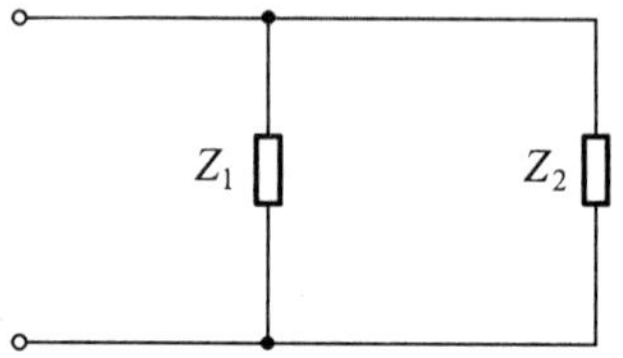

而 Z_2 为超前的功率因数，所以为容性负载，即
$$\varphi_2=\arccos 0.9=-25.842°$$
$$Q_2=P_2\tan\varphi_2=-4.843 \text{ kvar}$$

总的无功功率为 $\quad Q=Q_1+Q_2=10.157$ kvar

总的视在功率为 $\quad S=\sqrt{P^2+Q^2}=31.673$ kV·A

总的功率因数为 $\quad \cos\varphi=\dfrac{P}{S}=0.947$

图 6-24 例 6-8 图

§6-6 功率因数的提高

功率因数在电力系统中是一项非常重要的技术指标，供电方对用户方的要求是功率因数越大越好，这可通过 $P=S\cos\varphi=UI\cos\varphi$ 来说明其原因：当供电系统向负载提供一定功率（指有功功率）的情况下，负载的功率因数越低，需要的供电设备容量越大，而且供电电流也相应增大（假设电压不变），从而使线路损耗（I^2R_l）增大，降低了功率的传输效率。功率的传输效率计算式为

$$\eta=\frac{P_2}{P_1}=\frac{P_2}{P_2+I^2R_l} \tag{6-54}$$

其中，P_2 是负载上消耗的有功功率；P_1 是电源提供的有功功率；R_l 为线路电阻值。

功率因数的提高是一项专门的研究课题。由于实际中负载一般为感性（如电机、日光灯等），所以功率因数的提高一般均针对感性负载。在不影响负载工作状态的前提下，提高功率因数可以采用并联电容器、同步电动机以及有源无功补偿装置等方法，本教材只介绍第一种。

例 6-9 电路如图 6-25(a)所示。一个感性负载,端电压为 U,有功功率为 P,若功率因数从 $\cos\varphi_1$ 提高到 $\cos\varphi_2$,需并联多大的电容?

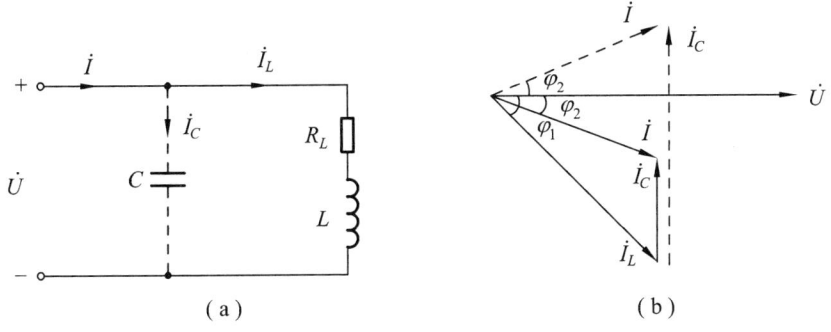

图 6-25 例 6-9 图

解 由图 6-25(a),根据 $\dfrac{1}{\omega C}=\dfrac{U}{I_C}$ 可知,若求得电容电流 I_C,即可求得电容 C。

由于并联电容前后,感性负载支路的电流不发生变化,故并联电容 C 前后整个电路吸收的有功功率不变,所以

$$UI_L\cos\varphi_1=UI\cos\varphi_2$$

由相量图 6-25(b)也可得

$$I_L\cos\varphi_1=I\cos\varphi_2 \tag{1}$$

所以

$$I=\frac{\cos\varphi_1}{\cos\varphi_2}I_L \tag{2}$$

而

$$I_L=\frac{P}{U\cos\varphi_1} \tag{3}$$

式(3)代入式(2)得

$$I=\frac{P}{U\cos\varphi_2}$$

由相量图可知 $I_C=I_L\sin\varphi_1-I\sin\varphi_2$

所以

$$C=\frac{I_C}{\omega U}=\frac{\sin\varphi_1}{\omega U}I_L-\frac{\sin\varphi_2}{\omega U}I=\frac{P}{\omega U^2}(\tan\varphi_1-\tan\varphi_2)$$

如取 $U=220$ V, $P=10$ kW, $\cos\varphi_1=0.6$, $\cos\varphi_2=0.9$,电源频率 $f=50$ Hz,则电容 C 的值可通过以下计算求得:

因

$$I_L=\frac{P}{U\cos\varphi_1}=\frac{10^4}{220\times 0.6}\text{ A}=75.76\text{ A}$$

$$I = \frac{\cos\varphi_1}{\cos\varphi_2} I_L = 50.51 \text{ A}$$

$$I_C = I_L \sin\varphi_1 - I\sin\varphi_2$$
$$= (75.76\sqrt{1-0.6^2} - 50.51\sqrt{1-0.9^2}) \text{ A} = 38.59 \text{ A}$$

所以
$$C = \frac{I_C}{\omega U} = \frac{38.59}{314 \times 220} \text{ F} = 0.0005584 \text{ F} = 558.4 \text{ μF}$$

如将功率因数提高到 1，即 $\cos\varphi_2 = 1$，用上述方法可求得 $C = 877.4$ μF，此值比上面所求的值大得多，电容器的体积会增大很多，经济上不合算，所以一般不要求功率因数提高到 1。

另外，图 6-25(b) 中，虚线所示相量对应的电容 C 也可以满足功率因数提高的要求，但此时 C 的值更大，更不经济，故不采用此方法，电路此时呈容性，并称此现象为过补偿。

§6-7　正弦交流电路的稳态分析

在线性直流电路中，根据 KCL、KVL 以及欧姆定律推导出了各种分析方法和定理。在正弦交流电路中，由于具有相量形式的 KCL、KVL 和欧姆定律，因此在直流电路中学过的结点电压法、回路电流法、叠加定理、戴维南定理等均适用于相量电路。

例 6-10　电路如图 6-26 所示。已知 $\dot{U}_{S1} = 100\underline{/0°}$ V，$\dot{U}_{S2} = 100\underline{/90°}$ V，$R = 5$ Ω，$X_L = 5$ Ω，$X_C = 2$ Ω。试求各支路电流以及各电压源发出的复功率。

解法 1　网孔电流法。

网孔电流如图 6-26 所设，有

$$\begin{cases} (R - jX_C)\dot{I}_1 - R\dot{I}_2 = \dot{U}_{S1} \\ -R\dot{I}_1 + (R + jX_L)\dot{I}_2 = -\dot{U}_{S2} \end{cases}$$

即
$$\begin{cases} (5 - j2)\dot{I}_1 - 5\dot{I}_2 = 100\underline{/0°} \\ -5\dot{I}_1 + (5 + j5)\dot{I}_2 = -100\underline{/90°} \end{cases}$$

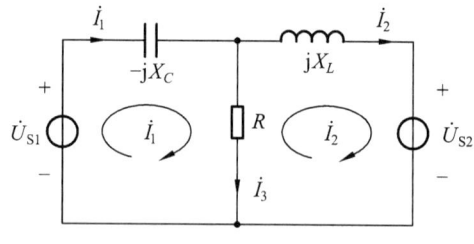

图 6-26　网孔电流法(例 6-10 图)

解得
$$\dot{I}_1 = \frac{500}{10 + j15} \text{ A}$$
$$= 27.735\underline{/-56.31°} \text{ A}$$

$$\dot{I}_2 = 32.343\underline{/-115.346°}\ \text{A}$$

$$\dot{I}_3 = \dot{I}_1 - \dot{I}_2 = 29.872\underline{/11.887°}\ \text{A}$$

$$\overline{S}_{u_{S1}} = \dot{U}_{S1}I_1^* = 100 \times 27.735\underline{/56.31°}\ \text{V·A}$$

$$= 2773.5\underline{/56.31°}\ \text{V·A}$$

$$\overline{S}_{u_{S2}} = -\dot{U}_{S2}I_2^* = -100\underline{/90°} \times 32.343\underline{/115.346°}\ \text{V·A}$$

$$= 3234.3\underline{/25.346°}\ \text{V·A}$$

解法 2 结点电压法。

结点电压电路如图 6-27 所示。

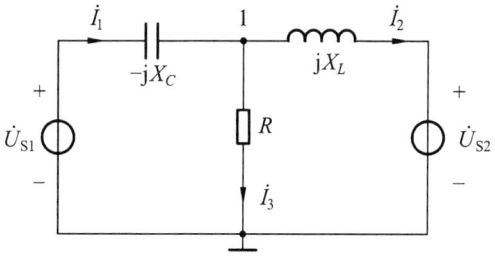

图 6-27 结点电压法(例 6-10 图)

列结点①的 KCL 方程为

$$\left(\frac{1}{-jX_C} + \frac{1}{R} + \frac{1}{jX_L}\right)\dot{U}_1 = \frac{\dot{U}_{S1}}{-jX_C} + \frac{\dot{U}_{S2}}{jX_L}$$

即

$$\left[\frac{1}{5} + j\left(\frac{1}{2} - \frac{1}{5}\right)\right]\dot{U}_1 = j\left[\frac{100}{2} - \frac{100j}{5}\right]$$

解得

$$\dot{U}_1 = 149.173\underline{/11.889°}\ \text{V}$$

所以

$$\dot{I}_1 = \frac{\dot{U}_{S1} - \dot{U}_1}{-jX_C} = 27.65\underline{/-56.24°}\ \text{A}$$

$$\dot{I}_2 = \frac{\dot{U}_1 - \dot{U}_{S2}}{jX_L} = 32.315\underline{/-115.386°}\ \text{A}$$

$$\dot{I}_3 = \frac{\dot{U}_1}{R} = 29.835\underline{/11.889°}\ \text{A}$$

故

$$\overline{S}_{u_{S1}} = \dot{U}_{S1}I_1^* = 2765\underline{/56.24°}\ \text{V·A}$$

$$\overline{S}_{u_{S2}} = -\dot{U}_{S2}I_2^* = 3231.5\underline{/25.386°}\ \text{V·A}$$

例 6-11 电路如图 6-28(a)所示。已知 $u_S=60\sqrt{2}\sin1000t$ V,$L_1=L_2=4$ mH,$C_1=167.67$ μF,$C_2=250$ μF。试用戴维南定理求 a、b 间的电压 u_{ab}。

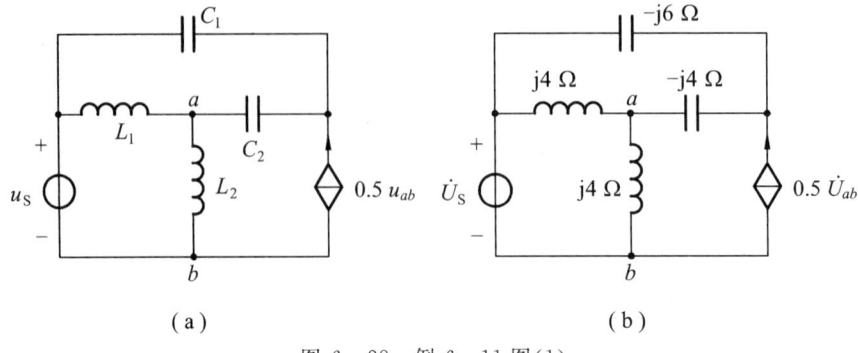

图 6-28 例 6-11 图(1)

解 图 6-28(a)所示的相量电路如图 6-28(b)所示,其中 $\dot{U}_S=60\underline{/-90°}$ V。

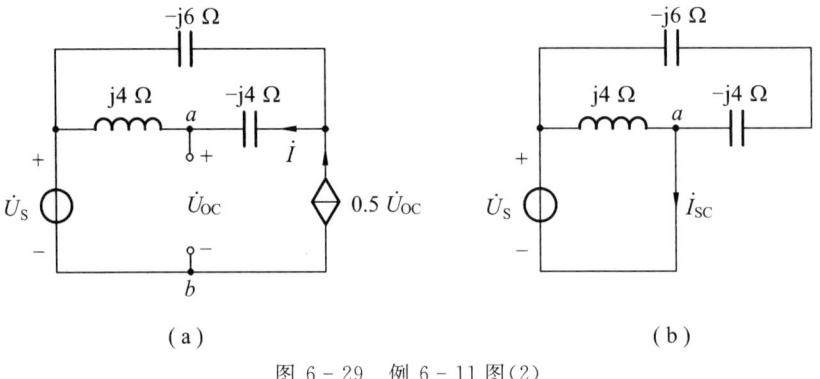

图 6-29 例 6-11 图(2)

(1) 首先求 $\dot{U}_{OC}$,电路如图 6-29(a)所示。

L_1 与 C_2 串联支路的等效阻抗为零,故

$$\dot{I}=0.5\dot{U}_{OC}$$

依 KVL 得 $\qquad \dot{U}_{OC}=\text{j}4\dot{I}-\text{j}60=\text{j}2\dot{U}_{OC}-\text{j}60$

解得 $\qquad \dot{U}_{OC}=\dfrac{-\text{j}60}{1-\text{j}2}$ V $=26.833\underline{/-26.565°}$ V

(2) 求等效阻抗 Z_0。

采用开短路法。求短路电流的等效电路如图 6-29(b)所示,则

$$\dot{I}_{SC}=\left(\dfrac{-\text{j}60}{\text{j}4}+\dfrac{-\text{j}60}{-\text{j}6-\text{j}4}\right) \text{A}=-9 \text{ A}$$

$$Z_0 = \frac{\dot{U}_{OC}}{\dot{I}_{SC}} = \frac{26.833\underline{/-26.565°}}{-9}\ \Omega = 2.98\underline{/153.435°}\ \Omega$$

(3) 由图 6-30 所示的戴维南等效电路求 a、b 端的电压

$$\dot{U}_{ab} = \frac{j4}{Z_0 + j4}\dot{U}_{OC} = 18\underline{/-53.125°}\ V$$

故 $u_{ab} = 18\sqrt{2}\cos(1000t - 53.125°)$ V

在正弦交流电路的分析求解方法中,除了常用的分析方法、定理之外,还经常利用相量图进行求解。下面的例题即是如此。

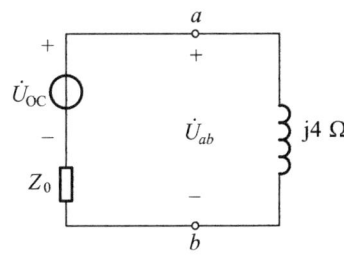

图 6-30 例 6-11 图(3)

例 6-12 如图 6-31(a)所示电路,其相量图为图 6-31(b)。滑动 d 端使电压表读数最小,此值为 30 V,并已知 $R_1 = 4\ \Omega$,$R_2 = 16\ \Omega$, $R_3 = 6.5\ \Omega$, $U = 100$ V,阻抗 Z 为感性,求 Z。

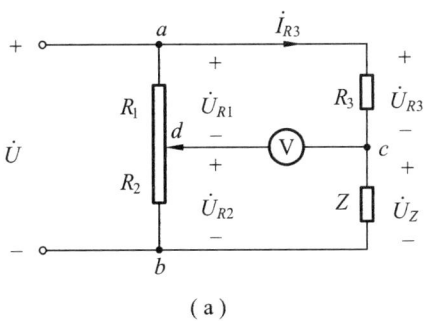 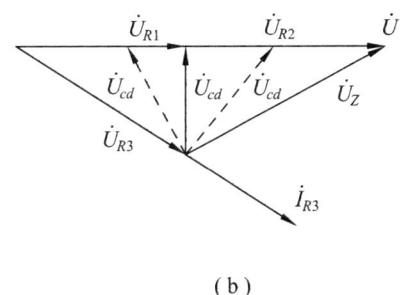

(a) (b)

图 6-31 例 6-12 图

解 流过阻抗 Z 与电阻 R_3 的是同一个电流,若求得 $\dot{I}_{R3}$ 和 $\dot{U}_Z$,则

$$Z = \frac{\dot{U}_Z}{\dot{I}_{R3}}$$

设 $\dot{U} = 100\underline{/0°}$ V,由相量图 6-31(b)可知

$$\dot{U}_{R1} = \frac{R_1}{R_1 + R_2}\dot{U} = \frac{4}{4+16}\dot{U} = 20\underline{/0°}\ V$$

由于电压表读数为最小,根据相量图可知 $\dot{U}_{cd}$ 应垂直于 $\dot{U}$,故

$$\dot{U}_{cd} = 30\underline{/90°}\ V$$

$$\dot{U}_{R3} = \dot{U}_{R1} - \dot{U}_{cd} = (20 - j30)\ V = 36.06\underline{/-56.3°}\ V$$

$$\dot{I}_{R3} = \frac{\dot{U}_{R3}}{R_3} = 5.55\underline{/-56.3°}\ A$$

阻抗 Z 上的电压为

$$\dot{U}_Z = \dot{U} - \dot{U}_{R3} = (100 - 20 + j30) \text{ V} = 85.44 \underline{/20.56°} \text{ V}$$

所以

$$Z = \frac{\dot{U}_Z}{\dot{I}_{R3}} = 15.39 \underline{/76.86°} \text{ } \Omega$$

§6-8 最大功率传输

最大功率传输是研究负载取什么数值时,负载可获得最大的有功功率。由于讨论的对象是负载,那么不论负载两端连接的是什么样的二端网络[如图6-32(a)所示],该二端网络均可以用戴维南等效电路来等效,所以研究最大功率传输问题就变成了对图6-32(b)所示的简单电路的分析。

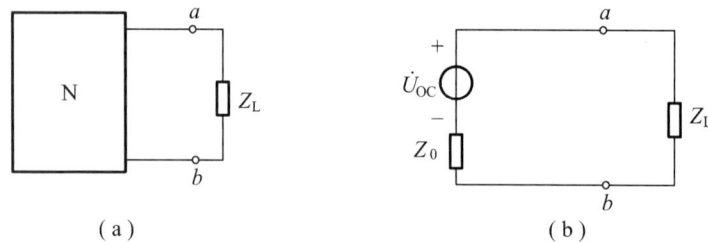

图 6-32 最大功率传输

戴维南等效电路中的参数 $\dot{U}_{OC}$、Z_0 视为定值,负载阻抗 Z_L 的实部和虚部可以任意调节,并设

$$Z_0 = R_0 + jX_0, \quad Z_L = R_1 + jX_1$$

那么负载吸收的有功功率为

$$P_2 = I^2 R_1 = \frac{U_{OC}^2}{(R_0 + R_1)^2 + (X_0 + X_1)^2} R_1$$

由于电抗部分可以取正或取负,不难知道当 $X_0 + X_1 = 0$ 时,P_2 为最大,然后对 R_1 求导得

$$\frac{dP_2}{dR_1} = \left[\frac{R_1 U_{OC}^2}{(R_0 + R_1)^2} \right]' = U_{OC}^2 \cdot \frac{R_0 - R_1}{(R_0 + R_1)^3} = 0$$

解得 $R_1 = R_0$

所以负载 Z_L 获得最大功率的条件是

$$R_1 = R_0, \quad X_1 = -X_0 \tag{6-55}$$

即

$$Z_L = Z_0^* \tag{6-56}$$

此时称负载为共轭匹配或最佳匹配。

负载 Z_L 获得的最大功率为

$$P_{2\max}=\left(\frac{U_{OC}}{R_0+R_1}\right)^2 R_1=\frac{U_{OC}^2}{4R_0} \tag{6-57}$$

负载 Z_L 获得最大功率的传输效率为

$$\eta=\frac{P_{2\max}}{P_S}=\frac{U_{OC}^2}{4R_0}\bigg/\frac{U_{OC}^2}{2R_0}=0.5=50\%$$

显然,负载获得最大功率时的传输效率很低,故在大功率系统中一般不采用。最大功率传输主要用在弱电系统中,如驱动电路等,此时功耗不是主要问题。

例 6-13 如图 6-33(a)所示电路。已知 $u_S=2\sqrt{2}\cos(0.5t+120°)$ V。当负载 Z_L 取什么值时可获得最大功率?最大功率是多少?

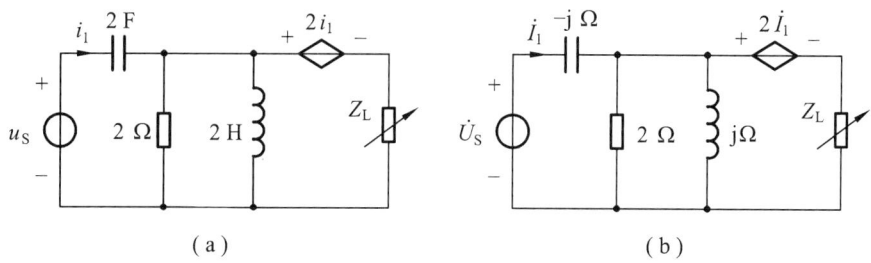

图 6-33 例 6-13 图(1)

解 相量电路如图 6-33(b)所示。由题意可知

$$\dot{U}_S=2\underline{/120°}\text{ V}$$

先求负载左侧电路的戴维南等效电路:

(1) 求开路电压的电路如图 6-34(a)所示,则

$$\dot{I}_1=\frac{2\underline{/120°}}{-j+\frac{2j}{2+j}}\text{ A}=2(2+j)\underline{/120°}\text{ A}$$

$$\dot{U}_{OC}=-2\dot{I}_1+\frac{2j}{2+j}\dot{I}_1=-8\underline{/120°}\text{ V}=8\underline{/-60°}\text{ V}$$

(2) 采用开短路法求等效阻抗。求短路电流的电路如图 6-34(b)所示。沿图示回路列 KVL 方程

$$-j\dot{I}_1+2\dot{I}_1-\dot{U}_S=0$$

解得

$$\dot{I}_1=\frac{2\underline{/120°}}{2-j}$$

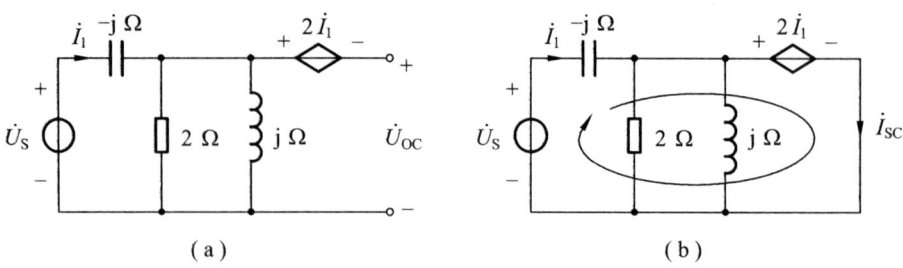

图 6-34 例 6-13 图(2)

列结点的 KCL 方程

$$\dot{I}_{SC}=-\frac{2\dot{I}_1}{j}-\frac{2\dot{I}_1}{2}+\dot{I}_1=1.79\underline{/-123.435°}\text{ A}$$

$$Z_0=\frac{\dot{U}_{OC}}{\dot{I}_{SC}}=4.469\underline{/63.435°}\text{ }\Omega$$

(3) 简化后的戴维南等效电路如图 6-35 所示。

当 $Z_L=Z_0^*=4.469\underline{/-63.435°}\text{ }\Omega=(2-\text{j}4)\text{ }\Omega$ 时,负载 Z_L 可获得最大功率,且最大功率为

$$P_{\max}=\left(\frac{8}{2+2}\right)^2\times 2\text{ W}=8\text{ W}$$

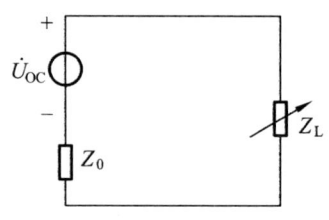

图 6-35 例 6-13 图(3)

§6-9 串联电路的谐振

1. 串联谐振

由电阻、电感和电容构成的串联电路如图 6-36 所示。端口处的等效阻抗为

$$Z=R+\text{j}\omega L+\frac{1}{\text{j}\omega C}=R+\text{j}(X_L-X_C)=R+\text{j}X$$

图 6-37 是感抗 X_L、容抗 X_C 以及二者串联后的电抗 X 与电源角频率 ω 的关系曲线。由该图曲线可知,当:

① $\omega<\omega_0$ 时,$X=X_L-X_C<0$,电路呈容性;

② $\omega>\omega_0$ 时,$X=X_L-X_C>0$,电路呈感性;

③ $\omega=\omega_0$ 时,$X=X_L-X_C=0$,电路呈阻性。阻性电路,其端口等效阻抗 $Z=R$,称此时的工作状态为谐振,由于电路串联,所以称为串联谐振,此时的电源频率称为谐振频率。

当谐振时有 $\omega_0 L=\dfrac{1}{\omega_0 C}$ (6-58)

§6-9 串联电路的谐振

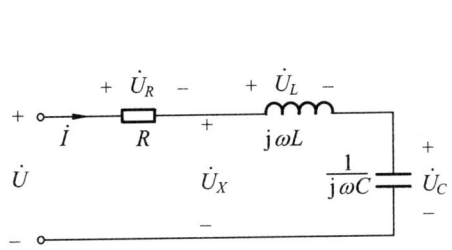
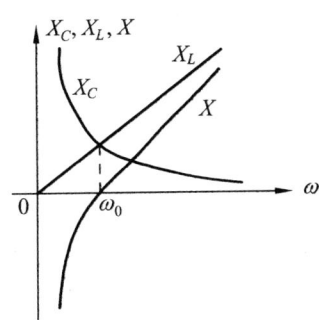

图 6-36 串联谐振电路　　图 6-37 感抗、容抗和电抗的频率特性

谐振角频率为 　　$\omega_0 = \dfrac{1}{\sqrt{LC}}$ 　　　　　　　　　　(6-59)

谐振频率为 　　$f_0 = \dfrac{1}{2\pi\sqrt{LC}}$ 　　　　　　　　　　(6-60)

由以上式子可知，谐振频率由电路元件的参数决定，与外加激励无关。但若外加激励的频率等于谐振频率，则电路发生谐振。

2. 串联谐振的特征

当图 6-36 所示的电路发生串联谐振时，有如下一些特征：

① 端口等效阻抗 $Z=R$，为纯电阻。端电压与端电流同相位。

② 谐振时端口等效阻抗的模 $|Z|=R$，为最小。而电流 $I = \dfrac{U}{|Z|} = \dfrac{U}{R}$，所以在端口电压 U 一定的情况下，电流有效值为最大。

③ 谐振时，由于电抗电压 $\dot{U}_X = \dot{U}_L + \dot{U}_C = 0$，所以端口电压等于电阻电压 $\dot{U} = \dot{U}_R$。谐振时的相量图如图 6-38 所示。定义串联谐振的特性阻抗为

$$\rho = \omega_0 L = \dfrac{1}{\omega_0 C} = \sqrt{\dfrac{L}{C}} \qquad (6-61)$$

品质因数为

$$Q = \dfrac{\rho}{R} = \dfrac{\omega_0 L}{R} = \dfrac{1}{R\omega_0 C} = \dfrac{1}{R}\sqrt{\dfrac{L}{C}} \qquad (6-62)$$

虽然谐振时电抗电压 $\dot{U}_X = 0$，但电感、电容上的电压却不为零，分别为

图 6-38 串联谐振时的相量图

$$\dot{U}_L = j\omega_0 L \dot{I} = j\omega_0 L \dfrac{\dot{U}}{R} = jQ\dot{U}$$

$$\dot{U}_C = -j\dfrac{1}{\omega_0 C}\dot{I} = -jQ\dot{U}$$

即电感、电容的电压有效值是端口电压有效值的 Q 倍。如果品质因数 $Q \gg 1$，谐振时电感和电容上会产生高电压，易使电气设备遭到破坏，此时应尽量避免谐振现象的发生。另一方面，谐振时的这一特征在电子技术等领域却得到了有效利用，如无线电信号的放大等。

④ 谐振时功率因数角 $\varphi = 0$，电路吸收的无功功率 $Q = UI\sin\varphi = 0$，即 $Q = Q_L + Q_C = 0$，所以电感与电容上的无功功率完全补偿，电源不向电路提供无功功率。

设谐振时端口电压为 $u = U_m \cos\omega_0 t$，则电感电流及电容电压分别为
$$i = I_m \cos\omega_0 t, \quad u_C = U_{Cm}\cos(\omega_0 t - 90°)$$

t 时刻储存在 L 和 C 上能量的总和为

$$W = W_L + W_C = \frac{1}{2}Li^2 + \frac{1}{2}Cu_C^2$$

$$= \frac{1}{2}LI_m^2 \cos^2\omega_0 t + \frac{1}{2}CU_{Cm}^2 \sin^2\omega_0 t$$

$$= \frac{1}{2}LI_m^2 = \frac{1}{2}CU_{Cm}^2 = 常数$$

换句话说，电感上磁场能量的减少量正好等于电容上电场能量的增加量。电感和电容与电源之间没有能量的交换。电感与电容的能量曲线如图 6-39 所示。

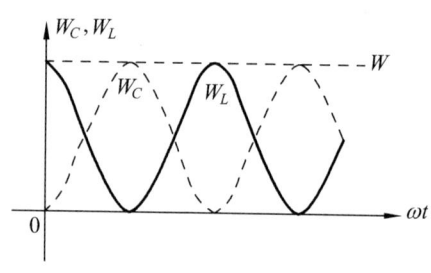

图 6-39 电感与电容间的能量变换

3. 串联谐振电路对频率的选择性

当串联谐振电路参数一定的情况下，电流 I 随电源频率的变化而变化，关系式为

$$I = \frac{U}{|Z|} = \frac{U}{\sqrt{R^2 + \left(\omega L - \frac{1}{\omega C}\right)^2}} = \frac{U}{\sqrt{R^2 + \left(\frac{\omega}{\omega_0}\omega_0 L - \frac{\omega_0}{\omega} \cdot \frac{1}{\omega_0 C}\right)^2}}$$

$$= \frac{U/R}{\sqrt{1 + \left(\frac{\omega_0 L}{R}\right)^2 \left(\frac{\omega}{\omega_0} - \frac{\omega_0}{\omega}\right)^2}} = \frac{I_0}{\sqrt{1 + Q^2\left(\eta - \frac{1}{\eta}\right)^2}}$$

并有
$$\frac{I}{I_0} = \frac{1}{\sqrt{1 + Q^2\left(\eta - \frac{1}{\eta}\right)^2}} \tag{6-63}$$

其中，$I_0(I_0 = U/R)$ 是谐振时的电流值；$\eta(\eta = \omega/\omega_0)$ 称为相对角频率；Q 为品质因数，品质因数取不同大小的数值后所画曲线如图 6-40 所示；η_1、η_2 为 $I/I_0 = $

$1/\sqrt{2}$ 时的相对频率，并定义带宽（又称通频带）为

$$BW = \omega_2 - \omega_1 = (\eta_2 - \eta_1)\omega_0$$
$$= \frac{\omega_0}{Q} \tag{6-64}$$

其中
$$\eta_1 = -\frac{1}{2Q} + \sqrt{1 + \frac{1}{4Q^2}}$$
$$\eta_2 = \frac{1}{2Q} + \sqrt{1 + \frac{1}{4Q^2}}$$

由式(6-64)或图 6-40 中的曲线不难得出结论：品质因数 Q 越大，图 6-40 中的曲线越尖锐，电路对频率的选择性越好。因为曲线尖锐，说明只有在谐振频率附近的信号得到了放大，其余频率的信号得到了抑制。反之，品质因数 Q 越小，电路的选频特性越差。

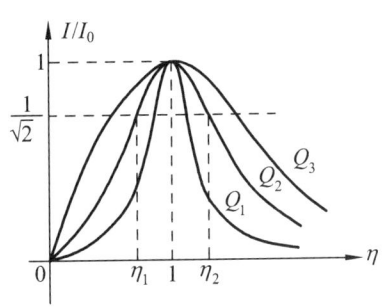

图 6-40 串联谐振电路的频率特性

电感电压 U_L、电容电压 U_C 的频率特性关系式为

$$U_L(\omega) = \frac{\omega L U}{\sqrt{R^2 + \left(\omega L - \frac{1}{\omega C}\right)^2}} = \frac{QU}{\sqrt{\frac{1}{\eta^2} + Q^2\left(1 - \frac{1}{\eta^2}\right)^2}}$$

$$U_C(\omega) = \frac{U/(\omega C)}{\sqrt{R^2 + \left(\omega L - \frac{1}{\omega C}\right)^2}} = \frac{QU}{\sqrt{\eta^2 + Q^2(\eta^2 - 1)^2}}$$

U_L 和 U_C 的频率特性曲线如图 6-41 所示。求导可得极值点：

① $\dfrac{dU_L}{d\eta} = 0$，得 $\eta = \sqrt{\dfrac{2Q^2}{2Q^2-1}} > 1$，电感电压的最大值位于 ω_0 的右侧；

② $\dfrac{dU_C}{d\eta} = 0$，得 $\eta = \sqrt{\dfrac{2Q^2-1}{2Q^2}} < 1$，电容电压的最大值位于 ω_0 的左侧。

电感电压和电容电压存在极值的条件是 $Q > 1/\sqrt{2}$，否则没有极值。

由以上分析可知，串联谐振时，电感电压和电容电压的数值可能较大，但它们的最大值并不在谐振点，所以一般不能通过电感电压或电容电压是否达到最大来判别电路是否发生谐振。

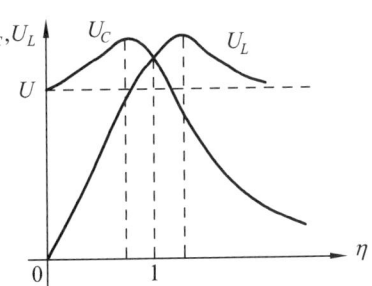

图 6-41 串联谐振电路中 U_L、U_C 的频率特性

§6-10 并联电路的谐振

1. 并联谐振

设计谐振电路时,如果信号源内阻较大,若仍采用串联谐振电路,则品质因数 Q 较低,选频特性差,此时应采用并联谐振电路。

并联谐振电路如图 6-42 所示,其等效导纳为

$$Y = \frac{1}{R} + j\left(\omega C - \frac{1}{\omega L}\right)$$

当 $\omega C - \frac{1}{\omega L} = 0$ 时,电路为阻性,$\dot{U}$ 和 $\dot{I}$ 同相,此时称电路发生了并联谐振,谐振角频率为

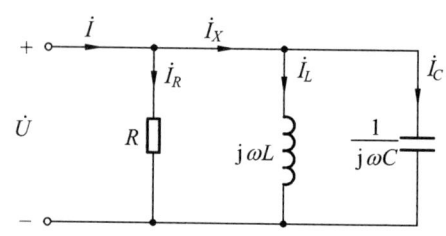

图 6-42 并联谐振电路

$$\omega_0 = \frac{1}{\sqrt{LC}} \tag{6-65}$$

2. 并联谐振时的特点

并联谐振时有如下特点:

① $\dot{U}$ 和 $\dot{I}$ 同相位,电路呈阻性。

② 等效导纳的模值为最小,即 $|Y| = G$。若电流 I 一定,则谐振时端口处的电压为最大。

③ 定义品质因数为

$$Q = \frac{1}{\omega_0 L} \Big/ \frac{1}{R} = \frac{R}{\omega_0 L} = \omega_0 CR = R\sqrt{\frac{C}{L}} \tag{6-66}$$

虽然电感与电容并联后的总电流 $\dot{I}_X = \dot{I}_L + \dot{I}_C = 0$,但它们各自的电流却不为零,分别为

$$\dot{I}_L = \frac{1}{j\omega_0 L}\dot{U} = \frac{1}{j\omega_0 L}R\dot{I} = -jQ\dot{I}$$

$$\dot{I}_C = j\omega_0 C\dot{U} = j\omega_0 CR\dot{I} = jQ\dot{I}$$

端口电流全部流过电阻,有

$$\dot{I} = \dot{I}_R$$

相量图如图 6-43 所示。

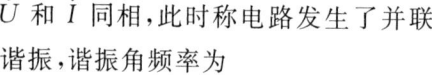

图 6-43 并联谐振时的相量图

④ 谐振时,电路吸收的无功功率 $Q=UI\sin\varphi=0$,即 $Q_L+Q_C=0$。电感与电容的无功功率相互补偿,与电源没有能量交换。

3. 并联谐振电路的频率特性

在并联谐振电路,有

$$U=\frac{I}{\sqrt{G^2+\left(\omega C-\frac{1}{\omega L}\right)^2}}=\frac{I}{\sqrt{G^2+\left(\frac{\omega}{\omega_0}\omega_0 C-\frac{\omega_0}{\omega}\cdot\frac{1}{\omega_0 L}\right)^2}}$$

$$=\frac{I/G}{\sqrt{1+Q^2\left(\eta-\frac{1}{\eta}\right)^2}}$$

其中,$\frac{I}{G}=U_0$ 是并联谐振时的端口电压,改写上式为

$$\frac{U}{U_0}=\frac{1}{\sqrt{1+Q^2\left(\eta-\frac{1}{\eta}\right)^2}}$$

与串联谐振电路的式子完全相同,故曲线也一样,不再重复。当 Q 越大时,电路的选频特性越好,反之选频特性越差。

4. 工程上的并联谐振电路

所谓工程上的并联谐振电路,是指一个实际的电感线圈与电容并联构成的谐振电路。通常忽略电容器的损耗,而将实际的电感线圈等效为电感串电阻支路,如图 6-44 所示,其端口的等效导纳为

$$Y=\frac{1}{R+\mathrm{j}\omega L}+\mathrm{j}\omega C$$

$$=\frac{R-\mathrm{j}\omega L}{R^2+(\omega L)^2}+\mathrm{j}\omega C$$

$$=\frac{R}{R^2+(\omega L)^2}+\mathrm{j}\left[\omega C-\frac{\omega L}{R^2+(\omega L)^2}\right]$$

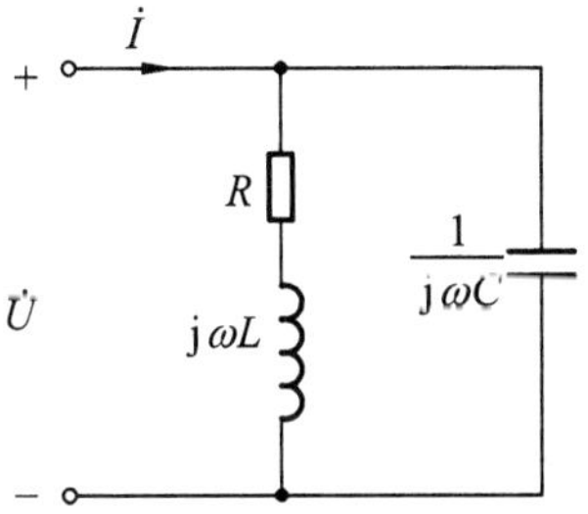

当电路谐振时,导纳 Y 的虚部应为零,故

$$\omega_0 C-\frac{\omega_0 L}{R^2+(\omega_0 L)^2}=0$$

图 6-44 工程上的并联谐振电路

解得

$$\omega_0=\sqrt{\frac{1}{LC}-\frac{R^2}{L^2}}=\frac{1}{\sqrt{LC}}\sqrt{1-\frac{CR^2}{L}} \qquad (6-67)$$

由此可知,当 $1-\dfrac{CR^2}{L}>0$ 时,即 $R<\sqrt{\dfrac{L}{C}}$ 时,ω_0 为实数,电路可以产生谐振;当 $1-\dfrac{CR^2}{L}<0$ 时,即 $R>\sqrt{\dfrac{L}{C}}$ 时,ω_0 为虚数,说明不管怎样调节电源频率,电路均不可能产生谐振。令

$$\frac{R^2+(\omega L)^2}{R}=R_e, \quad \frac{R^2+(\omega L)^2}{\omega L}=\omega L_e$$

则

$$Y=\frac{R}{R^2+(\omega L)^2}+\mathrm{j}\left[\omega C-\frac{\omega L}{R^2+(\omega L)^2}\right]=\frac{1}{R_e}+\mathrm{j}\left[\omega C-\frac{1}{\omega L_e}\right]$$

其等效电路如图 6-45 所示,实际上就是将原电阻串电感的形式变换为电阻并电感的形式。

图 6-45 所示电路的品质因数为

$$Q=\frac{R_e}{\omega_0 L_e}=\frac{R^2+(\omega_0 L)^2}{R}\bigg/\frac{R^2+(\omega_0 L)^2}{\omega_0 L}$$

$$=\frac{\omega_0 L}{R} \tag{6-68}$$

谐振频率也可以描述为

$$\omega_0=\frac{1}{\sqrt{L_e C}} \tag{6-69}$$

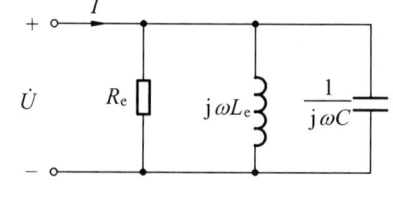

图 6-45 图 6-44 的等效电路

谐振时端口的等效导纳和阻抗分别为

$$Y=\frac{1}{R_e}=\frac{R}{R^2+(\omega_0 L)^2}=\frac{RC}{L}$$

$$Z=R_e=\frac{R^2+(\omega_0 L)^2}{R}=\frac{L}{RC}$$

当品质因数 $Q\gg 1$ 时,即 $\omega_0 L\gg R$ 时,谐振情况下有

$$L_e\approx L, \quad R_e\approx\frac{\omega_0^2 L^2}{R} \tag{6-70}$$

例 6-14 一个电阻为 $R_1=5\ \Omega$ 的线圈,其品质因数为 100,与电容接成并联谐振电路,如再并联一个 $R_2=50\ \mathrm{k}\Omega$ 的电阻,如图 6-46 所示,问整个电路的品质因数为多少?

解 并电阻 R_2 前,因为

$$Q_1 = \frac{\omega_0 L}{R_1} = 100$$

所以 $\omega_0 L = 100 R_1 = 500 \ \Omega$

由于 $Q_1 \gg 1$

所以 $\omega_0 L_e \approx \omega_0 L = 500 \ \Omega$

$$R_e \approx \frac{(\omega_0 L)^2}{R_1} = \frac{25 \times 10^4}{5} \ \Omega = 5 \times 10^4 \ \Omega$$

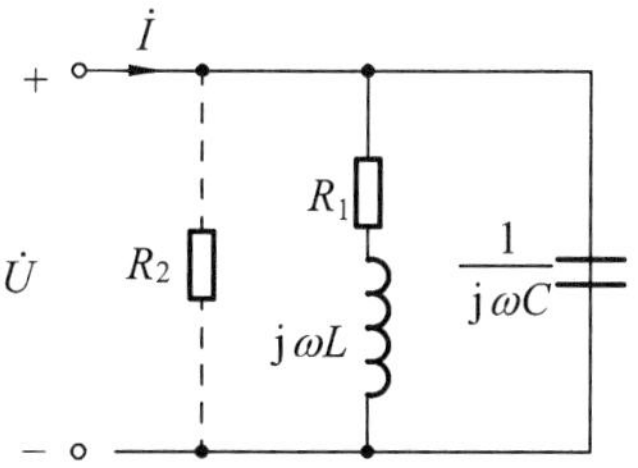

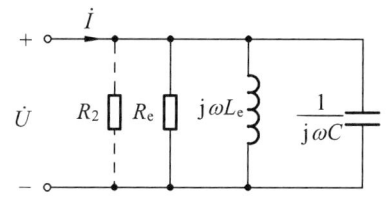

图 6-46 例 6-14 图

图 6-47 所示为图 6-46 的等效电路。再并联一个电阻 $R_2 = 5 \times 10^4 \ \Omega$，则电路的等效电阻为

$$R = \frac{R_2 R_e}{R_2 + R_e} = 2.5 \times 10^4 \ \Omega$$

整个电路的品质因数为

$$Q_2 = \frac{R}{\omega_0 L_e} = \frac{2.5 \times 10^4}{500} = 50$$

图 6-47 图 6-46 的等效电路

例 6-15 正弦交流电路如图 6-48(a)所示。已知 $R_1 = 10 \ \Omega$，$R_2 = 1 \ k\Omega$，$C = 10 \ \mu F$，电路谐振时的角频率 $\omega_0 = 10^3$ rad/s，电源电压有效值 $U_S = 100$ V，试求电感 L 和电压 $\dot{U}_{12}$。

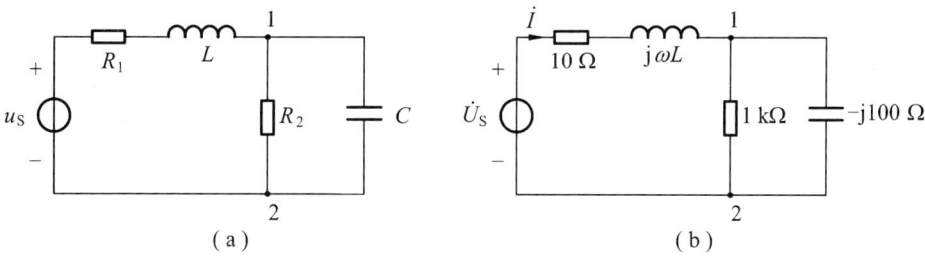

图 6-48 例 6-15 图

解 相量电路如图 6-48(b)所示，其等效阻抗为

$$Z = \frac{\dot{U}_S}{\dot{I}} = R_1 + j\omega L + \frac{R_2/(j\omega C)}{R_2 + \frac{1}{j\omega C}}$$

$$= 10 + j\omega L + \frac{10^3}{1 + j10} = 10 + \frac{10^3}{1 + 10^2} + j\left(\omega L - \frac{10^4}{1 + 10^2}\right)$$

当 $\omega L - \dfrac{10^4}{1 + 10^2} = 0$ 时，电路发生谐振，故

$$L = \frac{10^4}{10^3(1+10^2)} \text{ H} = \frac{10}{1+10^2} \text{ H} = 0.099 \text{ H}$$

设 $\dot{U}_S = 100\underline{/0°}$ V

则 $\dot{U}_{12} = \dfrac{10^3}{1+\text{j}10}\dot{I} = 497.5\underline{/-84.29°}$ V

习 题 六

6-1 计算题 6-1 图所示周期信号的有效值。

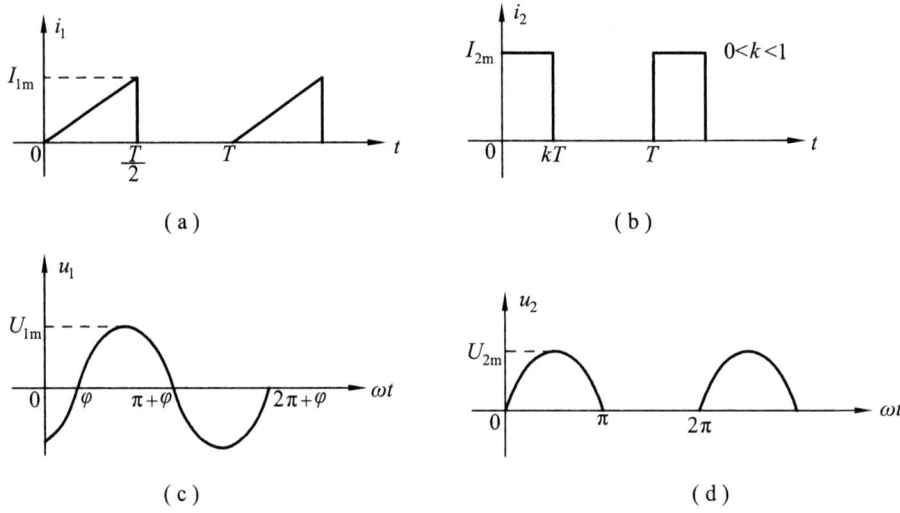

题 6-1 图

6-2 将下列复数转化为极坐标形式：

(1) $2+\text{j}4$； (2) $2-\text{j}4$； (3) $-2+\text{j}4$；

(4) $\text{j}6$； (5) -8； (6) $-\text{j}7$。

6-3 将下列复数转化为代数形式：

(1) $2\underline{/60°}$； (2) $4\underline{/-35°}$； (3) $10\underline{/138°}$；

(4) $9\underline{/-125°}$； (5) $7\underline{/180°}$； (6) $18\underline{/90°}$。

6-4 写出下列各正弦量的相量，并画出它们的相量图。

(1) $i_1 = 4\sqrt{2}\cos(314t+50°)$； (2) $i_2 = 6\cos(314t-20°)$；

(3) $u_1 = -100\sqrt{2}\cos(100t-120°)$； (4) $u_2 = 150\sqrt{2}\sin(100t+60°)$。

6-5 写出下列各相量的正弦量,假设正弦量的频率为 50 Hz。

(1) $\dot{I}_1 = -4 + j3$；　　　(2) $\dot{I}_2 = 6e^{j20°}$；

(3) $\dot{I}_3 = -10\underline{/30°}$；　　(4) $\dot{I}_4 = 20 - j18$。

6-6 对题 6-4 所示正弦量做如下计算(应用相量):

(1) $i_1 + i_2$；　　　(2) $u_1 - u_2$。

6-7 判别下列各式是否正确,若有错误请改正。

(1) $A\underline{/\theta} = Ae^{j\theta} = A\cos\theta + jA\sin\theta$；　　(2) $j50 = 50\sqrt{2}\cos(\omega t + 90°)$；

(3) $-U\underline{/\varphi} = U\underline{/-\varphi}$；　　(4) 设 $i_L = \sqrt{2}I_L\cos\omega t$,则 $u_L = L\dfrac{di_L}{dt} = j\omega L \dot{I}_L$；

(5) $i(t) = \dfrac{U_m\cos(\omega t + \psi_u)}{Z}$。

6-8 判别各负载的性质,假设各负载的电压、电流取关联参考方向。

(1) $u(t) = U_m\cos(\omega t + 135°)$，$i(t) = I_m\cos(\omega t + 75°)$；

(2) $u(t) = U_m\cos(\omega t - 90°)$，$\dot{I} = I\underline{/15°}$；

(3) $\dot{U} = U\underline{/150°}$，$\dot{I} = I\underline{/-120°}$；

(4) $u(t) = U_m\cos\omega t$，$i(t) = I_m\sin\omega t$。

6-9 设电源的角频率 $\omega = 100$ rad/s,求题 6-9 图所示电路的输入阻抗和输入导纳。

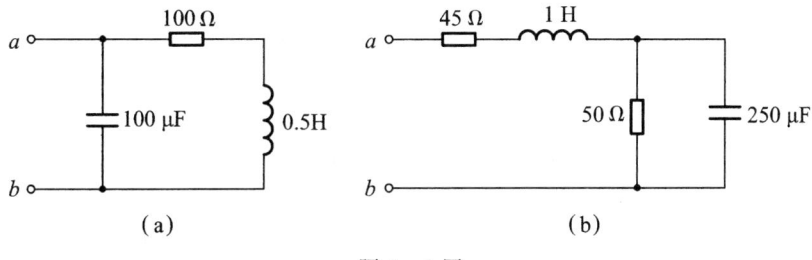

题 6-9 图

6-10 题 6-10 图所示电路,已知 $i_S = 5\cos(100t + 20°)$ A,$R = 10\ \Omega$,$L = 0.3$ H,$C = 500\ \mu$F。求图示各元件上的电压相量,并画出相量图。

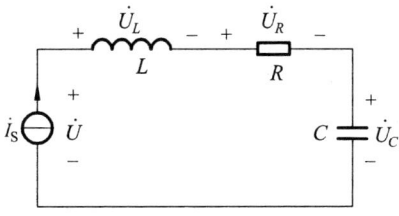

题 6-10 图

6-11 题 6-11 图所示电路中,已知 $i_1=2\sqrt{2}\cos 200t$ A,求 i_2、i、u_1 及 u_S。

6-12 题 6-12 图所示电路,当开关 K 打开后电流表的读数增大,问阻抗 Z 为容性还是感性?为什么?

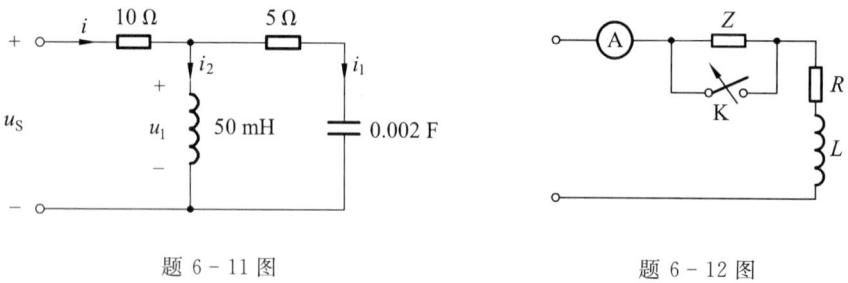

题 6-11 图　　　　　　　　　　题 6-12 图

6-13 求题 6-13 图(a)中电流表 $\text{\textcircled{A}}_2$ 的读数、图(b)中电压表 $\text{\textcircled{V}}$ 的读数。

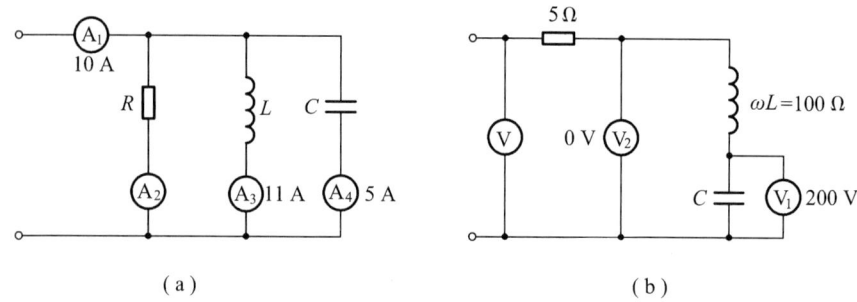

(a)　　　　　　　　　　(b)

题 6-13 图

6-14 题 6-14 图所示电路。电流源 $i_S=4\sin(\omega t+20°)$ A 作用于无源网络 N,测得端口电压 $u=12\cos(\omega t-100°)$ V,求网络 N 的等效阻抗 Z、功率因数 $\cos\varphi$ 以及电流源 i_S 提供的有功功率 P、无功功率 Q、复功率 $\tilde{S}$ 和视在功率 S。

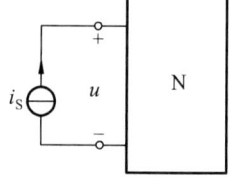

6-15 题 6-15 图所示正弦稳态电路。问开关 K 闭合后,电源向电路供出的有功功率、无功功率变化否?

题 6-14 图

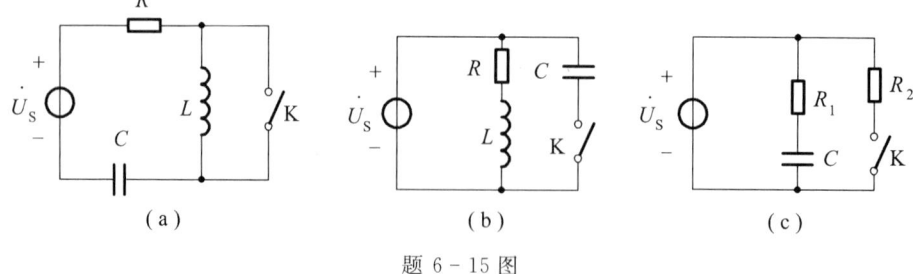

(a)　　　　　　(b)　　　　　　(c)

题 6-15 图

6-16 题 6-16 图所示电路中，已知 $R_1=R_2=X_C$，$X_L=2X_C$，$\dot{U}_2=10\underline{/0°}$ V，求端口电压 $\dot{U}$，并画出图示电路中的电流、电压相量图（画在一张图上）。

6-17 题 6-17 图示电路中，已知 $U_L=8$ V，$U_C=2$ V，$U_{R2}=6$ V，$R_2=2$ Ω，$Z_1=(2+\mathrm{j}2)$Ω，求：

(1) 选 $\dot{I}_2$ 作为参考相量，画出图中所标相量的相量图；

(2) 设 $\dot{I}_2$ 为零初相位，求 $\dot{U}_{Z1}$ 和 $\dot{I}$。

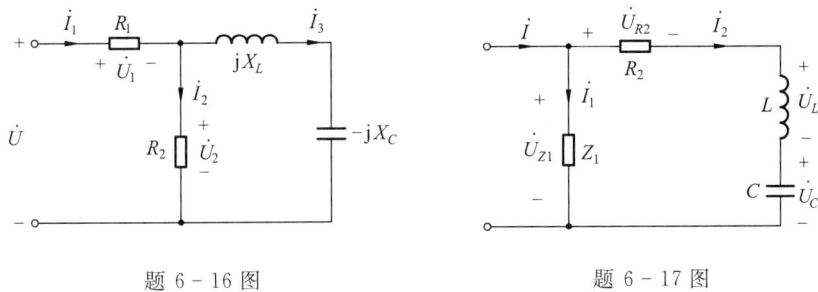

题 6-16 图　　　　　　　　题 6-17 图

6-18 用三表法测实际线圈的参数 R 和 L 的值。已知电压表的读数为 100 V，电流表的读数为 2 A，瓦特表的读数为 120 W，电源频率 $f=50$ Hz。求：

(1) 画出测量线路图；

(2) 计算 R 和 L 的数值。

6-19 一个功率因数为 0.7 的感性负载，将其接于工频 380 V 的正弦交流电源上，该负载吸收的功率为 20 kW，若将电路的功率因数提高到 0.85，应并联多大的电容 C？

6-20 题 6-20 图所示电路。分别用结点电压法、回路分析法求电流 $\dot{I}$。

6-21 求题 6-21 图所示电路中电流 $\dot{I}$ 以及电流源 $\dot{I}_S$ 发出的复功率。

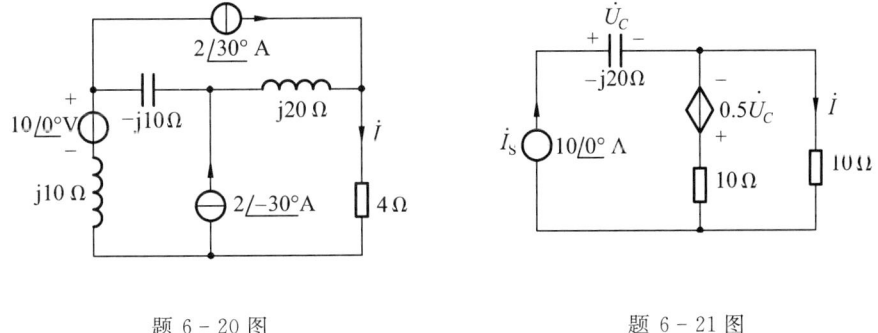

题 6-20 图　　　　　　　　题 6-21 图

6-22 应用电流表测实际电容参数 R 和 C 的电路如题 6-22 图所示。已知 $R_1=100$ Ω，电流表 Ⓐ₁、Ⓐ₂ 和 Ⓐ 的读数分别为 1 A、1.4 A 和 2 A，电源频率 $f=20$ Hz。试求 R 和 C。

6-23 题 6-23 图所示正弦稳态电路中，$I_R=3$ A，$U_S=9$ V，从电源看过去的阻抗角 $\theta=-36.9°$，且 $\dot{U}_L$ 超前 $\dot{U}_S$ 90°，试确定元件参数 R、X_L 和 X_C 的值。

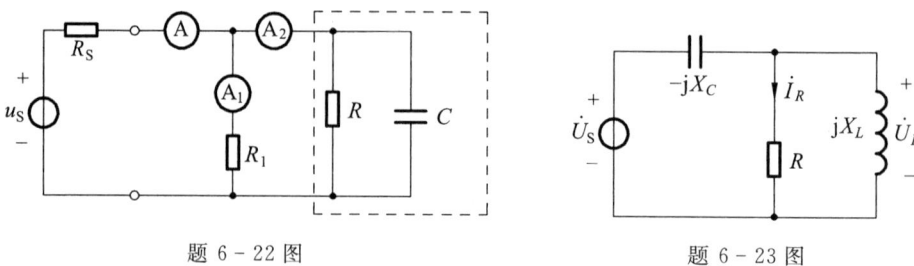

题 6-22 图 题 6-23 图

6-24 求题 6-24 图所示电路的戴维南等效电路。

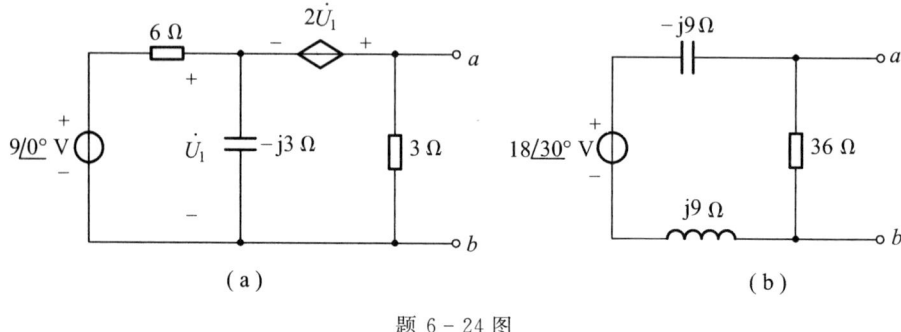

题 6-24 图

6-25 题 6-25 图所示电路中,已知 $U=100$ V,$I=I_1=I_2=10$ A,电源频率 $f=50$ Hz。画出图示电路的相量图,并求 R、L 和 C 的值。

6-26 题 6-26 图所示电路,问负载 Z 取何值时可获得最大功率?最大功率是多少?

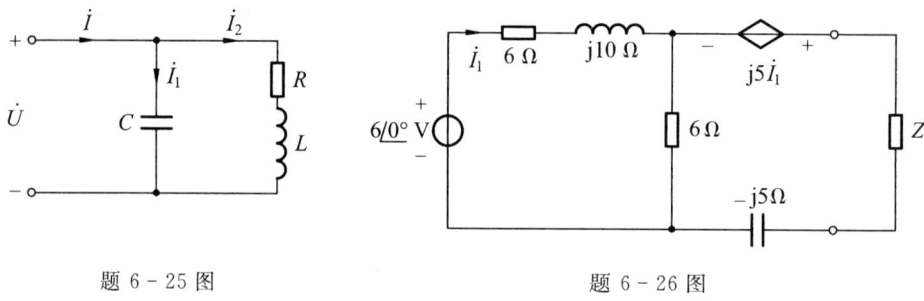

题 6-25 图 题 6-26 图

6-27 题 6-27 图所示电路中,已知 $\omega=10$ rad/s,$L=0.2$ H,$C=0.02$ F,$R=4$ Ω,电流表 Ⓐ 的读数为 4 A。求电流表 Ⓐ、电压表 Ⓥ、瓦特表 Ⓦ 的读数。

6-28 题 6-28 图所示电路中,$\dot{I}_1=0$,电源的角频率为 314 rad/s,求:
(1) $C=$?
(2) Z 取何值时可获得最大功率?最大功率是多少?

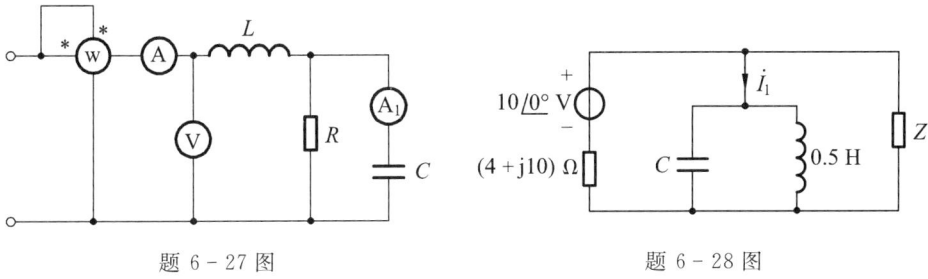

题 6-27 图　　　　　　　　　　题 6-28 图

6-29　题 6-29 图所示电路，$R=500\ \Omega$，$L=0.2\ \text{H}$，$\omega=2500\ \text{rad/s}$，若将 A、B 端的功率因数提高到 1，应并联多大电容 C？

6-30　电路如题 6-30 图所示。已知 a、b 端右侧电路的品质因数 Q 为 100，谐振时角频率 $\omega_0=10^7\ \text{rad/s}$，且谐振时信号源输出的功率最大。求 R、L、C 的值。

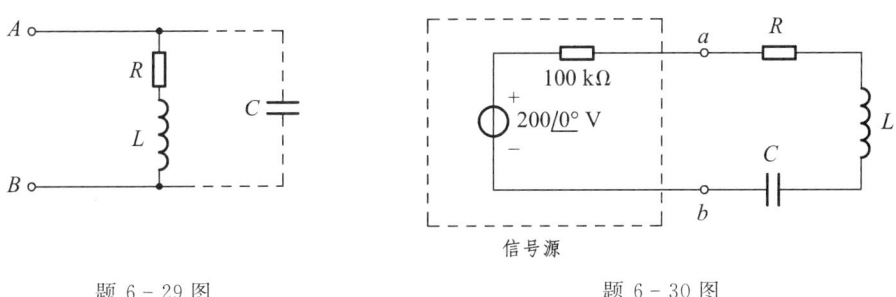

题 6-29 图　　　　　　　　　　题 6-30 图

6-31　题 6-31 图所示电路中，当 $Z_L=(2+\text{j}5)\ \Omega$ 时 Z_L 可获得最大功率 $P_{\max}$，且知 $X_C=7\ \Omega$。试确定 R 和 X_L 的值。

6-32　题 6-32 图所示电路中，各元件参数已知，电容 C 可调。当 C 调到某一定值时电流 $i=0$。求电源的频率 f。

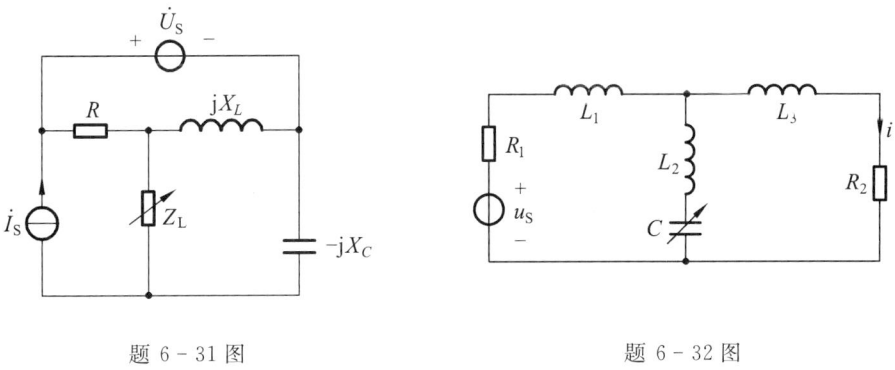

题 6-31 图　　　　　　　　　　题 6-32 图

6-33　题 6-33 图所示正弦交流稳态电路中，当开关 K 闭合时测得 Ⓐ $=5\ \text{A}$，Ⓥ $=220\ \text{V}$，Ⓦ $=800\ \text{W}$；当开关打开时测得 Ⓥ $=220\ \text{V}$，Ⓦ $=800\ \text{W}$。求 Z_1 和 Z_2。

6-34 题 6-34 图所示电路中，已知 $R_1=R_2=2\text{ k}\Omega, C_1=C_2=0.1\ \mu\text{F}$，若 $\dot{U}_2$ 与 $\dot{U}_1$ 同相，问电源频率为多大？

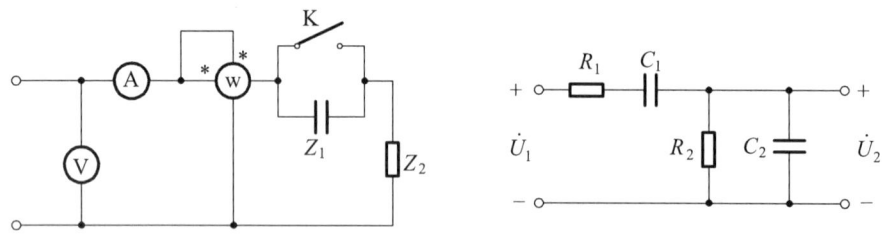

题 6-33 图　　　　　　　　　　　题 6-34 图

6-35 求题 6-35 图所示电路中的 $\dot{U}_0$ 和 $\dot{I}_0$。

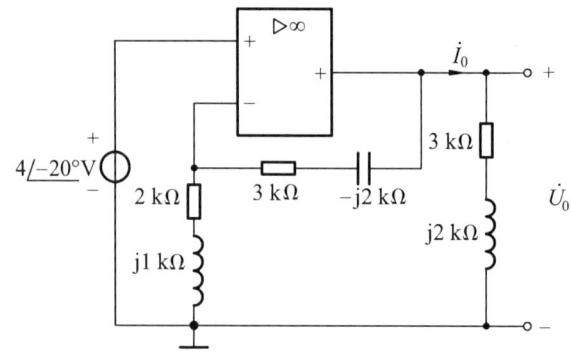

题 6-35 图

6-36 求题 6-36 图所示电路中的电流 $\dot{I}$。

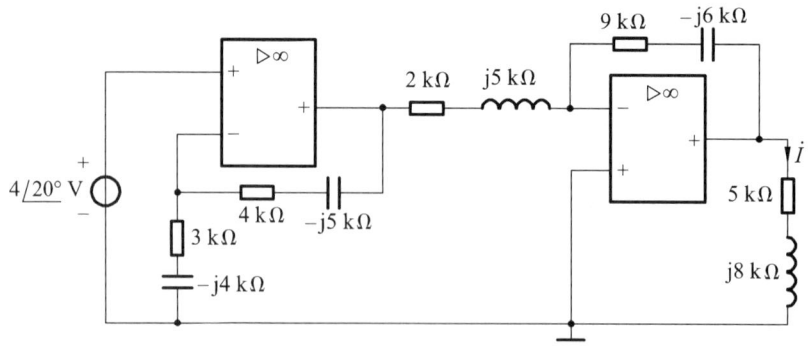

题 6-36 图

第 七 章

含有互感的电路

———— 内 容 提 要 ————

本章主要介绍含有互感的电路。内容包括：互感与互感电压的概念；含有互感电路的分析计算；空芯变压器；全耦合变压器与理想变压器。

§7-1　互感与互感电压

1. 互感与互感电压的概念

当电流通过一个线圈时,根据右手螺旋定则可以确定该电流所产生的磁链方向。如果一个线圈的电流所产生的磁链不仅通过它本身,而且还通过其他线圈,那么称该线圈与其他线圈之间具有磁耦合或者说存在互感。

图 7-1 所示是两个具有磁耦合的线圈。当线圈 1 中通有电流 i_1 时,在线圈 1 中产生的磁链为 ψ_{11},并称 ψ_{11} 为线圈 1 的自感磁链,且定义线圈 1 的自感系数

$$L_1 = \frac{\psi_{11}}{i_1} \qquad (7-1)$$

如果线圈 1 的电流 i_1 在线圈 2 中产生的磁链为 ψ_{21},称 ψ_{21} 为互感磁链,且定义线圈 1 对线圈 2 的互感系数(简称互感)为

$$M_{21} = \frac{\psi_{21}}{i_1} \qquad (7-2)$$

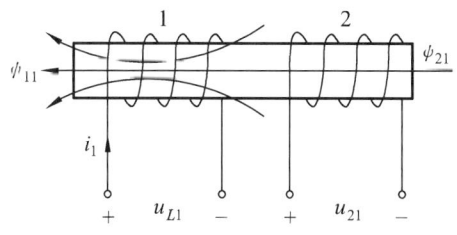

图 7-1　具有互感的两个线圈

同样,当线圈 2 中通有电流 i_2 时,在线圈 2 中产生的磁链 ψ_{22} 称为线圈 2 的自感磁链;耦合到线圈 1 的磁链 ψ_{12} 称为线圈 2 对线圈 1 的互感磁链,并且定义

$$L_2 = \frac{\psi_{22}}{i_2} \qquad (7-3)$$

$$M_{12} = \frac{\psi_{12}}{i_2} \qquad (7-4)$$

式中,L_2 称为线圈 2 的自感,M_{12} 称为线圈 2 对线圈 1 的互感。由于线圈 1 对线圈 2、线圈 2 对线圈 1 的互感作用是相同的,故有

$$M_{12} = M_{21} = M \qquad (7-5)$$

互感与自感的单位均为亨(H)。

当只有线圈 1 通有电流 i_1 时,自感磁链 ψ_{11} 的变化会在线圈 1 两端产生电压,称其为线圈 1 的自感电压。如果取线圈 1 的自感电压 u_{L1} 与电流 i_1 为关联参考方向,如图 7-1 所示,则

$$u_{L1} = \frac{\mathrm{d}\psi_{11}}{\mathrm{d}t} = L_1 \frac{\mathrm{d}i_1}{\mathrm{d}t} \qquad (7-6)$$

同样,互感磁链 ψ_{21} 的变化会在线圈 2 两端产生电压,称其为线圈 1 对线圈 2 的互感电压。当互感电压 u_{21} 的压降方向与互感磁链 ψ_{21} 符合右手螺旋定则时,互感电压 u_{21} 为

$$u_{21} = \frac{\mathrm{d}\psi_{21}}{\mathrm{d}t} = M \frac{\mathrm{d}i_1}{\mathrm{d}t} \qquad (7-7)$$

否则,互感电压 u_{21} 为

$$u_{21} = -M \frac{\mathrm{d}i_1}{\mathrm{d}t} \qquad (7-8)$$

同理,当只有线圈 2 中通过电流 i_2 时,如果线圈 2 的自感电压 u_{L2} 与电流 i_2 取关联参考方向,则

$$u_{L2} = \frac{\mathrm{d}\psi_{22}}{\mathrm{d}t} = L_2 \frac{\mathrm{d}i_2}{\mathrm{d}t} \qquad (7-9)$$

如果线圈 2 对线圈 1 的互感电压 u_{12} 的压降方向与互感 ψ_{12} 符合右手螺旋定则,则

$$u_{12} = M \frac{\mathrm{d}i_2}{\mathrm{d}t} \qquad (7-10)$$

如果两个线圈同时通有电流,在不考虑磁饱和,即线圈中磁通可以线性叠加的情况下,每个线圈两端的电压均由自感电压和互感电压两部分组成。其中,自感电压表达式的正负号取决于本线圈端口电压与电流是否为关联参考方向,关

联时为正,非关联时为负;互感电压部分则根据线圈端口电压的压降方向是否与互感磁链满足右手螺旋定则加以区分,满足时取正,否则取负。根据这一规则,在图 7-2(a)所示电压、电流参考方向下,两线圈端口的电压分别为

$$
\left.\begin{aligned}
u_1 &= u_{L1} + u_{12} = L_1 \frac{\mathrm{d}i_1}{\mathrm{d}t} + M \frac{\mathrm{d}i_2}{\mathrm{d}t} \\
u_2 &= u_{L2} + u_{21} = L_2 \frac{\mathrm{d}i_2}{\mathrm{d}t} + M \frac{\mathrm{d}i_1}{\mathrm{d}t}
\end{aligned}\right\} \quad (7-11)
$$

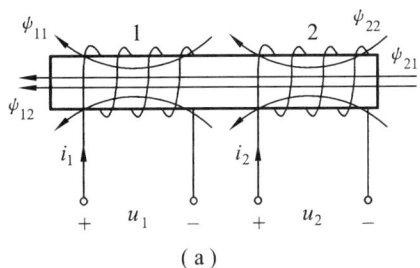 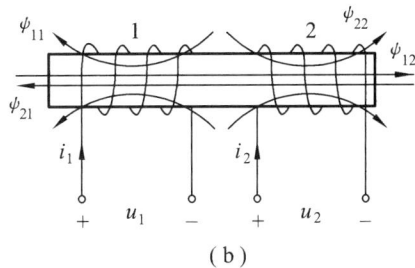

图 7-2 线圈两端的电压

在图 7-2(b)所示电路中,线圈两端的电压与电流的参考方向虽然与图 7-2(a)相同,但由于改变了线圈 2 的绕向,使线圈端口电压的压降方向与互感磁链方向不再满足右手螺旋定则,故互感电压部分为负,此时两线圈的端口电压分别为

$$
\left.\begin{aligned}
u_1 &= L_1 \frac{\mathrm{d}i_1}{\mathrm{d}t} - M \frac{\mathrm{d}i_2}{\mathrm{d}t} \\
u_2 &= L_2 \frac{\mathrm{d}i_2}{\mathrm{d}t} - M \frac{\mathrm{d}i_1}{\mathrm{d}t}
\end{aligned}\right\} \quad (7-12)
$$

由此可知,互感电压不仅取决于电流的参考方向,还与线圈的绕向有关。

2. 同名端

在电路图中,常用相同的标记符号,如"·"或"∗"等来表示两线圈的绕向及其相对位置的关系。标记方法分下面两种情况。

1) 两线圈的结构(绕向)已知

如果知道两线圈的绕向和相对位置,可以通过以下方法确定两线圈的同名端:

① 当两线圈的电流均由同名端流入时,两电流所产生的磁通应相互增加,如图 7-3(a)所示的两个线圈,当电流分别从 a 端和 c 端流入时,这两个电流产生的磁通方向一致,所以 a 端与 c 端为同名端。当然 b 端与 d 端也为同名端,但只能标出一对端子。另外,称 a 端与 d 端、b 端与 c 端为异名端。

② 对于图 7-3(b)所示的两个线圈,当线圈 1 的电流从 a 端流入时,如果线圈 2

的电流所产生磁通方向与线圈 1 相同,线圈 2 的电流必须从 d 端流入,故 a 端与 d 端为同名端,标注如图示。

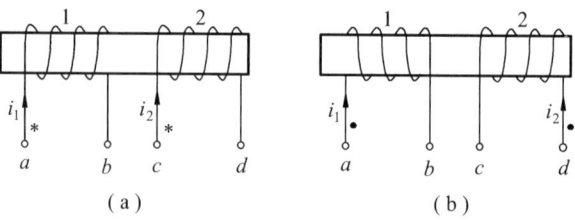

图 7-3 互感线圈的同名端

需要说明的是,同名端关系只取决于两耦合线圈的结构(绕向和相对位置),与电压、电流的设定没关系。

在电路中,具有互感的两个线圈的画法如图 7-4(a)、(b)所示。

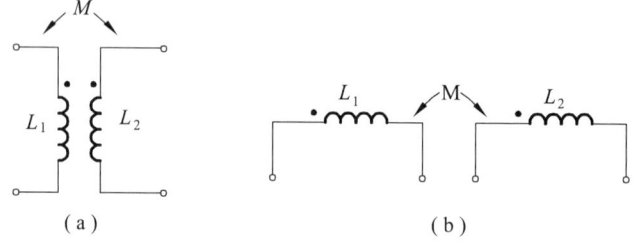

图 7-4 用同名端标记互感线圈

2) 线圈内部结构未知

当两个线圈的结构无法知道的情况下,可以通过实验的方法判别同名端。实验电路如图 7-5 所示。电压表采用直流电压表,电压表的"+"端接线圈的 c 端,电压表的"-"端接线圈的 d 端。

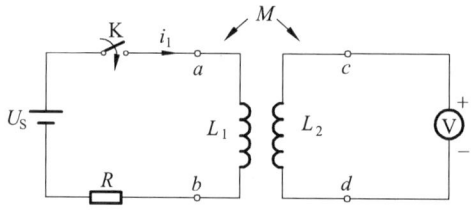

图 7-5 实验法判别同名端

开关原来是打开的,当开关 K 闭合时,如果电压表正偏,则 a 端与 c 端为同名端;如果电压表反偏,则 a 端与 d 端为同名端。其原因是:开关 K 闭合时,$\dfrac{\mathrm{d}i_1}{\mathrm{d}t}>0$,若 a 端与 c 端为同名端,则 $u_{cd}=M\dfrac{\mathrm{d}i_1}{\mathrm{d}t}$;若 a 端与 d 端为同名端,则 $u_{cd}=-M\dfrac{\mathrm{d}i_1}{\mathrm{d}t}$。

开关由闭合状态变为打开状态,通过电压表的偏转方向同样可以判别两个线圈的同名端。

例 7-1 电路如图 7-6(a)、(b)所示,写出端口电压与电流的关系式。

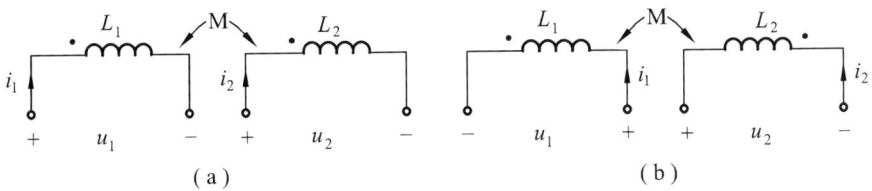

图 7-6 例 7-1 图

解 图 7-6(a)所示电路,两线圈端口的电压与电流均为关联参考方向,故自感电压部分均为正;电流 i_2 从标有"·"的端子流入,因此数值为 $M\dfrac{\mathrm{d}i_2}{\mathrm{d}t}$ 的互感电压,其"+"极性端位于第一个线圈的同名端处,即标有"·"的端子上;同理,电流 i_1 感应到第二个线圈的互感电压 $M\dfrac{\mathrm{d}i_1}{\mathrm{d}t}$,其"+"极性端位于电流 i_1 流入端子的同名端处,所以有

$$u_1 = L_1\frac{\mathrm{d}i_1}{\mathrm{d}t} + M\frac{\mathrm{d}i_2}{\mathrm{d}t}, \quad u_2 = L_2\frac{\mathrm{d}i_2}{\mathrm{d}t} + M\frac{\mathrm{d}i_1}{\mathrm{d}t}$$

对于图 7-6(b)所示电路,第一个线圈的电压与电流为关联参考方向,故其自感电压表达式前取"+",互感电压 $M\dfrac{\mathrm{d}i_2}{\mathrm{d}t}$ 的"+"极性端是在与电流 i_2 流入端的同名端处,即"·"端子处,故互感电压表达式前取"−";第二个线圈的电压与电流为非关联参考方向,故其自感电压表达式前取"−",互感电压 $M\dfrac{\mathrm{d}i_1}{\mathrm{d}t}$ 的"+"极性端是在与电流 i_1 流入端的同名端处,即没有标"·"的端子上,故互感电压表达式前取"+"。于是

$$u_1 = L_1\frac{\mathrm{d}i_1}{\mathrm{d}t} - M\frac{\mathrm{d}i_2}{\mathrm{d}t}, \quad u_2 = -L_2\frac{\mathrm{d}i_2}{\mathrm{d}t} + M\frac{\mathrm{d}i_1}{\mathrm{d}t}$$

若互感线圈是处在正弦交流稳态电路中,电压、电流的关系式可以用相量形式表示

$$\left.\begin{aligned}\dot{U}_1 &= \pm \mathrm{j}\omega L_1 \dot{I}_1 \pm \mathrm{j}\omega M \dot{I}_2 \\ \dot{U}_2 &= \pm \mathrm{j}\omega L_2 \dot{I}_2 \pm \mathrm{j}\omega M \dot{I}_1\end{aligned}\right\} \tag{7-13}$$

自感电压、互感电压前取"+"还是取"−",须根据电压、电流的参考方向以及两线圈的同名端关系确定。

§7-2 含有互感电路的分析计算

当电路中含有互感元件时,由于互感线圈两端的电压不仅与本线圈的电流有关(自感电压),而且还与另外的线圈电流有关(互感电压),而互感电压部分可以等效为电流控制的电压源(CCVS),所以对于含有互感电路的分析方法之一便是用受控源表示互感电压。如果具有耦合关系的两个线圈有电连接,如串联、并联或有一端相连等,那么对于这类电路还有一种有效的分析方法,即去耦法(又称互感消去法)。由于以下分析均在正弦交流稳态情况下展开,故仍采用相量法分析。

1. 用受控源表示互感电压

图 7-7(a)所示电路的电压、电流关系为

$$\dot{U}_1 = j\omega L_1 \dot{I}_1 + j\omega M \dot{I}_2$$

$$\dot{U}_2 = j\omega L_2 \dot{I}_2 + j\omega M \dot{I}_1$$

故用受控源表示互感电压后的等效电路如图 7-7(b)所示。图 7-7(c)的等效电路如图 7-7(d)所示。

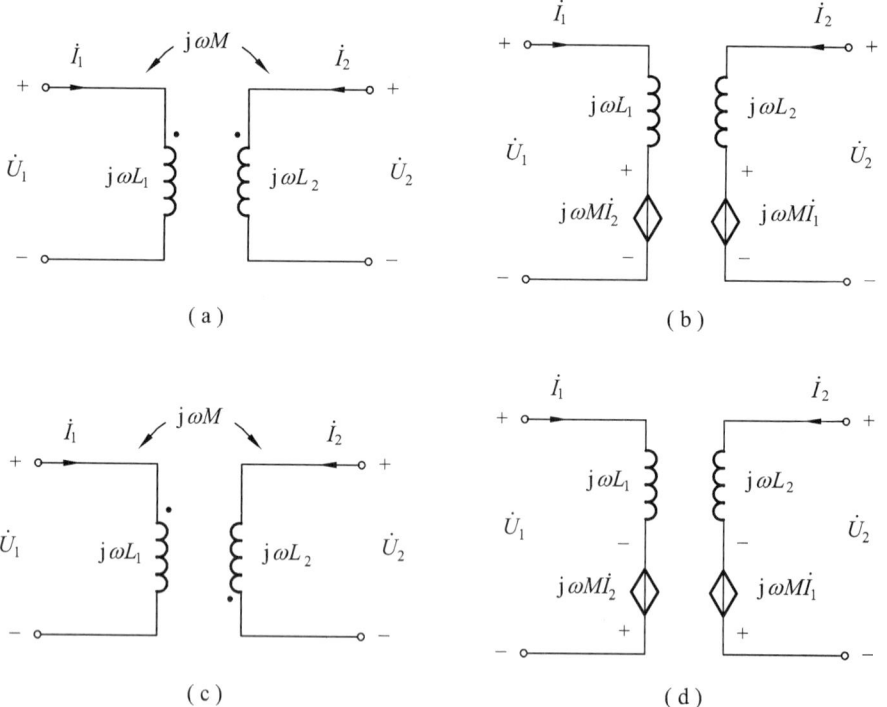

图 7-7 用 CCVS 表示互感电压

例 7-2 化简图 7-8 所示电路。已知电源 $u_s = 10\sqrt{2}\cos\omega t$ V,$\omega L_1 = 12$ Ω,$\omega L_2 = 8$ Ω,$\omega M = 6$ Ω,$R_1 = R_2 = 8$ Ω。

解 设互感线圈所在支路的电流为 $\dot{I}_1$ 和 $\dot{I}_2$,并用受控源表示互感电压,如图 7-9 所示。

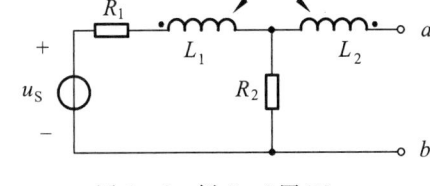

图 7-8 例 7-2 图(1)

(1) 求开路电压 $\dot{U}_{OC}$。已知

$$\dot{U}_S = 10\underline{/0°} \text{ V}$$

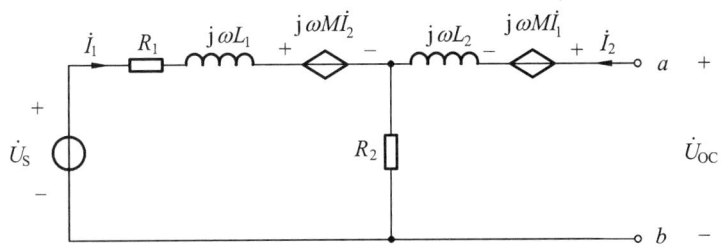

图 7-9 例 7-2 图(2)

因为 $\dot{I}_2 = 0$

所以 $$\dot{I}_1 = \frac{\dot{U}_S - j\omega M \dot{I}_2}{R_1 + R_2 + j\omega L_1} = \frac{10}{16 + j12} \text{ A}$$

故 $$\dot{U}_{OC} = (j\omega M + R_2)\dot{I}_1 = \frac{10}{16+j12}(j6+8) \text{ V} = 5\underline{/0°} \text{ V}$$

(2) 求等效阻抗 Z_0。

用外加电源法求解。电路如图 7-10 所示。图示两回路的 KVL 方程为

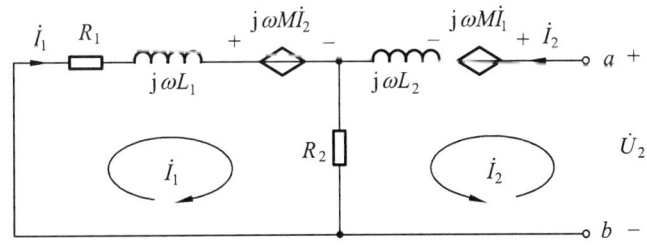

图 7-10 例 7-2 图(3)

$$\begin{cases} (R_1+R_2+j\omega L_1)\dot{I}_1 + j\omega M \dot{I}_2 + R_2 \dot{I}_2 = 0 \\ R_2\dot{I}_1 + j\omega M \dot{I}_1 + (R_2+j\omega L_2)\dot{I}_2 = \dot{U}_2 \end{cases}$$

即
$$\begin{cases}(16+j12)\dot{I}_1+(8+j6)\dot{I}_2=0\\(8+j6)\dot{I}_1+(8+j8)\dot{I}_2=\dot{U}_2\end{cases}$$

化简得
$$\begin{cases}\dot{I}_1=-\dfrac{1}{2}\dot{I}_2\\(-4-j3+8+j8)\dot{I}_2=\dot{U}_2\end{cases}$$

所以 $Z_0=\dfrac{\dot{U}_2}{\dot{I}_2}=(4+j5)\ \Omega$

简化后的电路如图 7-11 所示。

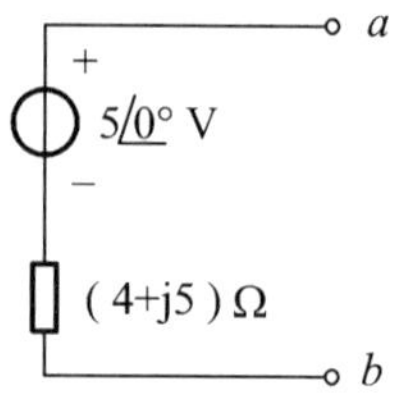

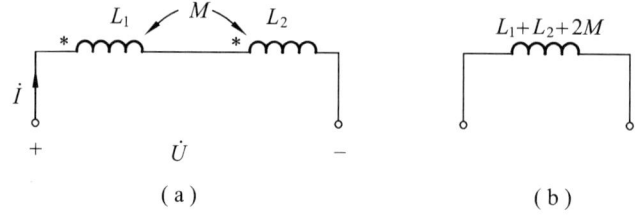

图 7-11　例 7-2 图(4)

2. 去耦法(互感消去法)

1) 两线圈串联

具有互感作用的两个线圈串联时,有顺接和反接两种连接方式。

(1) 顺接

当同一个电流均从同名端流入或从同名端流出时,称这种串联方式为顺接,又称顺向串联,如图 7-12(a) 所示。

图 7-12　顺向串联

根据 KVL 得
$$\dot{U}=j\omega L_1\dot{I}+j\omega M\dot{I}+j\omega L_2\dot{I}+j\omega M\dot{I}$$
$$=j\omega(L_1+L_2+2M)\dot{I}=j\omega L\dot{I}$$

所以,当两个线圈顺向串联时,可以等效为一个电感,其数值为
$$L=L_1+L_2+2M \qquad (7-14)$$

等效电路如图 7-12(b) 所示。

(2) 反接

当电流从一个线圈的同名端流入而从另一个线圈的同名端流出时,称这种串联方式为反接,又称反向串联,如图 7-13(a) 所示。列 KVL 方程得
$$\dot{U}=j\omega L_1\dot{I}-j\omega M\dot{I}+j\omega L_2\dot{I}-j\omega M\dot{I}$$
$$=j\omega(L_1+L_2-2M)\dot{I}=j\omega L\dot{I}$$

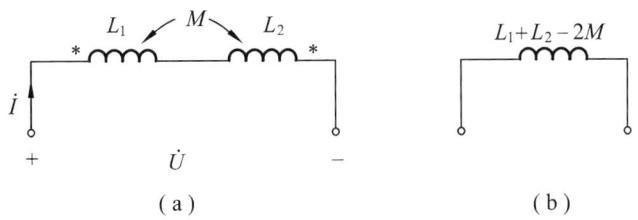

图 7-13 反向串联

所以,反向串联时的等效电感为

$$L = L_1 + L_2 - 2M \tag{7-15}$$

等效电路如图 7-13(b)所示。

两个具有互感作用的线圈串联时,其等效电感为

$$L = L_1 + L_2 \pm 2M \tag{7-16}$$

其中,顺接时取"+",反接时取"-"。由此可知,顺接时的等效电感等于或大于反接时的等效电感。根据这个特点,还可以用来判别两个线圈的同名端关系,并可测出互感系数 M 的大小。

设顺向串联时的等效电感

$$L' = L_1 + L_2 + 2M$$

反向串联时的等效电感

$$L'' = L_1 + L_2 - 2M$$

故互感系数 M 为

$$M = \frac{L' - L''}{4} \tag{7-17}$$

由于两线圈不论是顺接还是反接,其等效电感 $L \geqslant 0$,所以有

$$L_1 + L_2 - 2M \geqslant 0$$

即

$$M \leqslant \frac{1}{2}(L_1 + L_2) \tag{7-18}$$

2) 两线圈并联

当两个具有耦合关系的线圈并联时,也有同名端相连和异名端相连两种连接方式。

(1) 同名端相连

两个耦合线圈同名端相连时又称同向并联,如图 7-14(a)所示。列方程如下

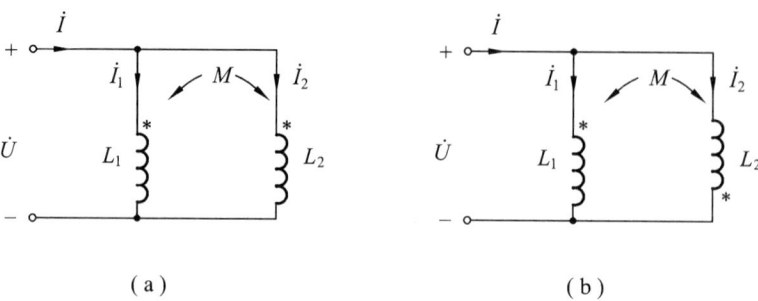

图 7-14 耦合线圈的并联

$$\begin{cases} j\omega L_1 \dot{I}_1 + j\omega M \dot{I}_2 = \dot{U} \\ j\omega L_2 \dot{I}_2 + j\omega M \dot{I}_1 = \dot{U} \\ \dot{I}_1 + \dot{I}_2 = \dot{I} \end{cases}$$

联立方程求解得

$$Z = \frac{\dot{U}}{\dot{I}} = j\omega \frac{L_1 L_2 - M^2}{L_1 + L_2 - 2M} = j\omega L$$

故同向并联的等效电感为

$$L = \frac{L_1 L_2 - M^2}{L_1 + L_2 - 2M} \tag{7-19}$$

(2) 异名端相连

两个耦合线圈异名端相连时又称反向并联,如图 7-14(b)所示。列方程如下

$$\begin{cases} j\omega L_1 \dot{I}_1 - j\omega M \dot{I}_2 = \dot{U} \\ j\omega L_2 \dot{I}_2 - j\omega M \dot{I}_1 = \dot{U} \\ \dot{I}_1 + \dot{I}_2 = \dot{I} \end{cases}$$

联立方程求解得

$$Z = \frac{\dot{U}}{\dot{I}} = j\omega \frac{L_1 L_2 - M^2}{L_1 + L_2 + 2M} = j\omega L$$

所以,两个耦合线圈反向并联的等效电感

$$L = \frac{L_1 L_2 - M^2}{L_1 + L_2 + 2M} \tag{7-20}$$

用 $-M$ 代替式(7-19)中的 M 即可得到式(7-20)。

由同向并联或反向并联的等效电感 $L \geqslant 0$，所以
$$L_1 L_2 - M^2 \geqslant 0$$

得
$$M \leqslant \sqrt{L_1 L_2} \tag{7-21}$$

故互感系数的最大值
$$M_{\max} = \sqrt{L_1 L_2} \tag{7-22}$$

两个具有耦合关系的线圈，其耦合系数定义为
$$K = \frac{M}{M_{\max}} = \frac{M}{\sqrt{L_1 L_2}} \tag{7-23}$$

显然，耦合系数的取值范围为
$$0 \leqslant K \leqslant 1 \tag{7-24}$$

K 的大小反映了两个线圈的磁耦合程度，其数值取决于两线圈的结构、相对位置以及周围磁介质的性质。$K=1$ 时，互感 M 的值为最大，此时一个线圈产生的磁通全部与另一线圈交链，称为全耦合；K 接近 1 时，称为紧耦合；K 较小时，称为松耦合。

3) 两线圈有一端相连

如果两线圈既非串联又非并联，但有一端连接在一个公共的结点上时，虽然不能像串联和并联时那样等效为一个电感，但根据两线圈的连接关系，仍然可以通过去耦等效使电路运算得到简化。

(1) 同名端相连

电路如图 7-15(a) 所示，建立方程如下

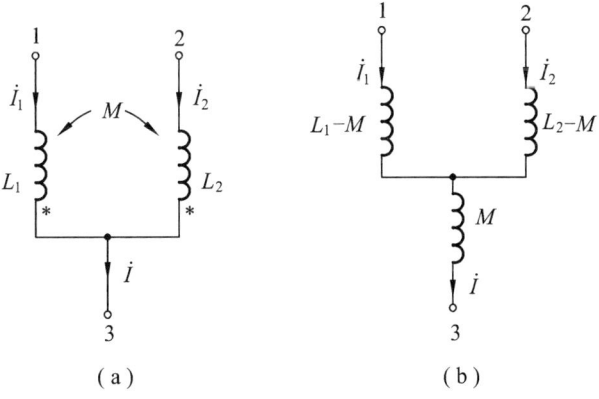

图 7-15 同名端相连

$$\begin{cases} \dot{U}_{13} = j\omega L_1 \dot{I}_1 + j\omega M \dot{I}_2 \\ \dot{U}_{23} = j\omega L_2 \dot{I}_2 + j\omega M \dot{I}_1 \\ \dot{I} = \dot{I}_1 + \dot{I}_2 \end{cases}$$

由于从端子 1 到端子 3 分别经过电流 $\dot{I}_1$ 和 $\dot{I}$，所以如果将第一个式子中的电流 $\dot{I}_2$ 用 $\dot{I} - \dot{I}_1$ 代替，便可消去支路间的耦合关系；同理，将第二个式子中的电流 $\dot{I}_1$ 用 $\dot{I} - \dot{I}_2$ 代替，并整理方程得

$$\begin{cases} \dot{U}_{13} = j\omega(L_1 - M)\dot{I}_1 + j\omega M \dot{I} \\ \dot{U}_{23} = j\omega(L_2 - M)\dot{I}_2 + j\omega M \dot{I} \end{cases}$$

由此画出的去耦等效电路如图 7-15(b)所示。

(2) 异名端相连

图 7-16(a)所示电路为异名端相连，其方程为

$$\begin{cases} \dot{U}_{13} = j\omega L_1 \dot{I}_1 - j\omega M \dot{I}_2 \\ \dot{U}_{23} = j\omega L_2 \dot{I}_2 - j\omega M \dot{I}_1 \\ \dot{I} = \dot{I}_1 + \dot{I}_2 \end{cases}$$

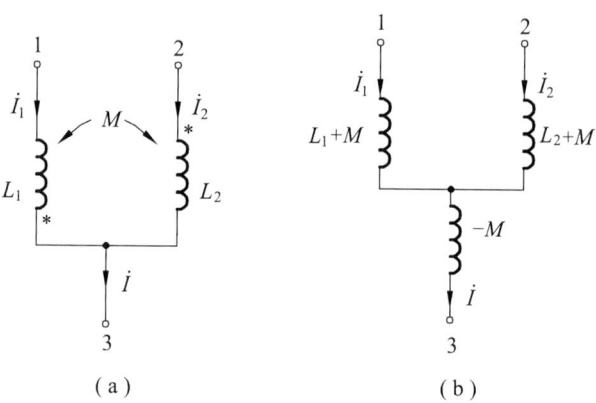

图 7-16 异名端相连

与同名端相连情况一样，改写方程得

$$\begin{cases} \dot{U}_{13} = j\omega(L_1 + M)\dot{I}_1 - j\omega M \dot{I} \\ \dot{U}_{23} = j\omega(L_2 + M)\dot{I}_2 - j\omega M \dot{I} \end{cases}$$

对应的去耦等效电路如图 7-16(b)所示。

§7-3 空芯变压器

图 7-15(b)和图 7-16(b)的去耦等效电路同样适用于互感线圈的并联情况,只需将端子 1 和端子 2 短接即可。

例 7-3 用去耦法化简图 7-8 所示电路(例 7-2 图)。

解 去耦后的等效电路如图 7-17(a)所示。由图 7-17(b)求开路电压 $\dot{U}_{OC}$ 得

$$\dot{U}_{OC} = \frac{8+j6}{16+j12} \times 10\underline{/0°} \text{ V} = 5\underline{/0°} \text{ V}$$

由于电路不含受控源,将独立电源置零后求等效阻抗 Z_0,电路如图 7-17(c)所示,即

$$Z_0 = \left(j2 + \frac{8+j6}{2}\right) \Omega = (4+j5) \Omega$$

化简后的等效电路如图 7-17(d)所示。

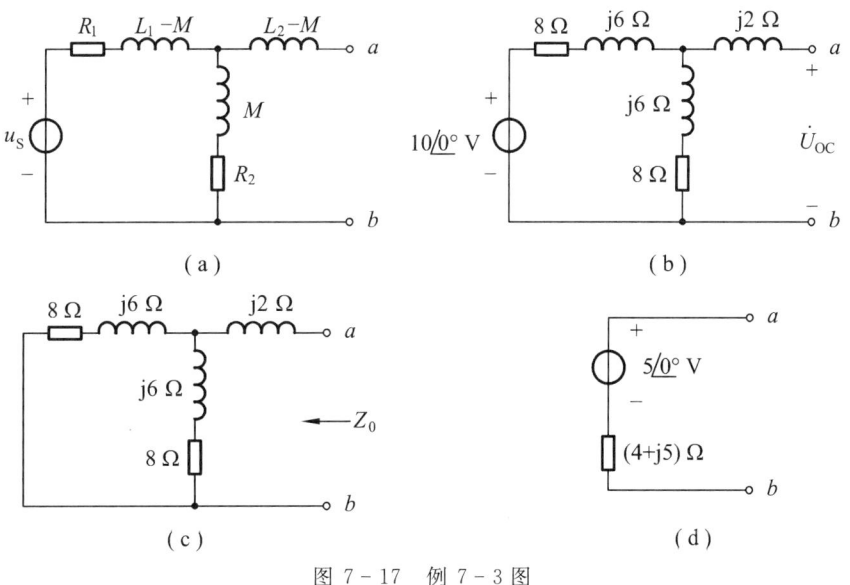

图 7-17 例 7-3 图

§7-3 空芯变压器

变压器是一种常用的电气设备,主要用于能量以及信号的传输。变压器由两个具有耦合关系的线圈构成,一个线圈接电源,称为初级线圈或原边;另一个线圈接负载,称为次级线圈或副边。变压器的两线圈绕在共用的芯子上,当芯子选用铁磁材料时,耦合系数 K 较大,属紧耦合;若芯子为非铁磁材料,此时 K 较

小,属松耦合,并称此种变压器为空芯变压器。

空芯变压器的电路如图 7-18(a)所示,R_1、L_1 是原边线圈的等效电阻和自感,R_2、L_2 是副边线圈的等效电阻和自感,M 为两线圈的互感,Z_L 为负载的阻抗值。在图 7-18(a)所示参考方向下,用受控源表示互感电压的等效电路如图 7-18(b)所示,列方程如下

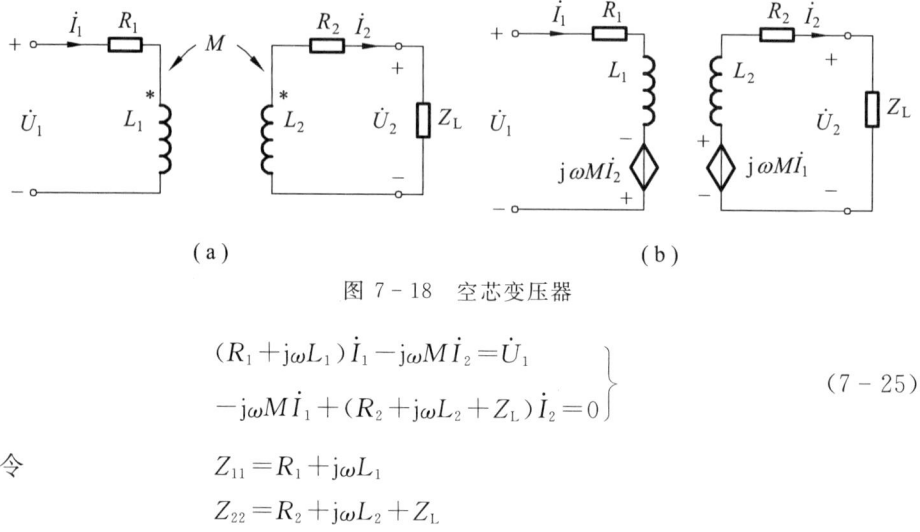

图 7-18 空芯变压器

$$\left.\begin{aligned}(R_1+\mathrm{j}\omega L_1)\dot{I}_1-\mathrm{j}\omega M\dot{I}_2&=\dot{U}_1\\-\mathrm{j}\omega M\dot{I}_1+(R_2+\mathrm{j}\omega L_2+Z_L)\dot{I}_2&=0\end{aligned}\right\} \quad (7-25)$$

令
$$Z_{11}=R_1+\mathrm{j}\omega L_1$$
$$Z_{22}=R_2+\mathrm{j}\omega L_2+Z_L$$
$$Z_M=-\mathrm{j}\omega M$$

解方程组(7-25)得

$$\left.\begin{aligned}\dot{I}_1&=\frac{Z_{22}\dot{U}_1}{Z_{11}Z_{22}-Z_M^2}=\frac{\dot{U}_1}{Z_{11}+\frac{(\omega M)^2}{Z_{22}}}\\\dot{I}_2&=\frac{\mathrm{j}\omega M\dfrac{\dot{U}_1}{Z_{11}}}{Z_{22}+\frac{(\omega M)^2}{Z_{11}}}\end{aligned}\right\} \quad (7-26)$$

由式(7-26)的 $\dot{I}_1$ 表达式可得出空芯变压器的原边等效电路,如图 7-19 所示,其中

$$Z_{r1}=\frac{(\omega M)^2}{Z_{22}} \quad (7-27)$$

称为副边对原边的反映阻抗(又称反射阻抗、引入阻抗)。由原边等效电路可知,副边对原边的作用

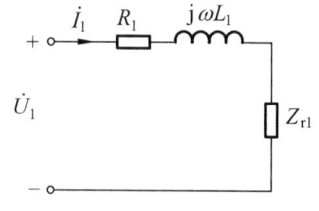

图 7-19 空芯变压器的原边等效电路

相当于在原边串联了一个复阻抗 Z_{r1}；原边电流 $\dot{I}_1$ 的数值与互感电压的正负极性无关，即与两线圈的同名端关系无关。

作为副边的等效电路，可以通过戴维南定理求得。

(1) 从负载 Z_L 看过去的副边开路电压

因为副边开路，故此时

$$\dot{I}_2=0, \quad \dot{I}_1=\frac{\dot{U}_1}{R_1+j\omega L_1}=\frac{\dot{U}_1}{Z_{11}}$$

所以副边的开路电压为

$$\dot{U}_{OC}=j\omega M \dot{I}_1=j\omega M \frac{\dot{U}_1}{Z_{11}}$$

(2) 等效阻抗

将原边电源 $\dot{U}_1$ 短路，故等效阻抗为

$$Z_{等}=R_2+j\omega L_2+\frac{(\omega M)^2}{Z_{11}}$$

其中 $\quad Z_{11}=R_1+j\omega L_1$

副边等效电路如图 7-20 所示，其中

$$Z_{r2}=\frac{(\omega M)^2}{Z_{11}} \qquad (7-28)$$

称为原边对副边的反映阻抗。副边电流、电压的数值与同名端有关。

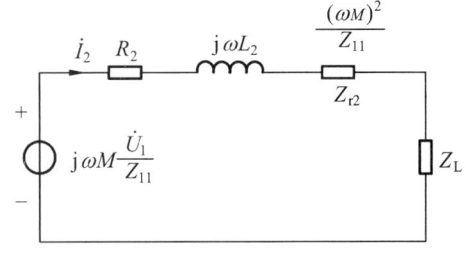

图 7-20 空芯变压器的副边等效电路

例 7-4 电路如图 7-18(a)所示。已知空芯变压器参数 $R_1=20\ \Omega, L_1=5\ H, R_2=2\ \Omega, L_2=1\ H, M=2\ H$，负载 $Z_L=R_L=30\ \Omega$，外加电压 $u_1=110\sqrt{2}\cos 10t\ V$，求副边电流 i_2 及变压器的效率。

解 因 $\quad \dot{U}_1=110\underline{/0°}\ V$

$$Z_{11}=R_1+j\omega L_1=(20+j50)\ \Omega$$

根据图 7-20 所示副边等效电路求得 $\dot{I}_2$ 为

$$\dot{I}_2=\frac{j\omega M \dfrac{\dot{U}_1}{Z_{11}}}{R_2+j\omega L_2+\dfrac{(\omega M)^2}{Z_{11}}+R_L}=1.17\underline{/16.7°}\ A$$

所以 $\quad i_2=1.17\sqrt{2}\cos(10t+16.7°)\ A$

利用图 7-19 所示的原边等效电路求 $\dot{I}_1$：

因 $Z_{22}=R_2+j\omega L_2+R_L=(32+j10)\ \Omega$

则 $\dot{I}_1=\dfrac{\dot{U}_1}{R_1+j\omega L_1+\dfrac{(\omega M)^2}{Z_{22}}}=1.962\underline{/-55.946°}\ \text{A}$

负载 R_L 吸收的功率

$$P_2=I_2^2R_L=1.17^2\times 30\ \text{W}=41.067\ \text{W}$$

电源提供的功率

$$P_1=U_1I_1\cos\varphi_1=110\times 1.962\cos 55.946°\ \text{W}=120.85\ \text{W}$$

所以变压器的效率

$$\eta=\dfrac{P_2}{P_1}=\dfrac{41.067}{120.85}=0.3398=33.98\%$$

§7-4　全耦合变压器与理想变压器

1. 全耦合变压器

当变压器原边电流产生的磁通全部耦合到副边,而副边电流产生的磁通全部耦合到原边时,称此变压器为全耦合变压器。有

$$\Phi_{21}=\Phi_{11},\quad \Phi_{12}=\Phi_{22} \tag{7-29}$$

全耦合变压器的耦合系数

$$K=\dfrac{M}{\sqrt{L_1L_2}}=\sqrt{\dfrac{M^2}{L_1L_2}}$$

$$=\sqrt{\left(\dfrac{N_2\Phi_{21}}{i_1}\cdot\dfrac{N_1\Phi_{12}}{i_2}\right)\bigg/\left(\dfrac{N_1\Phi_{11}}{i_1}\cdot\dfrac{N_2\Phi_{22}}{i_2}\right)}=1$$

所以,耦合系数为1的变压器即为全耦合变压器。

全耦合变压器原、副边的自感之比

$$\dfrac{L_1}{L_2}=\dfrac{N_1\Phi_{11}}{i_1}\bigg/\dfrac{N_2\Phi_{22}}{i_2}=\left(\dfrac{N_1}{N_2}\cdot\dfrac{N_2\Phi_{21}}{i_1}\right)\bigg/\left(\dfrac{N_2}{N_1}\cdot\dfrac{N_1\Phi_{12}}{i_2}\right)$$

$$=\left(\dfrac{N_1}{N_2}M_{21}\right)\bigg/\left(\dfrac{N_2}{N_1}M_{12}\right)=\left(\dfrac{N_1}{N_2}\right)^2=n^2$$

因此,全耦合变压器两线圈的匝数之比

$$n=\dfrac{N_1}{N_2}=\sqrt{\dfrac{L_1}{L_2}} \tag{7-30}$$

§7-4 全耦合变压器与理想变压器

当全耦合变压器两线圈的等效电阻忽略不计时,电路如图 7-21(a)所示。

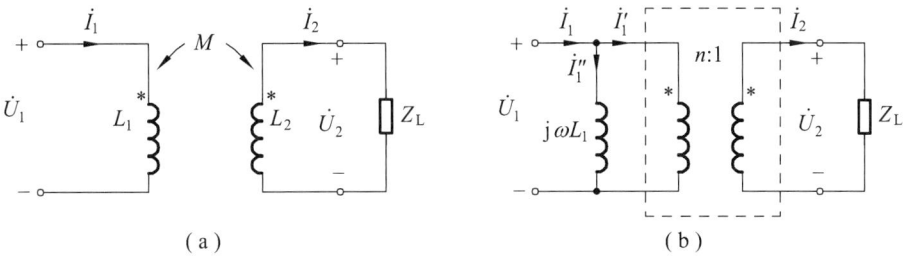

(a)　　　　　　　　　　　(b)

图 7-21　全耦合变压器及其等效电路

在图示参考方向下,原、副边电压、电流的关系为

$$\left.\begin{array}{l}\dot{U}_1 = j\omega L_1 \dot{I}_1 - j\omega M \dot{I}_2 \\ \dot{U}_2 = j\omega M \dot{I}_1 - j\omega L_2 \dot{I}_2\end{array}\right\} \quad (7-31)$$

由于 $K = \dfrac{M}{\sqrt{L_1 L_2}} = 1$,将 $M = \sqrt{L_1 L_2}$ 代入上式后得

$$\dot{U}_1 = j\omega(L_1 \dot{I}_1 - \sqrt{L_1 L_2}\, \dot{I}_2) = j\omega\sqrt{L_1}\,(\sqrt{L_1}\,\dot{I}_1 - \sqrt{L_2}\,\dot{I}_2)$$

$$\dot{U}_2 = j\omega(\sqrt{L_1 L_2}\, \dot{I}_1 - L_2 \dot{I}_2) = j\omega\sqrt{L_2}\,(\sqrt{L_1}\,\dot{I}_1 - \sqrt{L_2}\,\dot{I}_2)$$

两式相比,于是有

$$\frac{\dot{U}_1}{\dot{U}_2} = \sqrt{\frac{L_1}{L_2}} = \frac{N_1}{N_2} = n \quad (7-32)$$

故

$$\dot{U}_1 = n\dot{U}_2 \quad (7-33)$$

改写方程组(7-31)的第一式,得

$$\dot{I}_1 = \frac{\dot{U}_1}{j\omega L_1} + \frac{M}{L_1}\dot{I}_2 = \frac{\dot{U}_1}{j\omega L_1} + \sqrt{\frac{L_2}{L_1}}\,\dot{I}_2$$

$$= \frac{\dot{U}_1}{j\omega L_1} + \frac{1}{n}\dot{I}_2 = \dot{I}_1'' + \dot{I}_1' \quad (7-34)$$

所以

$$\dot{I}_1' = \frac{1}{n}\dot{I}_2 \quad (7-35)$$

由此可得全耦合变压器的等效电路如图 7-21(b)所示。等效电路中

$$\left.\begin{array}{l}\dot{U}_1 = n\dot{U}_2 \\ \dot{I}_1' = \dfrac{1}{n}\dot{I}_2 \\ \dot{I}_1 = \dot{I}_1'' + \dot{I}_1' \end{array}\right\} \qquad (7-36)$$

2. 理想变压器

图 7-21(b)所示虚线框内部分即为理想变压器。理想变压器是实际变压器的假想模型,当变压器满足以下几个条件时即被称为理想变压器:

① 耦合系数 $K=1$,即全耦合变压器;

② 无损耗;

③ 自感 L_1、L_2 及互感 M 均为 ∞。

理想变压器中,虽然自感、互感均为无穷大,但自感之比 $\dfrac{L_1}{L_2}=n^2=$ 常数(其推导过程同全耦合变压器)。

由图 7-22 所示电路可知

$$\begin{cases} u_1 = L_1\dfrac{\mathrm{d}i_1}{\mathrm{d}t} - M\dfrac{\mathrm{d}i_2}{\mathrm{d}t} \\ u_2 = M\dfrac{\mathrm{d}i_1}{\mathrm{d}t} - L_2\dfrac{\mathrm{d}i_2}{\mathrm{d}t} \end{cases}$$

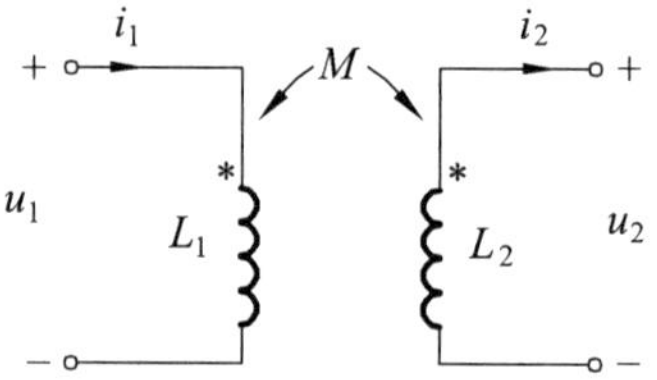

由于理想变压器为全耦合,将 $M=\sqrt{L_1L_2}$ 代入上式,得

图 7-22 互感电路

$$\begin{cases} u_1 = \sqrt{L_1}\left[\sqrt{L_1}\dfrac{\mathrm{d}i_1}{\mathrm{d}t} - \sqrt{L_2}\dfrac{\mathrm{d}i_2}{\mathrm{d}t}\right] \\ u_2 = \sqrt{L_2}\left[\sqrt{L_1}\dfrac{\mathrm{d}i_1}{\mathrm{d}t} - \sqrt{L_2}\dfrac{\mathrm{d}i_2}{\mathrm{d}t}\right] \end{cases}$$

两式相除,得 $\dfrac{u_1}{u_2}=\sqrt{\dfrac{L_1}{L_2}}=n$

即 $\qquad u_1 = nu_2 \qquad (7-37)$

下面讨论理想变压器的电流关系。由于理想变压器的自感、互感为无穷大,意味着理想变压器芯子的磁导系数 μ 为无穷大,根据电磁理论的安培安律,则

$$N_1 i_1 - N_2 i_2 = 0$$

故 $\qquad i_1 = \dfrac{N_2}{N_1}i_2 = \dfrac{1}{n}i_2 \qquad (7-38)$

所以理想变压器的约束关系为

$$\begin{cases} u_1 = nu_2 \\ i_1 = \dfrac{1}{n} i_2 \end{cases} \tag{7-39}$$

理想变压器的电路符号如图 7-23 所示。该理想变压器在任何时刻吸收的功率为

$$p = u_1 i_1 - u_2 i_2$$
$$= u_1 i_1 - \left(\dfrac{u_1}{n}\right)(n i_1) = 0$$

说明理想变压器没有能量储存的功能，属于非储能元件。

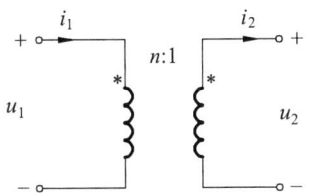

图 7-23 理想变压器

当理想变压器工作在正弦交流稳态电路中时，其相量电路如图 7-24 所示，

并有
$$\left.\begin{array}{r} \dot{U}_1 = n\dot{U}_2 \\ \dot{I}_1 = \dfrac{1}{n} \dot{I}_2 \end{array}\right\} \tag{7-40}$$

当理想变压器的副边接有阻抗 Z_L 时，电路如图 7-25(a)所示，不难知道变压器原边的等效阻抗为

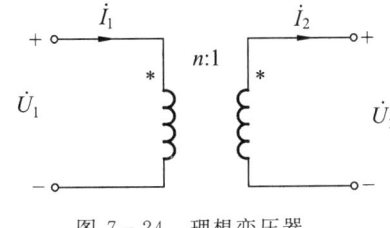

图 7-24 理想变压器

$$\dfrac{\dot{U}_1}{\dot{I}_1} = \dfrac{n\dot{U}_2}{(1/n)\dot{I}_2} = n^2 \dfrac{\dot{U}_2}{\dot{I}_2} = n^2 Z_L \tag{7-41}$$

因此，理想变压器不仅可以变电压、变电流，还可以变阻抗，而且阻抗的变换不受同名端以及电压、电流参考方向的影响，等效电路如图 7-25(b)所示。

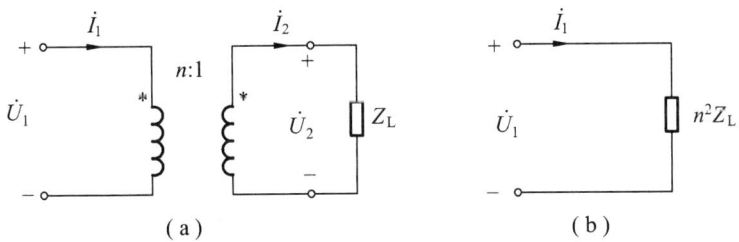

图 7-25 带有负载的理想变压器

如果阻抗 Z_1 接在理想变压器的原边，如图 7-26(a)所示，那么从副边看过去的等效阻抗为

$$Z_i = \dfrac{Z_1}{n^2} \tag{7-42}$$

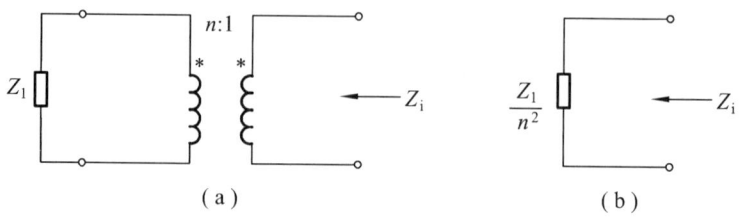

图 7-26 阻抗变换及其等效阻抗

例 7-5 写出图 7-27 所示理想变压器的电压、电流关系式。

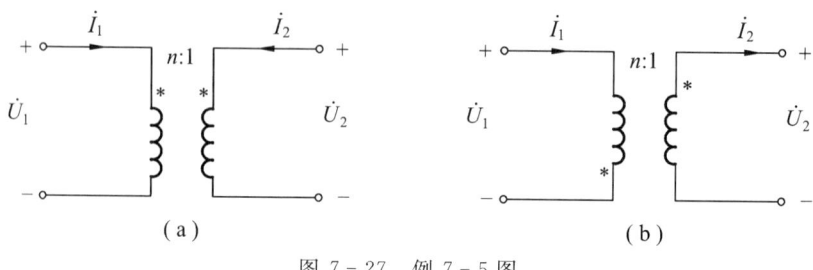

图 7-27 例 7-5 图

解 图 7-27(a)所示电路的电压、电流关系式为

$$\dot{U}_1 = n\dot{U}_2, \quad \dot{I}_1 = -\frac{1}{n}\dot{I}_2$$

图 7-27(b)所示电路的电压、电流关系式为

$$\dot{U}_1 = -n\dot{U}_2, \quad \dot{I}_1 = -\frac{1}{n}\dot{I}_2$$

例 7-6 图 7-28 所示电路,已知 $R_1 = 20\ \Omega$,$L_1 = 4$ H,$R_2 = 5\ \Omega$,$L_2 = 0.25$ H,$M = 1$ H,$R_L = 20\ \Omega$,$u_S = 200\sqrt{2}\cos(100t + 10°)$ V,求电流 i_1 和 i_2。

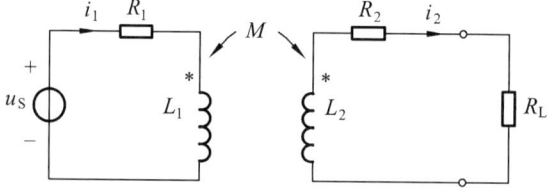

图 7-28 例 7-6 图(1)

解 耦合系数

$$K = \frac{M}{\sqrt{L_1 L_2}} = \frac{1}{\sqrt{4 \times 0.25}} = 1$$

所以,该变压器为全耦合变压器,用理想变压器描述的等效电路如图 7-29(a)所示,其中理想变压器的变比

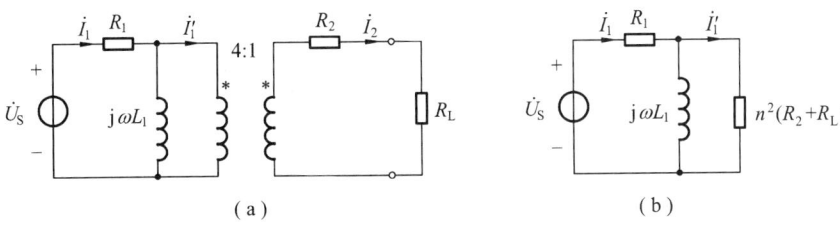

图 7-29 例 7-6 图(2)

$$n = \frac{N_1}{N_2} = \sqrt{\frac{L_1}{L_2}} = \sqrt{\frac{4}{0.25}} = 4$$

将副边电阻变换到原边后的等效电路如图 7-29(b)所示，由此电路求解得

$$\dot{I}_1 = \frac{200\underline{/10°}}{20 + \dfrac{\mathrm{j}400 \times 400}{400 + \mathrm{j}400}} \text{ A} = 0.673\underline{/-32.27°} \text{ A}$$

$$\dot{I}_1' = \frac{\mathrm{j}400}{400 + \mathrm{j}400}\dot{I}_1 = 0.476\underline{/12.73°} \text{ A}$$

$$\dot{I}_2 = n\dot{I}_1' = 4 \times 0.476\underline{/12.73°} \text{ A} = 1.904\underline{/12.73°} \text{ A}$$

所以
$$i_1 = 0.673\sqrt{2}\cos(100t - 32.27°) \text{ A}$$

$$i_2 = 1.904\sqrt{2}\cos(100t + 12.73°) \text{ A}$$

习 题 七

7-1 标出题 7-1 图所示线圈之间的同名端关系。

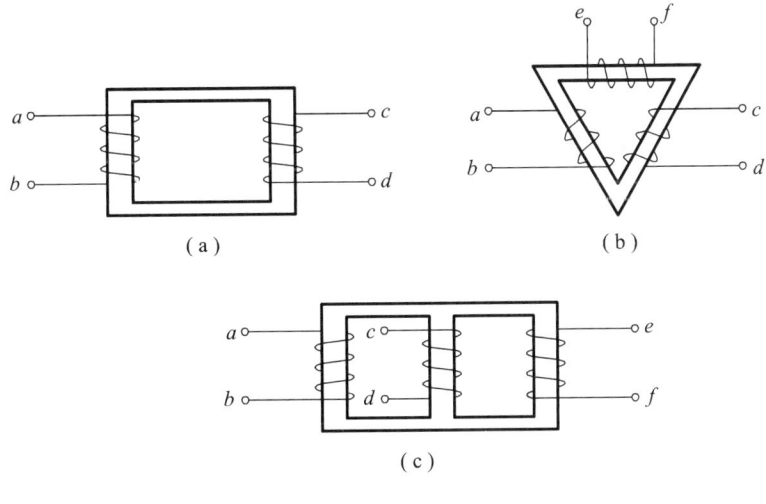

题 7-1 图

7-2 写出题 7-2 图所示电路的端口电压与电流的关系式。

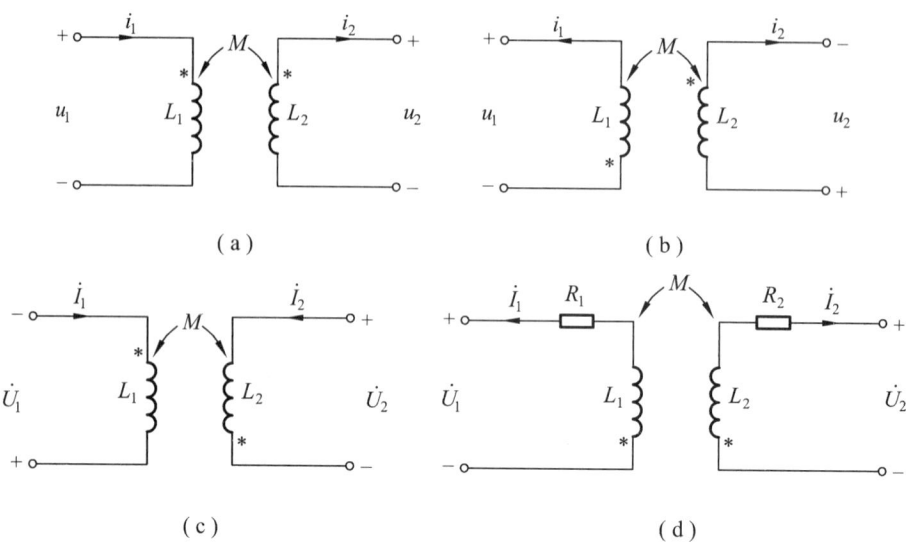

题 7-2 图

7-3 求题 7-3 图所示电路的输入阻抗 Z_{ab}。设电源的角频率为 ω。

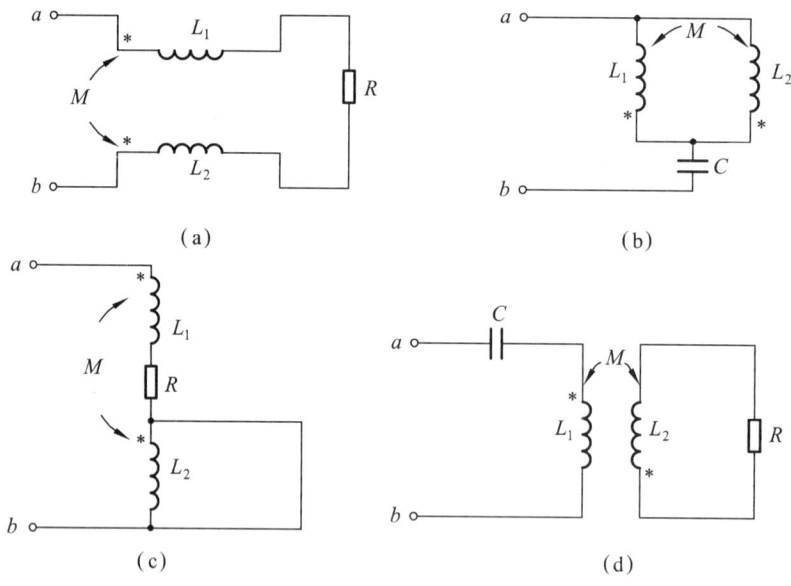

题 7-3 图

7-4 题 7-4 图所示电路，已知 $u_S(t)=100\cos(10^3 t+30°)$ V，求 $i_1(t)$ 和 $i_2(t)$。

7-5 求题 7-5 图所示电路的电压 $\dot{U}$ 和电流 $\dot{I}$。

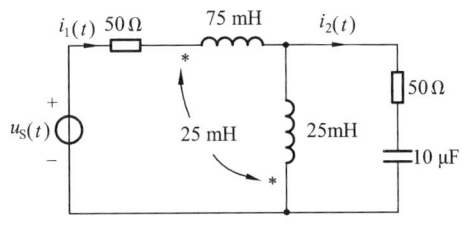

题 7-4 图

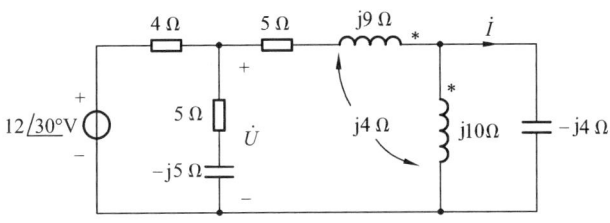

题 7-5 图

7-6 题 7-6 图所示电路中，具有互感的两个线圈间的耦合系数 $K=0.5$，求其中一个线圈上的电压 $\dot{U}_1$。

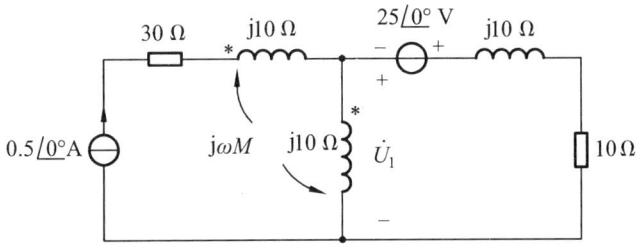

题 7-6 图

7-7 电路如题 7-7 图所示，电源角频率 $\omega=5$ rad/s。求：

(1) $\dot{I}$ 和 $\dot{I}_1$；(2) 若将功率因数提高到 1，应并联多大的电容 C?

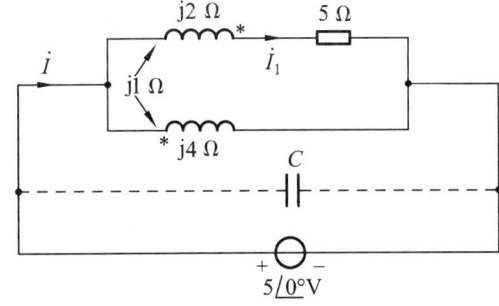

题 7-7 图

7-8 题 7-8 图所示电路,已知 $u_S=10\sqrt{2}\cos\omega t$ V,求 i_2 以及电源 u_S 发出的有功功率 P。

7-9 题 7-9 图所示电路中,$u_S=200\sqrt{2}\sin 10^3 t$ V,$R_1=100\ \Omega$,$R_2=1\ \Omega$,$C_1=10\ \mu\text{F}$,$C_2=10^3\ \mu\text{F}$,$L_1=100\ \text{mH}$,$L_2=1\ \text{mH}$,$M=10\ \text{mH}$,求 i_1 和 i_2。

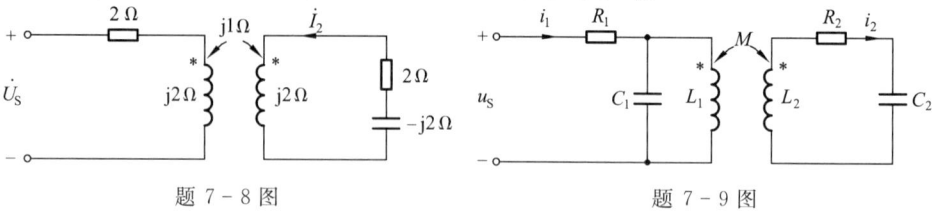

题 7-8 图   题 7-9 图

7-10 电路如题 7-10 图所示。已知电源的角频率 $\omega=200$ rad/s,$\dot{U}=200\underline{/0°}$ V,求端口电流 $\dot{I}$ 和电容电压 $\dot{U}_C$。

7-11 题 7-11 图所示电路中,已知 $u_S=2\cos 2t$ V。试确定 Z_L 获得最大功率(有功)时,电源 u_S 提供的有功功率。

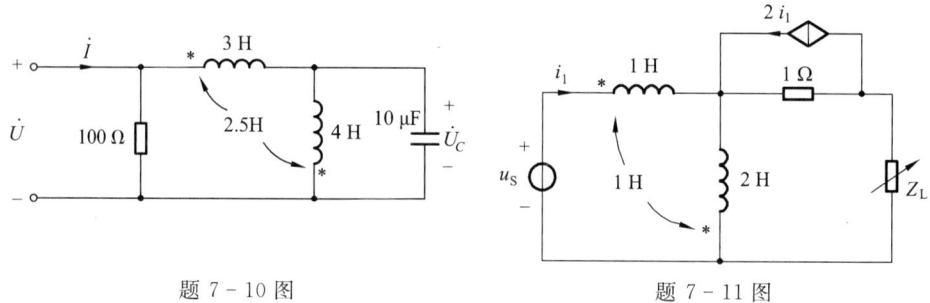

题 7-10 图   题 7-11 图

7-12 电路如题 7-12 图所示。求等效阻抗 Z_{ab}。

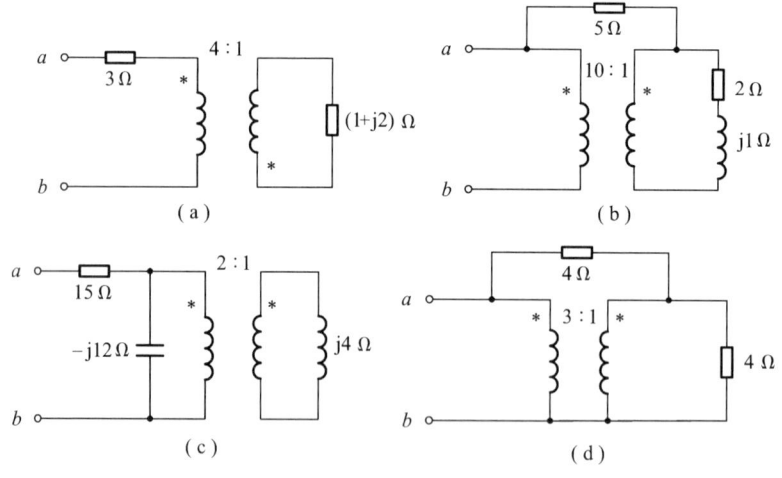

题 7-12 图

7-13 电路如题 7-13 图所示。如果理想变压器原边的电流 i_1 是电流源电流 i_S 的 1/3，试确定变压器的变比 n。

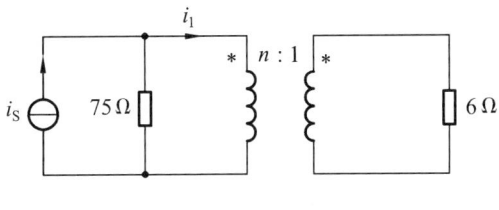

题 7-13 图

7-14 求题 7-14 图所示电路中的电流 $\dot{I}_2$。

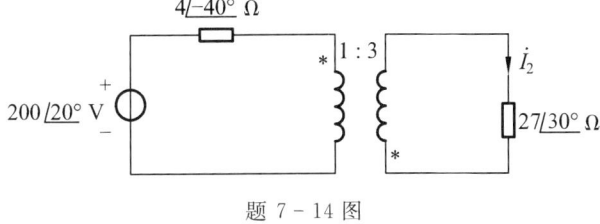

题 7-14 图

7-15 求题 7-15 图所示电路中的电流 $\dot{I}$。

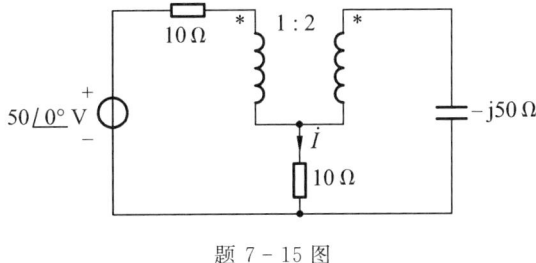

题 7-15 图

7-16 电路如题 7-16 图所示。当负载 Z_L 取何值时可获最大功率？最大功率是多少？

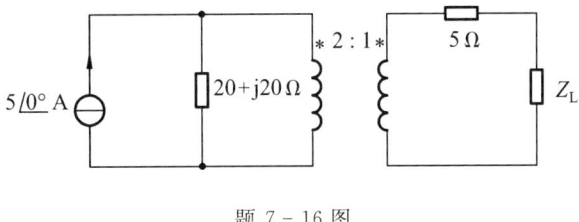

题 7-16 图

第 八 章

三相电路的正弦稳态分析

• ──── 内容提要 ──── •

本章介绍三相电路的正弦稳态分析。内容包括:讨论对称三相电路的电压、电流关系;对称三相电路的计算分析;不对称三相电路;三相电路的功率和测量。

§8-1 三相电路

三相交流电路在电力系统发电、输电及工农业生产用电方面得到广泛应用。世界多数国家的电力系统都是三相制。三相制电力系统有许多优点。如三相发电机比同样尺寸的单相发电机发出的功率大,使用三相变压器比单相变压器更经济,三相输电线比单相输电线节省材料成本,三相电路总瞬时功率是恒定的,三相电动机转矩恒定而且有良好的机械加工性能等。

1. 对称三相电压

1) 对称三相电压的产生

图 8-1(a)是三相交流发电机的示意图。发电机的定子槽中,对称地嵌放着三个绕组 Ax、By、Cz。A、B、C 是三个绕组的始端,x、y、z 是三个绕组的末端。转子是一个被磁化了的磁极,受外力推动以角速度 ω 旋转,这就在定子的三个绕组上(由于定子绕组的导线切割磁力线)感应产生了三相电压 u_A、u_B、u_C。定子与转子(磁极)气隙间的磁力线分布与气隙的大小有关。当气隙小时,该处气隙的磁力线分布密集,反之磁力线分布稀疏。适当制作磁极的凸出形状,使气隙间磁力线按正弦函数的规律分布。当转子以 ω 角速度旋转时,A、B、C 三相绕组就感应出正弦电压。当转子转 2π 弧度,电压 u_A、u_B、u_C 就完成一个周

期。可见，转子旋转一周期的空间角，即是感应的正弦电压一周期的相位角。由于三相绕组在定子上对称分布，空间角各差 120°，所以三相绕组上感应的三相电压的正弦量间彼此有 120° 的相位差。三相绕组本身在形状、尺寸、匝数上都彼此完全相同，因而所感应的三相电压的振幅和频率彼此相同，所以这三相电压为

$$\left.\begin{array}{l} u_A = \sqrt{2}U_p\cos\omega t \\ u_B = \sqrt{2}U_p\cos(\omega t - 120°) \\ u_C = \sqrt{2}U_p\cos(\omega t + 120°) \end{array}\right\} \quad (8-1)$$

式(8-1)所示的三相电压，振幅、频率都相同，而相位彼此各差 120°，称为对称三相电压。u_A 即绕组 Ax 的电压，称为 A 相电压。u_B、u_C 分别是绕组 By、Cz 的电压，分别称为 B 相电压、C 相电压。相电压 u_A、u_B、u_C 的波形如图 8-1(b)所示。

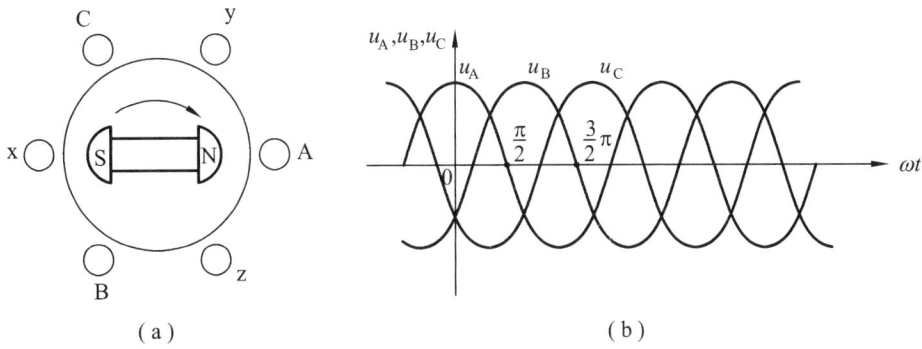

图 8-1 对称三相电压的产生

2) 相量图

由式 (8-1) 所示的相电压 u_A、u_B、u_C 的时域正弦量表达式，可写出其相量表达式

$$\left.\begin{array}{l} \dot{U}_A = U_p\underline{/0°} \\ \dot{U}_B = U_p\underline{/-120°} \\ \dot{U}_C = U_p\underline{/120°} \end{array}\right\} \quad (8-2)$$

相量图如图 8-2 所示，由相量图可看出，$\dot{U}_A$、$\dot{U}_B$、$\dot{U}_C$ 相量合成为 0，即

$$\dot{U}_A + \dot{U}_B + \dot{U}_C = 0 \quad (8-3)$$

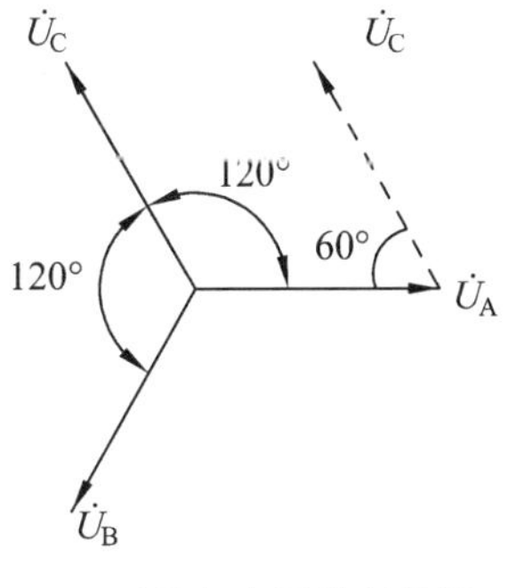

图 8-2 对称相电压的相量图

由前一章利用相量法对正弦稳态电路的分析计算可知，正弦量的代数和是正弦量，其相量等于各正弦量的相量之和。由式(8-3)可知，u_A、u_B、u_C 求和所

得的正弦量的相量为 0，所以有

$$u_A + u_B + u_C = 0 \tag{8-4}$$

由此得到一个重要结论：频率和振幅相同而相位彼此相差 120°的三个正弦量之和为零，即任一时刻对称三相电压的瞬时值之和为零。

3) 相　序

三相电压依次出现极大值的次序，称为相序。当 A 相超前 B 相 120°，B 相超前 C 相 120°，相序为 ABC 时，称为正序或顺序。式(8-1)表示的三相电压即为顺序的情况。如果 C 相超前 B 相 120°，B 相超前 A 相 120°，这种 CBA 的相序称为负序或逆序，如下式所示

$$\left.\begin{array}{l} u_C = \sqrt{2} U_p \cos\omega t \\ u_B = \sqrt{2} U_p \cos(\omega t - 120°) \\ u_A = \sqrt{2} U_p \cos(\omega t + 120°) \end{array}\right\} \tag{8-5}$$

电力系统一般采用正序。通常三相电路的相序如无特殊说明，均指正序。

2. 三相电路的星形连接与三角形连接

1) 星形(Y)连接

图 8-3 所示电路为三相四线制的三相电路。电源和负载均连接成星形的三相电路，又称 $Y_0\text{-}Y_0$ 电路。

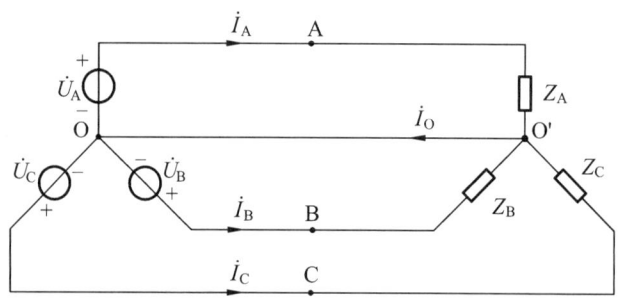

图 8-3　三相四线制

电源侧，三个相电压的末端连接在 O 点处，O 点称为三相电源星形连接的中性点(又称中点)；O′点为三相负载星形连接的中性点。O 点与 O′点间的连线称为中线或零线。当中性点 O 或 O′接地时，中线又称为地线。相电压的始端 A、B、C 的引出线称为端线(俗称火线)。每相负载阻抗的电压 $\dot{U}_{AO'}$、$\dot{U}_{BO'}$、$\dot{U}_{CO'}$ 称

为负载的相电压。每相负载阻抗上流过的电流称为负载相电流。端线上的电流 $\dot{I}_A$、$\dot{I}_B$、$\dot{I}_C$ 称为线电流。中线上的电流 $\dot{I}_O$ 称为中线电流。当负载阻抗 Z_A、Z_B、Z_C 彼此相等时，称为负载对称。端线间的电压 $\dot{U}_{AB}$、$\dot{U}_{BC}$、$\dot{U}_{CA}$ 称为线电压。流过每相电压源的电流称为（电源）相电流。

当三相电压对称时，相电压可表示为

$$\left.\begin{array}{l}\dot{U}_A=U_p\underline{/0°}\\ \dot{U}_B=U_p\underline{/-120°}\\ \dot{U}_C=U_p\underline{/120°}\end{array}\right\} \quad (8-6)$$

其中，U_p 为相电压有效值。由图 8-3 可知线电压

$$\begin{aligned}\dot{U}_{AB}&=\dot{U}_A-\dot{U}_B=U_p\underline{/0°}-U_p\underline{/-120°}\\ &=U_p\{1-[\cos(-120°)+j\sin(-120°)]\}\\ &=U_p\left\{1-\left[-\frac{1}{2}+j\left(-\frac{\sqrt{3}}{2}\right)\right]\right\}\\ &=\sqrt{3}U_p\underline{/30°}=\sqrt{3}\dot{U}_A\underline{/30°}\end{aligned} \quad (8-7)$$

同理
$$\begin{aligned}\dot{U}_{BC}&=\dot{U}_B-\dot{U}_C=U_p\underline{/-120°}-U_p\underline{/120°}\\ &=\sqrt{3}U_p\underline{/-90°}=\sqrt{3}U_p\underline{/-120°+30°}\\ &=\sqrt{3}\dot{U}_B\underline{/30°}\end{aligned} \quad (8-8)$$

$$\begin{aligned}\dot{U}_{CA}&=\dot{U}_C-\dot{U}_A=\sqrt{3}U_p\underline{/150°}\\ &=\sqrt{3}U_p\underline{/120°+30°}\\ &=\sqrt{3}\dot{U}_C\underline{/30°}\end{aligned} \quad (8-9)$$

综上所述，对称三相电压在星形连接时，线电压与相电压、线电流与相电流有如下的关系：

① 线电压有效值 U_l 是相电压有效值 U_p 的 $\sqrt{3}$ 倍，即 $U_l=\sqrt{3}U_p$。线电压相位超前各自对应的相电压的相位 30°。对应关系为：$\dot{U}_{AB}$ 超前 $\dot{U}_A$，$\dot{U}_{BC}$ 超前 $\dot{U}_B$，$\dot{U}_{CA}$ 超前 $\dot{U}_C$，满足下标轮换对称的关系。

② 相电压 $\dot{U}_A$、$\dot{U}_B$、$\dot{U}_C$ 对称，则线电压 $\dot{U}_{AB}$、$\dot{U}_{BC}$、$\dot{U}_{CA}$ 也对称。

③ 线电流等于相电流，即线电流 $\dot{I}_A$ 与 A 相电压源 $\dot{U}_A$ 上流过的相电流 $\dot{I}_{OA}$ 相等。对于星形连接的负载，由图 8-3 还可以看出，线电流 $\dot{I}_A$ 即是负载相电流。

图 8-4 示出了式(8-7)～式(8-9)中线电压与相电压的关系。

2) 三角形连接

图 8-5 所示电路为三相三线制的三相电路。由于电源三个相电压接成三角形,负载的三个阻抗 Z_{AB}、Z_{BC}、Z_{CA} 也连接成三角形,这样的三相电路称为 △-△ 连接三相电路(简称 △-△ 电路)。三相电压接成星形或三角形,三个负载阻抗接成星形或三角形,进行连接后还可形成其他形式的三相三线制的三相电路,如 Y-Y 无中线电路、Y-△ 电路、△-Y

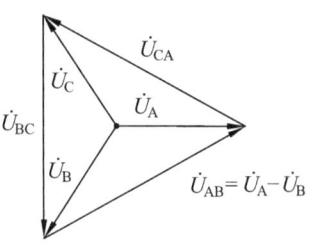

图 8-4 相电压与线电压相量图

形电路。当相电压接成 Y 形时,线电压和相电压、线电流与相电流的关系前面已讨论过了。现讨论三相电压连接成三角形后,线电压与相电压、线电流与相电流的关系。

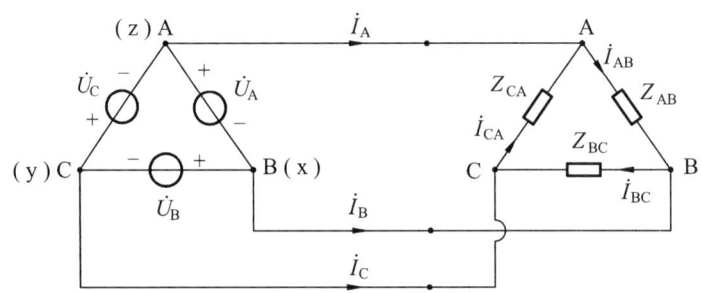

图 8-5 △-△ 连接的三相三线制电路

图 8-5 中,三相电压始端的引出线为端线(俗称火线),端线电流为 $\dot{I}_A$、$\dot{I}_B$、$\dot{I}_C$。由于相电压是三角形连接,显然端线间的线电压即是相电压,即

$$\left.\begin{aligned}\dot{U}_{AB}&=\dot{U}_A\\ \dot{U}_{BC}&=\dot{U}_B\\ \dot{U}_{CA}&=\dot{U}_C\end{aligned}\right\} \tag{8-10}$$

当三相电压对称时,满足式(8-2),所以式(8-10)可表示为

$$\left.\begin{aligned}\dot{U}_{AB}&=U_l\underline{/0°}\\ \dot{U}_{BC}&=U_l\underline{/-120°}\\ \dot{U}_{CA}&=U_l\underline{/120°}\end{aligned}\right\} \tag{8-11}$$

当 △ 连接的三个阻抗相等时,即

$$Z_{AB}=Z_{BC}=Z_{CA}=Z=|Z|\underline{/\varphi}$$

称 △ 连接的三相负载对称,此时负载的相电流为

$$\left.\begin{aligned}\dot{I}_{AB}&=\frac{\dot{U}_{AB}}{Z}=\frac{U_l\angle 0°}{|Z|\angle\varphi}=I_p\angle-\varphi\\ \dot{I}_{BC}&=\frac{\dot{U}_{BC}}{Z}=I_p\angle-120°-\varphi=\dot{I}_{AB}\angle-120°\\ \dot{I}_{CA}&=\frac{\dot{U}_{CA}}{Z}=I_p\angle 120°-\varphi=\dot{I}_{BC}\angle-120°\end{aligned}\right\} \quad (8-12)$$

根据图 8-5 对 A 结点列写 KCL 方程,有

$$\begin{aligned}\dot{I}_A&=\dot{I}_{AB}-\dot{I}_{CA}=I_p\angle-\varphi-I_p\angle-\varphi+120°\\ &=\dot{I}_{AB}(1-\angle+120°)=\dot{I}_{AB}\left[1-\left(-\frac{1}{2}+j\frac{\sqrt{3}}{2}\right)\right]\\ &=\dot{I}_{AB}\left(\frac{3}{2}-j\frac{\sqrt{3}}{2}\right)=\sqrt{3}\dot{I}_{AB}\left(\frac{\sqrt{3}}{2}-j\frac{1}{2}\right)\\ &=\sqrt{3}\dot{I}_{AB}\angle-30° \quad (8-13)\end{aligned}$$

同理
$$\left.\begin{aligned}\dot{I}_B&=\sqrt{3}\dot{I}_{BC}\angle-30°\\ \dot{I}_C&=\sqrt{3}\dot{I}_{CA}\angle-30°\end{aligned}\right\} \quad (8-14)$$

当三相电源的三相电压对称,且三相负载也对称(不论接成 △ 还是 Y)时,称此三相电路为对称三相电路。

综上所述,对称三相电路负载三角形连接时,线电压与相电压、线电流与相电流有如下关系:

① 线电压即是相电压。如 $\dot{U}_{AB}=\dot{U}_A$,即是三角形连接的一相负载阻抗 Z_{AB} 上的电压。

② 相电流 $\dot{I}_{AB}$、$\dot{I}_{BC}$、$\dot{I}_{CA}$ 对称,线电流 $\dot{I}_A$、$\dot{I}_B$、$\dot{I}_C$ 也对称。

③ 线电流有效值是相电流有效值的 $\sqrt{3}$ 倍,即 $I_l=\sqrt{3}I_p$。线电流相位滞后各自对应的相电流 30°。对应关系为

$$\dot{I}_A\rightarrow\dot{I}_{AB},\quad \dot{I}_B\rightarrow\dot{I}_{BC},\quad \dot{I}_C\rightarrow\dot{I}_{CA}$$

且线电流的参考方向都是由三相电源流向三相负载的。

§8-2 对称三相电路的计算

正弦交流电路的稳态分析的一般方法在前面的有关章节中已经讲述过了,这些方法对三相交流电路的正弦稳态分析和计算都是适用的。然而,对称三相电路具有对称的特点。利用三相电路的对称性,可使对称三相电路的计算分析大大简化。

1. Y-Y 电路

图 8-6 所示为 Y_0-Y_0 连接的三相电路。

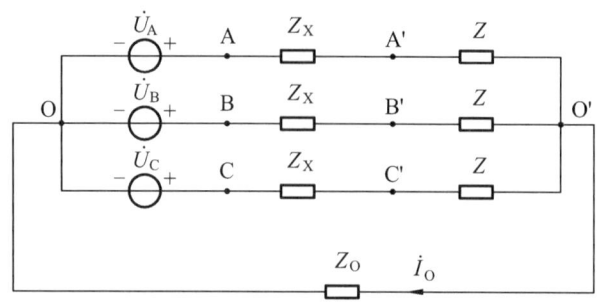

图 8-6 Y-Y 连接的三相电路

图 8-6 中，Z_X 为三相电路的线路阻抗(对称端线阻抗)，Z_O 为中线阻抗。现取三相电源的中性点 O 结点为电位参考点，由结点电压法可得结点电压 $\dot{U}_{O'O}$ 的方程为

$$\left(\frac{3}{Z+Z_X}+\frac{1}{Z_O}\right)\dot{U}_{O'O}=\frac{\dot{U}_A+\dot{U}_B+\dot{U}_C}{Z_X+Z} \tag{8-15}$$

由式(8-3)可知 $\dot{U}_A+\dot{U}_B+\dot{U}_C=0$，解式(8-15)得 $\dot{U}_{O'O}=0$，这说明对称三相电路的中性点 O 与 O' 之间是等电位的，中线电流 $\dot{I}_O=0$。现将中线短路，O 与 O' 短路，则 A、B、C 三相构成彼此独立的三个单回路，画出 A 相计算电路如图 8-7 所示。

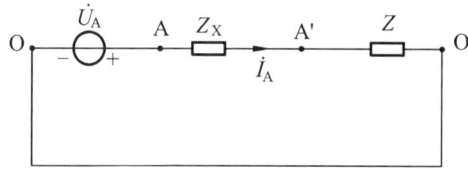

图 8-7 A 相计算电路

由图 8-7 可求出线电流 $\dot{I}_A$ 和负载相电压 $\dot{U}_{A'O'}$

$$\dot{I}_A=\frac{\dot{U}_A}{Z_X+Z} \tag{8-16}$$

$$\dot{U}_{A'O'}=Z\dot{I}_A \tag{8-17}$$

根据三相电路的对称性，其他两相的相应线电流 $\dot{I}_B$、$\dot{I}_C$ 及负载相电压为

$$\dot{I}_B=\dot{I}_A\underline{/-120°}, \quad \dot{I}_C=\dot{I}_A\underline{/120°}$$

$$\dot{U}_{B'O'}=\dot{U}_{A'O'}\underline{/-120°}, \quad \dot{U}_{C'O'}=\dot{U}_{A'O'}\underline{/120°}$$

从以上讨论可以看出：

① Y-Y 三相电路，由于电源负载都对称，只需求出其中一相（如 A 相）的电压、电流，其他两相电压、电流可根据对称关系直接写出。

② 由于 $\dot{U}_{O'O}=0$，各相的电流仅由各相的电压和各相的阻抗决定，各相的计算具有独立性。

③ 中线不起作用，中线阻抗不可画在单相计算图中。

2. Y-△ 电路

图 8-8 所示为三相电路的 Y-△ 连接。

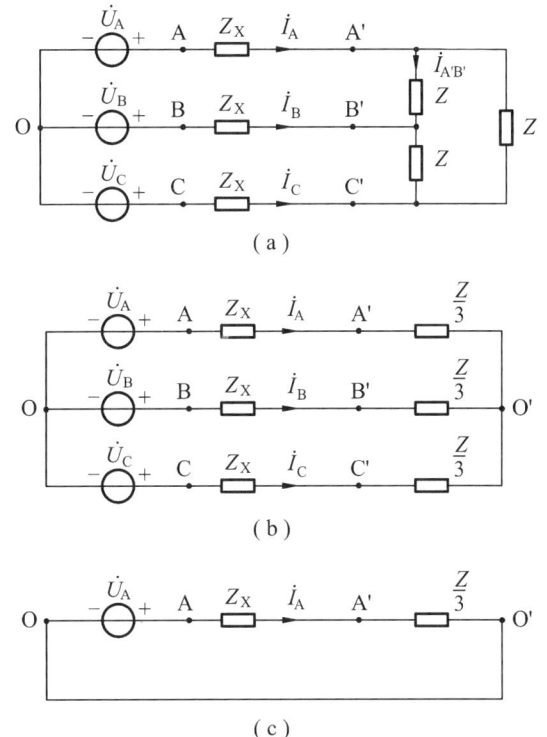

图 8-8 Y-△ 连接的三相电路

对图 8-8(a)，三相电源为星形连接，而负载为三角形连接。首先将三角形连接的负载变换成星形，如图 8-8(b)所示，然后画出 A 相的一相计算电路如图 8-8(c)所示。由图 8-8(c)可求得

$$\dot{I}_A = \frac{\dot{U}_A}{Z_X + \dfrac{Z}{3}}, \quad \dot{U}_{A'O'} = \frac{Z}{3}\dot{I}_A$$

若图 8-8(a)所示电路中要求解电流 $\dot{I}_{A'B'}$。根据对称三相电路星形连接时线电压与相电压的关系,可求得

$$\dot{U}_{A'B'}=\sqrt{3}\dot{U}_{A'O'}\underline{/30°}$$

由图 8-8(a)可求得

$$\dot{I}_{A'B'}=\frac{\dot{U}_{A'B'}}{Z}$$

3. 复杂对称的三相电路

如图 8-9(a)所示的三相电路,如果变换成 Y-Y 电路,就可采用归结为一相的计算方法去求解,于是将三角形连接的三相电源变换成星形连接,同时将负载的三角形连接部分变换成星形连接,如图 8-9(b)所示。

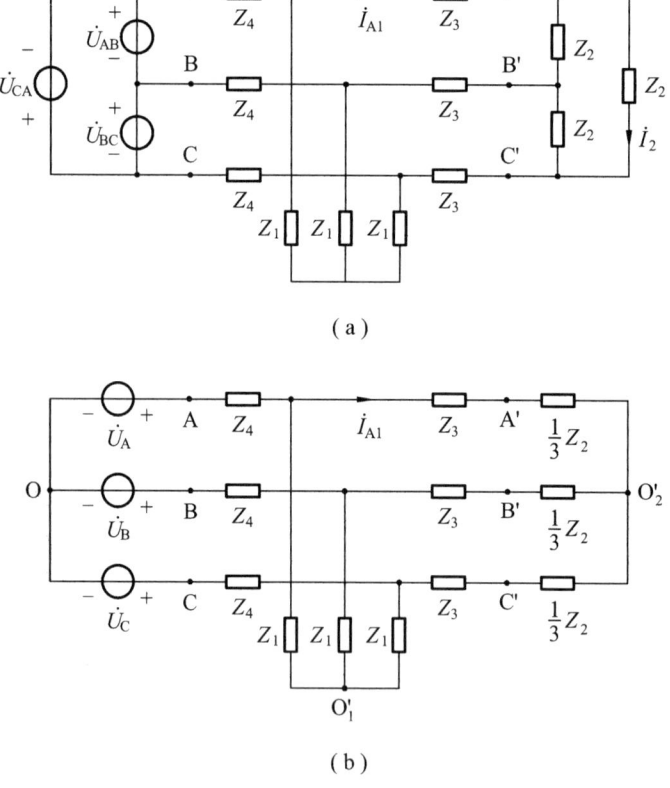

图 8-9 复杂对称的三相电路

根据图 8-9(b)所示电路的对称性，可知 O_1' 与 O_2' 是等电位点。现将 O_1' 与 O_2' 短路，图 8-9(b)电路就变换成 Y-Y 电路。又根据对称三相电路的三相电源中性点与三相负载中性点等电位的特点，可画出 A 相的一相计算电路如图 8-10 所示。

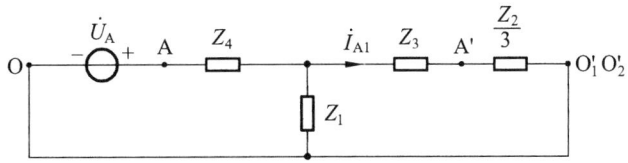

图 8-10 A 相的一相计算电路图

由以上的讨论可以看出，计算分析对称三相电路的一般步骤为：

① 将三相电路变换成 Y-Y 电路；

② 画出一相计算电路图；

③ 由一相计算电路图计算出该相的电压、电流后，根据对称性推出其他两相的电压、电流；

④ 由 △↔Y 的变换关系求出原电路的电压、电流。

例 8-1 已知图 8-9(a)所示对称三相电路中，三相电源的线电压有效值为 380 V，阻抗 $Z_1=(1+j2)$ Ω，$Z_2=(3+j3)$ Ω，$Z_3=j$ Ω，$Z_4=(0.5+j)$ Ω。试求电流 $\dot{I}_{A1}$ 及 $\dot{I}_2$。

解

(1) 将对称三相电源变换成星形连接的三相电源，并取 A 相电压 $\dot{U}_A$ 为参考正弦量，即

$$\dot{U}_A = \frac{U_l}{\sqrt{3}}\underline{/0°} = \frac{380}{\sqrt{3}}\underline{/0°} \text{ V} = 220\underline{/0°} \text{ V}$$

另外，将图 8-9(a)中三个连接成三角形的对称三相负载（Z_2）变换成星形，如图 8-9(b)所示。

(2) 画出 A 相的一相计算电路图如图 8-10 所示，代入数据后，可变换成如图 8-11 所示电路。

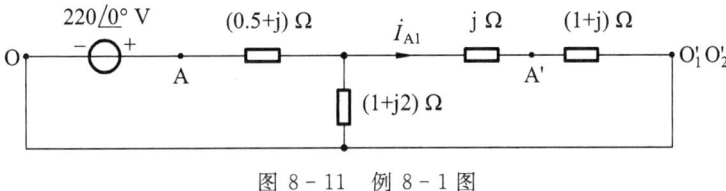

图 8-11 例 8-1 图

(3) 由图 8-11 可求出

$$\dot{I}_{A1} = \frac{220\underline{/0°}}{(0.5+j)+(0.5+j)} \times \frac{1}{2} \text{ A} = \frac{110\underline{/0°}}{1+j2} \text{ A}$$

$$\approx \frac{110\underline{/0°}}{\sqrt{5}\underline{/63.4°}} \text{ A} = \frac{110}{\sqrt{5}}\underline{/-63.4°} \text{ A} = 49.2\underline{/-63.4°} \text{ A}$$

$$\dot{U}_{A'O_1'} = (1+j)\dot{I}_{A1} = \sqrt{2}\underline{/45°} \times \frac{110}{\sqrt{5}}\underline{/-63.4°} \text{ V}$$

$$= \frac{110\sqrt{2}}{\sqrt{5}}\underline{/-18.4°} \text{ V}$$

由于线电压 $\dot{U}_{A'B'}$ 的有效值是相电压 $\dot{U}_{A'O_1'}$ 有效值的 $\sqrt{3}$ 倍,且 $\dot{U}_{A'B'}$ 的相位超前 $\dot{U}_{A'O_1'}$ 的相位 30°,于是

$$\dot{U}_{A'B'} = \sqrt{3}\dot{U}_{A'O_1'}\underline{/30°} = \frac{110\sqrt{6}}{\sqrt{5}}\underline{/11.6°} \text{ V}$$

(4) 根据三相电路对称性,由线电压 $\dot{U}_{A'B'}$ 写出线电压

$$\dot{U}_{A'C'} = -\dot{U}_{C'A'} = -\dot{U}_{A'B'}\underline{/120°} = -\frac{110\sqrt{6}}{\sqrt{5}}\underline{/11.6°} \times \underline{/120°} \text{ V}$$

$$= \frac{110\sqrt{6}}{\sqrt{5}}\underline{/-48.4°} \text{ V}$$

由图 8-9(a)可知

$$\dot{I}_2 = \frac{\dot{U}_{A'C'}}{Z_2} = \frac{110\sqrt{6}}{\sqrt{5}}\underline{/-48.4°} \times \frac{1}{3\sqrt{2}\underline{/45°}} \text{ A}$$

$$= \frac{110}{\sqrt{15}}\underline{/-93.4°} \text{ A} = 28.4\underline{/-93.4°} \text{ A}$$

§8-3 不对称三相电路

不满足对称三相电路的定义(三相电源对称,同时三相负载也对称)的三相电路统称为不对称三相电路。通常,我们所设计的三相电路的理想正常工作状态是在对称三相电路的状态下运行工作的。但是,如果对称三相电路处于故障状态或对称三相电源接了不对称的三相负载,这时三相电路就成了不对称三相电路了。由于三相电路不对称,致使各相电压、电流之间不再存在对称关系,因而不能使用归结为一相的分析计算方法,即不对称三相电路没有一种统一简化的分析计算方法。因此,不对称三相电路一般按照正弦交流稳态分析的方法

（前面所讲述的相量法）进行分析计算。下面讨论不对称三相电路的一些特点。

若三相电源对称，而负载不对称，如图 8-12 所示。

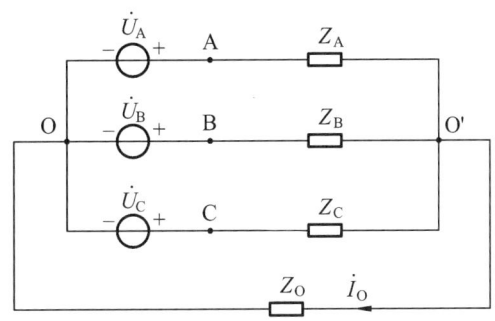

图 8-12 不对称三相电路

由结点法可求电压

$$\dot{U}_{O'O}=\frac{\dot{U}_A Y_A+\dot{U}_B Y_B+\dot{U}_C Y_C}{Y_A+Y_B+Y_C+Y_O} \tag{8-18}$$

式(8-18)中，尽管由于三相电压对称，由式(8-3)可知 $\dot{U}_A+\dot{U}_B+\dot{U}_C=0$，但负载不对称，则 $Y_A=Y_B=Y_C$ 不成立，所以 $\dot{U}_{O'O}\neq0$，这说明不对称三相电路的电源中性点与负载中性点不等位。这与对称三相电路 $\dot{U}_{O'O}=0$ 相比是显然不同的。不对称三相电路的这一现象称为中性点位移。电压 $\dot{U}_{O'O}$ 称为中性点位移电压相量。

由于不对称三相电路中性点位移，$\dot{U}_{O'O}\neq0$，中线阻抗 Z_O 上有电压 $\dot{U}_{O'O}$，故中线电流 $\dot{I}_O\neq0$。实际上中线阻抗 Z_O 往往比负载阻抗 Z_A、Z_B、Z_C 小许多，这时可忽略($Z_O\approx0$)，即认为中线短接了 O' 与 O，使 $\dot{U}_{O'O}\approx0$。这样，中线使得不对称三相电路的中性点位移趋于零，使各相彼此独立运行，保持不对称三相负载获得对称的三相电压。可见，在不对称三相电路中，中线起着重要的作用。图 8-13 画出了不对称三相电路中性点位移的相量图。

由图 8-13 可以看出，随着中性点位移相量的增大，不对称三相负载的相电压 $\dot{U}_{AO'}$、$\dot{U}_{BO'}$、$\dot{U}_{CO'}$ 的不对称程度就越严重。负载相电压相差过大，就会使接在过高相电压上的设备因电压超过额定电压而损

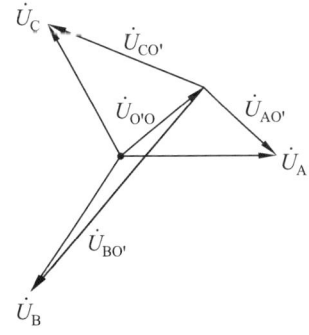

图 8-13 中性点位移

坏,而接在过低相电压上的设备却无法正常工作,这种情况是三相制电力系统供电所必须避免的。所以,接有随机开启或关闭的家用电器、照明等单相电器设备的供电线路,必须采用三相四线制。中线使中性点位移电压 $\dot U_{O'O}$ 很小,从图 8-13 所示相量图中可以看到,这时 O 与 O′ 两点接近重合,负载三个相电压 $\dot U_{AO'}$、$\dot U_{BO'}$、$\dot U_{CO'}$ 接近对称,可以保证单相电器在额定电压范围内正常工作。

例 8-2 相序测定器是不对称三相电路用于测定对称三相电路相序的一个实例,其电路如图 8-14 所示。图中两个相同灯泡的电导为 G,选择适当的电容使 $\omega C=G$。在对称三相电压的作用下,现以电容 C 所连接的相为 A 相,试根据两灯泡的亮度不同,确定 B 相和 C 相。

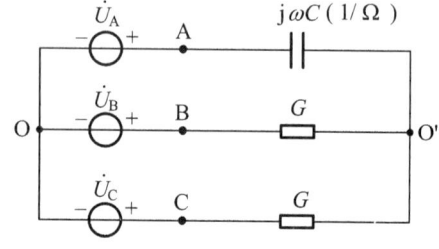

图 8-14 相序测量仪电路

解 由结点法,有

$$\dot U_{O'O}=\frac{j\omega C\dot U_A+G\dot U_B+G\dot U_C}{2G+j\omega C} \tag{8-19}$$

上式 $\omega C=G$,设 $\dot U_A=U\underline{/0°}$,$\dot U_B=U\underline{/-120°}$,$\dot U_C=U\underline{/120°}$,将这些数据代入式(8-19),并将分子、分母同除 G,得

$$\dot U_{O'O}=\frac{jU\underline{/0°}+U\underline{/-120°}+U\underline{/120°}}{2+j}$$

$$=0.632U\underline{/108.43°}\ \text{V}$$

所以 B 相灯泡的电压

$$\dot U_{BO'}=\dot U_B+\dot U_{OO'}=\dot U_B-\dot U_{O'O}$$

$$=U\underline{/-120°}-0.632U\underline{/108.43°}$$

$$=1.496U\underline{/-101.58°}\ \text{V}$$

C 相的灯泡电压

$$\dot U_{CO'}=\dot U_C-\dot U_{O'O}=U\underline{/120°}-0.632U\underline{/108.43°}$$

$$=0.401U\underline{/+138.4°}\ \text{V}$$

可见,B 相与 C 相灯泡的电压有效值之比为

$$\frac{|\dot U_{BO'}|}{|\dot U_{CO'}|}=\frac{1.496U}{0.401U}=3.73$$

由以上相序测量仪电路的计算分析可知:以电容 C 所连接的相为 A 相,则

灯泡较亮的相为 B 相,灯泡较暗的相为 C 相。

例 8-3 图 8-15 所示三相电路中,三相电源对称,其相电压 $U_p=220$ V,阻抗 $Z_1=15\underline{/45°}\,\Omega$, $Z_2=20\underline{/30°}\,\Omega$, $Z_3=30\underline{/20°}\,\Omega$,试求 $\dot{I}_1$、$\dot{I}_2$、$\dot{I}_3$ 及 $\dot{I}_A$、$\dot{I}_B$。

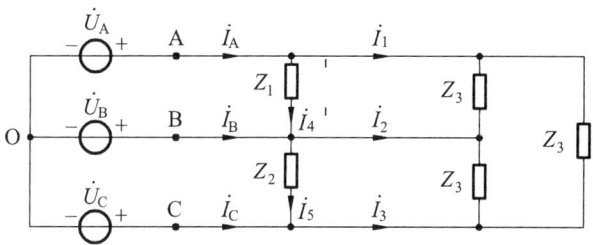

图 8-15 例 8-3 图(1)

解 取对称三相电源 A 相的相电压 $\dot{U}_A$ 为参考正弦量,这时三相电压相量为

$$\dot{U}_A=220\underline{/0°}\text{ V},\quad \dot{U}_B=220\underline{/-120°}\text{ V},\quad \dot{U}_C=220\underline{/120°}\text{ V}$$

图 8-15 中,Z_1、Z_2 构成的不对称三相负载与 Z_3 构成的对称三相负载并联在对称三相电源上。若拆去 Z_1、Z_2,并不影响电流 $\dot{I}_1$、$\dot{I}_2$、$\dot{I}_3$。由于拆去 Z_1、Z_2 后,电路就成了对称三相电路,电流 $\dot{I}_1$、$\dot{I}_2$、$\dot{I}_3$ 为对称三相电流。将 Z_3 构成的三角形连接变换成星形连接后,画出 A 相的单相计算电路如图 8-16 所示。

由图 8-16 可计算

$$\dot{I}_1=\frac{\dot{U}_A}{Z_3/3}=\frac{220\underline{/0°}}{10\underline{/20°}}\text{ A}$$
$$=22\underline{/-20°}\text{ A}$$

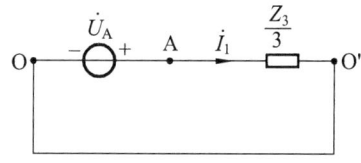

图 8-16 例 8-3 图(2)

由于 $\dot{I}_1$、$\dot{I}_2$、$\dot{I}_3$ 对称,于是

$$\dot{I}_2=\dot{I}_1\underline{/-120°}=22\underline{/-140°}\text{ A}$$

$$\dot{I}_3=\dot{I}_1\underline{/120°}=22\underline{/100°}\text{ A}$$

由于拆去 Z_3 组成的对称三相负载对 Z_1、Z_2 上的电压并无影响,故拆去 Z_3,计算可得

$$\dot{I}_4=\frac{\dot{U}_{AB}}{Z_1}=\frac{220\sqrt{3}\underline{/30°}}{15\underline{/45°}}\text{ A}=25.3\underline{/-15°}\text{ A}$$

$$\dot{I}_5=\frac{\dot{U}_{BC}}{Z_2}=\frac{220\sqrt{3}\underline{/-90°}}{20\underline{/30°}}\text{ A}=19.05\underline{/-120°}\text{ A}$$

由图 8-15,根据 KCL 可得

$$\dot{I}_A = \dot{I}_1 + \dot{I}_4 = (22\underline{/-20°} + 25.3\underline{/-15°})\text{ A} = 47.25\underline{/-17.3°}\text{ A}$$

$$\dot{I}_B = \dot{I}_2 - \dot{I}_4 + \dot{I}_5 = (22\underline{/-140°} - 25.3\underline{/-15°} + 19.05\underline{/-120°})\text{ A}$$
$$= 56.23\underline{/-154.6°}\text{ A}$$

§8-4 三相电路的功率及测量

1. 三相电路的功率

不对称三相电路功率的分析计算可按前面有关章节已讲述的正弦交流电路的分析方法进行。而对称三相电路,由于具有对称性,其功率的分析和计算具有一定的特殊性。

1) 对称三相电路的有功功率、无功功率和视在功率

由于对称三相电路的三相负载是对称的,因而每一相负载阻抗 $|Z|\underline{/\varphi}$ 相等,每一相负载阻抗的功率因数 $\cos\varphi$ 相等。由于对称三相电路的对称性,每一相负载阻抗的相电压、相电流的有效值相等。三相负载不论 Y 连接还是 △ 连接,三相的有功功率应是各相有功功率之和,于是有

$$P = P_A + P_B + P_C = 3U_p I_p \cos\varphi \tag{8-20}$$

当对称三相负载为 Y 连接,这时线电压 U_l 与相电压 U_p 及线电流 I_l 与相电流 I_p 的关系为

$$\left.\begin{array}{l} U_p = \dfrac{U_l}{\sqrt{3}} \\ I_p = I_l \end{array}\right\} \tag{8-21}$$

将式(8-21)代至式(8-20),对称三相电路(Y 连接)的有功功率

$$P = \sqrt{3} U_l I_l \cos\varphi \tag{8-22}$$

当对称三相负载为 △ 连接,这时线电压 U_l 与相电压 U_p、线电流 I_l 与相电流 I_p 的关系为

$$\left.\begin{array}{l} U_p = U_l \\ I_p = \dfrac{I_l}{\sqrt{3}} \end{array}\right\} \tag{8-23}$$

将式(8-23)代至式(8-20),对称三相电路(△连接)的有功功率

$$P = \sqrt{3} U_l I_l \cos\varphi \tag{8-24}$$

比较式(8-22)及式(8-24)可知,不论 Y 连接还是 △ 连接,都可直接由线电压 U_l、线电流 I_l[按式(8-22)]求得对称三相电路的有功功率。其中,

$\cos\varphi$ 为一相负载阻抗的功率因数；φ 是 △ 或 Y 连接负载的三个阻抗中任一阻抗的阻抗角。

同理，对称三相电路的三相无功功率为

$$Q=\sqrt{3}U_l I_l \sin\varphi \qquad (8-25)$$

式(8-25)对 △连接或 Y 连接的三相无功功率的计算都适用。其中，φ 仍是一相负载阻抗的阻抗角。

对称三相电路的视在功率为

$$S=\sqrt{P^2+Q^2}=\sqrt{3}U_l I_l$$

上式代入式(8-24)和式(8-25)，可得电路的功率因数

$$\frac{P}{S}=\frac{\sqrt{3}U_l I_l \cos\varphi}{\sqrt{3}U_l I_l}=\cos\varphi$$

可见，对称三相电路的功率因数即一相电路的功率因数。

2）瞬时功率

设负载的对称三相电压为

$$\dot{U}_A=U_p\underline{/0°}, \quad \dot{U}_B=U_p\underline{/-120°}, \quad \dot{U}_C=U_p\underline{/120°}$$

对称三相负载阻抗 $Z_A=Z_B=Z_C=|Z|\underline{/\varphi}$，则对称三相电流为

$$\dot{I}_A=I_p\underline{/-\varphi}, \quad \dot{I}_B=I_p\underline{/-120°-\varphi}, \quad \dot{I}_C=I_p\underline{/120°-\varphi}$$

由于三相电路的瞬时功率 $p(t)$ 为各相瞬时功率 $p_A(t)$、$p_B(t)$、$p_C(t)$ 之和，即

$$\begin{aligned}p(t)&=p_A(t)+p_B(t)+p_C(t)=u_A i_A+u_B i_B+u_C i_C\\&=\sqrt{2}U_p\sin\omega t\sqrt{2}\cdot I_p\sin(\omega t-\varphi)+\sqrt{2}U_p\sin(\omega t-120°)\cdot\\&\quad\sqrt{2}I_p\sin(\omega t-120°-\varphi)+\sqrt{2}U_p\sin(\omega t+120°)\cdot\\&\quad\sqrt{2}I_p\sin(\omega t+120°-\varphi)\end{aligned} \qquad (8-26)$$

由三角函数公式

$$\sin\alpha\cdot\sin\beta=\frac{1}{2}[\cos(\alpha-\beta)-\cos(\alpha+\beta)]$$

所以式(8-26)即

$$\begin{aligned}p(t)=&3U_p I_p\cos\varphi-U_p I_p[\cos(2\omega t-\varphi)+\\&\cos(2\omega t+120°-\varphi)+\cos(2\omega t-120°-\varphi)]\end{aligned}$$

上式中，括号内的三个余弦函数是振幅相等、相位互差 120° 的对称正弦量，由式(8-4)可知其和为零，所以上式可写为

$$p(t)=3U_p I_p\cos\varphi \qquad (8-27)$$

可见，三相瞬时功率即等于三相有功功率 P，是一个常数。对称三相电路

输出的任一瞬时的功率都是恒定的,因而三相电动机在转速一定的情况下,转矩是恒定的,有良好的机械加工特性。

2. 三相功率的测量

三相三线制的三相电路不论是否对称,都可由二表法测量三相电路的有功功率。接线图如图 8-17 所示。

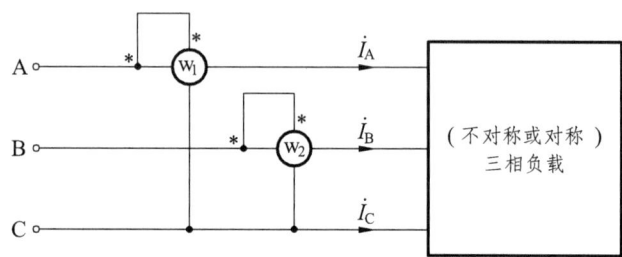

图 8-17 三表法测三相电路的有功功率

图 8-17 中,线电压为 $\dot{U}_{AB}$、$\dot{U}_{BC}$、$\dot{U}_{CA}$,相电压为 $\dot{U}_A$、$\dot{U}_B$、$\dot{U}_C$,线电流为 $\dot{I}_A$、$\dot{I}_B$、$\dot{I}_C$。由功率表的原理可知,功率表 W₁ 所测得的读数 $P_1 = \text{Re}[\dot{U}_{AC}\dot{I}_A^*]$,功率表 W₂ 的读数 $P_2 = \text{Re}[\dot{U}_{BC}\dot{I}_B^*]$。二表读数之和为

$$P_1 + P_2 = \text{Re}[\dot{U}_{AC}\dot{I}_A^* + \dot{U}_{BC}\dot{I}_B^*]$$
$$= \text{Re}[(\dot{U}_A - \dot{U}_C)\dot{I}_A^* + (\dot{U}_B - \dot{U}_C)\dot{I}_B^*]$$
$$= \text{Re}[\dot{U}_A \dot{I}_A^* + \dot{U}_B \dot{I}_B^* + \dot{U}_C(-\dot{I}_A^* - \dot{I}_B^*)] \quad (8-28)$$

由 KCL 可知 $\dot{I}_C = -\dot{I}_A - \dot{I}_B$
所以式(8-28)为

$$P_1 + P_2 = \text{Re}[\dot{U}_A\dot{I}_A^* + \dot{U}_B\dot{I}_B^* + \dot{U}_C\dot{I}_C^*]$$
$$= P_A + P_B + P_C \quad (8-29)$$

其中,$\dot{I}_A^*$、$\dot{I}_B^*$、$\dot{I}_C^*$ 是 $\dot{I}_A$、$\dot{I}_B$、$\dot{I}_C$ 的共轭相量。P_A、P_B、P_C 是 A、B、C 三相的每相负载的有功功率。式(8-29)说明,二表法所测的两功率表的读数之和即为三相电路的有功功率。值得注意的是,当两功率表按图 8-17 连接时,有可能其中一只功率表的指针反转,这时可将该功率表的电流线圈的端钮位置对调,功率表的指针就正转了。对该表的读数应取负。

三相四线制不对称电路功率的测量可采用三表法。三只功率表的连接可按图 8-18 所示。

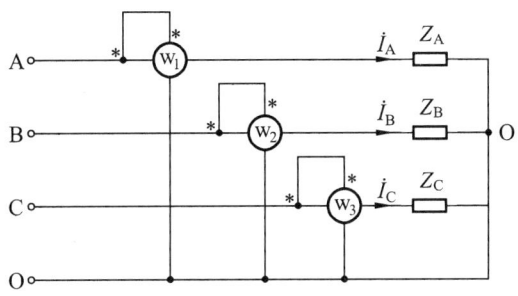

图 8-18 三相四线制三相电路功率测量

显然,功率表 ⓦ₁ 的读数即是 A 相有功功率 P_A;而其余两只功率表的读数分别是 B 相和 C 相的有功功率 P_B、P_C,故三表的读数之和即三相电路的总有功功率。

对称三相电路也可采用一表法测三相电路的有功功率。不论三相负载是 Y 连接还是 △ 连接,都可用一只功率表测出一相负载的有功功率。由于对称三相电路的有功功率是一相有功功率的 3 倍,如式(8-27)所示,所以将功率表的读数乘以 3 即得三相电路的总有功功率。

例 8-4 对称三相电路如图 8-19 所示。感性三相负载的功率因数为 0.5,功率为 10 kW,线电压 $U_l=380$ V,频率 $f=50$ Hz。现要提高功率因数到 0.9,接上了 △ 连接的电容 C。求电容 C 的值及功率因数提高后的线电流 $\dot{I}_2$。

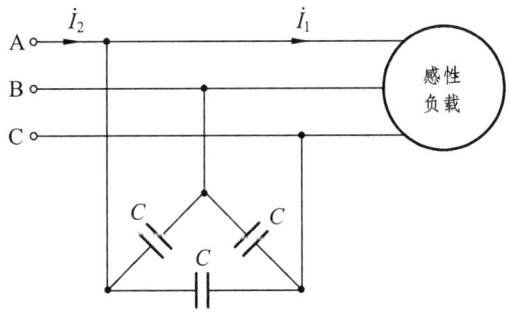

图 8-19 例 8-4 图(Ⅰ)

解 将 △ 连接的电容变换成 Y 连接,并画出 A 相单相计算电路如图 8-20 所示,其电压、电流的相量如图 8-21 所示。

对称三相电路的功率因数即单相功率因数,所以感性负载的功率因数角 φ_1 为

$$\varphi_1 = \arccos 0.5 = 60° \tag{8-30}$$

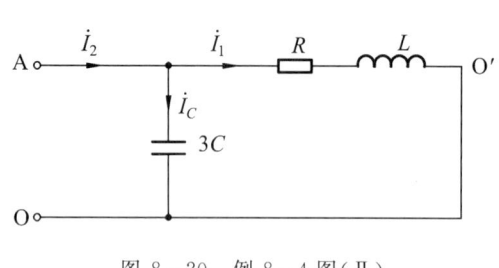
图 8-20 例 8-4 图(Ⅱ)

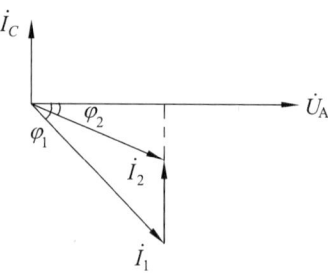
图 8-21 例 8-4 图(Ⅲ)

提高功率因数到 0.9 时, 功率因数角

$$\varphi_2 = \arccos 0.9 = 25.84° \tag{8-31}$$

又因为对称三相电路有功功率 $P = \sqrt{3} U_l I_l \cos\varphi$, 所以

$$I_1 = \frac{P}{\sqrt{3} U_l \cos\varphi_1} = \frac{10000}{\sqrt{3} \times 380 \times 0.5} \text{ A} = 30.30 \text{ A} \tag{8-32}$$

取相电压 $\dot{U}_A$ 为参考正弦量: $\dot{U}_A = U_p \underline{/0°} = \frac{380}{\sqrt{3}} \underline{/0°}$ V $= 220 \underline{/0°}$ V, 所以

$$\dot{I}_1 = 30.30 \underline{/-60°} \text{ A} \tag{8-33}$$

由相量图 8-21 可知

$$\tan\varphi_2 = \frac{I_1 \sin\varphi_1 - I_C}{I_1 \cos\varphi_1} \tag{8-34}$$

将式(8-30)、式(8-31)代入式(8-34), 求得

$$I_C = 18.90 \text{ A} \tag{8-34}'$$

又因为在图 8-20 中

$$I_C = \omega(3C)U_A = 2\pi \times 50 \times 3C \times 220 \tag{8-35}$$

将式(8-34)′代至式(8-35), 求得

$$C = 91.23 \text{ μF}$$

由于电容电流超前电压 90°, 而图 8-20 及图 8-21 中, $\dot{I}_C$ 超前 $\dot{U}_A$ 相位 90°, 而 $\dot{U}_A$ 是参考正弦量, 所以

$$\dot{I}_C = 18.90 \underline{/90°} \text{ A}$$

由图 8-20, 根据 KCL, 求得功率因数提高到 0.9 后的线电流为

$$\dot{I}_2 = \dot{I}_C + \dot{I}_1 = (18.90 \underline{/90°} + 30.30 \underline{/-60°}) \text{ A}$$
$$= 16.8 \underline{/25.7°} \text{ A}$$

例 8-5 对称三相电路如图 8-22 所示, 线电压为 380 V, 三相电源提供

的复功率 $\bar{S}=(5+\text{j}20)$ kV·A,试求:(1) 功率表的读数;(2) 设 $Z'=(0.5+\text{j})\Omega$,求负载的复功率。

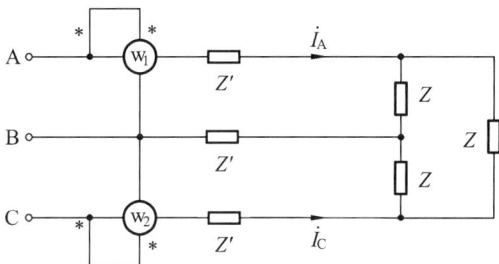

图 8-22　例 8-5 图

解

(1) 设相电压 $\dot{U}_\text{A}=\dfrac{380}{\sqrt{3}}\underline{/0°}$ V $=220\underline{/0°}$ V,则

$$\dot{U}_\text{AB}=380\underline{/30°} \text{ V}, \quad \dot{U}_\text{BC}=380\underline{/30°-120°} \text{ V}=380\underline{/-90°} \text{ V}$$

因为 　　　　　　$\bar{S}=(5+\text{j}20)$ kV·A

所以功率因数角

$$\varphi=\arctan\dfrac{20}{5}=75.96°$$

$$\cos\varphi=\cos 75.96°=0.24$$

且整个三相电路的有功功率

$$P=5000 \text{ W}$$

所以线电流　　$I_l=\dfrac{P}{\sqrt{3}U_l\cos\varphi}=\dfrac{5000}{\sqrt{3}\times 380\times 0.24}$ A$=31.69$ A

$$\dot{I}_\text{A}=31.69\underline{/-75.96°} \text{ A}$$

因 $\bar{S}=(5+\text{j}20)$ kV·A,无功功率 $Q=20>0$,可知三相负载是感性,所以线电流 $\dot{I}_\text{A}$(即等效 Y 连接负载相电流)滞后 $\dot{U}_\text{A}$。

由对称三相电路的对称性可知

$$\dot{I}_\text{C}=\dot{I}_\text{A}\underline{/120°}=31.69\underline{/-75.96°+120°} \text{ A}=31.69\underline{/44.04°} \text{ A}$$

所以 Ⓦ₁ 表的读数为

$$P_1=\text{Re}[\dot{U}_\text{AB}\dot{I}_\text{A}^*]=380\times 31.69\cos 105.96° \text{ W}$$
$$=-3.31 \text{ kW}$$

W₂表的读数为

$$P_2 = \text{Re}[\dot{U}_{CB}\dot{I}_C^*] = 380 \times 31.69\cos(45.96°) \text{ W}$$
$$= 8.37 \text{ kW}$$

(2) 因 $\dot{U}_{Z'} = \dot{I}_A Z' = 31.69\underline{/-75.96°}(0.5+j) \text{ V}$
$$= 35.49\underline{/-12.53°} \text{ V}$$

则线路三个 Z' 阻抗吸收的复功率为

$$\bar{S}_{Z'} = 3\dot{U}_{Z'}\dot{I}_A^* = 3 \times 35.49\underline{/-12.53°} \times 3.69\underline{/-75.96°} \text{ V·A}$$
$$= (1509+j3018) \text{ V·A}$$

三相负载三个阻抗 Z 上吸收的复功率为

$$\bar{S}_Z = \bar{S} - \bar{S}_{Z'} = (5000+j20000-1509-j3018) \text{ V·A}$$
$$= 17.34\underline{/78.38°} \text{ kV·A}$$

习 题 八

8-1 已知对称三相电路线电压有效值为 380 V 的三相电源接在星形连接的三相负载上，每相负载电阻 $R=5$ Ω，感抗 $X_L=10$ Ω。试求此负载的相电流 $\dot{I}_A$、$\dot{I}_B$、$\dot{I}_C$ 及相电压 $\dot{U}_A$、$\dot{U}_B$、$\dot{U}_C$。

8-2 题 8-2 图所示对称三相电路中，$u_A = 220\sqrt{2}\cos(314t+30°)$ V，$Z=(20+j10\sqrt{5})$ Ω，$Z_l=(2+j1)$ Ω，$Z_O=(2+j1)$ Ω。求：

(1) 线电流 $\dot{I}_A$、$\dot{I}_B$、$\dot{I}_C$ 及中线电流 $\dot{I}_O$；

(2) 电压 $u_{A'B'}$ 的瞬时表达式。

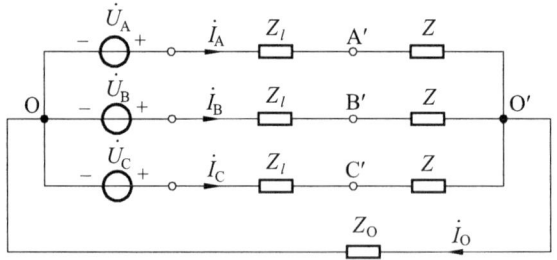

题 8-2 图

8-3 已知对称三相电路如题 8-3 图所示，线电压 $U_l=380$ V，输电线阻抗 $Z_l=5$ Ω，负载阻抗 $Z=(15+j30)$ Ω。求线电流相量 $\dot{I}_A$、$\dot{I}_B$、$\dot{I}_C$ 及相电流相量 $\dot{I}_{A'B'}$、$\dot{I}_{B'C'}$、$\dot{I}_{C'A'}$。

8-4 题 8-3 图所示对称三相电路中,若要使三角形连接的负载相电压 $U_{A'B'}=U_{B'C'}=U_{C'A'}=380$ V,且阻抗 $Z=(10\sqrt{3}+j10)\ \Omega, Z_l=(1+j\sqrt{2})\ \Omega$。试求电源线电压 U_{AB} 的有效值。

8-5 对称三相电路如题 8-5 图所示,电源角频率 $\omega=2\pi\times 50$ rad/s,电源线电压为 380 V,有一组三角形连接电阻负载,每相电阻值为 20 Ω,另有一组三角形连接电感负载,已知两组负载的线电流有效值 $I_1=I_2$。求三角形电感负载每相的电感系数 L 及负载相电流 $\dot{I}_3$、线电流 $\dot{I}_A$。

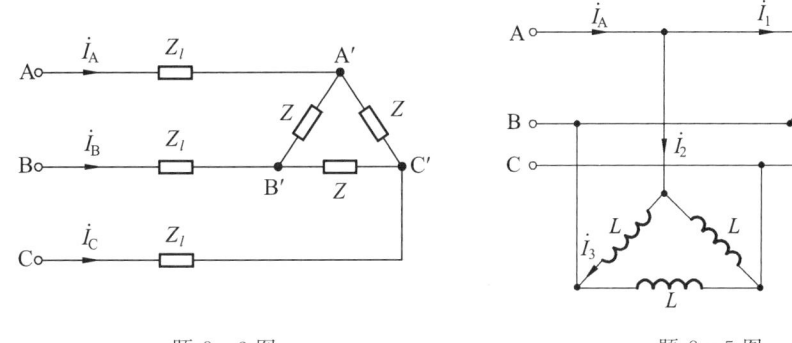

题 8-3 图　　　　　　　　　　　题 8-5 图

8-6 某对称三相用电设备的额定线电压为 380 V,假定线电流为 150 A,相功率因数为 0.8,试求此设备的有功功率、无功功率、视在功率。

8-7 题 8-7 图所示对称三相电路,电源端线电压 $U_{AB}=380$ V,端线阻抗 $Z_l=(1+j2)\ \Omega$,中线阻抗 $Z_O=(1+j)\ \Omega$,负载每相阻抗 $Z=(12+j3)\ \Omega$,求:

(1) $\dot{I}_A、\dot{I}_B、\dot{I}_C、\dot{I}_O$。

(2) 负载端线电压 $\dot{U}_{ab}、\dot{U}_{bc}、\dot{U}_{ca}$。

(3) 三相负载吸收的总有功功率。

8-8 对称三相电路如题 8-8 图所示,当负载星形连接,每相阻抗 $Z_1=(5+j5)\ \Omega$;当负载三角形连接,每相阻抗 $Z_2=(15+j12)\ \Omega$,已知电源线电压 380 V,频率 $f=50$ Hz。试求:

(1) 两组负载总有功功率 P、线电流 I_A、电路功率因数。

(2) 若要使负载总的功率因数提高到 0.95,应该将补偿电容如何连接?并计算出每相电容的值。

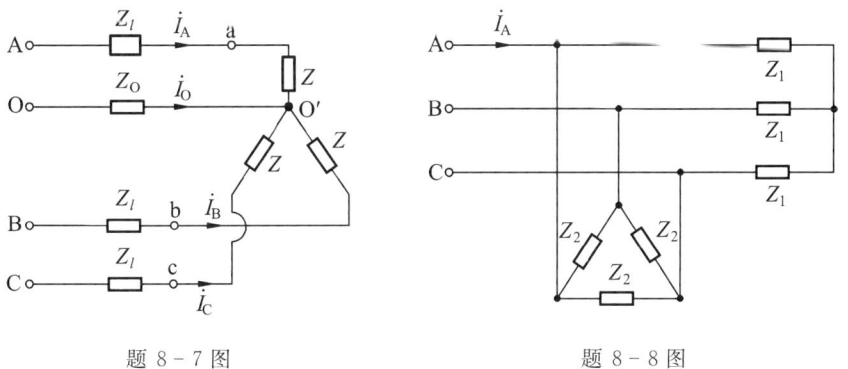

题 8-7 图　　　　　　　　　　　题 8-8 图

8-9 对称三相电路如题 8-9 图所示，已知 $\dot{U}_{AB}=380\underline{/30°}$ V，$Z_l=(2+j3)$ Ω，$Z_1=(48+j36)$ Ω，$Z_2=(12+j16)$ Ω。求：

(1) 图示的 $\dot{I}_A$、$\dot{I}_{A1}$、$\dot{I}_{A2}$ 及 $\dot{I}$。

(2) 三相电源发出的总功率 P。

8-10 三相对称电源向三相对称负载供电如题 8-10 图所示。电源线电压为 380 V，负载吸收总功率为 2.4 kW，功率因数为 0.6(滞后)。若负载为星形连接，求每相阻抗 Z 及功率表的读数。

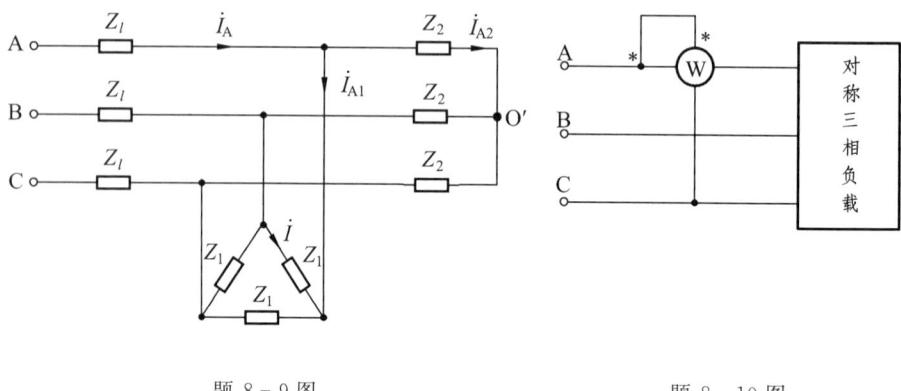

题 8-9 图　　　　　　　　　　题 8-10 图

8-11 某三相电动机绕组为三角形连接，它的输出功率为 60 kW，满负载时的功率因数为 0.82(滞后)，电机的效率为 87%，电源的线电压为 415 V。试计算电机在满负载运行情况下的线电流 I_l 及相电流 I_p。

8-12 已知对称三相电源的线电压 U_l 为 380 V，并在三相四线制系统中，一组为三相对称负载，每相阻抗为 $Z=31.35\underline{/30°}$ Ω；另一组为三相不对称电阻性负载，如题 8-12 图所示。试求三个功率表的读数。

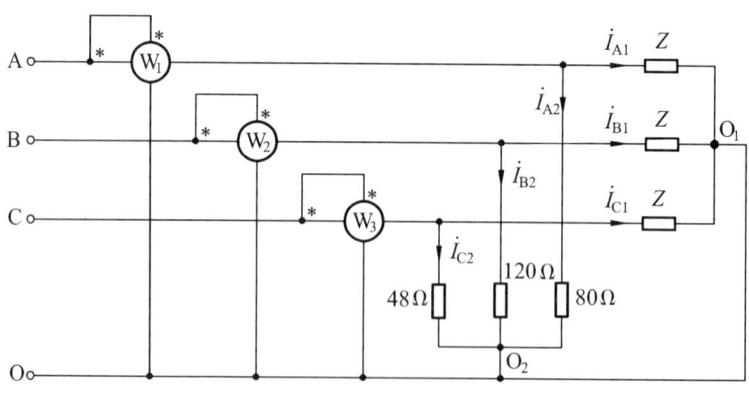

题 8-12 图

8-13 现测得对称三相电路的线电压、线电流及平均功率分别为 $U_l=380$ V、$I_l=10$ A、$P=5.7$ kW,求:

(1) 三相负载的功率因数及复阻抗 Z[电路如题 8-13 图(a)所示,阻抗 Z 呈感性]。

(2) 当 C 相负载短路,试说明 A、B 两组负载上承受多大电压,并求 $\dot{I}_A$、$\dot{I}_B$、$\dot{I}_C$[电路如题 8-13 图(b)所示,阻抗 Z 呈感性]。

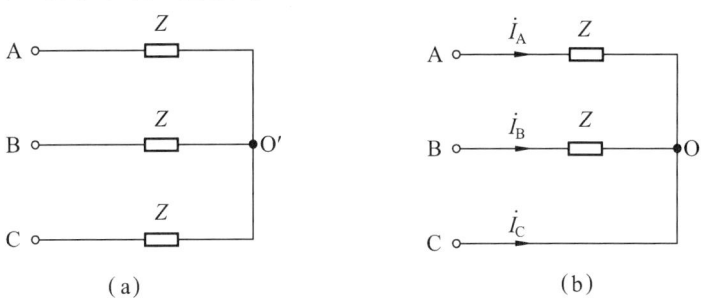

题 8-13 图

8-14 三相四线制供电系统,线电压为 380 V,电路如题 8-14 图所示,各相负载 $R=X_L=X_C=10$ Ω,求各相电流、中线电流、三相有功功率,并画出相量图。

8-15 题 8-15 图所示三相电路的外加电源是对称的,其线电压的有效值为 380 V。两组星形负载并联,其中一组对称,$Z=10$ Ω;另一组星形负载不对称,阻抗分别为 $Z_A=10$ Ω、$Z_B=j10$ Ω、$Z_C=-j10$ Ω。电路中阻抗 $Z_1=-j10$ Ω。试求电压表的读数及电源端线电流 $\dot{I}_B$。

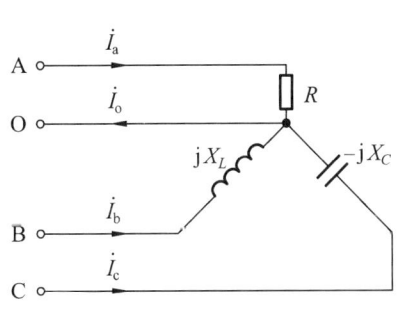 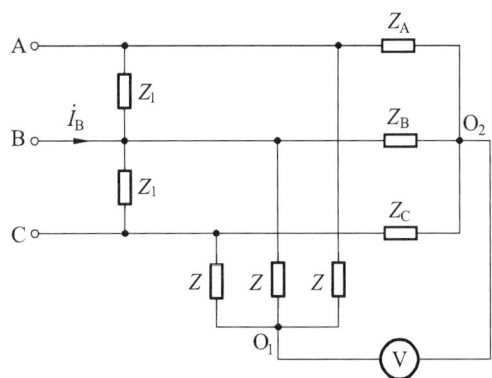

题 8-14 图 题 8-15 图

第 九 章

非正弦周期性电路

———— 内 容 提 要 ————

前面有关章节讨论了直流与正弦稳态电路的分析与计算。本章所要讨论的是以非正弦周期电压源或电流源为激励的线性电路的分析计算。

§9-1 非正弦周期信号

在一个线性电路中,有一个正弦交流电源作用或多个同频率正弦交流电源共同作用时,电路中各支路、各元件的稳态电压、电流都按照同频率的正弦规律变化。但是在生产实践和科学实验中,时常会出现不按正弦规律变动的交流电源与信号。

以交流发电机为例,发电机转子与定子气隙间的磁感应强度很难做到严格按照正弦规律分布,因此,磁感应产生的电压波形或多或少与正弦波形有一些差别,这时,发电机的电压严格来说是非正弦周期电压。此外,电路中存在非线性元件,即使电源电压为正弦波,也会产生非正弦电流。例如电机、变压器中铁芯磁化的非线性,会使电压、电流波形发生一定畸变。此外,电子、通信、计算机领域存在各种各样的非正弦周期电压、电流信号,如图 9-1 所示。

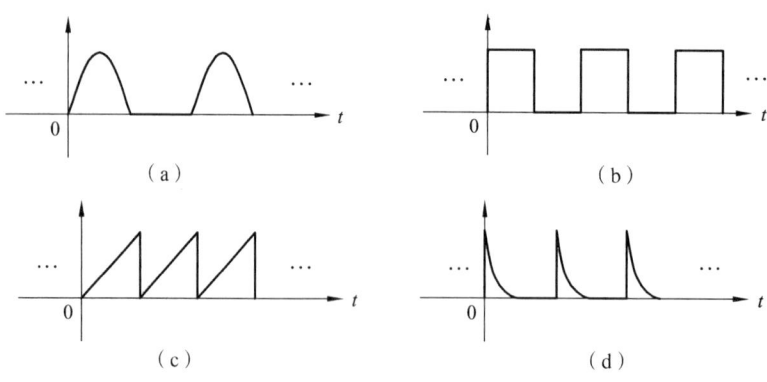

图 9-1 周期性非正弦波形

非正弦量可分为周期和非周期两种，本章仅讨论线性电路在非正弦周期电源作用下电路的响应，并介绍适用于这种情况的非正弦交流电流的计算方法——谐波分析法。首先应用数学中的傅里叶级数展开法，将非正弦周期激励电压、电流信号分解为一系列不同频率的正弦量之和；再根据线性电路的叠加定理，分别计算在各个正弦量的单独作用下，电路中所产生的同频率正弦电流分量和电压分量；最后将所得分量按时域形式相加，就可得到非正弦周期激励下的稳态电压和电流。谐波分析法实质上就是把非正弦周期电流电路的计算转化为一系列正弦电流电路的计算。

§9-2　周期函数分解为傅里叶级数

1. 周期函数的傅里叶级数分解

如果一个周期为 T 的周期函数 $f(t)$ 满足以下狄里赫利条件：

① 在一个周期里连续或只有有限个第一类间断点；
② 在一个周期里只有有限个极大值和极小值；
③ 积分 $\int_{t_0}^{t_0+T} |f(t)| \mathrm{d}t$ 存在。

则周期函数 $f(t)$ 可以用傅里叶级数表示，即

$$f(t) = a_0 + (a_1 \cos\omega t + b_1 \sin\omega t) + (a_2 \cos 2\omega t + b_2 \sin 2\omega t) + \cdots + (a_k \cos k\omega t + b_k \sin k\omega t)$$

$$= a_0 + \sum_{k=1}^{\infty} (a_k \cos k\omega t + b_k \sin k\omega t) \quad (9-1)$$

根据三角函数的正交性，有以下式子成立

$$\int_{t_0}^{t_0+T} \cos m\omega t \cdot \sin n\omega t \, \mathrm{d}t = 0 \quad (\text{所有 } m,n)$$

$$\int_{t_0}^{t_0+T} \cos m\omega t \cdot \cos n\omega t \, \mathrm{d}t = \begin{cases} \dfrac{T}{2} & (m=n) \\ 0 & (m \neq n) \end{cases}$$

$$\int_{t_0}^{t_0+T} \sin m\omega t \cdot \sin n\omega t \, \mathrm{d}t = \begin{cases} \dfrac{T}{2} & (m=n) \\ 0 & (m \neq n) \end{cases}$$

故式(9-1)中的系数可按下列公式计算

$$\begin{cases} a_0 = \dfrac{1}{T}\int_0^T f(t)\,\mathrm{d}t = \dfrac{1}{T}\int_{-\frac{T}{2}}^{\frac{T}{2}} f(t)\,\mathrm{d}t \\[2mm] a_k = \dfrac{2}{T}\int_0^T f(t)\cos k\omega t\,\mathrm{d}t = \dfrac{2}{T}\int_{-\frac{T}{2}}^{\frac{T}{2}} f(t)\cos k\omega t\,\mathrm{d}t \\[2mm] \quad = \dfrac{1}{\pi}\int_0^{2\pi} f(t)\cos k\omega t\,\mathrm{d}(\omega t) = \dfrac{1}{\pi}\int_{-\pi}^{\pi} f(t)\cos k\omega t\,\mathrm{d}(\omega t) \\[2mm] b_k = \dfrac{2}{T}\int_0^T f(t)\sin k\omega t\,\mathrm{d}t = \dfrac{2}{T}\int_{-\frac{T}{2}}^{\frac{T}{2}} f(t)\sin k\omega t\,\mathrm{d}t \\[2mm] \quad = \dfrac{1}{\pi}\int_0^{2\pi} f(t)\sin k\omega t\,\mathrm{d}(\omega t) = \dfrac{1}{\pi}\int_{-\pi}^{\pi} f(t)\sin k\omega t\,\mathrm{d}(\omega t) \end{cases} \quad (9-2)$$

式中，$k=1,2,3,\cdots$

将式(9-1)中同频率的分量合并，$f(t)$ 的傅里叶级数展开式还可以表示为

$$\begin{aligned} f(t) &= A_0 + A_{1m}\cos(\omega t + \psi_1) + A_{2m}\cos(2\omega t + \psi_2) + \cdots + \\ &\quad A_{km}\cos(k\omega t + \psi_k) \\ &= A_0 + \sum_{k=1}^{\infty} A_{km}\cos(k\omega t + \psi_k) \end{aligned} \quad (9-3)$$

不难得出式(9-1)与式(9-3)两种表达形式系数之间的关系如下

$$A_0 = a_0, \quad A_{km} = \sqrt{a_k^2 + b_k^2}, \quad \psi_k = \arctan\left(\dfrac{-b_k}{a_k}\right)$$

$$a_k = A_{km}\cos\psi_k, \quad b_k = A_{km}\sin\psi_k$$

式(9-3)中：

A_0 是常数，称为周期函数 $f(t)$ 的直流分量，在电路中代表直流电压或直流电流。

$A_{1m}\cos(\omega t + \psi_1)$ 称为周期函数 $f(t)$ 的基波分量，其周期与函数 $f(t)$ 的周期相同，其中 A_{1m}、ω、ψ_1 分别代表基波分量的振幅、角频率和初相位。

$A_{2m}\cos(2\omega t + \psi_2)$ 称为周期函数 $f(t)$ 的 2 次谐波分量，其周期是函数 $f(t)$ 周期的 $1/2$，或者说其频率是函数 $f(t)$ 频率的 2 倍。

$A_{km}\cos(k\omega t + \psi_k)$ 称为周期函数 $f(t)$ 的 k 次谐波。当 k 的值较小时称为低次谐波，k 的值较大时称为高次谐波。k 为奇数时称为奇次谐波，k 为偶数时称为偶次谐波。

若电路中电压 $u(t)$ 是周期性非正弦函数，可参照式(9-3)将其分解为傅里叶级数，即

$$u(t) = U_0 + \sum_{k=1}^{\infty} U_{km}\cos(k\omega t + \psi_{uk})$$

上式表明一个非正弦周期信号可以分解为直流分量和无穷多个不同频率的正弦信号之和。这种将一个周期函数展开或分解为一系列谐波之和的傅里叶级数称为谐波分析。

下面用一个具体例子来说明周期函数展开为傅里叶级数的过程。

例 9 - 1 求图 9 - 2 所示周期性波形的傅里叶级数。

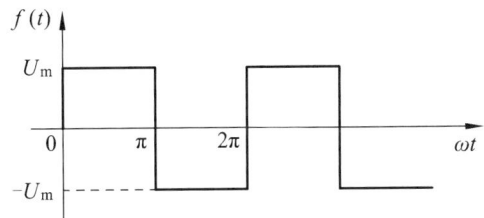

图 9 - 2 方波波形

解 $f(t)$ 在一个周期内的表达式为

$$f(t) = \begin{cases} U_m & (0 \leqslant \omega t < \pi) \\ -U_m & (\pi \leqslant \omega t < 2\pi) \end{cases}$$

按式(9-2)就可求得所需要的系数，即

$$a_0 = \frac{1}{T}\int_0^T f(t)\,dt = 0$$

$$\begin{aligned}
a_k &= \frac{1}{\pi}\int_0^{2\pi} f(t)\cos k\omega t\,d(\omega t) \\
&= \frac{1}{\pi}\left[\int_0^{\pi} U_m \cos k\omega t\,d(\omega t) - \int_{\pi}^{2\pi} U_m \cos k\omega t\,d(\omega t)\right] \\
&= 0
\end{aligned}$$

$$\begin{aligned}
b_k &= \frac{1}{\pi}\int_0^{2\pi} f(t)\sin k\omega t\,d(\omega t) \\
&= \frac{1}{\pi}\left[\int_0^{\pi} U_m \sin k\omega t\,d(\omega t) - \int_{\pi}^{2\pi} U_m \sin k\omega t\,d(\omega t)\right] \\
&= \frac{2U_m}{\pi}\int_0^{\pi} \sin k\omega t\,d(\omega t) \\
&= \frac{2U_m}{\pi}\left(-\frac{1}{k}\cos k\omega t\right)\Big|_0^{\pi} = \frac{2U_m}{k\pi}(1 - \cos k\pi)
\end{aligned}$$

当 k 为偶数时，$\cos k\pi = 1$，则

$$b_k = 0$$

当 k 为奇数时，$\cos k\pi = -1$，则

$$b_k = \frac{2U_m}{k\pi} \times 2 = \frac{4U_m}{k\pi}$$

由此可以求得

$$f(t) = \frac{4U_m}{\pi}\left[\sin\omega t + \frac{1}{3}\sin 3\omega t + \frac{1}{5}\sin 5\omega t + \cdots\right]$$

如果取上面展开式的前 3 项，即只取到 5 次谐波，各分量分别画出的曲线如图 9-3(a)中的虚线所示，将三个分量相加，就可得到图 9-3(a)所示的合成曲线(带波纹的实线)；图 9-3(b)所示是取到 11 次谐波(展开式的前 6 项)的合成曲线。比较图 9-3(a)与图 9-3(b)所示的图形可见，谐波的项数取得越多，合成曲线就越接近原来的波形(方波)。

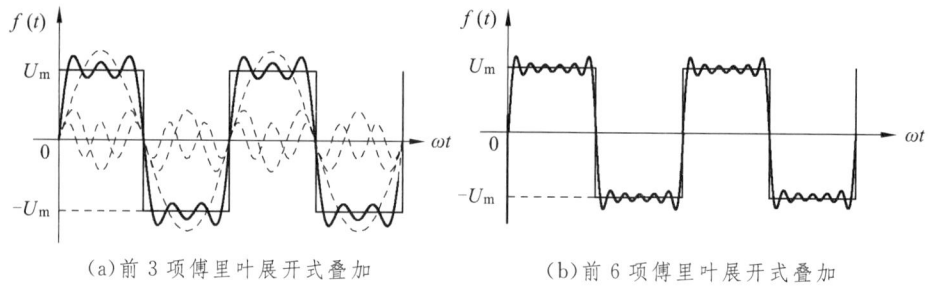

(a) 前 3 项傅里叶展开式叠加　　　　(b) 前 6 项傅里叶展开式叠加

图 9-3　傅里叶展开式叠加后的波形

2. 非正弦周期信号的频谱

由前面的讨论可知，一个周期信号可以展开为傅里叶级数，具体数学表达式见式(9-1)和式(9-3)。傅里叶级数展开式虽然能准确地描述直流、基波以及各次谐波分量，但不够直观。为了直观、清晰地反映非正弦周期函数分解为傅里叶级数后包含哪些频率分量以及各分量所占的比重，通常以 $k\omega$ 作为横坐标，各次谐波幅值 A_{km} 和初相位 ψ_k 作为纵坐标，把 A_{km} 和 ψ_k 的值用竖线段表示，这样就得到了一系列离散竖线条构成的图形，如图 9-4(a)、(b)所示，分别称为幅度频谱和相位频谱。由于各次谐波的角频率是基波角频率 ω 的整数倍，所以非正弦周期函数的频谱图是离散的。

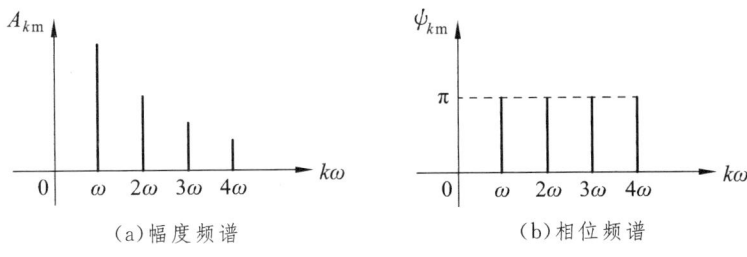

(a) 幅度频谱　　　　　　　(b) 相位频谱

图 9-4　非正弦周期函数的频谱图

3. 波形的对称性与傅里叶级数的关系

由于非正弦周期电压、电流有可能存在波形对称性。利用对称性，可以使非正弦周期函数在其傅里叶级数展开过程中，将傅里叶系数的计算简化。

1) 偶函数

对图 9-5 所示的偶函数波形，有 $f(t)=f(-t)$，其波形对纵轴对称。

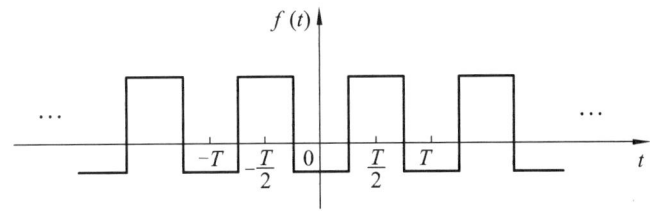

图 9-5　偶函数波形

由于 $f(t)$ 为偶函数，显然其傅里叶级数不含奇函数分量，所以正弦项 $\sin k\omega t$ 的系数 $b_k=0$。而系数 a_k 的计算只需要计算半个周期积分，即

$$a_k = \frac{2}{T}\int_{-\frac{T}{2}}^{\frac{T}{2}} f(t)\cos k\omega t\,\mathrm{d}t = \frac{4}{T}\int_{0}^{\frac{T}{2}} f(t)\cos k\omega t\,\mathrm{d}t$$

2) 奇函数

对图 9-6 所示的奇函数波形，有 $f(t)=-f(-t)$，其波形对原点对称。

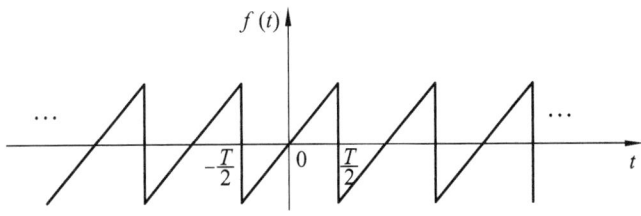

图 9-6　奇函数波形

由于 $f(t)$ 为奇函数，显然其傅里叶级数不含偶函数分量，所以直流分量 $a_0=0$、余弦项 $\cos k\omega t$ 的系数 $a_k=0$。而系数 b_k 的计算只需要计算半个周期积分，即

$$b_k = \frac{4}{T}\int_0^{\frac{T}{2}} f(t)\sin k\omega t \, \mathrm{d}t$$

3）奇谐波函数

对图 9-7 所示的波形，有 $f(t)=-f\left(t\pm\dfrac{T}{2}\right)$，其特点是将波形移动半个周期后与原波形对称于横轴，所以称为镜像对称波形。

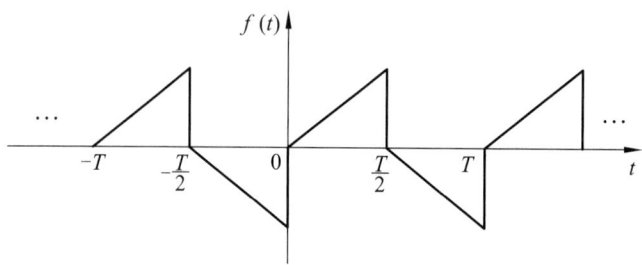

图 9-7 奇谐波函数波形

由于 $\quad f(t) = a_0 + \sum\limits_{k=1}^{\infty}(a_k\cos k\omega t + b_k\sin k\omega t)$

$$-f\left(t\pm\frac{T}{2}\right)=-a_0-\sum_{k=1}^{\infty}\left[a_k\cos k\omega\left(t\pm\frac{T}{2}\right)+b_k\sin k\omega\left(t\pm\frac{T}{2}\right)\right]$$

要满足 $f(t)=-f\left(t\pm\dfrac{T}{2}\right)$，便有

$a_0=0$
$a_2=a_4=\cdots=a_{2n}=0 \quad (n=1,2,3,\cdots)$
$b_2=b_4=\cdots=b_{2n}=0 \quad (n=1,2,3,\cdots)$

即波形为镜像对称的函数，其傅里叶展开式中的恒定分量和偶次谐波分量都为零，只含有奇次谐波，所以又称为奇谐波函数。

4）偶谐波函数

如果函数满足 $f(t)=f\left(t\pm\dfrac{T}{2}\right)$，则称 $f(t)$ 为偶谐波函数。

偶谐波函数 $f(t)$ 的波形特征是，将前半个周期的波形右移半个周期或者左移半个周期后，与后面半个周期的波形完全重叠。图 9-8 所示波形即为偶谐波函数的波形。

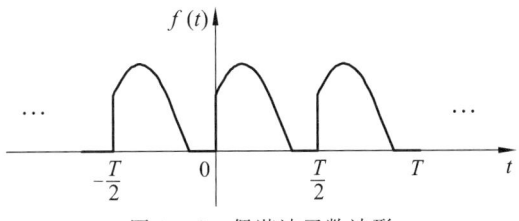

图 9-8 偶谐波函数波形

如果 $f(t) = C_0 + \sum_{k=1}^{\infty} C_k \cos(k\omega t + \psi_k)$

那么 $f\left(t \pm \dfrac{T}{2}\right) = C_0 + \sum_{k=1}^{\infty} C_k \cos\left[k\omega\left(t \pm \dfrac{T}{2}\right) + \psi_k\right]$

$\qquad\qquad\quad = C_0 + \sum_{k=1}^{\infty} C_k \cos\left[k\omega t \pm k\omega \dfrac{T}{2} + \psi_k\right]$

将 $\omega = \dfrac{2\pi}{T}$ 代入上式，得

$$f\left(t \pm \dfrac{T}{2}\right) = C_0 + \sum_{k=1}^{\infty} C_k \cos[k\omega t \pm k\pi + \psi_k]$$

$$= \begin{cases} C_0 - \sum\limits_{k=1}^{\infty} C_k \cos[k\omega t + \psi_k] & (k = 1,3,5,\cdots) \\ C_0 + \sum\limits_{k=2}^{\infty} C_k \cos[k\omega t + \psi_k] & (k = 2,4,6,\cdots) \end{cases}$$

所以，当 $f(t) = f\left(t \pm \dfrac{T}{2}\right)$ 时，必然有 $k = 1,3,5,\cdots$ 等奇数时 $C_k = 0$，故偶谐波函数的傅里叶级数展开式中没有奇次谐波，只有直流分量和偶次谐波分量，此时

$$f(t) = C_0 + \sum_{k=2}^{\infty} C_k \cos[k\omega t + \psi_k] \quad (k = 2,4,6,\cdots)$$

例 9-2 图 9-9 所示 $u(t)$ 的波形为半波整流后的波形，求 $u(t)$ 的傅里叶级数。

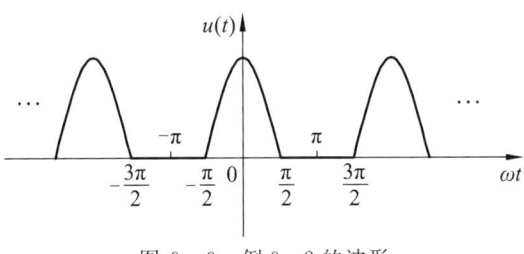

图 9-9 例 9-2 的波形

解 $u(t)$ 在一个周期内的表达式为

$$u(t) = \begin{cases} 0 & \left(-\pi \leqslant \omega t \leqslant -\dfrac{\pi}{2}\right) \\ U_\mathrm{m}\cos\omega t & \left(-\dfrac{\pi}{2} \leqslant \omega t \leqslant \dfrac{\pi}{2}\right) \\ 0 & \left(\dfrac{\pi}{2} \leqslant \omega t \leqslant \pi\right) \end{cases}$$

图示波形对称于纵轴，所以 $u(t)$ 是偶函数，可知其傅里叶级数展开式中 $b_k = 0$

而

$$a_0 = \frac{1}{T}\int_0^T u(t)\mathrm{d}t = \frac{2}{T}\int_0^{\frac{T}{2}} u(t)\mathrm{d}t$$

$$= \frac{1}{\pi}\int_0^{\frac{\pi}{2}} U_\mathrm{m}\cos\omega t\,\mathrm{d}(\omega t) = \frac{U_\mathrm{m}}{\pi}\left[\sin\omega t\right]_0^{\frac{\pi}{2}} = \frac{U_\mathrm{m}}{\pi}$$

$$a_k = \frac{4}{T}\int_0^{\frac{T}{2}} u(t)\cos k\omega t\,\mathrm{d}t = \frac{2}{\pi}\int_0^{\pi} u(t)\cos k\omega t\,\mathrm{d}(\omega t)$$

由于 $u(t)$ 在 $\dfrac{\pi}{2} \leqslant \omega t \leqslant \pi$ 区间为 0，则上式可写成

$$a_k = \frac{2}{\pi}\int_0^{\frac{\pi}{2}} U_\mathrm{m}\cos k\omega t\,\mathrm{d}(\omega t)$$

$$= \frac{2U_\mathrm{m}}{\pi}\int_0^{\frac{\pi}{2}} \frac{1}{2}\left[\cos(k+1)\omega t + \cos(k-1)\omega t\right]\mathrm{d}(\omega t)$$

$$= \frac{U_\mathrm{m}}{\pi}\left[\frac{\sin(k+1)\dfrac{\pi}{2}}{k+1} + \frac{\sin(k-1)\dfrac{\pi}{2}}{k-1}\right] \quad (k = 1,2,3,\cdots)$$

由罗比塔法则可知

$$\lim_{k\to 1}\frac{\sin(k-1)\dfrac{\pi}{2}}{k-1} = \lim_{k\to 1}\frac{\left[\sin(k-1)\dfrac{\pi}{2}\right]'_k}{(k-1)'_k} = \frac{\pi}{2}$$

所以

$$a_1 = \frac{U_\mathrm{m}}{\pi}\left(\frac{\sin\pi}{2} + \frac{\pi}{2}\right) = \frac{U_\mathrm{m}}{2}, \quad a_2 = \frac{U_\mathrm{m}}{\pi}\left(-\frac{1}{3} + 1\right) = \frac{2U_\mathrm{m}}{3\pi}$$

$$a_3 = 0, \quad a_4 = -\frac{2U_\mathrm{m}}{15\pi}$$

将傅里叶系数代入，图 9-8 所示的整流电压 $u(t)$ 的傅里叶级数为

$$u(t) = \frac{U_\mathrm{m}}{\pi}\left(1 + \frac{\pi}{2}\cos\omega t + \frac{2}{3}\cos 2\omega t - \frac{2}{15}\cos 4\omega t + \cdots\right)$$

§9-3 周期性非正弦量的有效值、绝对平均值和功率

1. 有效值

任何周期信号的有效值等于其瞬时值的方均根值，因此周期为 T 的电流 i 的有效值定义为

$$I = \sqrt{\frac{1}{T}\int_0^T i^2 \mathrm{d}t}$$

周期性非正弦电流 i 的傅里叶级数展开式为

$$i(t) = I_0 + \sum_{k=1}^{\infty} I_{km}\cos(k\omega t + \psi_k)$$

将上式代入电流有效值的公式，有

$$I = \sqrt{\frac{1}{T}\int_0^T \left[I_0 + \sum_{k=1}^{\infty} I_{km}\cos(k\omega t + \psi_k)\right]^2 \mathrm{d}t}$$

$i(t)$ 平方展开后得

$$i^2(t) = I_0^2 + \sum_{k=1}^{\infty} I_{km}^2\cos^2(k\omega t + \psi_k) + 2I_0\sum_{k=1}^{\infty} I_{km}\cos(k\omega t + \psi_k) +$$

$$\sum_{\substack{k=1\\q=1\\k\neq q}}^{\infty} 2I_{km}\cos(k\omega t + \psi_k) \cdot I_{qm}\cos(q\omega t + \psi_q)$$

对上式等式两边求解周期内平均值，即

$$\frac{1}{T}\int_0^T i^2(t)\mathrm{d}t = \frac{1}{T}\int_0^T I_0^2 \mathrm{d}t + \frac{1}{T}\int_0^T \sum_{k=1}^{\infty} I_{km}^2\cos^2(k\omega t + \psi_k)\mathrm{d}t +$$

$$\frac{1}{T}\int_0^T 2I_0\sum_{k=1}^{\infty} I_{km}\cos(k\omega t + \psi_k)\mathrm{d}t +$$

$$\frac{1}{T}\int_0^T \sum_{\substack{k=1\\q=1\\k\neq q}}^{\infty} 2I_{km}\cos(k\omega t + \psi_k) \cdot I_{qm}\cos(q\omega t + \psi_q)\mathrm{d}t$$

由三角函数的正交性得

$$\frac{1}{T}\int_0^T I_0^2 \mathrm{d}t = I_0^2$$

$$\frac{1}{T}\int_0^T \sum_{k=1}^{\infty} I_{km}^2\cos^2(k\omega t + \psi_k)\mathrm{d}t = \sum_{k=1}^{\infty} \frac{I_{km}^2}{2} = \sum_{k=1}^{\infty} I_k^2$$

$$\frac{1}{T}\int_0^T 2I_0 I_{km}\cos(k\omega t + \psi_k)\mathrm{d}t = 0$$

$$\frac{1}{T}\int_0^T 2I_{km}\cos(k\omega t + \psi_k)\cdot I_{qm}\cos(q\omega t + \psi_q)\mathrm{d}t = 0 \quad (k \neq q)$$

所以有
$$I = \sqrt{\frac{1}{T}\int_0^T i(t)^2 \mathrm{d}t} = \sqrt{I_0^2 + \sum_{k=1}^{\infty} I_k^2}$$

$$= \sqrt{I_0^2 + I_1^2 + I_2^2 + \cdots} = \sqrt{\sum_{k=0}^{\infty} I_k^2} \tag{9-4}$$

即周期性非正弦电流的有效值等于恒定分量的平方与各次正弦量有效值的平方和的平方根。此结论可以推广用于其他非正弦周期量。

例 9-3 已知非正弦周期电压 $u_S(t) = (60 + 100\sqrt{2}\sin 1000t + 30\sqrt{2}\sin 2000t)$ V，求其有效值。

解 $U_S = \sqrt{60^2 + 100^2 + 30^2}$ V $= \sqrt{14500}$ V $= 120.42$ V

2. 绝对平均值

实践中会用到绝对平均值的概念，以电流为例，其定义如下

$$I_{av} = \frac{1}{T}\int_0^T |i(t)|\mathrm{d}t \tag{9-5}$$

即非正弦周期电流取绝对值后再求其平均值。数学上取绝对值，在电路中可以通过全波整流电路来实现。

正弦量的绝对平均值为

$$I_{av} = \frac{1}{T}\int_0^T |I_m\sin\omega t|\mathrm{d}t = \frac{2I_m}{T}\int_0^{\frac{T}{2}}\sin\omega t\,\mathrm{d}t$$

$$= -\frac{2I_m}{T\omega}\cos\omega t\Big|_0^{\frac{T}{2}} = \frac{2I_m}{\pi} = 0.637 I_m = 0.898 I$$

对同一非正弦周期电流，当使用不同类型的电工仪表测量时，会得到不同的结果。用磁电系仪表（直流仪表）测量，所得结果是电流的平均值（恒定分量），其偏转角正比于 $\frac{1}{T}\int_0^T i(t)\mathrm{d}t$。用电磁系或电动系仪表测量时，所得结果是电流的有效值，其偏转角正比于 $\frac{1}{T}\int_0^T i^2(t)\mathrm{d}t$。用全波整流磁电系仪表测量时，所得结果是电流的绝对平均值，其偏转角正比于 $\frac{1}{T}\int_0^T |i(t)|\mathrm{d}t$。所以，在测量非正弦周期电流和电压时，要注意选择合适的仪表，并注意各种不同类型

仪表所显示的含义。

例 9 - 4 电压 $u(t)$ 的波形如图 9-10 所示,求该电压的绝对平均值。

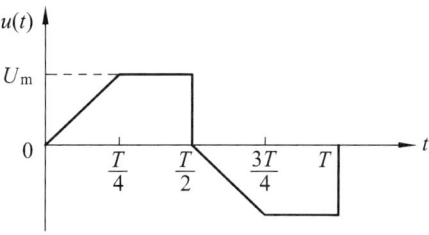

图 9-10 例 9-4 的波形

解 由于 $u(t)$ 移动半个周期对称于横轴,故 $u(t)$ 的绝对值在一个周期 T 内的积分等于半个周期积分的 2 倍,所以电压 $u(t)$ 的绝对平均值为

$$U_{av} = \frac{1}{T}\int_0^T |u(t)| dt = \frac{2}{T}\int_0^{\frac{T}{2}} u(t)dt$$
$$= \frac{2}{T}\left[\int_0^{\frac{T}{4}} \frac{U_m}{T/4} t dt + \int_{\frac{T}{4}}^{\frac{T}{2}} U_m dt\right] = \frac{3}{4}U_m$$

3. 功率

对外具有一个端口的网络 N,如其端口电压 u、电流 i 均为非正弦周期波形,且电压 u、电流 i 为关联参考方向,那么该网络 N 吸收的瞬时功率为

$$p = ui$$
$$= \left[U_0 + \sum_{k=1}^{\infty} U_{km}\cos(k\omega t + \psi_{uk})\right] \cdot \left[I_0 + \sum_{k=1}^{\infty} I_{km}\cos(k\omega t + \psi_{ik})\right]$$

网络 N 吸收的有功功率(又称平均功率)就是瞬时功率在一个周期内的平均值,即

$$P = \frac{1}{T}\int_0^T p\, dt$$

将瞬时功率的式子展开,有

$$p = U_0 I_0 + \sum_{k=1}^{\infty} U_0 I_{km}\cos(k\omega t + \psi_{ik}) + \sum_{k=1}^{\infty} U_{km} I_0 \cos(k\omega t + \psi_{uk}) +$$
$$\sum_{k=1}^{\infty} U_{km} I_{km} \cos(k\omega t + \psi_{uk})\cos(k\omega t + \psi_{ik}) +$$
$$\sum_{\substack{k=1 \\ n=1 \\ k \neq n}}^{\infty} U_{km} I_{nm} \cos(k\omega t + \psi_{uk})\cos(n\omega t + \psi_{in})$$

各项积分为 $\dfrac{1}{T}\displaystyle\int_0^T U_0 I_0 \mathrm{d}t = U_0 I_0$

$$\dfrac{1}{T}\int_0^T U_0 I_{km}\cos(k\omega t + \psi_{ik})\mathrm{d}t = 0$$

$$\dfrac{1}{T}\int_0^T U_{km} I_0\cos(k\omega t + \psi_{uk})\mathrm{d}t = 0$$

$$\dfrac{1}{T}\int_0^T U_{km} I_{km}\cos(k\omega t + \psi_{uk})\cos(k\omega t + \psi_{ik})\mathrm{d}t$$

$$= \dfrac{U_{km} I_{km}}{2T}\int_0^T [\cos(\psi_{uk} - \psi_{ik}) + \cos(2k\omega t + \psi_{uk} + \psi_{ik})]\mathrm{d}t$$

$$= \dfrac{U_{km} I_{km}}{2}\cos(\psi_{uk} - \psi_{ik}) = U_k I_k \cos\varphi_k$$

$$\dfrac{1}{T}\int_0^T U_{km} I_{nm}\cos(k\omega t + \psi_{uk})\cos(n\omega t + \psi_{in})\mathrm{d}t$$

$$= \dfrac{U_{km} I_{nm}}{2T}\int_0^T [\cos((k-n)\omega t + \psi_{uk} - \psi_{in}) +$$

$$\cos((k+n)\omega t + \psi_{uk} + \psi_{in})]\mathrm{d}t = 0 \quad (k \neq n)$$

所以有功功率 P 为

$$P = U_0 I_0 + U_1 I_1 \cos\varphi_1 + U_2 I_2 \cos\varphi_2 + \cdots$$

$$= U_0 I_0 + \sum_{k=1}^{\infty} U_k I_k \cos\varphi_k \tag{9-6}$$

式中 $U_k = \dfrac{U_{km}}{\sqrt{2}}, \quad I_k = \dfrac{I_{km}}{\sqrt{2}}, \quad \varphi_k = \psi_{uk} - \psi_{ik} \quad (k=1,2,3,\cdots)$

由此可见，只有同频率的电压和电流之间才会产生有功功率，不同频率的电压和电流是不会产生有功功率的。有功功率等于恒定直流分量功率和各次谐波有功功率的代数和。

例 9-5 已知某二端网络 N 的端口电压为 $u = [50 + 84.6\cos(\omega t + 30°) + 56.6\cos(2\omega t + 10°)]$ V，关联参考方向下的电流为 $i = [1 + 0.707\cos(\omega t - 20°) + 0.424\cos(2\omega t + 50°)]$ A，求端口电流的有效值以及该二端网络吸收的有功功率。

解 电流有效值为

$$I = \sqrt{1 + \dfrac{1}{2}\times 0.707^2 + \dfrac{1}{2}\times 0.424^2} \text{ A} \approx 1.45 \text{ A}$$

二端网络 N 吸收的有功功率为

$$P = U_0 I_0 + U_1 I_1 \cos\varphi_1 + U_2 I_2 \cos\varphi_2$$
$$= \left[50 \times 1 + \frac{84.6}{\sqrt{2}} \times \frac{0.707}{\sqrt{2}} \cos(30°+20°) + \frac{56.6}{\sqrt{2}} \times \frac{0.424}{\sqrt{2}} \cos(10°-50°) \right] \text{W}$$
$$\approx 78.42 \text{ W}$$

§9-4 非正弦周期电流电路的计算

正弦交流电路可采用相量法进行分析计算，当非正弦激励作用于线性稳态电路时，将激励进行傅里叶级数展开，其中的正弦交流分量仍然可以采用相量法进行计算。非正弦周期电流电路的分析计算步骤如下：

① 将非正弦周期电压或电流展开成傅里叶级数，即将非正弦周期函数展开成为直流分量和各次谐波分量之和。高次谐波取到多少项可根据需要的精度而定。

② 分别计算直流分量、各次谐波分量单独作用时的响应。直流分量作用时，电容相当于开路，电感相当于短路，各次谐波分量单独作用时仍用相量法求解，且感抗、容抗均与频率有关。

③ 应用叠加定理，将步骤②所得响应结果化为瞬时表达式后相加，需要注意的是，这一步骤不可用各个相量叠加，不同频率的正弦电流或电压的相量直接相加是没有意义的。

例9-6 图9-11所示电路中，已知 $u_S(t) = (3 + 10\sqrt{2}\sin 2t)$ V，$R_1 = 1\ \Omega$，$R_2 = 2\ \Omega$，$L = 1$ H，$C = 0.25$ F。试求电容电压 u_C 及其有效值 U_C、电流 i 及其有效值 I。

解

(1) 直流电压分量 $U_0 = 3$ V 单独作用：

直流稳态电路中，电容开路、电感短路，所以有

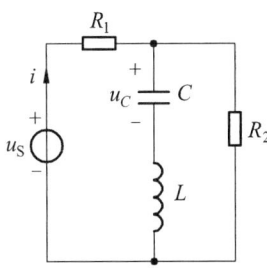

图 9-11 例 9-6 图(1)

电容电压 $\quad U_{C0} = \dfrac{U_0 R_2}{R_1 + R_2} = \dfrac{3 \times 2}{1+2}$ V $= 2$ V

电流 $\quad I_0 = \dfrac{U_0}{R_1 + R_2} = \dfrac{3}{1+2}$ A $= 1$ A

(2) 交流电压分量 $u_1 = 10\sqrt{2}\sin 2t$ 单独作用：

相量电路如图 9-12 所示。

电流
$$\dot{I}_1 = \frac{\dot{U}_1}{R_1 + \frac{R_2(-jX_C+jX_L)}{R_2+(-jX_C+jX_L)}}$$

$$= \frac{10\underline{/0°}}{1+\frac{2\times(-j2+j2)}{2+(-j2+j2)}} \text{ A}$$

$$= 10\underline{/0°} \text{ A}$$

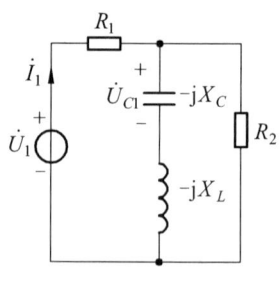

图 9-12 例 9-6 图(2)

其正弦量为 $i_1(t) = 10\sqrt{2}\sin 2t$ A

由于电容电感串联支路的复数阻抗为 0，故电阻 R_2 支路电流为零，所以电容电压

$$\dot{U}_{C1} = \dot{I}_1(-jX_C) = [10\underline{/0°} \times (-j2)] \text{ V} = 20\underline{/-90°} \text{ V}$$

其正弦量为 $u_{C1}(t) = 20\sqrt{2}\sin(2t-90°)$ V

根据叠加定理得电容电压

$$u_C(t) = U_{C0} + u_{C1}(t) = 2 + 20\sqrt{2}\sin(2t-90°) \text{ V}$$

电容电压有效值
$$U_C = \sqrt{U_{C0}^2 + U_{C1}^2} = \sqrt{2^2+20^2} \text{ V} \approx 20 \text{ V}$$

同理，电流 $i(t) = I_0 + i_1(t) = 1 + 10\sqrt{2}\sin 2t$ A

电流有效值 $I = \sqrt{I_0^2 + I_1^2} = \sqrt{1+10^2}$ A ≈ 10 A

例 9-7 电压 u_S 经图 9-13(a)所示的 LC 滤波电路后到达负载 R。已知 $L=5H$、$C=10$ μF、$R=2$ kΩ。图 9-13(b)所示的电压 u_S 为整流后的波形，$\omega=314$ rad/s。求负载两端电压的瞬时值、有效值以及负载消耗的功率（傅里叶级数取到 4 次谐波）。

解

（1）分解电压 u_S

由图 9-13(b)所示的电压 u_S 波形可知，u_S 为偶函数，所以 u_S 的傅里叶级数中没有正弦项，即

$$b_k = 0$$

又由于 u_S 的前、后半个周期的波形完全重叠，所以 u_S 为偶谐波函数，故

$$a_k = 0 \quad (k=1,3,5,\cdots)$$

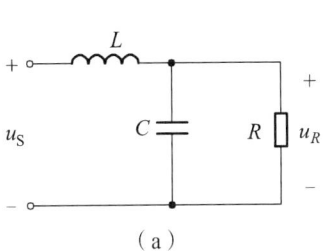 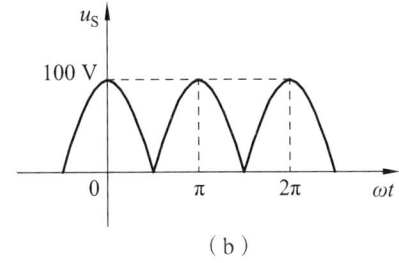

图 9-13 例 9-7 图(1)

根据题中的要求，傅里叶级数只需要展开到 4 次谐波，所以电压 u_S 的展开式应该为

$$u_S \approx a_0 + a_2\cos2\omega t + a_4\cos4\omega t$$

其中
$$a_0 = \frac{1}{2\pi}\int_0^{2\pi} u_S \mathrm{d}(\omega t) = \frac{1}{\pi}\int_0^{\pi} u_S \mathrm{d}(\omega t)$$

$$= \frac{2}{\pi}\int_0^{\frac{\pi}{2}} 100\cos\omega t\,\mathrm{d}(\omega t) = 63.66$$

$$a_2 = \frac{1}{\pi}\int_0^{2\pi} u_S\cos2\omega t\,\mathrm{d}(\omega t) = \frac{2}{\pi}\int_0^{\pi} u_S\cos2\omega t\,\mathrm{d}(\omega t)$$

$$= \frac{2\times100}{\pi}\left[\int_0^{\frac{\pi}{2}}\cos\omega t\cos2\omega t\,\mathrm{d}(\omega t) - \int_{\frac{\pi}{2}}^{\pi}\cos\omega t\cos2\omega t\,\mathrm{d}(\omega t)\right]$$

$$= \frac{100}{\pi}\left[\int_0^{\frac{\pi}{2}}(\cos\omega t + \cos3\omega t)\,\mathrm{d}(\omega t) - \int_{\frac{\pi}{2}}^{\pi}(\cos\omega t + \cos3\omega t)\,\mathrm{d}(\omega t)\right]$$

$$= \frac{100}{\pi}\left(\sin\omega t + \frac{\sin3\omega t}{3}\right)\Big|_0^{\frac{\pi}{2}} - \frac{100}{\pi}\left(\sin\omega t + \frac{\sin3\omega t}{3}\right)\Big|_{\frac{\pi}{2}}^{\pi}$$

$$= \frac{400}{3\pi} = 42.48$$

$$a_4 = \frac{1}{\pi}\int_0^{2\pi} u_S\cos4\omega t\,\mathrm{d}(\omega t) = \frac{2}{\pi}\int_0^{\pi} u_S\cos4\omega t\,\mathrm{d}(\omega t)$$

$$= \frac{2\times100}{\pi}\left[\int_0^{\frac{\pi}{2}}\cos\omega t\cos4\omega t\,\mathrm{d}(\omega t) - \int_{\frac{\pi}{2}}^{\pi}\cos\omega t\cos4\omega t\,\mathrm{d}(\omega t)\right]$$

$$= -8.49$$

所以 $u_S \approx (63.66 + 42.48\cos2\omega t - 8.49\cos4\omega t)$ V

(2) 当直流分量作用时：

电感在直流电路中相当于短路，电容在直流电路中相当于断路，所以电压 u_S 中的直流分量直接加到了负载 R 上，所以

$$u'_R = a_0 = 63.66 \text{ V}$$

① 当 2 次谐波分量作用时：

由于是正弦交流电源作用于电路，所以采用相量法求解。电源的相量为

$$\dot{U}_{S2} = \frac{42.48}{\sqrt{2}} \underline{/0°} \text{ V}$$

电感元件的阻抗为

$$j2\omega L = j2 \times 314 \times 5 \text{ } \Omega = j3140 \text{ } \Omega$$

电容元件的阻抗为

$$-j\frac{1}{2\omega C} = -j\frac{1}{2 \times 314 \times 10 \times 10^{-6}} \text{ } \Omega = -j159.24 \text{ } \Omega$$

2 次谐波分量作用于电路的相量电路如图 9-14 所示。

电容并联电阻后的阻抗为

$$\frac{R \cdot \frac{1}{j2\omega C}}{R + \frac{1}{j2\omega C}} = \frac{2000 \times (-j159.24)}{2000 - j159.24} \text{ } \Omega$$

$$= 158.7 \underline{/-85.4°} \text{ } \Omega$$

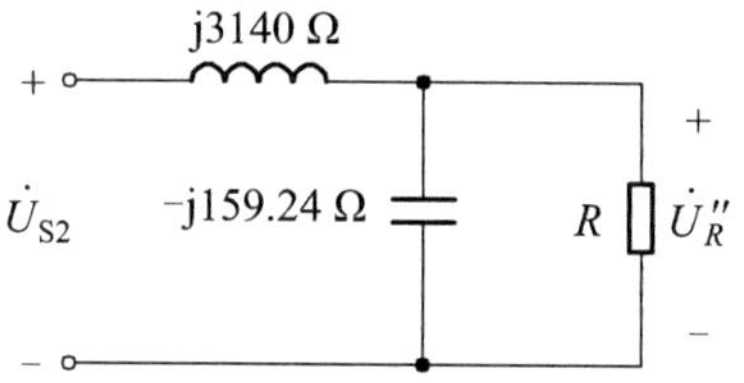

负载上的电压为

图 9-14 例 9-7 图(2)

$$\dot{U}''_R = \frac{158.7 \underline{/-85.4°}}{j3140 + 158.7 \underline{/-85.4°}} \dot{U}_{S2} = \frac{158.7 \underline{/-85.4°}}{j3140 + 12.73 - j158.19} \times \frac{42.48}{\sqrt{2}} \text{ V}$$

$$= \frac{158.7 \underline{/-85.4°}}{12.73 + j2981.8} \times \frac{42.48}{\sqrt{2}} \text{ V} = \frac{158.7 \underline{/-85.4°}}{2981.83 \underline{/89.76}} \times \frac{42.48}{\sqrt{2}} \text{ V}$$

$$= \frac{2.26}{\sqrt{2}} \underline{/-175.2°} \text{ V}$$

所以

$$u''_R = 2.26\cos(2\omega t - 175.2°) \text{ V}$$

② 当 4 次谐波分量作用时：

电源的相量为 $\dot{U}_{S4} = \frac{8.49}{\sqrt{2}} \underline{/180°} \text{ V}$

电感元件的阻抗为

$$j4\omega L = j4 \times 314 \times 5 \text{ } \Omega = j6280 \text{ } \Omega$$

电容元件的阻抗为

$$-j\frac{1}{4\omega C} = -j\frac{1}{4 \times 314 \times 10 \times 10^{-6}} \text{ } \Omega = -j79.62 \text{ } \Omega$$

4次谐波分量作用于电路的相量电路如图9-15所示。

电容并联电阻后的阻抗为

$$\frac{\dfrac{R}{\text{j}4\omega C}}{R+\dfrac{1}{\text{j}4\omega C}}=\frac{2000\times(-\text{j}79.62)}{2000-\text{j}79.62}\ \Omega$$

$$=79.5\underline{/-87.7°}\ \Omega$$

负载上的电压为

$$\dot{U}_R'''=\frac{79.5\underline{/-87.7°}}{\text{j}6280+79.5\underline{/-87.7°}}\times\frac{8.49}{\sqrt{2}}\underline{/180°}\ \text{V}$$

$$=\frac{79.5\underline{/-87.7°}}{\text{j}6280+3.19-\text{j}79.44}\times\frac{8.49}{\sqrt{2}}\underline{/180°}\ \text{V}$$

$$=\frac{79.5\underline{/-87.7°}}{6200.56\underline{/89.97°}}\times\frac{8.49}{\sqrt{2}}\underline{/180°}\ \text{V}=\frac{0.11}{\sqrt{2}}\underline{/2.33°}\ \text{V}$$

所以 $u_R'''=0.11\cos(4\omega t+2.33°)$ V

（3）负载电压的瞬时值为

$$u_R=u_R'+u_R''+u_R'''$$

$$=63.66+2.26\cos(2\omega t-175.2°)+0.11\cos(4\omega t+2.33°)\ \text{V}$$

负载电压有效值为

$$U_R=\sqrt{63.66^2+\frac{2.26^2}{2}+\frac{0.11^2}{2}}=63.68\ \text{V}$$

负载消耗的功率为

$$P=\frac{U_R'^2}{R}+\frac{U_R''^2}{R}+\frac{U_R'''^2}{R}=\frac{U_R^2}{R}=2.03\ \text{W}$$

感抗和容抗对各次谐波的反应是不同的，这种性质在工程上得到了广泛的应用。通常可以利用电容和电感组成不同的电路，让某些频率分量顺利通过以抑制某些不需要的分量。这种电路被称为滤波电路，又称为滤波器。

习 题 九

9-1 试求题9-1图所示的周期波形傅里叶系数的恒定分量 a_0，并说明 a_k、b_k 中哪些系数为零。

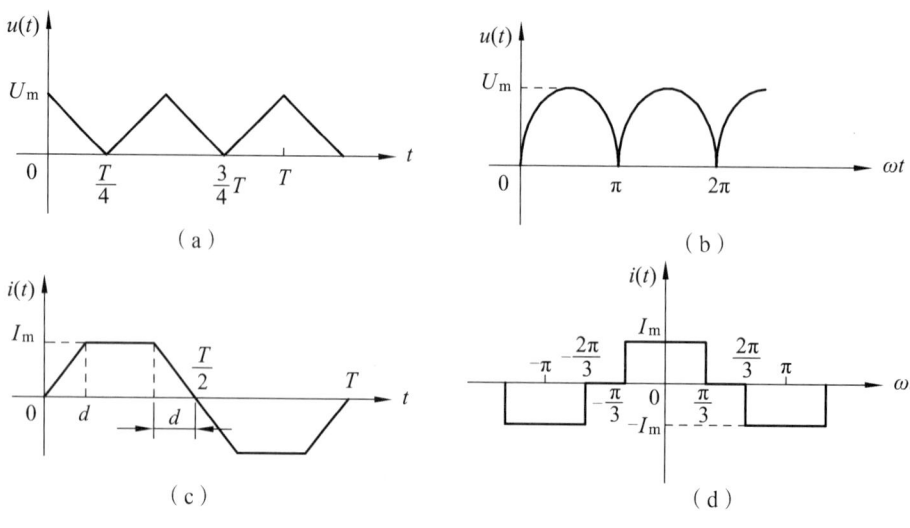

题 9-1 图

9-2 求下列非正弦周期电压的有效值和平均值。

(1) $u(t)=|10\cos\omega t|$ V；

(2) $u(t)=[10-5\sqrt{2}\sin\omega t+2\sqrt{2}\sin(3\omega t-30°)]$ V

9-3 将题 9-2 中的两个电压分别加在阻值为 5 Ω 的电阻两端，试求各电阻所消耗的有功功率。

9-4 电路如题 9-4 图所示，电源电压 $u=(20\sin\omega t+9\sin3\omega t+5\sin5\omega t)$ V，已知 $R=1$ Ω，$\omega L=1$ Ω，$\dfrac{1}{\omega C}=1$ Ω。求图示电流 i 的瞬时值、有效值和电源发出的有功功率。

9-5 题 9-5 图所示电路中，已知：$u(t)=[10+141.1\cos\omega_1 t+70.7\cos(3\omega_1 t+30°)]$ V，$X_{L(1)}=\omega_1 L=2$ Ω，$X_{C(1)}=\dfrac{1}{\omega_1 C}=15$ Ω，$R_1=5$ Ω，$R_2=10$ Ω。求：

(1) 电流 $i(t)$、$i_1(t)$、$i_2(t)$ 及其有效值；

(2) 电路中电阻 R_1 吸收的功率 P。

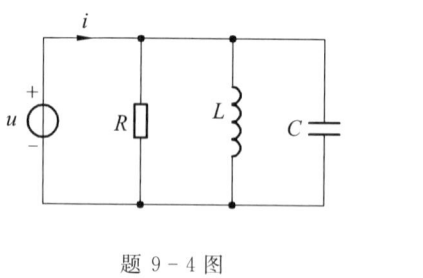

题 9-4 图

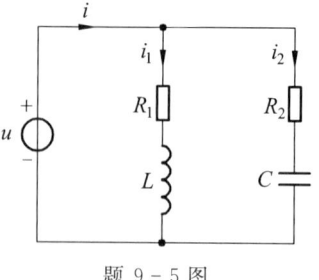

题 9-5 图

9-6 电路如题 9-6 图所示。已知：$u_S=(10+10\sqrt{2}\cos\omega t+5\sqrt{2}\cos3\omega t)$ V，$R=10$ Ω，

$\omega L=1\ \Omega$，$\dfrac{1}{\omega C}=9\ \Omega$。求电流 $i_1(t)$、$i_2(t)$ 以及电源发出的有功功率。

9-7 求题9-7图所示电路中的电流 $i(t)$ 以及两个电压源各自发出的有功功率。

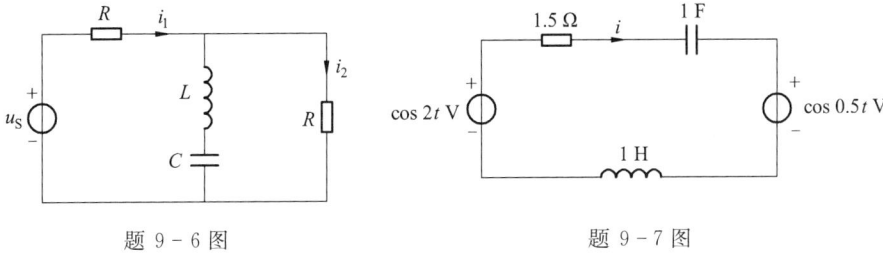

题 9-6 图   题 9-7 图

9-8 题9-8图所示电路中仪表为电动式仪表。已知：$R=6\ \Omega$，$\omega L=2\ \Omega$，$\dfrac{1}{\omega C}=18\ \Omega$，$u_S(t)=[180\sin(\omega t-30°)+18\sin 3\omega t]$ V。求电流 $i(t)$ 及各表的读数。

9-9 某 RC 串联电路，已知：电流 $i=[2\sin 100t+\sin(300t-15°)]$ A，端口电压有效值 $U=115$ V，吸收的有功功率 $P=120$ W，试求电阻 R 和电容 C 的值。

9-10 题9-10图所示电路为基波电源作用下的相量电路。已知：电源 $u_1=220\sqrt{2}\cos\omega t$ V，$u_2=[220\sqrt{2}\cos\omega t+100\sqrt{2}\cos(3\omega t+30°)]$ V，求 U_{ab}、i 以及电源 u_1 发出的有功功率。

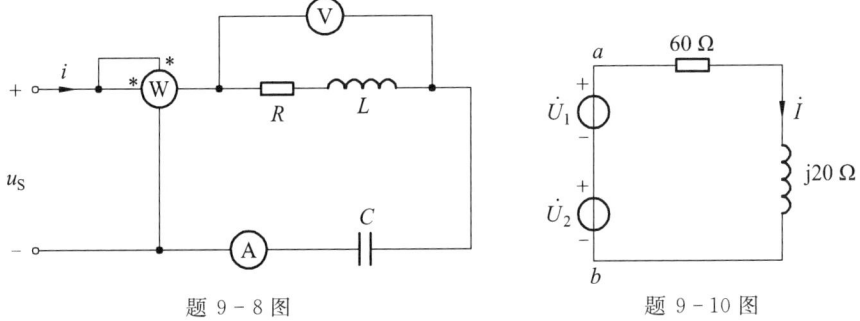

题 9-8 图   题 9-10 图

9-11 题9-11图所示电路中，已知：$u_{S1}(t)=[1.5+5\sqrt{2}\sin(2t+90°)]$ V，电流源电流 $i_{S2}=2\sin 1.5t$ A。求 u_R 及 u_{S1} 发出的有功功率。

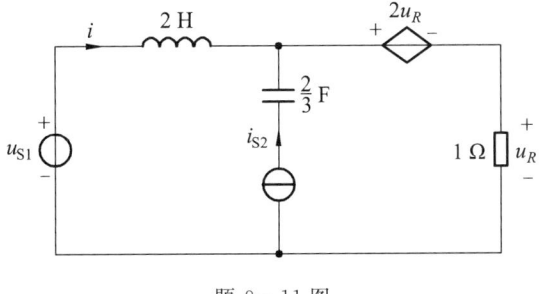

题 9-11 图

9-12 已知：$i_S=(5+20\cos1000t+10\cos3000t)$ A，$L=0.1$ H，$C_3=1$ μF，C_1 中只有基波电流，C_3 中只有三次谐波电流。求电容 C_1、C_2 的值和电流 i_1、i_2、i_3。

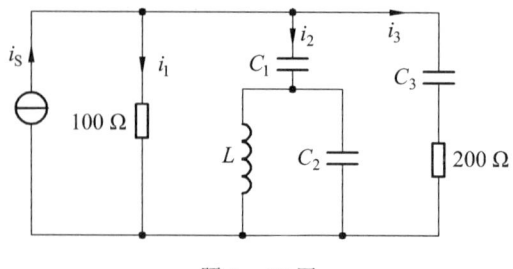

题 9-12 图

9-13 题 9-13 图所示稳态电路中，当 u_S 为正弦交流电源且角频率 $\omega=1000$ rad/s 时，$U_2=0.8U_S$；若电源的角频率增加一倍，则 $U_2=U_S$。求当 $u_S(t)=(60+100\sqrt{2}\sin1000t+30\sqrt{2}\sin2000t)$ V 时，$u_2(t)$ 的值。

9-14 题 9-14 图所示电路中，已知：$u_1(t)=100$ V，$u_2(t)=30\sqrt{2}\sin3\omega t$ V，$\omega L_1=\omega L_2=\omega M=100$ Ω，$\omega C=\dfrac{1}{18}$ S，$\omega L_3=2$ Ω，$R=20$ Ω。试求：

(1) 电流 $i_3(t)$ 及其有效值 I_3；
(2) 电路中电阻 R 所吸收的平均功率 P。

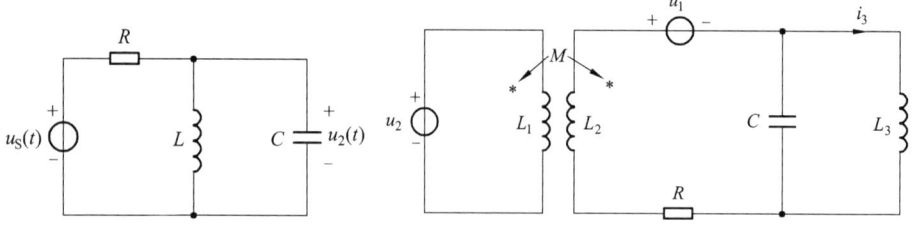

题 9-13 图　　　　　　　　题 9-14 图

9-15 电路如题 9-15 图所示，已知：$u_S(t)=U_{1m}\cos\omega t+U_{3m}\cos3\omega t$，$L=0.12$ H，$\omega=314$ rad/s，要使 $u_2(t)=U_{1m}\cos\omega t$，求 C_1 和 C_2。

9-16 题 9-16 图所示为滤波电路，要求负载中不含基波分量，但 4 次谐波分量能全部传送至负载。如基波角频率 $\omega=1000$ rad/s、电容 $C=1$ μF，求 L_1 和 L_2。

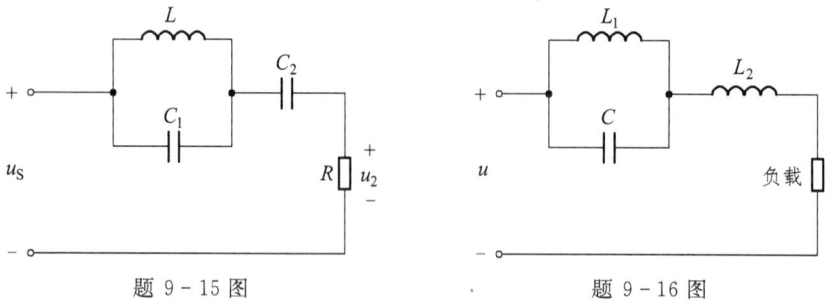

题 9-15 图　　　　　　　　题 9-16 图

第 十 章

双 口 网 络

———————— 内 容 提 要 ————————

本章介绍双口网络。内容包括：双口网络简介；双口网络的四组方程及参数；双口网络的等效电路；回转器和负阻抗变换器；双口网络的连接。

§10-1 双口网络简介

在前面介绍的网络分析中，通常整个网络的结构和参数都是已知的，那么通过电路的基本分析方法、基本定理可以分析求解出任何一条支路的电压、电流。而本章讨论的对象，对外有两对端子，其网络内部的结构和参数已知或未知，但如果感兴趣的是该网络对外部电路的影响，那么无须考虑网络内部电流、电压的分布，只需要知道对外的两对端子上电压、电流的关系即可。

如果一对端子满足端口条件，即流入一个端子的电流恒等于另一个端子的流出电流，则称这两个端子为一个端口；如果一个网络只有一个端口与外电路连接，称其为单口网络。如果一个网络对外有两对端子，而且对于每个端口来说，在任何时刻电流从一个端子流入必然从另一端子流出，那么该网络称为双口网络。双口网络又称二端口网络。如果一个网络对外虽有四个端子，但端子上的电流不满足端口条件，则只能称为四端网络。双口网络的电路符号及参考方向如图10-1所示。其中，端口 1—1′ 为输入端口，端口 2—2′ 为输出端口。双口网络端口处的参考方向规定为：由端口处向双口网络看去，电流与电压取关联参考方向。

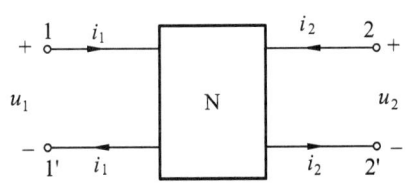

图 10-1 双口网络的符号及参考方向

双口网络在电力、电子、通信、控制等领域极为常见,其应用非常广泛,如变压器、放大电路、滤波电路等。图10-2所示是一个非常典型的交-直变换系统,正弦电源电压经变压器(双口网络 N_1)传输到可控整流电路的输入端,由可控整流电路(双口网络 N_2)将正弦交流电压变换为幅值可调的脉动直流电压,再经过低通滤波电路(双口网络 N_3),使负载得到一个比较平直的直流电压。在图10-2所示的三个双口网络中,N_1 和 N_3 可视为线性双口网络,而 N_2 是非线性双口网络。

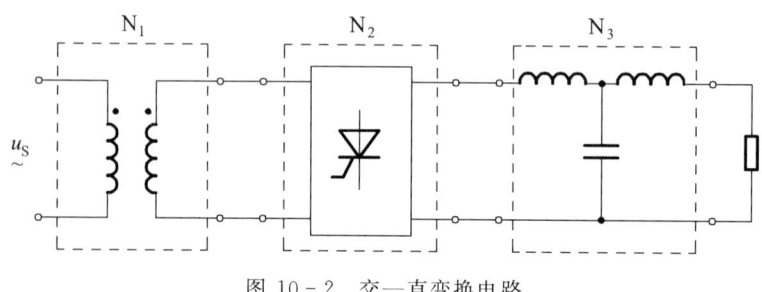

图10-2 交—直变换电路

本章讨论的双口网络由线性元件构成,网络中没有独立电源,但可以有受控源。

§10-2 双口网络的四组方程及参数

在以下对双口网络的分析中,假设电路工作在正弦稳态情况下,故采用相量法。双口网络的相量电路如图10-3所示。根据双口网络端口电压、电流的不同组合关系,可以得到 Y、Z、H、T 等四种参数及参数方程,下面一一进行讨论。

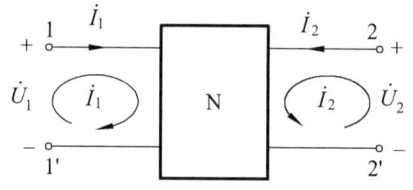

图10-3 双口网络的相量电路

1. Y 参数

1) Y 参数矩阵

假设 $\dot{U}_1$、$\dot{U}_2$ 为外加激励源,网络的独立回路数为 l,则回路方程为

$$\left. \begin{array}{l} Z_{11}\dot{I}_1 + Z_{12}\dot{I}_2 + \cdots + Z_{1l}\dot{I}_l = \dot{U}_1 \\ Z_{21}\dot{I}_1 + Z_{22}\dot{I}_2 + \cdots + Z_{2l}\dot{I}_l = \dot{U}_2 \\ \vdots \\ Z_{l1}\dot{I}_1 + Z_{l2}\dot{I}_2 + \cdots + Z_{ll}\dot{I}_l = 0 \end{array} \right\}$$

联立方程求解 $\dot{I}_1$、$\dot{I}_2$，得

$$\left.\begin{aligned}\dot{I}_1 &= \frac{\Delta_{11}}{\Delta}\dot{U}_1 + \frac{\Delta_{21}}{\Delta}\dot{U}_2 = Y_{11}\dot{U}_1 + Y_{12}\dot{U}_2 \\ \dot{I}_2 &= \frac{\Delta_{12}}{\Delta}\dot{U}_1 + \frac{\Delta_{22}}{\Delta}\dot{U}_2 = Y_{21}\dot{U}_1 + Y_{22}\dot{U}_2\end{aligned}\right\} \quad (10-1)$$

式(10-1)也可以由叠加定理直接得到，该方程组称为 Y 参数方程，写成矩阵形式

$$\begin{bmatrix}\dot{I}_1 \\ \dot{I}_2\end{bmatrix} = \begin{bmatrix}Y_{11} & Y_{12} \\ Y_{21} & Y_{22}\end{bmatrix}\begin{bmatrix}\dot{U}_1 \\ \dot{U}_2\end{bmatrix} = \mathbf{Y}\begin{bmatrix}\dot{U}_1 \\ \dot{U}_2\end{bmatrix} \quad (10-2)$$

$$\mathbf{Y} = \begin{bmatrix}Y_{11} & Y_{12} \\ Y_{21} & Y_{22}\end{bmatrix} \quad (10-3)$$

式(10-3)称为 Y 参数矩阵，Y_{ij} 具有导纳的量纲，称为双口网络的 Y 参数，由双口网络的结构和元件参数决定。

2) 通过端口求 Y 参数

Y 参数矩阵可以通过端口计算或测量求得，如图 10-4 和图 10-5 所示。

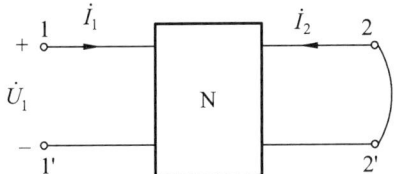 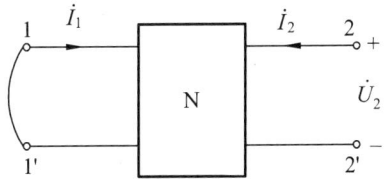

图 10-4 Y_{11}、Y_{21} 的测量 　　　图 10-5 Y_{12}、Y_{22} 的测量

由 Y 参数方程

$$\begin{cases}\dot{I}_1 = Y_{11}\dot{U}_1 + Y_{12}\dot{U}_2 \\ \dot{I}_2 = Y_{21}\dot{U}_1 + Y_{22}\dot{U}_2\end{cases}$$

可知，如令 $\dot{U}_2 = 0$，即端口 2-2′短路(见图 10-4)，则

$$Y_{11} = \frac{\dot{I}_1}{\dot{U}_1}\bigg|_{\dot{U}_2=0}, \quad Y_{21} = \frac{\dot{I}_2}{\dot{U}_1}\bigg|_{\dot{U}_2=0}$$

同理，令 $\dot{U}_1 = 0$，即端口 1-1′短路(见图 10-5)，则

$$Y_{12} = \frac{\dot{I}_1}{\dot{U}_2}\bigg|_{\dot{U}_1=0}, \quad Y_{22} = \frac{\dot{I}_2}{\dot{U}_2}\bigg|_{\dot{U}_1=0}$$

由于 Y 参数是在某一个端口短路的情况下计算或测量得到的，故 Y 参数又被称为短路导纳参数。

3) Y 参数的特征

Y 参数有如下特征：

① 由线性电阻 R、电感 L(M)、电容 C 所构成的双口网络，根据互易定理可得 $Y_{21}=Y_{12}$，此双口网络为互易网络。反过来也成立，即如果双口网络为互易网络，则 $Y_{21}=Y_{12}$。

② 若 $Y_{11}=Y_{22}$，则称双口网络是对称双口网络。

例 10 - 1 求图 10 - 6 所示双口网络的 Y 参数。

解 令图 10 - 6 中端口 2—2′短路，则电路变换为图 10 - 7(a)所示，故

$$Y_{11}=\frac{\dot{I}_1}{\dot{U}_1}\bigg|_{\dot{U}_2=0}=(1+2)\text{ S}=3\text{ S}$$

$$Y_{21}=\frac{\dot{I}_2}{\dot{U}_1}\bigg|_{\dot{U}_2=0}=-2\text{ S}$$

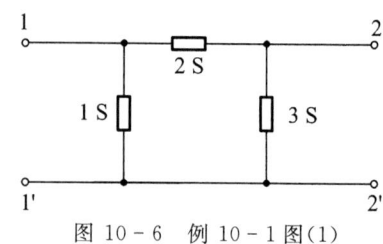

图 10 - 6　例 10 - 1 图(1)

再令图 10 - 6 中端口 1—1′短路，则电路变换为图 10 - 7(b)所示，得

$$Y_{22}=\frac{\dot{I}_2}{\dot{U}_2}\bigg|_{\dot{U}_1=0}=(2+3)\text{ S}=5\text{ S}$$

$$Y_{12}=\frac{\dot{I}_1}{\dot{U}_2}\bigg|_{\dot{U}_1=0}=-2\text{ S}$$

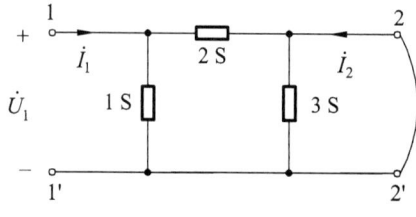 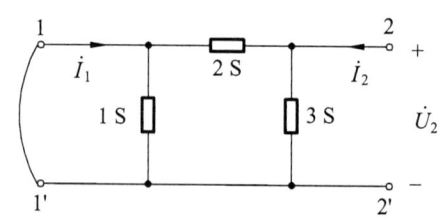

图 10 - 7　例 10 - 1 图(2)

另外，由于网络中不含受控源，为互易网络，所以 Y_{12} 可根据互易性直接求得

$$Y_{12}=Y_{21}=-2\text{ S}$$

所以

$$\boldsymbol{Y}=\begin{bmatrix}3 & -2\\-2 & 5\end{bmatrix}\text{ S}$$

2. Z 参数

1) Z 参数矩阵

由 Y 参数方程求解得

$$\dot{U}_1 = \frac{\begin{vmatrix} \dot{I}_1 & Y_{12} \\ \dot{I}_2 & Y_{22} \end{vmatrix}}{\begin{vmatrix} Y_{11} & Y_{12} \\ Y_{21} & Y_{22} \end{vmatrix}} = \frac{Y_{22}}{\Delta}\dot{I}_1 - \frac{Y_{12}}{\Delta}\dot{I}_2$$

$$\dot{U}_2 = \frac{\begin{vmatrix} Y_{11} & \dot{I}_1 \\ Y_{21} & \dot{I}_2 \end{vmatrix}}{\begin{vmatrix} Y_{11} & Y_{12} \\ Y_{21} & Y_{22} \end{vmatrix}} = \frac{-Y_{21}}{\Delta}\dot{I}_1 + \frac{Y_{11}}{\Delta}\dot{I}_2$$

即
$$\left.\begin{aligned}\dot{U}_1 &= Z_{11}\dot{I}_1 + Z_{12}\dot{I}_2 \\ \dot{U}_2 &= Z_{21}\dot{I}_1 + Z_{22}\dot{I}_2\end{aligned}\right\} \tag{10-4}$$

式(10-4)称为 Z 参数方程，其矩阵形式为

$$\begin{bmatrix}\dot{U}_1 \\ \dot{U}_2\end{bmatrix} = \begin{bmatrix}Z_{11} & Z_{12} \\ Z_{21} & Z_{22}\end{bmatrix}\begin{bmatrix}\dot{I}_1 \\ \dot{I}_2\end{bmatrix} = \boldsymbol{Z}\begin{bmatrix}\dot{I}_1 \\ \dot{I}_2\end{bmatrix} \tag{10-5}$$

其中
$$\boldsymbol{Z} = \begin{bmatrix}Z_{11} & Z_{12} \\ Z_{21} & Z_{22}\end{bmatrix} \tag{10-6}$$

称为 Z 参数矩阵，Z_{ij} 具有阻抗的量纲，称为 Z 参数。

2) 利用端口求 Z 参数

如图 10-8 所示，令端口 $2-2'$ 开路，即令 $\dot{I}_2 = 0$，则

$$Z_{11} = \frac{\dot{U}_1}{\dot{I}_1}\bigg|_{\dot{I}_2=0}, \quad Z_{21} = \frac{\dot{U}_2}{\dot{I}_1}\bigg|_{\dot{I}_2=0}$$

同理，令 $1-1'$ 开路，即 $\dot{I}_1 = 0$，电路如图 10-9 所示，则

$$Z_{22} = \frac{\dot{U}_2}{\dot{I}_2}\bigg|_{\dot{I}_1=0}, \quad Z_{12} = \frac{\dot{U}_1}{\dot{I}_2}\bigg|_{\dot{I}_1=0}$$

为此，Z 参数又称为开路阻抗参数。

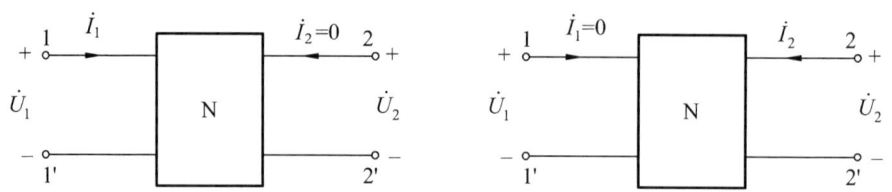

图 10-8 Z_{11}、Z_{21} 的测量   图 10-9 Z_{22}、Z_{12} 的测量

3) Z 参数的特征

Z 参数有如下特征：

① 由线性 R、$L(M)$、C 构成的双口网络，根据互易定理可知

$$Z_{12}=Z_{21}$$

② 如双口网络对称，则

$$Z_{11}=Z_{22}$$

若网络中含受控源，无论是 Y 参数还是 Z 参数，一般

$$Y_{12}\neq Y_{21},\quad Z_{12}\neq Z_{21}$$

例 10-2 求图 10-10 所示电路的 Z 参数矩阵。

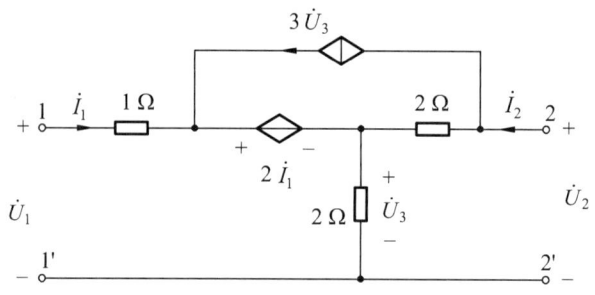

图 10-10 例 10-2 图

解 由 Z 参数方程

$$\begin{cases}\dot{U}_1=Z_{11}\dot{I}_1+Z_{12}\dot{I}_2\\ \dot{U}_2=Z_{21}\dot{I}_1+Z_{22}\dot{I}_2\end{cases}$$

可知，令 $\dot{I}_2=0$，即端口 $2-2'$ 开路，可求得 Z_{11}、Z_{21}，此时

$$\dot{U}_1=1\dot{I}_1+2\dot{I}_1+2\dot{I}_1=5\dot{I}_1$$

得

$$Z_{11}=\frac{\dot{U}_1}{\dot{I}_1}\bigg|_{\dot{I}_2=0}=5\ \Omega$$

$$\dot{U}_2=-2\times 3\dot{U}_3+2\dot{I}_1=-6\times 2\dot{I}_1+2\dot{I}_1=-10\dot{I}_1$$

所以
$$Z_{21}=\dfrac{\dot{U}_2}{\dot{I}_1}\bigg|_{\dot{I}_2=0}=-10\ \Omega$$

当 $\dot{I}_1=0$，即端口 $1-1'$ 开路时，有
$$\dot{U}_1=\dot{U}_3=2\dot{I}_2$$

故
$$Z_{12}=\dfrac{\dot{U}_1}{\dot{I}_2}\bigg|_{\dot{I}_1=0}=2\ \Omega$$

$$\dot{U}_2=2(\dot{I}_2-3\dot{U}_3)+2\dot{I}_2=-8\dot{I}_2$$

有
$$Z_{22}=\dfrac{\dot{U}_2}{\dot{I}_2}\bigg|_{\dot{I}_1=0}=-8\ \Omega$$

所以
$$\bm{Z}=\begin{bmatrix} 5 & 2 \\ -10 & -8 \end{bmatrix}\ \Omega$$

3. Y 参数与 Z 参数的关系

因为
$$\begin{bmatrix} \dot{I}_1 \\ \dot{I}_2 \end{bmatrix}=\begin{bmatrix} Y_{11} & Y_{12} \\ Y_{21} & Y_{22} \end{bmatrix}\begin{bmatrix} \dot{U}_1 \\ \dot{U}_2 \end{bmatrix}=\bm{Y}\begin{bmatrix} \dot{U}_1 \\ \dot{U}_2 \end{bmatrix}$$

$$\begin{bmatrix} \dot{U}_1 \\ \dot{U}_2 \end{bmatrix}=\begin{bmatrix} Z_{11} & Z_{12} \\ Z_{21} & Z_{22} \end{bmatrix}\begin{bmatrix} \dot{I}_1 \\ \dot{I}_2 \end{bmatrix}=\bm{Z}\begin{bmatrix} \dot{I}_1 \\ \dot{I}_2 \end{bmatrix}$$

所以
$$\bm{Z}=\bm{Y}^{-1},\quad \bm{Y}=\bm{Z}^{-1} \tag{10-7}$$

即 Z 参数矩阵与 Y 参数矩阵互为逆矩阵。

4. T 参数（又称传输参数）

1) T 参数矩阵

T 参数反映的是端口 $1-1'$ 的电压、电流与端口 $2-2'$ 的电压、电流的关系。T 参数方程为

$$\left.\begin{array}{l}\dot{U}_1=A\dot{U}_2-B\dot{I}_2 \\ \dot{I}_1=C\dot{U}_2-D\dot{I}_2\end{array}\right\} \tag{10-8}$$

矩阵形式
$$\begin{bmatrix} \dot{U}_1 \\ \dot{I}_1 \end{bmatrix}=\begin{bmatrix} A & B \\ C & D \end{bmatrix}\begin{bmatrix} \dot{U}_2 \\ -\dot{I}_2 \end{bmatrix} \tag{10-9}$$

注意 $\dot{I}_2$ 前的负号。采用 $(-\dot{I}_2)$ 的原因之一是便于双口网络的级联分析（后

面讲),另外一个原因是它保持了信号传输方向的一致性。而

$$T = \begin{bmatrix} A & B \\ C & D \end{bmatrix} \quad (10-10)$$

称为 T 参数矩阵。A、B、C、D 称为 T 参数,又称传输参数,也有教材用 T_{11}、T_{12}、T_{21}、T_{22} 或 A_{11}、A_{12}、A_{21}、A_{22} 表示的。

2) T 参数的确定

由 T 参数方程[式(10-8)]可知,令端口 $2-2'$ 开路(如图 10-11 所示)可得

$$A = \left.\frac{\dot{U}_1}{\dot{U}_2}\right|_{\dot{I}_2=0}, \quad C = \left.\frac{\dot{I}_1}{\dot{U}_2}\right|_{\dot{I}_2=0}$$

令端口 $2-2'$ 短路(如图 10-12 所示)可得

$$B = \left.\frac{\dot{U}_1}{-\dot{I}_2}\right|_{\dot{U}_2=0}, \quad D = \left.\frac{\dot{I}_1}{-\dot{I}_2}\right|_{\dot{U}_2=0}$$

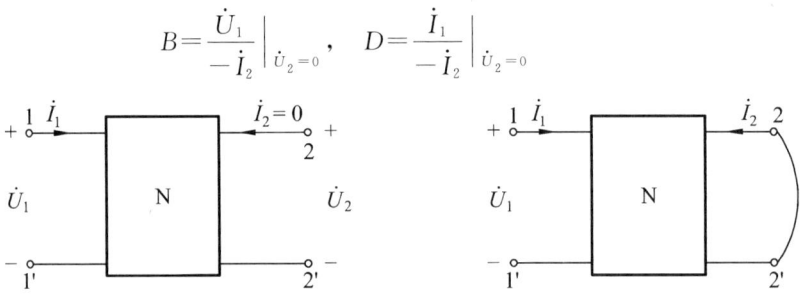

图 10-11 A、C 的测量   图 10-12 B、D 的测量

3) T 参数的特征

T 参数有如下特征:

① 互易网络情况下,有

$$AD - BC = 1$$

② 如果双口网络对称,有

$$A = D$$

③ T 参数的量纲不一致,A 是电压之比,无量纲;B 具有阻抗的量纲;C 具有导纳的量纲;D 是电流之比,无量纲。

5. H 参数(又称混合参数)

1) H 参数矩阵

H 参数的方程为

$$\left.\begin{aligned} \dot{U}_1 &= H_{11}\dot{I}_1 + H_{12}\dot{U}_2 \\ \dot{I}_2 &= H_{21}\dot{I}_1 + H_{22}\dot{U}_2 \end{aligned}\right\} \quad (10-11)$$

矩阵形式 $\begin{bmatrix} \dot{U}_1 \\ \dot{I}_2 \end{bmatrix} = \begin{bmatrix} H_{11} & H_{12} \\ H_{21} & H_{22} \end{bmatrix} \begin{bmatrix} \dot{I}_1 \\ \dot{U}_2 \end{bmatrix}$ (10-12)

系数矩阵 $\boldsymbol{H} = \begin{bmatrix} H_{11} & H_{12} \\ H_{21} & H_{22} \end{bmatrix}$ (10-13)

$\boldsymbol{H}$ 称为 H 参数矩阵，H_{11}、H_{12}、H_{21}、H_{22} 称为 H 参数。

2) H 参数的确定

计算或测量 H 参数的电路如图 10-13 和图 10-14 所示，并且

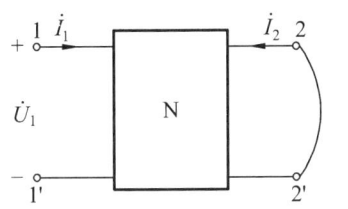
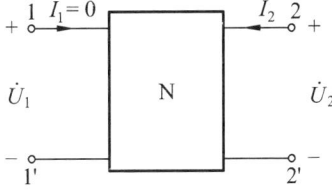

图 10-13 H_{11}、H_{21} 的测量　　　　图 10-14 H_{11}、H_{21} 的测量

$$H_{11} = \left.\frac{\dot{U}_1}{\dot{I}_1}\right|_{\dot{U}_2=0}, \quad H_{21} = \left.\frac{\dot{I}_2}{\dot{I}_1}\right|_{\dot{U}_2=0}$$

$$H_{12} = \left.\frac{\dot{U}_1}{\dot{U}_2}\right|_{\dot{I}_1=0}, \quad H_{22} = \left.\frac{\dot{I}_2}{\dot{U}_2}\right|_{\dot{I}_1=0}$$

H 参数在晶体管电路分析中应用较广。

3) H 参数的特征

H 参数有如下特征：

① 互易网络情况下，有

$$H_{12} = -H_{21}$$

② 对称网络情况下，有

$$H_{11} H_{22} - H_{12} H_{21} = 1$$

③ 量纲不一致，H_{12}、H_{21} 无量纲，H_{11} 是阻抗的量纲，H_{22} 是导纳的量纲。

除了上面讨论的四种参数外，通过改变端口电压、电流在方程等号两边的位置，还可以得到其他形式的不同参数，这里不再讨论。

一般情况下，一个双口网络可以用以上四种参数中的任何一种进行描述，而这四种参数之间可以相互转换，转换关系如表 10-1 所示。

四种参数相互转换表 表 10-1

	Z	Y	T	H
Z	Z_{11} Z_{12} Z_{21} Z_{22}	$\dfrac{Y_{22}}{\Delta_Y}$ $-\dfrac{Y_{12}}{\Delta_Y}$ $-\dfrac{Y_{21}}{\Delta_Y}$ $\dfrac{Y_{11}}{\Delta_Y}$	$\dfrac{A}{C}$ $\dfrac{\Delta_T}{C}$ $\dfrac{1}{C}$ $\dfrac{D}{C}$	$\dfrac{\Delta_H}{H_{22}}$ $\dfrac{H_{12}}{H_{22}}$ $-\dfrac{H_{21}}{H_{22}}$ $\dfrac{1}{H_{22}}$
Y	$\dfrac{Z_{22}}{\Delta_Z}$ $-\dfrac{Z_{12}}{\Delta_Z}$ $-\dfrac{Z_{21}}{\Delta_Z}$ $\dfrac{Z_{11}}{\Delta_Z}$	Y_{11} Y_{12} Y_{21} Y_{22}	$\dfrac{D}{B}$ $-\dfrac{\Delta_T}{B}$ $-\dfrac{1}{B}$ $\dfrac{A}{B}$	$\dfrac{1}{H_{11}}$ $-\dfrac{H_{12}}{H_{11}}$ $\dfrac{H_{21}}{H_{11}}$ $\dfrac{\Delta_H}{H_{11}}$
T	$\dfrac{Z_{11}}{Z_{21}}$ $\dfrac{\Delta_Z}{Z_{21}}$ $\dfrac{1}{Z_{21}}$ $\dfrac{Z_{22}}{Z_{21}}$	$-\dfrac{Y_{22}}{Y_{21}}$ $-\dfrac{1}{Y_{21}}$ $-\dfrac{\Delta_Y}{Y_{21}}$ $-\dfrac{Y_{11}}{Y_{21}}$	A B C D	$-\dfrac{\Delta_H}{H_{21}}$ $-\dfrac{H_{11}}{H_{21}}$ $-\dfrac{H_{22}}{H_{21}}$ $-\dfrac{1}{H_{21}}$
H	$\dfrac{\Delta_Z}{Z_{22}}$ $\dfrac{Z_{12}}{Z_{22}}$ $-\dfrac{Z_{21}}{Z_{22}}$ $\dfrac{1}{Z_{22}}$	$\dfrac{1}{Y_{11}}$ $-\dfrac{Y_{12}}{Y_{11}}$ $\dfrac{Y_{21}}{Y_{11}}$ $\dfrac{\Delta_Y}{Y_{11}}$	$\dfrac{B}{D}$ $\dfrac{\Delta_T}{D}$ $-\dfrac{1}{D}$ $\dfrac{C}{D}$	H_{11} H_{12} H_{21} H_{22}

注:$\Delta_Z = \begin{vmatrix} Z_{11} & Z_{12} \\ Z_{21} & Z_{22} \end{vmatrix}$,$\Delta_Y = \begin{vmatrix} Y_{11} & Y_{12} \\ Y_{21} & Y_{22} \end{vmatrix}$,$\Delta_T = \begin{vmatrix} A & B \\ C & D \end{vmatrix}$,$\Delta_H = \begin{vmatrix} H_{11} & H_{12} \\ H_{21} & H_{22} \end{vmatrix}$。

§10-3 双口网络的等效电路

电路的等效在电路分析中起着非常重要的作用。任何一个线性单口网络,其端口电压、电流可以描述为

$$\dot{U} = Z_0 \dot{I} + \dot{U}_{\text{OC}}$$

或

$$\dot{I} = \frac{1}{Z_0}\dot{U} + \dot{I}_{\text{SC}}$$

上面每个式子中有两个参数是独立的,对应的戴维南等效电路和诺顿等效电路分别由两个元件构成。对于一个互易的双口网络,只有三个参数是独立的,因此用三个元件便可以构成它的等效电路。等效电路的形式有 T 形和 Ⅱ 形两种,分别示于图 10-15 和图 10-16。T 形等效电路的参数一般用阻抗表示,Ⅱ 形等效电路的参数用导纳表示。

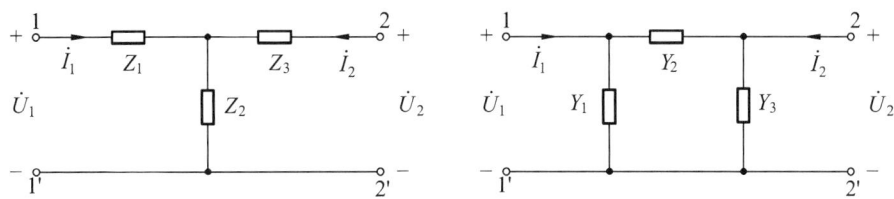

图 10-15 双口网络的 T 形等效电路　　图 10-16 双口网络的 Π 形等效电路

假设双口网络的 Z 参数已知，求它的 T 形等效电路。如果网络互易，$Z_{12}=Z_{21}$，根据 Z 参数可知

$$\begin{cases} \dot{U}_1 = Z_{11}\dot{I}_1 + Z_{12}\dot{I}_2 \\ \dot{U}_2 = Z_{12}\dot{I}_1 + Z_{22}\dot{I}_2 \end{cases}$$

由图 10-15 所示的 T 形等效电路得

$$\begin{cases} \dot{U}_1 = (Z_1 + Z_2)\dot{I}_1 + Z_2\dot{I}_2 \\ \dot{U}_2 = Z_2\dot{I}_1 + (Z_2 + Z_3)\dot{I}_2 \end{cases}$$

上面两式的系数应相等，故

$$\begin{cases} Z_1 + Z_2 = Z_{11} \\ Z_2 = Z_{12} \\ Z_2 + Z_3 = Z_{22} \end{cases}$$

整理得
$$\begin{cases} Z_2 = Z_{12} \\ Z_1 = Z_{11} - Z_{12} \\ Z_3 = Z_{22} - Z_{12} \end{cases} \tag{10-14}$$

如果已知双口网络的其他参数，同样可以求得它的 T 形等效电路，只是 T 形等效电路的三个阻抗的求解式比较复杂，这里略。

假设一个互易双口网络的 Y 参数已知，求它的 Π 形等效电路。因为 $Y_{12}=Y_{21}$，所以由 Y 参数得

$$\begin{cases} \dot{I}_1 = Y_{11}\dot{U}_1 + Y_{12}\dot{U}_2 \\ \dot{I}_2 = Y_{12}\dot{U}_1 + Y_{22}\dot{U}_2 \end{cases}$$

由图 10-16 所示的 Π 形等效电路可知

$$\begin{cases} \dot{I}_1 = Y_1\dot{U}_1 + (\dot{U}_1 - \dot{U}_2)Y_2 \\ \dot{I}_2 = Y_3\dot{U}_2 + (\dot{U}_2 - \dot{U}_1)Y_2 \end{cases}$$

整理得
$$\begin{cases} \dot{I}_1 = (Y_1+Y_2)\dot{U}_1 - Y_2\dot{U}_2 \\ \dot{I}_2 = -Y_2\dot{U}_1 + (Y_2+Y_3)\dot{U}_2 \end{cases}$$

对照上面两组方程得
$$\begin{cases} Y_1+Y_2 = Y_{11} \\ -Y_2 = Y_{12} \\ Y_2+Y_3 = Y_{22} \end{cases}$$

于是有
$$\begin{cases} Y_2 = -Y_{12} \\ Y_1 = Y_{11}+Y_{12} \\ Y_3 = Y_{22}+Y_{12} \end{cases} \tag{10-15}$$

如果一个双口网络非互易（例如双口网络内含有受控源），那么它的四个参数相互独立，所以对应的等效电路由四个元件构成。

改写 Z 参数方程得
$$\begin{cases} \dot{U}_1 = Z_{11}\dot{I}_1 + Z_{12}\dot{I}_2 \\ \dot{U}_2 = Z_{12}\dot{I}_1 + Z_{22}\dot{I}_2 + (Z_{21}-Z_{12})\dot{I}_1 \end{cases}$$

根据该方程组画出的 T 形等效电路如图 10-17 所示。

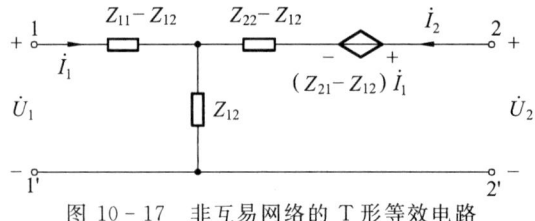

图 10-17 非互易网络的 T 形等效电路

同理，由 Y 参数方程得
$$\begin{cases} \dot{I}_1 = Y_{11}\dot{U}_1 + Y_{12}\dot{U}_2 \\ \dot{I}_2 = Y_{12}\dot{U}_1 + Y_{22}\dot{U}_2 + (Y_{21}-Y_{12})\dot{U}_1 \end{cases}$$

对应的 Ⅱ 形等效电路如图 10-18 所示。

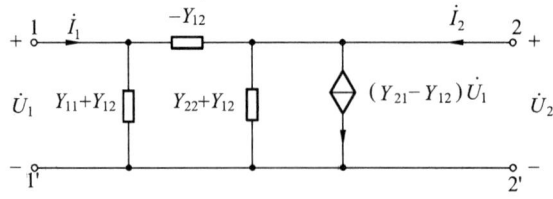

图 10-18 非互易网络的 Ⅱ 形等效电路

§10-4 回转器和负阻抗变换器

回转器和负阻抗变换器都是双口元件,在电子电路中有着重要的作用。

1. 回转器

图 10-19 所示是回转器的电路符号,箭头表示回转器的回转方向。

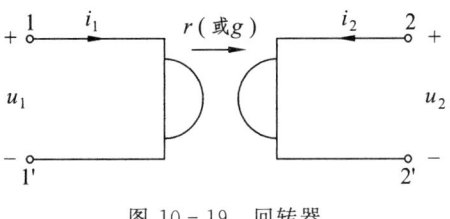

图 10-19 回转器

在图示参考方向下,端口电压、电流的约束关系为

$$\begin{cases} u_1 = -ri_2 \\ u_2 = ri_1 \end{cases} \tag{10-16}$$

或

$$\begin{cases} i_1 = gu_2 \\ i_2 = -gu_1 \end{cases} \tag{10-17}$$

若回转方向相反,则上述各式的等号右边加上负号。其中,r 称为回转电阻,单位为欧姆;g 称为回转电导,单位为西门子。且有

$$r = \frac{1}{g} \tag{10-18}$$

将式(10-16)、式(10-17)写成矩阵形式

$$\begin{bmatrix} u_1 \\ u_2 \end{bmatrix} = \begin{bmatrix} 0 & -r \\ r & 0 \end{bmatrix} \begin{bmatrix} i_1 \\ i_2 \end{bmatrix} \tag{10-19}$$

$$\begin{bmatrix} i_1 \\ i_2 \end{bmatrix} = \begin{bmatrix} 0 & g \\ -g & 0 \end{bmatrix} \begin{bmatrix} u_1 \\ u_2 \end{bmatrix} \tag{10-20}$$

则回转器的 Z 参数矩阵和 Y 参数矩阵分别为

$$\mathbf{Z} = \begin{bmatrix} 0 & -r \\ r & 0 \end{bmatrix} \tag{10-21}$$

$$\mathbf{Y} = \begin{bmatrix} 0 & g \\ -g & 0 \end{bmatrix} \tag{10-22}$$

由此可知：$Z_{12} \neq Z_{21}$、$Y_{12} \neq Y_{21}$，所以回转器不具有互易性。

回转器在时刻 t 吸收的功率为

$$p = u_1 i_1 + u_2 i_2 = u_1 i_1 + (r i_1)\left(-\frac{1}{r} u_1\right) = 0$$

上式表明，流入回转器端口 $1-1'$ 的瞬时功率等于流出端口 $2-2'$ 的瞬时功率，因此回转器不是储能元件。

回转器具有特殊的回转功能，下面通过例题进行说明。

例 10-3 求图 10-20 所示回转器端口 $1-1'$ 的输入阻抗。

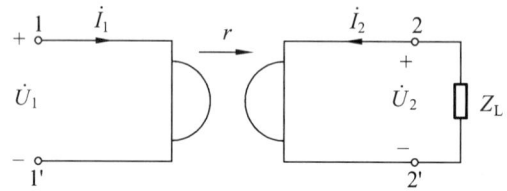

图 10-20 例 10-3 图

解 端口 $1-1'$ 的输入阻抗为

$$Z_i = \frac{\dot{U}_1}{\dot{I}_1} = \frac{-r \dot{I}_2}{\dot{U}_2/r} = -r^2 \frac{\dot{I}_2}{\dot{U}_2} = r^2 \frac{1}{Z_L}$$

因此，当 $Z_L = \dfrac{1}{\mathrm{j}\omega C}$ 时 $Z_i = \mathrm{j}\omega r^2 C = \mathrm{j}\omega L$

其中 $L = r^2 C$

当 $Z_L = \mathrm{j}\omega L$ 时 $Z_i = \dfrac{r^2}{\mathrm{j}\omega L} = \dfrac{1}{\mathrm{j}\omega C}$

其中 $C = \dfrac{L}{r^2}$

这就是回转器的回转功能，即一个电容经回转器后变换成了电感，而电感经回转器后变换成了电容。在集成电路中，电感是最难集成的元件，而现在可以利用回转器的回转功能，通过电容元件实现电感的功能，使集成电路的制作更加小型化、大规模化。

2. 负阻抗变换器

负阻抗变换器的电路符号如图 10-21 所示。负阻抗变换器通常被简称为 NIC。负阻抗变换器分为电流反向型和电压反向型两种。在图 10-21 所示的参考方向下，电流反向型负阻抗变换器的定义式为

§10-4 回转器和负阻抗变换器

$$\begin{cases} u_1 = u_2 \\ i_1 = k i_2 \end{cases} \quad (k>0) \qquad (10-23)$$

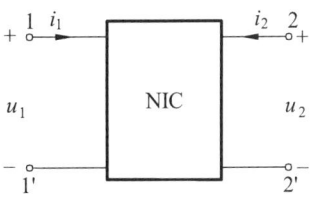

图 10-21 负阻抗变换器的电路符号

由式(10-23)可知,输入电压 u_1 经过负阻抗变换器后等于输出电压 u_2,且极性不变,但电流经负阻抗变换器后方向发生了变化,故被称为电流反向型负阻抗变换器。如果负阻抗变换器的约束关系为

$$\begin{cases} u_1 = -k u_2 \\ i_1 = -i_2 \end{cases} \quad (k>0) \qquad (10-24)$$

则对应的输入电流和输出电流方向一致,而输入电压与输出电压极性相反,所以式(10-24)对应的负阻抗变换器为电压反向型负阻抗变换器。

对于电流反向型 NIC,当图 10-21 中端口 2-2′连接阻抗 Z_L 时(如图 10-22 所示),那么在端口 1-1′的等效阻抗为

$$Z_i = \frac{\dot{U}_1}{\dot{I}_1} = \frac{\dot{U}_2}{k \dot{I}_2} = -\frac{1}{k} Z_L \qquad (10-25)$$

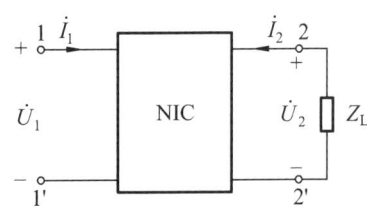

图 10-22 负阻抗的实现

由此可知,当端口 2-2′外接的分别是电阻 R、电感 L 和电容 C 时,在端口 1-1′看到的等效电阻、电感和电容分别为 $-R/k$、$-L/k$ 和 $-kC$。

如果图 10-22 中负阻抗变换器 NIC 是电压反向型,则在端口 1-1′的等效阻抗为

$$Z_i = \frac{\dot{U}_1}{\dot{I}_1} = \frac{-k \dot{U}_2}{-\dot{I}_2} = k \frac{\dot{U}_2}{\dot{I}_2} = -k Z_L \qquad (10-26)$$

并且当端口 2-2′外接的分别是电阻 R、电感 L 和电容 C 时,在端口 1-1′看到的等效电阻、电感和电容分别为 $-kR$、$-kL$、$-C/k$。

由以上分析可知,无论负阻抗变换器 NIC 是电流型还是电压型,均可实现负电阻、负电感和负电容。

§10-5 双口网络的连接

将双口网络通过某种或某些方式进行连接,便会构成一个新的双口网络;反之,若能将一个复杂的双口网络分解成若干个简单的双口网络,可以使电路的分析得到简化。双口网络的连接方式主要有三种:级联(又称链联)、串联和并联。

1. 级联方式

双口网络的级联方式如图 10-23 所示。

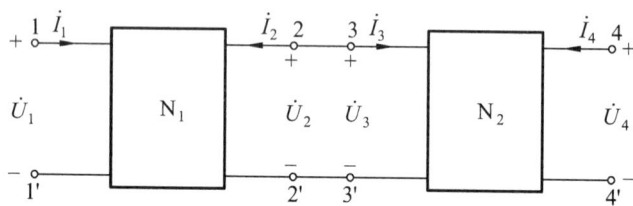

图 10-23 双口网络的级联

图 10-23 中,网络 N_1 的 T 参数为

$$\begin{bmatrix} \dot{U}_1 \\ \dot{I}_1 \end{bmatrix} = \begin{bmatrix} A_1 & B_1 \\ C_1 & D_1 \end{bmatrix} \begin{bmatrix} \dot{U}_2 \\ -\dot{I}_2 \end{bmatrix} = \boldsymbol{T}_1 \begin{bmatrix} \dot{U}_2 \\ -\dot{I}_2 \end{bmatrix}$$

网络 N_2 的 T 参数为

$$\begin{bmatrix} \dot{U}_3 \\ \dot{I}_3 \end{bmatrix} = \begin{bmatrix} A_2 & B_2 \\ C_2 & D_2 \end{bmatrix} \begin{bmatrix} \dot{U}_4 \\ -\dot{I}_4 \end{bmatrix} = \boldsymbol{T}_2 \begin{bmatrix} \dot{U}_4 \\ -\dot{I}_4 \end{bmatrix}$$

两个双口网络的连接处满足如下关系

$$\begin{bmatrix} \dot{U}_2 \\ -\dot{I}_2 \end{bmatrix} = \begin{bmatrix} \dot{U}_3 \\ \dot{I}_3 \end{bmatrix}$$

因此有

$$\begin{bmatrix} \dot{U}_1 \\ \dot{I}_1 \end{bmatrix} = \boldsymbol{T}_1 \begin{bmatrix} \dot{U}_2 \\ -\dot{I}_2 \end{bmatrix} = \boldsymbol{T}_1 \begin{bmatrix} \dot{U}_3 \\ \dot{I}_3 \end{bmatrix} = \boldsymbol{T}_1 \boldsymbol{T}_2 \begin{bmatrix} \dot{U}_4 \\ -\dot{I}_4 \end{bmatrix} = \boldsymbol{T} \begin{bmatrix} \dot{U}_4 \\ -\dot{I}_4 \end{bmatrix}$$

所以,级联后的双口网络的 T 参数为

$$\boldsymbol{T} = \boldsymbol{T}_1 \boldsymbol{T}_2 = \begin{bmatrix} A_1 & B_1 \\ C_1 & D_1 \end{bmatrix} \begin{bmatrix} A_2 & B_2 \\ C_2 & D_2 \end{bmatrix}$$

$$= \begin{bmatrix} A_1 A_2 + B_1 C_2 & A_1 B_2 + B_1 D_2 \\ C_1 A_2 + D_1 C_2 & C_1 B_2 + D_1 D_2 \end{bmatrix} \tag{10-27}$$

2. 串联方式

两个双口网络的串联连接如图 10-24 所示。

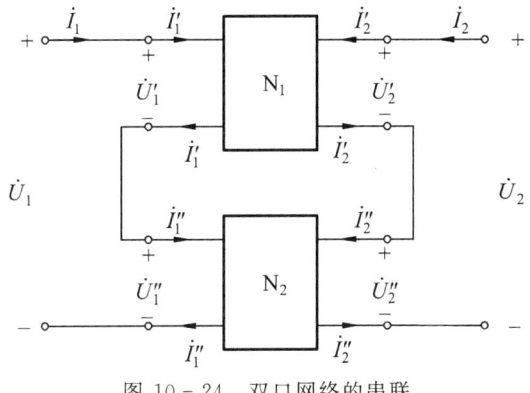

图 10-24 双口网络的串联

图 10-24 中,网络 N_1 的 Z 参数为

$$\begin{bmatrix} \dot{U}'_1 \\ \dot{U}'_2 \end{bmatrix} = \begin{bmatrix} Z'_{11} & Z'_{12} \\ Z'_{21} & Z'_{22} \end{bmatrix} \begin{bmatrix} \dot{I}'_1 \\ \dot{I}'_2 \end{bmatrix} = \mathbf{Z}_1 \begin{bmatrix} \dot{I}'_1 \\ \dot{I}'_2 \end{bmatrix}$$

网络 N_2 的 Z 参数为

$$\begin{bmatrix} \dot{U}''_1 \\ \dot{U}''_2 \end{bmatrix} = \begin{bmatrix} Z''_{11} & Z''_{12} \\ Z''_{21} & Z''_{22} \end{bmatrix} \begin{bmatrix} \dot{I}''_1 \\ \dot{I}''_2 \end{bmatrix} = \mathbf{Z}_2 \begin{bmatrix} \dot{I}''_1 \\ \dot{I}''_2 \end{bmatrix}$$

由网络 N_1、N_2 的连接关系可知

$$\begin{bmatrix} \dot{I}_1 \\ \dot{I}_2 \end{bmatrix} = \begin{bmatrix} \dot{I}'_1 \\ \dot{I}'_2 \end{bmatrix} = \begin{bmatrix} \dot{I}''_1 \\ \dot{I}''_2 \end{bmatrix}$$

所以,网络 N_1 与 N_2 串联后端口处的关系式为

$$\begin{bmatrix} \dot{U}_1 \\ \dot{U}_2 \end{bmatrix} = \begin{bmatrix} \dot{U}'_1 \\ \dot{U}'_2 \end{bmatrix} + \begin{bmatrix} \dot{U}''_1 \\ \dot{U}''_2 \end{bmatrix} = \mathbf{Z}_1 \begin{bmatrix} \dot{I}'_1 \\ \dot{I}'_2 \end{bmatrix} + \mathbf{Z}_2 \begin{bmatrix} \dot{I}''_1 \\ \dot{I}''_2 \end{bmatrix} = (\mathbf{Z}_1 + \mathbf{Z}_2) \begin{bmatrix} \dot{I}_1 \\ \dot{I}_2 \end{bmatrix}$$

故网络 N_1 与 N_2 串联后的 Z 参数为

$$\mathbf{Z} = \mathbf{Z}_1 + \mathbf{Z}_2 = \begin{bmatrix} Z'_{11} + Z''_{11} & Z'_{12} + Z''_{12} \\ Z'_{21} + Z''_{21} & Z'_{22} + Z''_{22} \end{bmatrix} \tag{10-28}$$

3. 并联方式

两个双口网络的并联连接如图 10-25 所示。

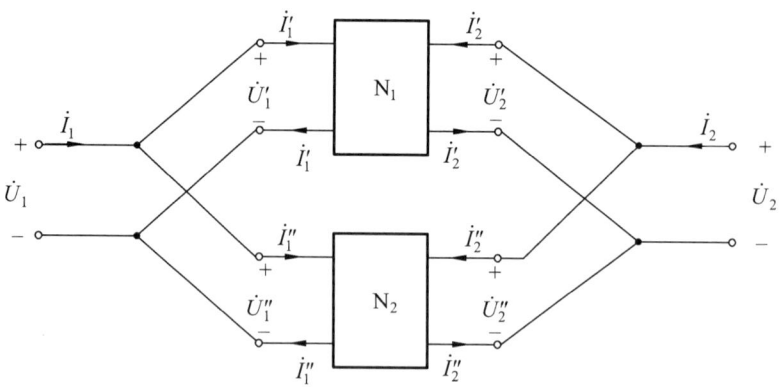

图 10-25 双口网络的并联

网络 N_1、N_2 的 Y 参数分别为

$$\begin{bmatrix} \dot{I}'_1 \\ \dot{I}'_2 \end{bmatrix} = \begin{bmatrix} Y'_{11} & Y'_{12} \\ Y'_{21} & Y'_{22} \end{bmatrix} \begin{bmatrix} \dot{U}'_1 \\ \dot{U}'_2 \end{bmatrix} = \boldsymbol{Y}_1 \begin{bmatrix} \dot{U}'_1 \\ \dot{U}'_2 \end{bmatrix}$$

$$\begin{bmatrix} \dot{I}''_1 \\ \dot{I}''_2 \end{bmatrix} = \begin{bmatrix} Y''_{11} & Y''_{12} \\ Y''_{21} & Y''_{22} \end{bmatrix} \begin{bmatrix} \dot{U}''_1 \\ \dot{U}''_2 \end{bmatrix} = \boldsymbol{Y}_2 \begin{bmatrix} \dot{U}''_1 \\ \dot{U}''_2 \end{bmatrix}$$

并且

$$\begin{bmatrix} \dot{U}_1 \\ \dot{U}_2 \end{bmatrix} = \begin{bmatrix} \dot{U}'_1 \\ \dot{U}'_2 \end{bmatrix} = \begin{bmatrix} \dot{U}''_1 \\ \dot{U}''_2 \end{bmatrix}$$

网络 N_1 与 N_2 并联后端口处的关系式为

$$\begin{bmatrix} \dot{I}_1 \\ \dot{I}_2 \end{bmatrix} = \begin{bmatrix} \dot{I}'_1 \\ \dot{I}'_2 \end{bmatrix} + \begin{bmatrix} \dot{I}''_1 \\ \dot{I}''_2 \end{bmatrix} = \boldsymbol{Y}_1 \begin{bmatrix} \dot{U}'_1 \\ \dot{U}'_2 \end{bmatrix} + \boldsymbol{Y}_2 \begin{bmatrix} \dot{U}''_1 \\ \dot{U}''_2 \end{bmatrix}$$

$$= (\boldsymbol{Y}_1 + \boldsymbol{Y}_2) \begin{bmatrix} \dot{U}_1 \\ \dot{U}_2 \end{bmatrix} = \boldsymbol{Y} \begin{bmatrix} \dot{U}_1 \\ \dot{U}_2 \end{bmatrix}$$

所以,网络 N_1 与 N_2 并联后的 Y 参数为

$$\boldsymbol{Y} = \boldsymbol{Y}_1 + \boldsymbol{Y}_2 = \begin{bmatrix} Y'_{11}+Y''_{11} & Y'_{12}+Y''_{12} \\ Y'_{21}+Y''_{21} & Y'_{22}+Y''_{22} \end{bmatrix} \qquad (10-29)$$

双口网络 N_1 和 N_2 通过以上三种连接方式构成新的双口网络时,网络 N_1 和 N_2 的端口条件不能被破坏,必须保持原来端口电流的约束关系。

习 题 十

10-1 判别题 10-1 图所示虚线框各电路是否为双口网络。

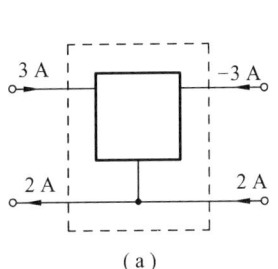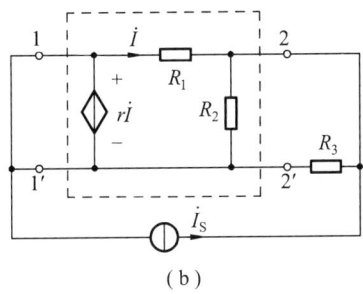

题 10-1 图

10-2 求题 10-2 图所示双口网络的 Z 参数和 Y 参数。

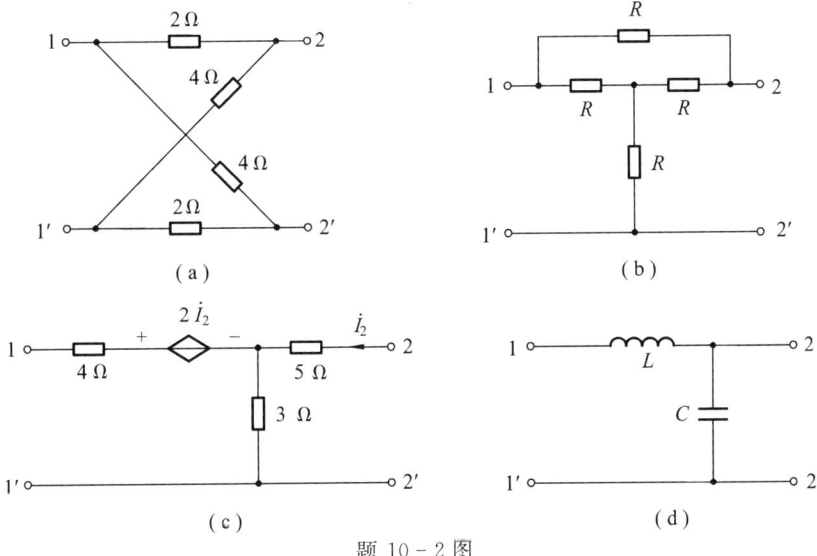

题 10-2 图

10-3 求题 10-3 图(a)所示电路的 Z 参数、图(b)所示电路的 Y 参数。

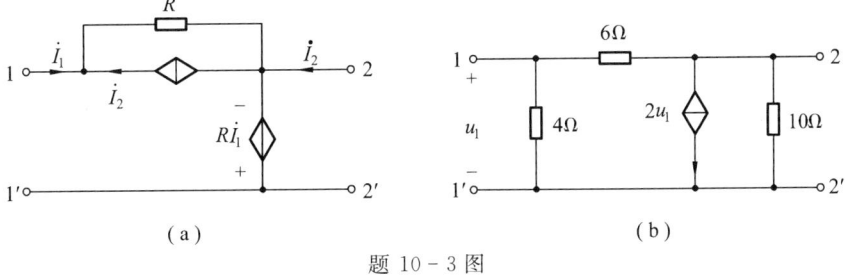

题 10-3 图

10-4 求题 10-4 图所示电路的 T 参数和 H 参数。

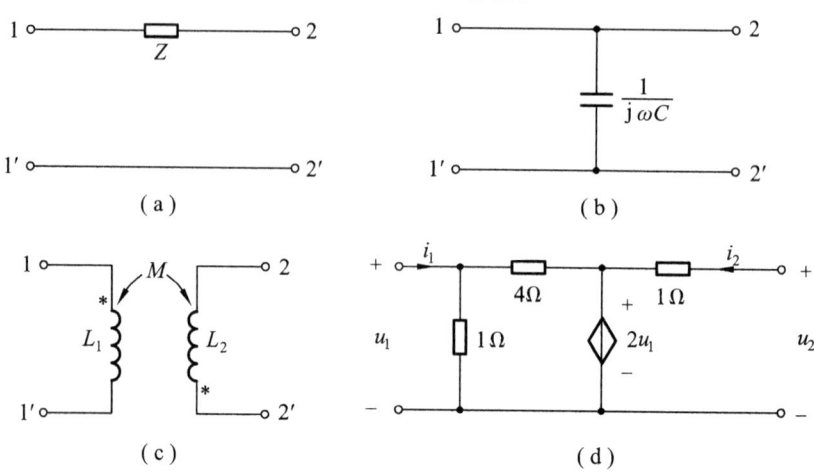

题 10-4 图

10-5 判别下列参数所对应的双口网络是否互易？根据是什么？

(1) $\boldsymbol{Y}=\begin{bmatrix} 3 & -1 \\ -10 & 6 \end{bmatrix}$; (2) $\boldsymbol{T}=\begin{bmatrix} 1 & j\omega L \\ 0 & 1 \end{bmatrix}$;

(3) $\boldsymbol{Z}=\begin{bmatrix} 5 & -4 \\ -4 & 6 \end{bmatrix}$; (4) $\boldsymbol{H}=\begin{bmatrix} 3 & 6 \\ -6 & 2 \end{bmatrix}$。

10-6 题 10-6 图中，网络 N 中没有独立电源，将 $U_1=100$ V 电源加在端口 1-1′，测得 $I_1=2.5$ A，$U_2=60$ V；若将 $U_2=100$ V 加在端口 2-2′，测得 $I_2=2$ A，$U_1=48$ V。求双口网络 N 的 T 参数。

10-7 双口网络的参数矩阵为 $\boldsymbol{Z}=\begin{bmatrix} 8 & 7 \\ 3 & 5 \end{bmatrix}\Omega$、$\boldsymbol{Y}=\begin{bmatrix} 5 & -2 \\ -2 & 3 \end{bmatrix}$ S。试画出它们的 T 形和 Π 形等效电路。

10-8 题 10-8 图所示电路中，已知双口网络的 Y 参数矩阵为 $\begin{bmatrix} 0.7 & -0.5 \\ -0.5 & 0.9 \end{bmatrix}$ S，求输入阻抗 Z_i。

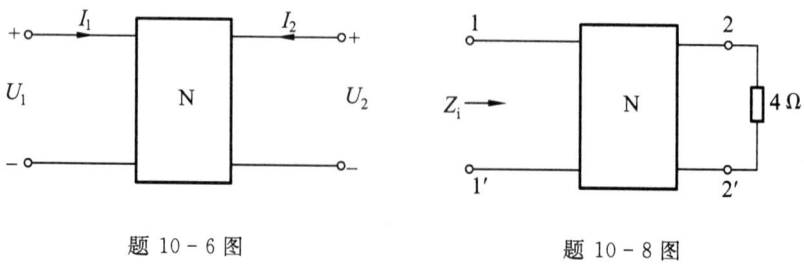

题 10-6 图　　　　　　　　题 10-8 图

10-9 题10-9图所示电路中,已知双口网络 N 的 Z 参数为 $\begin{bmatrix} 4 & 3 \\ 3 & 1 \end{bmatrix}$ Ω,求 U_1 和 U_2。

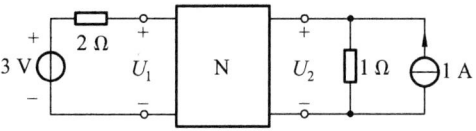

题 10-9 图

10-10 题10-10图中所示双口网络 N 互易,电源 $U_S=6$ V,负载 R_L 可调。当 $R_L=\infty$ 时,测得 $U_2=3$ V,$I_1=0.3$ A;当 $R_L=0$ 时,测得 $I_2=0.2$ A,求:
(1) 网络 N 的传输参数;
(2) 当 $R_L=8$ Ω 时,$U_2=?$

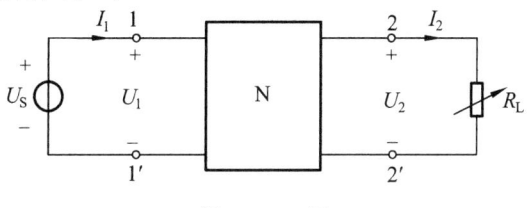

题 10-10 图

10-11 题10-11图所示电路中,已知双口网络 N 的 T 参数为 $\begin{bmatrix} 1 & 1 \\ 2 & -2 \end{bmatrix}$,电源 $u_S=8\sqrt{2}\cos(2t)$ V,若使 $i_2=10\sqrt{2}\cos(2t-30°)$ A,求负载的等效参数 R、L。

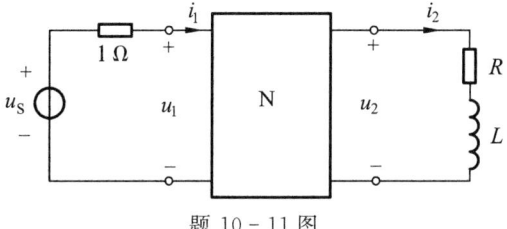

题 10-11 图

10-12 题10-12图所示电路中,网络 N_2 的 T 参数为 $\begin{bmatrix} -\dfrac{2}{3} & -\dfrac{10}{3} \\ -\dfrac{1}{3} & -\dfrac{2}{3} \end{bmatrix}$,求图示回转器与网络 N_2 相连后的双口网络的 T 参数。

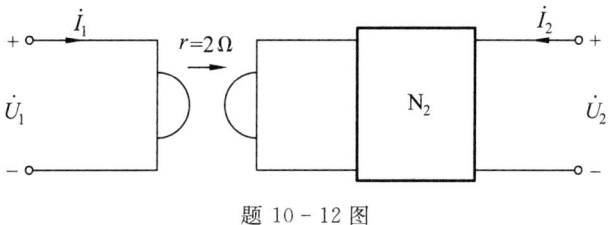

题 10-12 图

10-13　题 10-13 图所示电路，已知 $i_1=(1+3\mathrm{e}^{-2t})$ A，求 u_1。

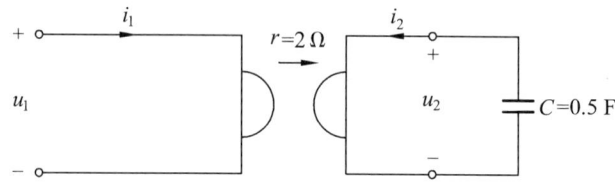

题 10-13 图

10-14　已知题 10-14 图所示电路的电源频率 $f=10^2$ Hz，当 C_1 取何值时端口处 $\dot{U}$ 与 $\dot{I}$ 同相位？

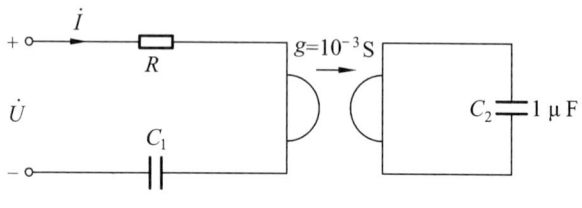

题 10-14 图

10-15　题 10-15 图所示电路，已知 $\dot{U}_1=10\underline{/0°}$ V，求 $\dot{I}_1$。

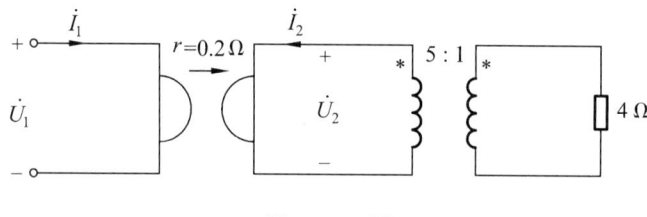

题 10-15 图

10-16　证明两个链联的回转器等效于一个理想变压器，并计算出该变压器的匝数比。

第 十 一 章

一阶电路的时域分析

———— 内 容 提 要 ————

本章介绍一阶电路的时域分析。内容包括：时域分析的初始条件的确定；一阶电路的零输入响应；一阶电路的零状态响应；一阶电路的全响应；一阶电路的三要素法；一阶电路的阶跃响应；一阶电路的冲激响应；卷积积分法。

§11-1 引 言

以往对电路的分析有这样一种特点：当激励源为直流时，响应也为直流；当激励源为正弦交流时，响应也为正弦交流。将电路的这种工作状态称为稳态，对应的电路分析称为稳态分析。但是电路中经常会遇到这样的变化：如电源的合闸、分闸、电源幅值的突然变化；电路元件参数的突变以及负载的加入或去掉等，这些统称为"换路"。如图 11-1 所示电路，开关 K 在原位置上已闭合很久，其稳态值 $u_C=0$、$i_C=0$，称为旧稳态；当开关 K 换位且达到稳态后，$u_C=U_S$、$i_C=0$，称其为新稳态。可见新、旧稳态的数值不一样。那么从一个稳态到另一个稳态是否可以瞬时完成呢？下面建立开关 K 换位后的方程

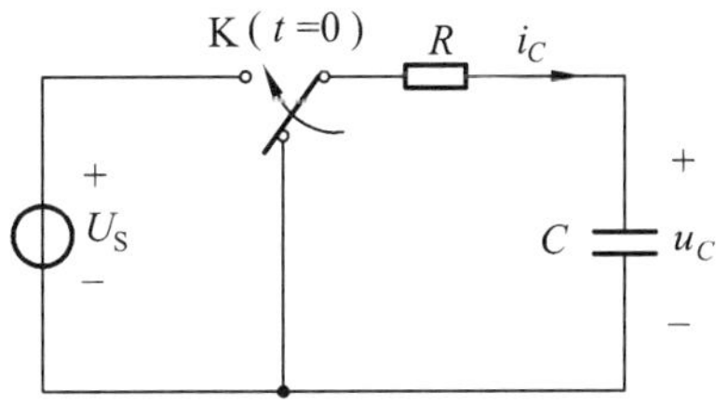

$$u_C+RC\frac{\mathrm{d}u_C}{\mathrm{d}t}=U_S$$

图 11-1 RC 电路

假设电容电压 u_C 可以从 0 立即跳变到 U_S，那么 $\left.\dfrac{\mathrm{d}u_C}{\mathrm{d}t}\right|_{t=0}=\infty$，代入上式后方程不成立，说明假设不成立，因此电容电压 u_C 从旧稳态到新稳态不能立

即完成,而是需要一个过渡过程。同理,图 11-2 所示电路从旧稳态到新稳态时也需要一个过渡过程。

由以上分析可以看出,电路从一个稳态到另一个稳态需要过渡过程的原因是电路中有电容或电感元件,当电路中含有这类储能元件时,建立起来的电路方程为微分方程或积分方程,或者是微积分方程。但如果电路中没有电容、电感元件,建立起来的电路方程是代数方程,电路从一个稳态到另一个稳态可以立即完成,所以电容和电感又被称为动态元件,而电阻被称为静态元件。

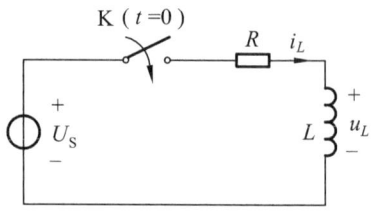

图 11-2 RL 电路

§11-2 初始条件的确定

用经典法求解微分方程时,必须利用初始条件来确定积分常数。在电路分析中,通常将换路时刻记为 $t=0$(也可以将换路时刻选在 $t=t_0$),换路前的一瞬间记为 $t=0_-$,换路后的一瞬间记为 $t=0_+$。因此求解 n 阶微分方程需要的初始条件是方程中变量以及变量的 $1\sim(n-1)$ 阶导数在 $t=0_+$ 时的数值。初始条件又被称为初始值。电路中初始条件的确定依赖于电路的初始状态。所谓初始状态,是指电感电流 i_L、电容电压 u_C 在 $t=0_-$ 时的数值。电路在换路前和换路后遵循的规则称为换路定则。

根据前面对图 11-1 所示电路的分析可知,对于电容元件来说,换路前后电容电压不跳变,即 $u_C(0_+)=u_C(0_-)$,该关系式具有普遍意义。由电容电压与电容电流的关系式也可推得

$$u_C(0_+) = \frac{1}{C}\int_{-\infty}^{0_+} i_C d\tau = \frac{1}{C}\int_{-\infty}^{0_-} i_C d\tau + \frac{1}{C}\int_{0_-}^{0_+} i_C d\tau$$

$$= u_C(0_-) + \frac{1}{C}\int_{0_-}^{0_+} i_C d\tau$$

当电容电流 i_C 为有限值时

$$\frac{1}{C}\int_{0_-}^{0_+} i_C d\tau = 0$$

故 $\quad u_C(0_+) = u_C(0_-)$ (11-1)

并有 $\quad q(0_+) = q(0_-)$ (11-2)

即电容元件在换路前后电荷不跳变。

同理可知,电感元件在换路时,电感电流和磁链不跳变,即

$$i_L(0_+) = i_L(0_-) \quad (11-3)$$

$$\psi(0_+) = \psi(0_-) \quad (11-4)$$

另外,对于连接有多个电容的结点(但不含电压源),换路前后电荷守恒

$$\sum q(0_+) = \sum q(0_-)$$

即 $\quad \sum Cu_C(0_+) = \sum Cu_C(0_-) \quad (11-5)$

如图 11-3 所示结点,根据 KCL 得

$$C_1 \frac{du_{C1}}{dt} - i_L + i_R - C_2 \frac{du_{C2}}{dt} + i_S = 0$$

对上式做 $0_- \sim 0_+$ 积分,有

$$\int_{0_-}^{0_+} C_1 \frac{du_{C1}}{dt} dt - \int_{0_-}^{0_+} i_L dt + \int_{0_-}^{0_+} i_R dt -$$

$$\int_{0_-}^{0_+} C_2 \frac{du_{C2}}{dt} dt + \int_{0_-}^{0_+} i_S dt = 0$$

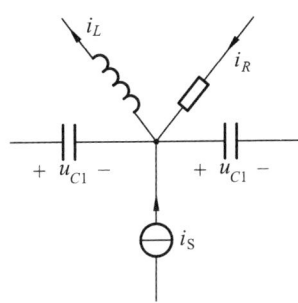

图 11-3 有多个电容的结点

如果电流 i_L、i_R、i_S 均为有限值,则它们的积分均为零,于是有

$$C_1 u_{C1}(0_+) - C_2 u_{C2}(0_+) - C_1 u_{C1}(0_-) + C_2 u_{C2}(0_-) = 0$$

即 $\quad C_1 u_{C1}(0_+) - C_2 u_{C2}(0_+) = C_1 u_{C1}(0_-) - C_2 u_{C2}(0_-)$

对于由多个电感构成的回路(不含电流源),换路前后磁链守恒

$$\sum \psi(0_+) = \sum \psi(0_-)$$

即 $\quad \sum Li_L(0_+) = \sum Li_L(0_-) \quad (11-6)$

如图 11-4 所示回路,根据 KVL 得

$$R_1 i_{R1} + u_S + u_C + R_2 i_{R2} - L_2 \frac{di_{L2}}{dt} - R_3 i_{L2} + L_1 \frac{di_{L1}}{dt} = 0$$

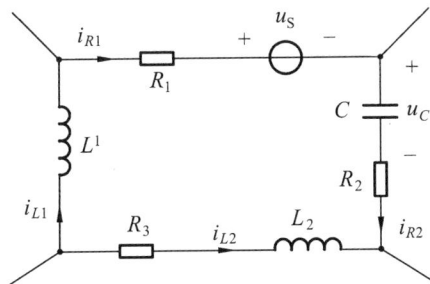

图 11-4 有多个电感的回路

对上式做 $0_-\sim 0_+$ 积分

$$\int_{0_-}^{0_+} R_1 i_{R1} dt + \int_{0_-}^{0_+} u_S dt + \int_{0_-}^{0_+} u_C dt + \int_{0_-}^{0_+} R_2 i_{R2} dt -$$

$$\int_{0_-}^{0_+} L_2 \frac{di_{L2}}{dt} dt - \int_{0_-}^{0_+} R_3 i_{L2} dt + \int_{0_-}^{0_+} L_1 \frac{di_{L1}}{dt} dt = 0$$

如果 i_{R1}、i_{R2}、i_{L1} 和 u_S 均为有限值，则它们的积分均为零，于是有

$$L_1 i_{L1}(0_+) - L_1 i_{L1}(0_-) - L_2 i_{L2}(0_+) + L_2 i_{L2}(0_-) = 0$$

即

$$L_1 i_{L1}(0_+) - L_2 i_{L2}(0_+) = L_1 i_{L1}(0_-) - L_2 i_{L2}(0_-)$$

式(11-1)~式(11-6)就是电路的换路定则。电路的初始条件要根据换路定则来确定。下面通过例题说明电路初始条件的求解。

例 11-1 图 11-5(a)所示电路，开关 K 换位前电路已达到稳态，求 K 换位后瞬间各支路电流和电感两端的电压。已知 $U_{S1}=24$ V，$U_{S2}=12$ V，$R_1=1$ Ω，$R_2=2$ Ω，$R_3=4$ Ω，$L=0.2$ H，$C=4$ μF。

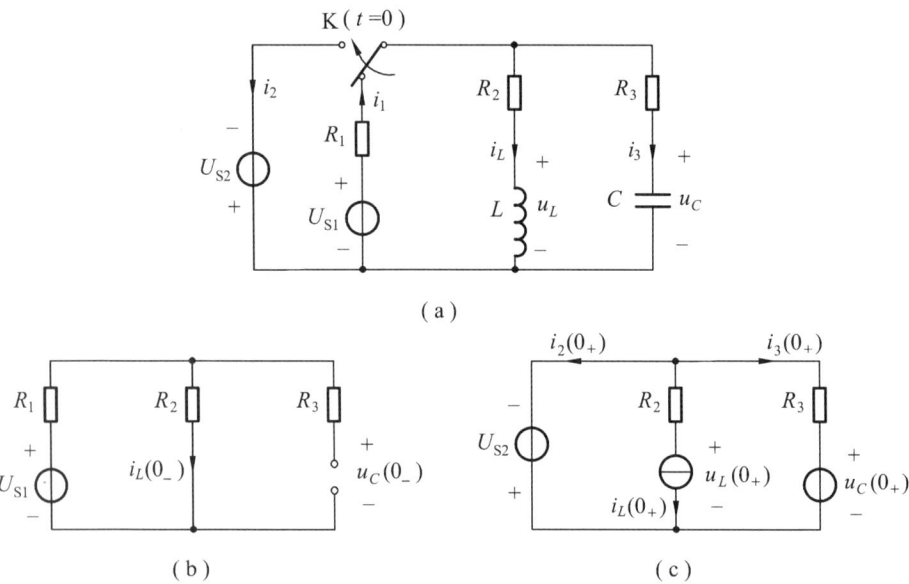

图 11-5 例 11-1 图

解 电路各物理量的参考方向如图所标。由于开关 K 换位前电路已达到稳态，所以电感相当于短路，电容相当于开路，$t=0_-$ 时刻的等效电路如图 11-5(b)所示，并可求得

$$i_L(0_-) = \frac{U_{S1}}{R_1+R_2} = \frac{24}{3} \text{ A} = 8 \text{ A}$$

$$u_C(0_-) = R_2 i_L(0_-) = 16 \text{ V}$$

根据换路定则可知

$$i_L(0_+) = i_L(0_-) = 8 \text{ A}$$
$$u_C(0_+) = u_C(0_-) = 16 \text{ V}$$

用数值为 $u_C(0_+)$ 的电压源替代电容,用数值为 $i_L(0_+)$ 的电流源替代电感,即为 $t=0_+$ 时刻的等效电路,如图 11-5(c) 所示。由 $t=0_+$ 时刻的等效电路求得

$$i_3(0_+) = \frac{-U_{S2} - u_C(0_+)}{R_3} = \frac{-12 - 16}{4} \text{ A} = -7 \text{ A}$$
$$i_2(0_+) = -i_L(0_+) - i_3(0_+) = -1 \text{ A}$$
$$u_L(0_+) = -U_{S2} - R_2 i_L(0_+) = (-12 - 2 \times 8) \text{ V} = -28 \text{ V}$$

注意,一般情况下:

① $u_C(0_+) = u_C(0_-)$,但 $i_C(0_+) \neq i_C(0_-)$。

② $i_L(0_+) = i_L(0_-)$,但 $u_L(0_+) \neq u_L(0_-)$。

例 11-2 图 11-6(a) 所示电路中,$u_S(t) = 100\sin 500t$ V,$R_1 = 20$ Ω,$R_2 = 40$ Ω,$C = 100$ μF,$L = 0.04$ H,开关 K 闭合已很久,$t = 0$ 时开关 K 打开。求初始值 $i_L(0_+)$ 和 $\left.\dfrac{\mathrm{d}i_L}{\mathrm{d}t}\right|_{0_+}$。

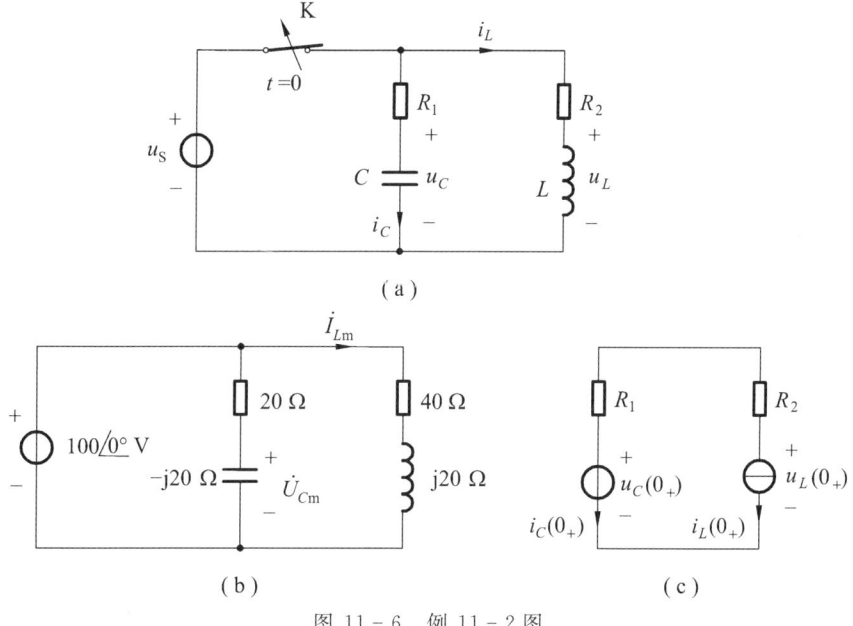

图 11-6 例 11-2 图

解 $t < 0$ 时电路处于稳态,采用相量法求解,相量电路如图 11-6(b) 所示。

因

$$\dot{I}_{Lm} = \frac{100}{40+\text{j}20}\ \text{A} = 2.236\underline{/-26.57°}\ \text{A}$$

$$\dot{U}_{Cm} = \frac{-\text{j}20 \times 100}{20-\text{j}20}\ \text{V} = 70.71\underline{/-45°}\ \text{V}$$

$$i_L = 2.236\sin(500t - 26.57°)\ \text{A}$$

$$u_C = 70.71\sin(500t - 45°)\ \text{V}$$

所以

$$i_L(0_-) = 2.236\sin(-26.57°)\text{A} = -1\ \text{A}$$

$$u_C(0_-) = 70.71\sin(-45°)\text{V} = -50\ \text{V}$$

根据换路定则得

$$i_L(0_+) = i_L(0_-) = -1\ \text{A}$$

$$u_C(0_+) = u_C(0_-) = -50\ \text{V}$$

因为

$$u_L = L\frac{\text{d}i_L}{\text{d}t}$$

所以

$$\left.\frac{\text{d}i_L}{\text{d}t}\right|_{0_+} = \frac{u_L(0_+)}{L} = \frac{-(R_2+R_1)i_L(0_+)+u_C(0_+)}{L} = 250\ \text{A/s}$$

例 11-3 图 11-7 所示电路原处于稳态，$t=0$ 时开关 K 打开，求 $i_{L1}(0_+)$ 和 $i_{L2}(0_+)$。

解 由题可知

$$i_{L1}(0_-) = \frac{U_S}{R_1},\quad i_{L2}(0_-) = \frac{U_S}{R_2}$$

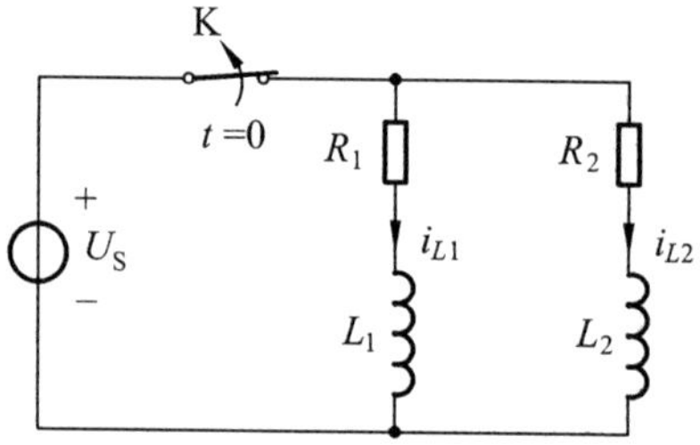

该电路遵循磁链守恒的换路定则，即

$$L_1 i_{L1}(0_+) - L_2 i_{L2}(0_+)$$
$$= L_1 i_{L1}(0_-) - L_2 i_{L2}(0_-) \qquad (1)$$

开关 K 打开后，有

$$i_{L1}(0_+) = -i_{L2}(0_+) \qquad (2)$$

图 11-7 例 11-3 图

联立(1)、(2)两式求解得

$$i_{L1}(0_+) = \frac{U_S}{L_1+L_2}\left(\frac{L_1}{R_1} - \frac{L_2}{R_2}\right)$$

$$i_{L2}(0_+) = \frac{U_S}{L_1+L_2}\left(\frac{L_2}{R_2} - \frac{L_1}{R_1}\right)$$

§11-3 一阶电路的零输入响应

所谓一阶电路，是指只含有一个独立动态元件的电路。从数学的角度来看，如果电路的数学模型是一阶微分方程，那么该电路称为一阶电路。零输入响应是指电路的外加激励源为零的情况下，由动态元件的初始储能引起的响应。

图 11-8 所示是一个没有外加激励源的 RC 电路，电容 C 上已充有电荷，且电压值 $u_C(0_-)=U_0$，$t=0$ 时开关 K 闭合，下面求解 $t\geqslant 0$ 时的响应 u_C。

根据 KVL 可知

$$u_C - Ri = 0$$

而

$$i = -C\frac{\mathrm{d}u_C}{\mathrm{d}t}$$

所以

$$RC\frac{\mathrm{d}u_C}{\mathrm{d}t} + u_C = 0$$

上式是一个一阶常系数齐次微分方程，其通解为

$$u_C = K\mathrm{e}^{pt}$$

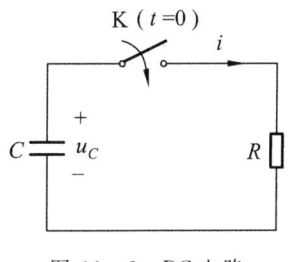

图 11-8 RC 电路的零输入响应

其中，K 为待定常数；p 为特征根，由特征方程求得。

特征方程为　　$RCp + 1 = 0$

特征根　　　　$p = -\dfrac{1}{RC}$

所以　　　　　$u_C = K\mathrm{e}^{-(t/RC)}$

代入初始条件确定待定常数 K

$$u_C(0_+) = u_C(0_-) = U_0 = K$$

所以　　　　　$u_C = U_0 \mathrm{e}^{-(t/RC)} \quad (t\geqslant 0)$ 　　　　(11-7)

$$i = -C\frac{\mathrm{d}u_C}{\mathrm{d}t} = \frac{U_0}{R}\mathrm{e}^{-(t/RC)} \quad (t\geqslant 0) \tag{11-8}$$

电容电压与电容电流的变化曲线如图 11-9 所示，在 $t\geqslant 0$ 的区间内，随着 t 的增长逐渐衰减，最终到零。由式(11-7)、式(11-8)可知，在相同的初始值下，电阻 R 与电容 C 的乘积越大，u_C 与 i 曲线的衰减就越慢，反之就越快，因此电阻 R 与电容 C 的乘积在 RC 一阶电路的分析中是一个非常重要的参数，并定义

$$\tau = RC \tag{11-9}$$

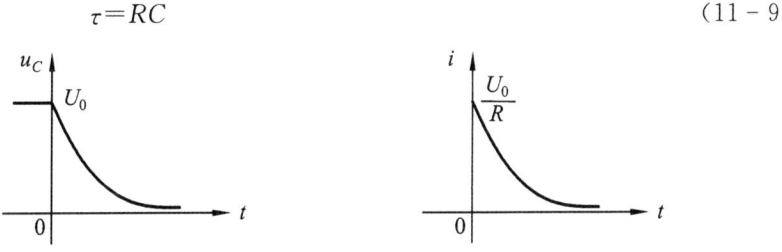

图 11-9 电容电压、电流的变化曲线

式(11-9)中，τ 被称为 RC 一阶电路的时间常数，其单位为秒(s)，此时电阻 R 以欧姆(Ω)为单位，电容 C 以法拉(F)为单位。按照理论分析，当 $t\to\infty$ 时，电压 u_C 与电流 i 的曲线才会衰减到零，也即电路的过渡过程才会结束。但是工程上通常认为，换路后经过 $3\tau\sim 5\tau$，过渡过程就结束了。这是因为 $t=3\tau$ 时的电容电压 u_C 只有初始值的 5%，而当 $t=5\tau$ 时电容电压 u_C 仅为初始值的 0.7%，故工程上近似认为 $u_C\approx 0$。

下面介绍几种时间常数 τ 的确定方法：

① 由电路参数进行计算。如果已知电阻为 R、电容为 C，则时间常数
$$\tau = RC$$

② 由电路的响应曲线求得，如图 11-10 所示。如已知 u_C 的曲线，且初始值为 U_0。由于
$$u_C(\tau) = U_0 e^{-1} = 0.368 U_0$$

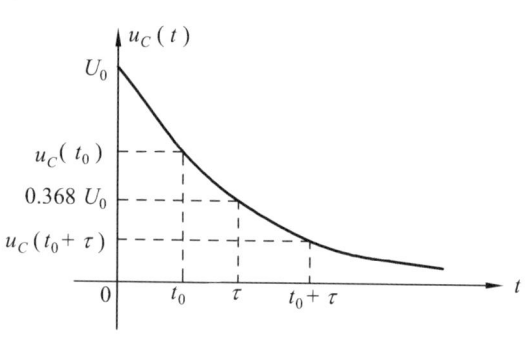

图 11-10 u_C 与时间常数 τ 的关系

所以当 u_C 衰减到初始值 U_0 的 36.8% 时，对应的时间坐标即为时间常数 τ。另外，也可以选任意时刻 t_0 的电压 $u_C(t_0)$ 作为基准，当数值降为 $u_C(t_0)$ 的 36.8% 时，所需要的时间也正好是一个时间常数 τ，说明见下式

$$u_C(t_0+\tau) = U_0 e^{-(t_0+\tau)/\tau}$$
$$= 0.368 U_0 e^{-(t_0/\tau)}$$
$$= 0.368 u_C(t_0)$$

③ 对零输入响应曲线画切线确定时间常数。如图 11-11 所示，在 $t=t_0$ 处对 u_C 曲线画切线与时间轴相交于 t_1，切线的斜率由图中三角形可得

$$\left.\frac{du_C}{dt}\right|_{t=t_0} = -\frac{1}{t_1-t_0} u_C(t_0)$$

另外，对式(11-7)求导得

$$\left.\frac{du_C}{dt}\right|_{t=t_0} = -\frac{1}{\tau} u_C(t_0)$$

对照两式可知 $\quad t_1 - t_0 = \tau$

图 11-12 是一个 RL 电路，$t=0$ 时开关打开，下面讨论 $t\geqslant 0$ 时的电感电流 i_L。

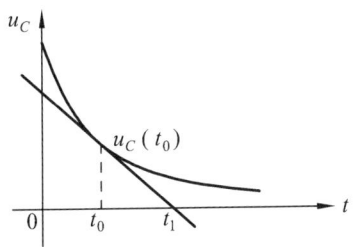

图 11-11 作切线确定时间常数 τ

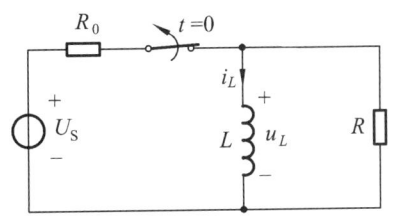

图 11-12 RL 电路的零输入响应

开关打开后的 KVL 方程为

$$L\frac{di_L}{dt}+Ri_L=0$$

即

$$\frac{L}{R}\cdot\frac{di_L}{dt}+i_L=0$$

与 RC 电路的数学模型做比较,便可得出电感电流的零输入响应为

$$i_L=Ke^{-t/(L/R)}$$

因为

$$i_L(0_+)=i_L(0_-)=\frac{U_S}{R_0}=I_0$$

所以

$$i_L=I_0e^{-(R/L)t} \quad (t\geqslant 0) \tag{11-10}$$

$$u_L=L\frac{di_L}{dt}=-RI_0e^{-(R/L)t} \quad (t\geqslant 0) \tag{11-11}$$

电感电流 i_L、电感电压 u_L 的变化曲线如图 11-13 所示。

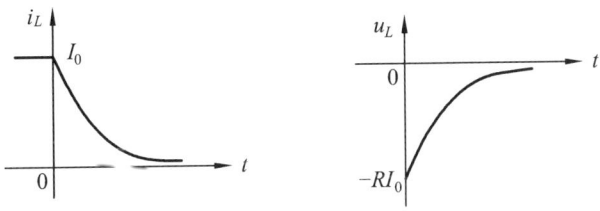

图 11-13 电感电流、电压的变化曲线

定义 RL 电路的时间常数为

$$\tau=\frac{L}{R} \tag{11-12}$$

前面介绍的有关 RC 电路的时间常数 τ 的确定方法同样适用于 RL 电路的时间常数的求解,这里略。

例 11-4 电路如图 11-14(a)所示。已知 $R_1=60\ \Omega$,$R_2=40\ \Omega$,$C=0.005\ F$,$U_S=15\ V$,开关在位置 1 已经很久,$t=0$ 时开关由位置 1 换到位置 2,求 $t\geqslant 0$ 时的电压 u_C、u_1。

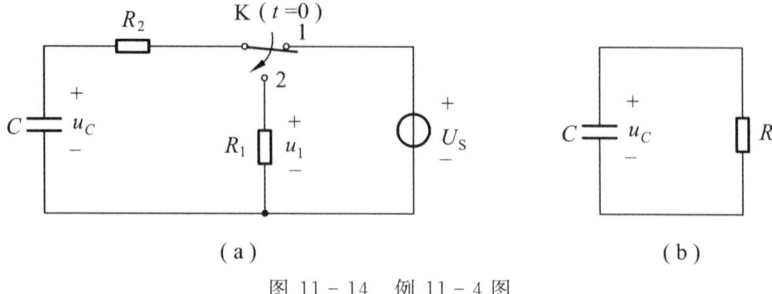

图 11-14 例 11-4 图

解 求 u_C 时可将电路简化,如图 11-14(b)所示,等效电阻 R 为
$$R = R_1 + R_2 = 100 \ \Omega$$
根据前面的分析可知
$$u_C = U_0 e^{-t/\tau} \qquad (t \geqslant 0)$$
由于换路前电路处于稳态,电容电压就等于电源电压,即
$$U_0 = U_S = 15 \ \text{V}$$
时间常数为 $\quad \tau = RC = 100 \times 0.005 \ \text{s} = 0.5 \ \text{s}$

所以 $\quad u_C = U_0 e^{-t/\tau} = 15 e^{-t/0.5} \ \text{V} = 15 e^{-2t} \ \text{V} \qquad (t \geqslant 0)$

回原电路求解电压 u_1 得
$$u_1 = \frac{R_1}{R_1 + R_2} u_C = 9 e^{-2t} \ \text{V} \qquad (t \geqslant 0)$$

例 11-5 电路如图 11-15(a)所示。$u_C(0_-) = 20 \ \text{V}$,$t = 0$ 时开关 K_1 闭合,$t = 0.1 \ \text{s}$ 时开关 K_2 闭合,求 $t \geqslant 0$ 时的电容电压 $u_C(t)$。

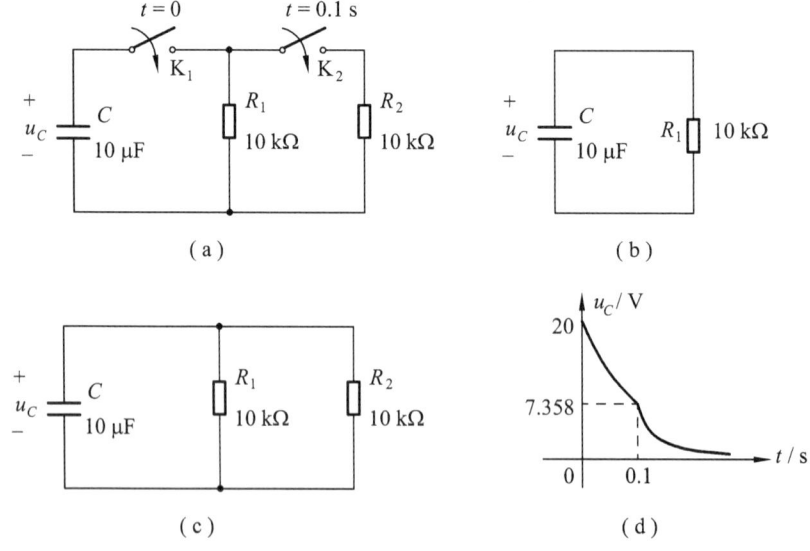

图 11-15 例 11-5 图

解 $0 \leqslant t < 0.1$ s 时，等效电路如图 11-15(b)所示，则

$$\tau_1 = R_1 C = 0.1 \text{ s}$$
$$u_C(0_+) = u_C(0_-) = 20 \text{ V}$$
$$u_C(t) = 20\mathrm{e}^{-10t} \text{ V}$$

$t \geqslant 0.1$ s 时，等效电路如图 11-15(c)所示，则

$$\tau_2 = RC = 0.05 \text{ s}$$
$$u_C(0.1_+) = u_C(0.1_-) = 20\mathrm{e}^{-1} \text{ V} = 7.358 \text{ V}$$
$$u_C(t) = 7.358\mathrm{e}^{-20(t-0.1)} \text{ V}$$

由此可知电容电压的变化规律为

$$u_C(t) = \begin{cases} 20\mathrm{e}^{-10t} \text{ V} & (0 \leqslant t < 0.1 \text{ s}) \\ 7.358\mathrm{e}^{-20(t-0.1)} \text{ V} & (t \geqslant 0.1 \text{ s}) \end{cases}$$

对应的变化曲线如图 11-15(d)所示，电容电压在两个区间衰减的快慢是不一样的。

例 11-6 图 11-16(a)所示电路在 $t<0$ 时处于稳态，$t=0$ 时开关 K 打开，求 $t \geqslant 0$ 的电感电压 $u_L(t)$。

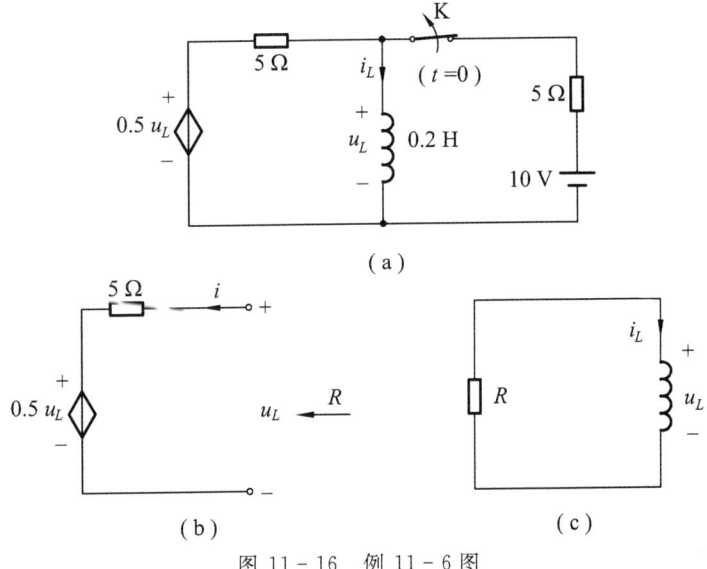

图 11-16 例 11-6 图

解 由于电路在 $t<0$ 时处于稳态，电感相当于短路，故

$$i_L(0_-) = \frac{10}{5} \text{ A} = 2 \text{ A}, \quad i_L(0_+) = i_L(0_-) = 2 \text{ A}$$

$t \geqslant 0$ 时，从电感元件两端看过去的电路可等效为一个电阻，该等效电阻可

用外加电源法求得,电路如图 11-16(b)所示。根据 KVL 可知
$$u_L = 5i + 0.5u_L$$

等效电阻 $\quad R = \dfrac{u_L}{i} = 10 \ \Omega$

故开关打开后的等效电路如图 11-16(c)所示,电路的时间常数
$$\tau = \dfrac{L}{R} = 0.02 \ \mathrm{s}$$

由式(11-10)可知,电感电流
$$i_L = 2\mathrm{e}^{-t/0.02} \ \mathrm{A} = 2\mathrm{e}^{-50t} \ \mathrm{A} \qquad (t \geqslant 0)$$

由图 11-16(c)可得电感两端的电压为
$$u_L = -Ri_L = -20\mathrm{e}^{-50t} \ \mathrm{V} \qquad (t \geqslant 0)$$

§11-4 一阶电路的零状态响应

如果电路的初始状态为零(即换路前电容电压为零,电感电流为零),那么由外加激励源产生的响应即被称为零状态响应。

图 11-17 所示的一阶 RC 电路,开关 K 闭合前电容电压为零,即 $u_C(0_-) = 0$,$t=0$ 时开关 K 闭合。以电容电压 u_C 为变量,开关 K 闭合后的 KVL 方程

$$RC\dfrac{\mathrm{d}u_C}{\mathrm{d}t} + u_C = u_S$$

是一个一阶非齐次微分方程。该方程中 u_C 的解由两部分组成,其一是非齐次微分方程的特解 u_{Cp};另一部分是齐次微分方程的通解 u_{Ch},即

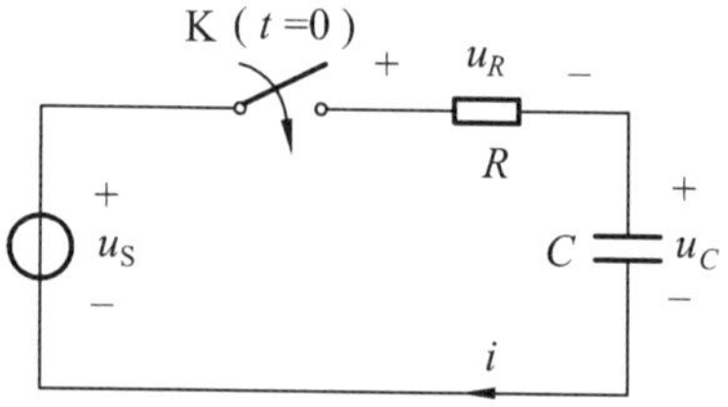

$$u_C = u_{Cp} + u_{Ch}$$

图 11-17 RC 电路的零状态响应

故 u_{Ch} 满足方程 $\quad RC\dfrac{\mathrm{d}u_{Ch}}{\mathrm{d}t} + u_{Ch} = 0$

其解为 $\quad u_{Ch} = K\mathrm{e}^{-t/(RC)} = K\mathrm{e}^{-t/\tau}$

u_{Cp} 满足方程 $\quad RC\dfrac{\mathrm{d}u_{Cp}}{\mathrm{d}t} + u_{Cp} = u_S$

特解 u_{Cp} 的形式取决于 u_S 的形式,当 u_S 为直流时,u_{Cp} 也为直流;当 u_S 为正弦交流,u_{Cp} 也为正弦交流。所以电容电压的零状态响应为

$$u_C = u_{Cp} + K\mathrm{e}^{-t/\tau}$$

代入初始条件便可求得待定系数 K。由换路定则可知
$$u_C(0_+)=u_C(0_-)=0$$
所以 $\qquad K=-u_{C\mathrm{p}}(0_+)$

故 $\qquad u_C=u_{C\mathrm{p}}(t)-u_{C\mathrm{p}}(0_+)\mathrm{e}^{-t/\tau} \qquad (t\geqslant 0) \qquad (11-13)$

其中，时间常数 $\tau=RC$。

当激励源为直流，即 $u_\mathrm{S}=U_\mathrm{S}$ 时，特解 $u_{C\mathrm{p}}(t)=U_\mathrm{S}$，此时
$$u_C=U_\mathrm{S}-U_\mathrm{S}\mathrm{e}^{-t/\tau} \qquad (t\geqslant 0) \qquad (11-14)$$
对应的零状态响应曲线如图 11-18 所示，由此可知，当过渡过程结束后，电容电压稳定在电源电压上，此时电容相当于开路，所以电容电压的特解也可以通过换路后的稳态电路进行求解。

由式(11-14)可以得到电容电流
$$i=C\frac{\mathrm{d}u_C}{\mathrm{d}t}=\frac{U_\mathrm{S}}{R}\mathrm{e}^{-t/\tau} \qquad (t\geqslant 0)$$

图 11-19 所示的 RL 电路是图 11-17 的对偶电路，根据 KCL 得
$$\frac{L}{R}\cdot\frac{\mathrm{d}i_L}{\mathrm{d}t}+i_L=i_\mathrm{S}$$
响应 $\qquad i_L=i_{L\mathrm{p}}+K\mathrm{e}^{-t/\tau}$

代入零初始条件可得电感电流的零状态响应为
$$i_L=i_{L\mathrm{p}}(t)-i_{L\mathrm{p}}(0_+)\mathrm{e}^{-t/\tau} \qquad (11-15)$$
其中，时间常数 $\tau=L/R$。

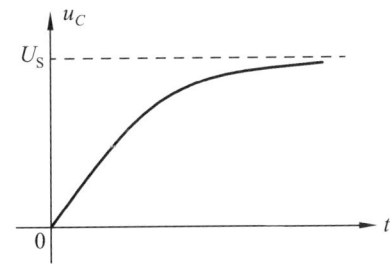
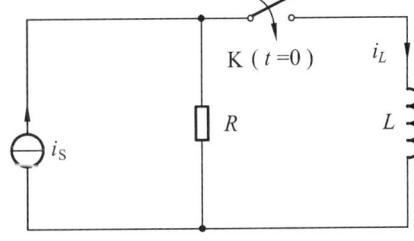

图 11-18　u_C 的零状态响应曲线　　　图 11-19　RL 电路的零状态响应

例 11-7　图 11-20(a)所示电路，在 $t<0$ 时处于稳态，开关 K 在 $t=0$ 时闭合，求 $t\geqslant 0$ 时的 $u_C(t)$、$u_R(t)$。

解　求电容电压时可将电容元件的左侧电路用戴维南等效电路来等效，如图 11-20(b)所示。由前面的分析知电容的零状态响应为
$$u_C=u_{C\mathrm{p}}-u_{C\mathrm{p}}(0_+)\mathrm{e}^{-t/\tau}$$

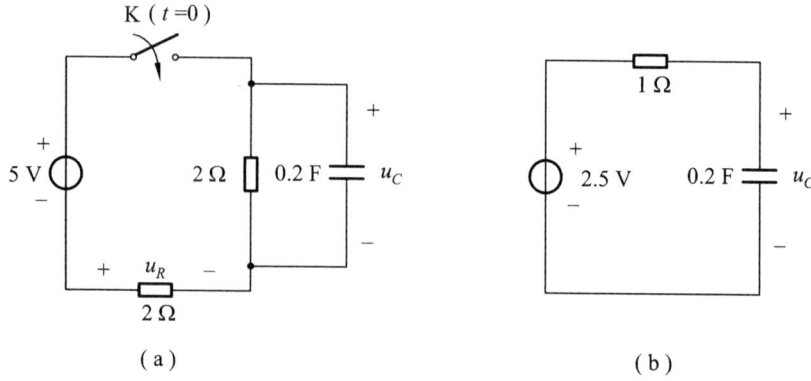

图 11-20 例 11-7 图

当图 11-20(b)电路达到稳态时,电容电压的数值即为特解,故

$$u_{Cp} = 2.5 \text{ V}$$

所以 $u_{Cp}(0_+) = 2.5 \text{ V}$

时间常数 $\tau = RC = 1 \times 0.2 \text{ s} = 0.2 \text{ s}$

故 $u_C = (2.5 - 2.5e^{-5t}) \text{ V} \quad (t \geqslant 0)$

回原电路求 u_R,有

$$u_R = -5 + u_C = -(2.5 + 2.5e^{-5t}) \text{ V} \quad (t \geqslant 0)$$

例 11-8 图 11-21(a)所示电路,开关 K 打开前电路为稳态,$t=0$ 时开关 K 打开,求 $t \geqslant 0$ 的 i_L、u_L 和 u_1。

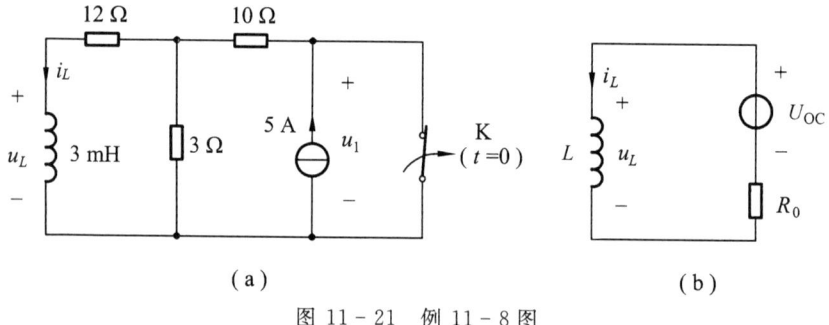

图 11-21 例 11-8 图

解 开关 K 打开前电感电流

$$i_L(0_-) = 0$$

开关 K 打开后,电感 L 右侧电路可等效为电压源串电阻的形式,如图 11-21(b)所示,其中电压源电压

$$U_{OC} = 3 \times 5 \text{ V} = 15 \text{ V}$$

等效电阻 $R_0 = (12+3)\ \Omega = 15\ \Omega$

时间常数 $\tau = \dfrac{L}{R_0} = \dfrac{3 \times 10^{-3}}{15}\ \text{s} = \dfrac{1}{5 \times 10^3}\ \text{s}$

电感电流的特解 $i_{Lp} = \dfrac{U_{OC}}{R_0} = \dfrac{15}{15}\ \text{A} = 1\ \text{A}$

所以电感电流 $i_L = i_{Lp} - i_{Lp}(0_+)\mathrm{e}^{-t/\tau} = (1 - \mathrm{e}^{-5 \times 10^3 t})\ \text{A}$ $\qquad (t \geqslant 0)$

电感电压 $u_L = L \dfrac{\mathrm{d}i_L}{\mathrm{d}t} = (15\mathrm{e}^{-5 \times 10^3 t})\ \text{V}$ $\qquad (t \geqslant 0)$

回到原电路求电流源两端的电压 u_1，为

$$u_1 = 5 \times 10 + 12 i_L + u_L = (62 + 3\mathrm{e}^{-5 \times 10^3 t})\ \text{V} \qquad (t \geqslant 0)$$

例 11-9 图 11-22 所示电路，电源电压 $u_S = U_m \sin(\omega t + \psi_u)$，求 $t \geqslant 0$ 的电感电流 i_L。

解 电路的 KVL 方程为

$$\dfrac{L}{R} \cdot \dfrac{\mathrm{d}i_L}{\mathrm{d}t} + i_L = \dfrac{U_m}{R} \sin(\omega t + \psi_u)$$

电感电流为 $i_L = i_{Lp} - i_{Lp}(0_+)\mathrm{e}^{-t/\tau}$

其中时间常数 $\tau = \dfrac{L}{R}$

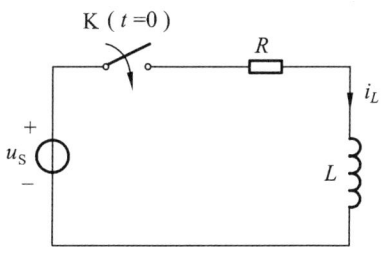

图 11-22 例 11-9 图

特解 i_{Lp} 可以通过微分方程求得，但在正弦激励情况下，特解又是稳态解，故还可以用相量法进行求解，这里采用后者。

由电路可知 $\dot{I}_{Lp} = \dfrac{\dot{U}_S}{R + \mathrm{j}\omega L} = \dfrac{\dfrac{U_m}{\sqrt{2}} \angle \psi_u}{|Z| \angle \theta} = \dfrac{1}{\sqrt{2}} \cdot \dfrac{U_m}{|Z|} \angle \psi_u - \theta$

其中电路阻抗的模值

$$|Z| = \sqrt{R^2 + (\omega L)^2}$$

阻抗角 $\theta = \arctan(\omega L / R)$

所以，电感电流的特解

$$i_{Lp}(t) = \dfrac{U_m}{|Z|} \sin(\omega t + \psi_u - \theta)$$

即 $i_{Lp}(0_+) = \dfrac{U_m}{|Z|} \sin(\psi_u - \theta)$

所以，电感电流的零状态响应为

$$i_L = \dfrac{U_m}{|Z|} \sin(\omega t + \psi_u - \theta) - \dfrac{U_m}{|Z|} \sin(\psi_u - \theta)\mathrm{e}^{-(R/L)t} \qquad (t \geqslant 0)$$

当 $\psi_u = \theta$ 时，$i_{Lp}(0_+) = 0$，则

$$i_L = \frac{U_m}{|Z|}\sin(\omega t + \psi_u - \theta)$$

由此可知，当电源的初相位正好等于负载的阻抗角时，换路后电路没有过渡过程，而是直接进入新的稳态，这是很多系统都希望得到的结果，而这一现象可以通过选择开关的闭合时间来实现。

当 $\psi_u = \theta \pm \dfrac{\pi}{2}$ 时，$i_{Lp}(0_+) = \dfrac{U_m}{|Z|}\sin(\psi_u - \theta) = \pm \dfrac{U_m}{|Z|}$ 为最大，这意味着过渡过程中电感电流振荡的幅度会很大，有时会引起系统保护的误动作。

§11-5　一阶电路的全响应

当一阶电路的外加激励和初始状态都不为零时，由此产生的电路响应称为一阶电路的全响应。

图 11-23 所示电路在开关 K 闭合前电容 C 上已充有电荷，且 $u_C(0_-) = U_0$，当 $t = 0$ 时开关闭合，电源接入电路。以电容电压 u_C 为变量，$t \geq 0$ 时的 KVL 方程为

$$RC\frac{du_C}{dt} + u_C = u_S$$

其解为　　　　　　　　$u_C = u_{Cp} + u_{Ch}$

其中，u_{Cp} 是方程的特解，其形式取决于激励的形式，求解方法与零状态响应的特解相同；u_{Ch} 是齐次方程的通解，其值为 $Ke^{-(t/\tau)}$，故电容电压 u_C 的全响应为

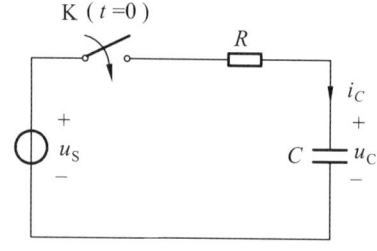

图 11-23　RC 电路的全响应

$$u_C = u_{Cp} + Ke^{-(t/\tau)}$$

代入初始条件　　　　　$u_C(0_+) = u_{Cp}(0_+) + K$

即　　　　　　　　　　$K = u_C(0_+) - u_{Cp}(0_+)$

所以　　　　　　　　　$u_C = u_{Cp}(t) + [u_C(0_+) - u_{Cp}(0_+)]e^{-(t/\tau)}$ 　　　　(11-16)

其中，$[u_C(0_+) - u_{Cp}(0_+)]e^{-(t/\tau)}$ 称为电容电压的固有分量，其形式由电路的结构和元件的参数确定，是电路本身固有的，与外加激励源无关。另外，这一部分的数值随着时间的增大而衰减，最后到零，因此又被称为电容电压的暂态分量。$u_{Cp}(t)$ 被称为电容电压的强制分量，由于激励为直流或正弦交流信号时，$u_{Cp}(t)$ 是电路过渡过程结束后的响应值，因此又被称为电容电压的稳态分量。故电容电压的全响应可以描述为

全响应＝强制分量＋固有分量

或　　　　　　　　　全响应＝稳态分量＋暂态分量

§11-5 一阶电路的全响应

改写式(11-16)得

$$u_C = u_C(0_+)e^{-(t/\tau)} + u_{Cp}(t) - u_{Cp}(0_+)e^{-(t/\tau)}$$

即   **全响应＝零输入响应＋零状态响应**

由此可知,全响应可以分解为零输入响应和零状态响应两个部分,这反映了线性电路的叠加性。求零输入响应部分时,令外加激励源等于零(即电流源开路、电压源短路),求得仅由动态元件的初始储能引起的响应;求零状态响应部分时,则认为电路的初始状态为零,求得外加激励源引起的响应。因此,零输入响应和零状态响应实际是全响应的两个特例。

当图11-23所示电路的电压源为恒定值($u_S = U_S$)时,式(11-16)可以描述为

$$u_C = u_C(\infty) + [u_C(0_+) - u_C(\infty)]e^{-(t/\tau)} \qquad (11-17)$$

其中,$u_C(\infty)$是电容电压的稳态值。

图11-24是电容电压的全响应曲线,其中图(a)是电容电压初始值大于稳态值的响应曲线,图(b)是电容电压初始值小于稳态值的响应曲线。

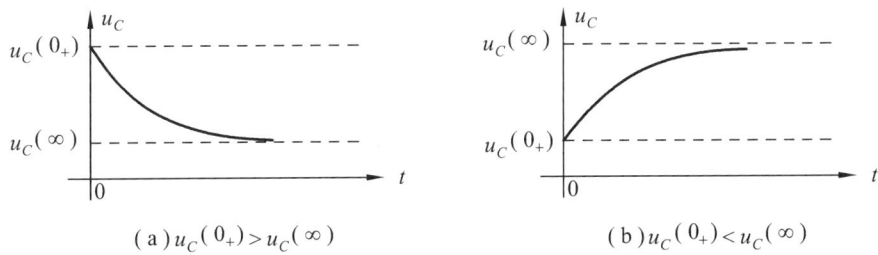

图 11-24 电容电压的全响应曲线

例 11-10 电路如图11-25所示。开关K在位置1已经很久,$t=0$时开关K投向位置2,求$t \geqslant 0$时的电容电压$u_C(t)$和电阻电压$u_R(t)$。

解 由题意可知,开关换位前电路为稳态,故

$$u_C(0_-) = 100 \text{ V}$$

根据换路定则

$$u_C(0_+) = u_C(0_-) = 100 \text{ V}$$

电路的时间常数

$$\tau = RC = 5\,000 \times 5 \times 10^{-6} \text{ s}$$
$$= 0.025 \text{ s}$$

所以,电容电压的零输入响应为

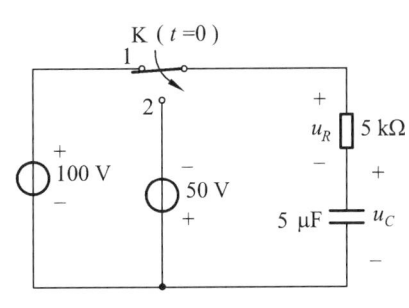

图 11-25 例 11-10 图

$$u'_C = u_C(0_+)\mathrm{e}^{-(t/\tau)} = 100\mathrm{e}^{-40t} \text{ V} \qquad (t \geqslant 0)$$

电容电压的稳态值

$$u_{C\mathrm{p}} = -50 \text{ V}$$

电容电压的零状态响应为

$$u''_C = u_{C\mathrm{p}} - u_{C\mathrm{p}}(0_+)\mathrm{e}^{-(t/\tau)} = (-50 + 50\mathrm{e}^{-40t}) \text{ V} \qquad (t \geqslant 0)$$

电容电压的全响应为

$$u_C(t) = u'_C + u''_C = (-50 + 150\mathrm{e}^{-40t}) \text{ V} \qquad (t \geqslant 0)$$

由电路知电阻电压为

$$u_R(t) = -50 - u_C = -150\mathrm{e}^{-40t} \text{ V} \qquad (t \geqslant 0)$$

§11-6 一阶电路的三要素法

由前面的分析可知，对于 RC 一阶电路来说，无论是零输入响应、零状态响应还是全响应，电容电压均可表示为

$$u_C = u_{C\mathrm{p}}(t) + [u_C(0_+) - u_{C\mathrm{p}}(0_+)]\mathrm{e}^{-(t/\tau)}$$

同理，对于 RL 一阶电路来说，电感电流可表示为

$$i_L = i_{L\mathrm{p}}(t) + [i_L(0_+) - i_{L\mathrm{p}}(0_+)]\mathrm{e}^{-(t/\tau)}$$

实际上一阶电路的任何一个变量都具有相同形式的表达式，即

$$y = y_\mathrm{p}(t) + [y(0_+) - y_\mathrm{p}(0_+)]\mathrm{e}^{-(t/\tau)} \qquad (11-18)$$

其中，$y(0_+)$ 为初始条件，$y_\mathrm{p}(t)$ 为特解，τ 为时间常数。当这三个量已知后，代入式(11-18)便可求得响应 $y(t)$，因此称 $y(0_+)$、$y_\mathrm{p}(t)$ 和 τ 为一阶电路的三要素。如果电路的外加激励源为直流，式(11-18)还可以表示为

$$y = y(\infty) + [y(0_+) - y(\infty)]\mathrm{e}^{-(t/\tau)} \qquad (11-19)$$

下面介绍三要素的求法：

① 初始条件 $y(0_+)$。在"§11-2"一节中已详细介绍，这里略。

② 特解 $y_\mathrm{p}(t)$。如激励源为直流，由于电路的特解就是稳态解，所以可以通过直流情况下的稳态电路进行求解，此时可令电容元件开路、电感元件短路，然后求得特解 $y_\mathrm{p}(t) = y(\infty)$；如激励源为正弦，可用相量法进行求解，即先求得相量 $\dot{Y}_\mathrm{P}$，然后再表示成瞬时值 $y_\mathrm{p}(t)$；如果是其他形式的激励源，可通过微分方程求得特解。

③ 时间常数 τ。如果电路的动态元件是电容，则 $\tau = RC$；如果电路的动态元件是电感，则 $\tau = \dfrac{L}{R}$。其中，电阻 R 是从电容 C 或电感 L 两端看过去的等效电阻。

例 11-11 图 11-26(a)所示电路，$t<0$ 时电路处于稳态，求 $t \geqslant 0$ 的 $u_R(t)$。

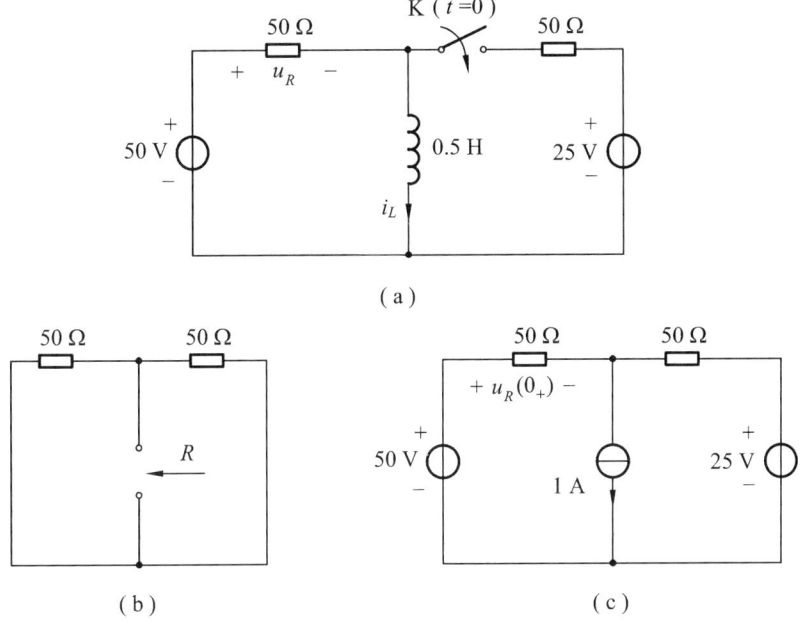

图 11-26 例 11-11 图

解法 1 先求电感电流，然后再求 $u_R(t)$。

$$i_L(0_-) = \frac{50}{50} \text{ A} = 1 \text{ A}$$

由换路定则得

$$i_L(0_+) = i_L(0_-) = 1 \text{ A}$$

当开关闭合且电路达到稳态后，电感可视为短路，所以电感电流的特解

$$i_{Lp} = \left(\frac{50}{50} + \frac{25}{50}\right) \text{ A} = 1.5 \text{ A}$$

从电感元件看过去的等效电阻见图 11-26(b)，为

$$R = \frac{50}{2} \text{ } \Omega = 25 \text{ } \Omega$$

时间常数

$$\tau = \frac{L}{R} = \frac{0.5}{25} \text{ s} = \frac{1}{50} \text{ s}$$

所以电感电流

$$\begin{aligned} i_L &= i_{Lp} + [i_L(0_+) - i_{Lp}(0_+)] \mathrm{e}^{-(t/\tau)} \\ &= (1.5 - 0.5\mathrm{e}^{-50t}) \text{ A} \quad (t \geqslant 0) \end{aligned}$$

于是 $u_R=50-L\dfrac{di_L}{dt}=(50-12.5e^{-50t})\ \text{V} \qquad (t\geqslant 0)$

解法 2 直接用三要素法求 u_R。

图 11-26(c)为 0_+ 时刻的等效电路，由此可求得

$$u_R(0_+)=37.5\ \text{V}$$

当图 11-26(a)中的开关闭合，电路达到稳态后

$$u_{Rp}=50\ \text{V}$$

时间常数求法同前，即

$$\tau=\frac{L}{R}=\frac{1}{50}\ \text{s}$$

由三要素公式可知

$$\begin{aligned} u_R &= u_{Rp}+[u_R(0_+)-u_{Rp}(0_+)]e^{-(t/\tau)} \\ &=(50-12.5e^{-50t})\ \text{V} \qquad (t\geqslant 0) \end{aligned}$$

例 11-12 图 11-27 所示电路，$u_C(0_-)=0$，$t=0$时开关 K 投向位置 1，$t=\tau$ 时开关 K 又投向位置 2，求 $t\geqslant 0$ 时的 $i_C(t)$、$u_R(t)$。

解 利用三要素法求解。

(1) $0\leqslant t<\tau$ 时：

初始值

$$u_C(0_+)=u_C(0_-)=0$$

$$i_C(0_+)=\frac{50}{100}\ \text{A}=0.5\ \text{A}$$

$$u_R(0_+)=50\ \text{V}$$

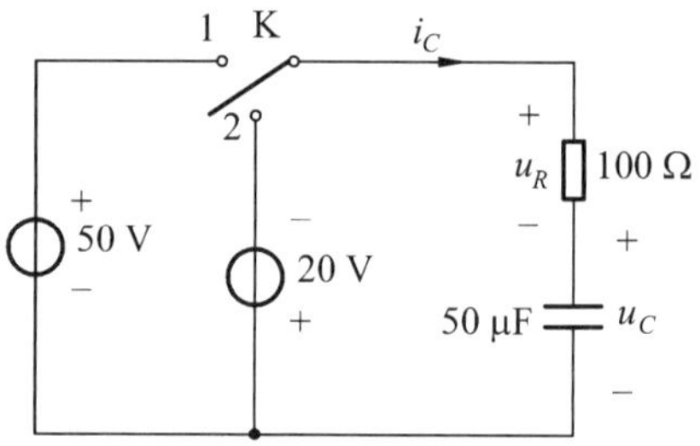

图 11-27 例 11-12 图

时间常数 $\tau=RC=100\times 50\times 10^{-6}\ \text{s}=0.005\ \text{s}$

特解 $i_{Cp}=0,\quad u_{Rp}=0$

所以电容电流

$$\begin{aligned} i_C &= i_{Cp}+[i_C(0_+)-i_{Cp}(0_+)]e^{-(t/\tau)} \\ &=[0+(0.5-0)e^{-200t}]\ \text{A}=0.5e^{-200t}\ \text{A} \end{aligned}$$

电阻电压

$$\begin{aligned} u_R &= u_{Rp}+[u_R(0_+)-u_{Rp}(0_+)]e^{-(t/\tau)} \\ &=[0+(50-0)e^{-200t}]\ \text{V}=50e^{-200t}\ \text{V} \end{aligned}$$

(2) $t\geqslant\tau$ 时：

初始值

$$\begin{aligned} u_C(\tau_+) &= u_C(\tau_-)=-100i_C(\tau_-)+50 \\ &=(-100\times 0.5e^{-1}+50)\ \text{V}=31.6\ \text{V} \end{aligned}$$

$$i_C(\tau_+) = -\frac{20+u_C(\tau_+)}{100} = -0.516 \text{ A}$$

$$u_R(\tau_+) = -20 - u_C(\tau_+) = -51.6 \text{ V}$$

时间常数　　$\tau = RC = 100 \times 50 \times 10^{-6}$ s $= 0.005$ s

特解　　　　$i_{Cp} = 0, \quad u_{Rp} = 0$

所以　　　　$i_C = i_{Cp} + [i_C(\tau_+) - i_{Cp}(\tau_+)]\text{e}^{-(t-\tau)/\tau}$

$$= -0.516\text{e}^{-200(t-0.005)} \text{ A}$$

$$u_R = u_{Rp} + [u_R(\tau_+) - u_{Rp}(\tau_+)]\text{e}^{-(t-\tau)/\tau}$$

$$= -51.6\text{e}^{-200(t-0.005)} \text{ V}$$

故　$i_C = \begin{cases} 0.5\text{e}^{-200t} \text{ A} & (0 \leq t < \tau) \\ -0.516\text{e}^{-200(t-0.005)} \text{ A} & (t \geq \tau) \end{cases}$

　　$u_R = \begin{cases} 50\text{e}^{-200t} \text{ V} & (0 \leq t < \tau) \\ -51.6\text{e}^{-200(t-0.005)} \text{ V} & (t \geq \tau) \end{cases}$

电容电流的变化曲线如图 11-28 所示，其值在 $t = \tau$ 处有跳变。

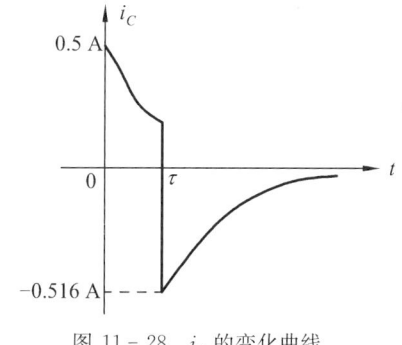

图 11-28　i_C 的变化曲线

§11-7　一阶电路的阶跃响应

1. 单位阶跃函数

单位阶跃函数是一种奇异函数，用 $\varepsilon(t)$ 表示，也可以用 $1(t)$ 或 $U(t)$ 表示。单位阶跃函数的定义为

$$\varepsilon(t) = \begin{cases} 0 & (t<0) \\ 1 & (t>0) \end{cases} \tag{11-20}$$

该函数在 $t>0$ 时幅值为 1，在 $t<0$ 时幅值为 0，在 $t=0$ 时函数没有定义但为有限值。单位阶跃函数的波形如图 11-29 所示。图 11-30 所示是延迟的单位阶跃函数的波形，用 $\varepsilon(t-t_0)$ 表示，其定义为

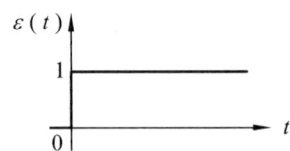 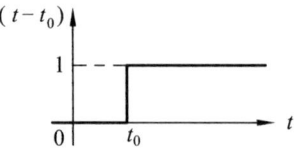

图 11-29　ε(t)的波形　　　　图 11-30　ε(t−t₀)的波形

$$\varepsilon(t-t_0)=\begin{cases}0 & (t-t_0<0 \text{ 或 } t<t_0)\\ 1 & (t-t_0>0 \text{ 或 } t>t_0)\end{cases} \quad (11-21)$$

由此可知 ε(t₀−t)的定义式为

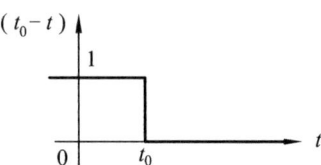

$$\varepsilon(t_0-t)=\begin{cases}0 & (t>t_0)\\ 1 & (t<t_0)\end{cases} \quad (11-22)$$

其波形如图 11-31 所示。

图 11-31　ε(t₀−t)的波形

在电路分析中,单位阶跃函数常用来描述开关的动作。如图 11-32(a)所示电路,开关原来在位置 1,$t=0$ 时开关换到了位置 2,这意味着二端网络 N 的左侧在 $t<0$ 时是断开的,而在 $t>0$ 时有一个 1 A 的电流源作用于网络 N。图 11-32(b)所示电路,有一个数值为 ε(t) A 的电流源作用于网络 N,其含义与图 11-32(a)所示电路完全相同,因此,可以用图 11-32(b)来表述图 11-32(a)的开关动作。如果图 11-32(a)的电流源不是 1 A 而是 I_S,那么只需在图 11-32(b)的单位阶跃函数 ε(t)前乘以 I_S 即可。

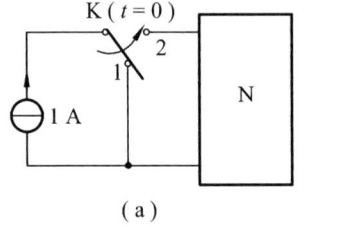 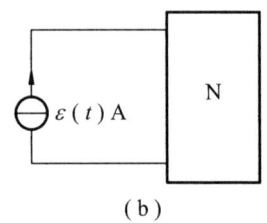

(a)　　　　　　　　　(b)

图 11-32　单位阶跃函数的应用

再例如求图 11-33 所示电容电压的零状态响应,不难得出

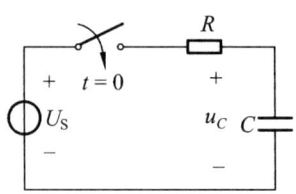

$$u_C=U_S-U_S e^{-t/(RC)} \quad (t\geqslant 0)$$

如果用单位阶跃函数来表示,可表示为

$$u_C=U_S[1-e^{-t/(RC)}]\varepsilon(t)$$

图 11-33　零状态响应

例 11-13 写出图 11-34 所示波形的函数表达式。

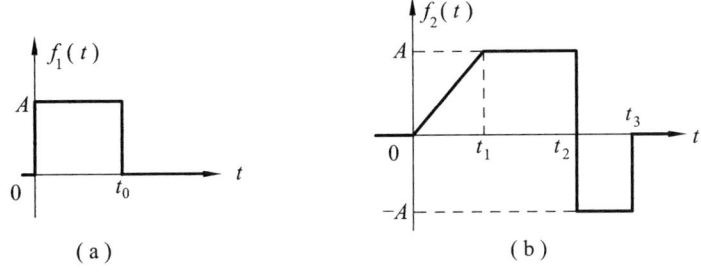

图 11-34 例 11-13 图

解 图 11-34(a)所示矩形波可以视为两个阶跃函数的叠加，即
$$f_1(t)=A\varepsilon(t)-A\varepsilon(t-t_0)=A[\varepsilon(t)-\varepsilon(t-t_0)]$$
图 11-34(b)所示波形的函数表达式为
$$f_2(t)=\frac{A}{t_1}t[\varepsilon(t)-\varepsilon(t-t_1)]+A[\varepsilon(t-t_1)-\varepsilon(t-t_2)]-A[\varepsilon(t-t_2)-\varepsilon(t-t_3)]$$

整理得
$$f_2(t)=\frac{A}{t_1}t\varepsilon(t)+A\left(1-\frac{t}{t_1}\right)\varepsilon(t-t_1)-2A\varepsilon(t-t_2)+A\varepsilon(t-t_3)$$

引入单位阶跃函数后可以将不连续的波形用一个解析式来表达，这为复杂且不连续波形的描述带来很大的方便。

2. 单位阶跃响应

单位阶跃响应是指零状态网络对单位阶跃输入信号的响应，通常用 $s(t)$ 表示。如求图 11-35(a)所示电容电压的单位阶跃响应，其表达式为
$$u_C(t)=s(t)=u_{Cp}-u_{Cp}(0_+)\mathrm{e}^{-t/(RC)}=(1-\mathrm{e}^{-t/(RC)})\varepsilon(t)$$

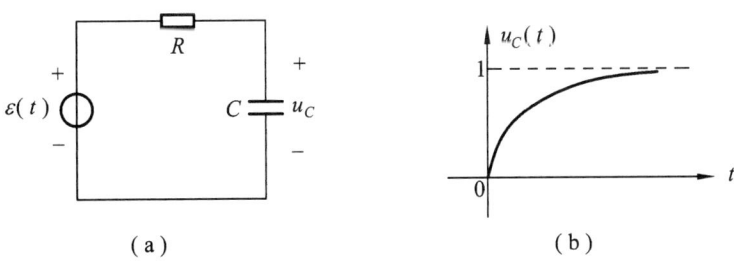

图 11-35 单位阶跃响应

其响应波形如图 11-35(b)所示。若输入为 $K\varepsilon(t)$，则电容电压的阶跃响应为
$$u_C=K(1-\mathrm{e}^{-t/(RC)})\varepsilon(t)=Ks(t)$$

因此,如果电路的单位阶跃响应为 $s(t)$,若输入增大为原来的 K 倍,则响应也为原响应的 K 倍,这反映了线性电路的齐次性。

如果输入为延时的单位阶跃函数,如图 11-36(a)所示,则响应

$$u_C(t)=(1-\mathrm{e}^{-(t-t_0)/(RC)})\varepsilon(t-t_0)=s(t-t_0)$$

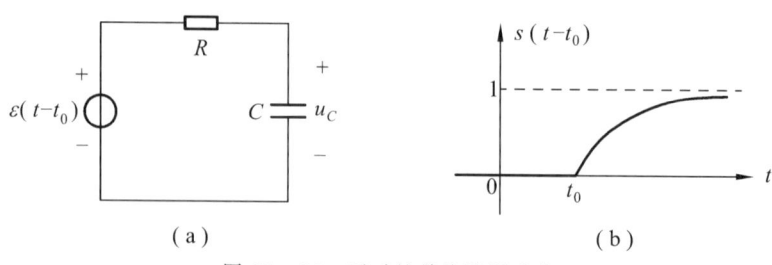

图 11-36 延时的单位阶跃响应

由于电路的非时变性,当输入延时时,响应也同样延时,但波形不变。延时的单位阶跃响应曲线如图 11-36(b)所示。

例 11-14 图 11-37(a)所示电路,$t<0$ 时电感上无储能,电源 u_S 的波形如图 11-37(b)所示,求图示电压 $u_R(t)$。

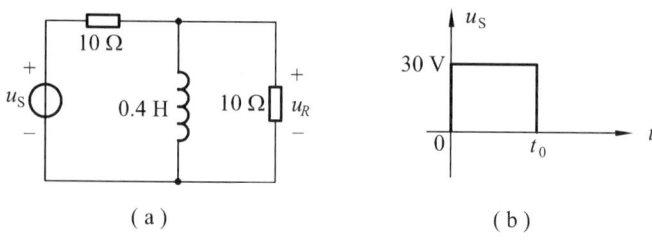

图 11-37 例 11-14 图

解 此电路为零状态响应。电路的时间常数为

$$\tau=\frac{L}{R}=\frac{0.4}{5}\text{ s}=\frac{1}{12.5}\text{ s}$$

当电压源为 $\varepsilon(t)$ 时,根据三要素法可知图示的电阻电压为

$$s(t)=[0+(0.5-0)\mathrm{e}^{-t/\tau}]\varepsilon(t)=0.5\mathrm{e}^{-12.5t}\varepsilon(t)\text{ V}$$

根据图 11-37(b)所示波形可知电源电压为

$$u_S(t)=[30\varepsilon(t)-30\varepsilon(t-t_0)]\text{ V}$$

利用电路的叠加性、齐次性以及非时变性,可得电阻电压为

$$\begin{aligned}u_R(t)&=30s(t)-30s(t-t_0)\\&=[15\mathrm{e}^{-12.5t}\varepsilon(t)-15\mathrm{e}^{-12.5(t-t_0)}\varepsilon(t-t_0)]\text{ V}\end{aligned}$$

§11-8 一阶电路的冲激响应

1. 单位冲激函数

单位冲激函数也是一种奇异函数，通常用符号 $\delta(t)$ 表示，因此单位冲激函数又被称为 δ 函数。单位冲激函数的定义为

$$\begin{cases} \delta(t) = 0 & (t \neq 0) \\ \delta(t) = \infty & (t = 0) \\ \int_{-\infty}^{\infty} \delta(t) \mathrm{d}t = 1 \end{cases} \quad (11-23)$$

所以，单位冲激函数是宽度为 0、高度为 ∞、面积为 1 的特殊函数。单位冲激函数可以看作是单位脉冲的一种极限。图 11-38 所示的是一个宽度为 Δ、高度为 $\frac{1}{\Delta}$ 的矩形脉冲，其面积

$$A = \frac{1}{\Delta} \cdot \Delta = 1$$

当宽度 Δ 不断减小时，矩形脉冲的高度就不断增大，当脉冲宽度 Δ 趋近于 0 时，其高度趋近于 ∞，但其面积不变，仍然为 1，该极限情况即为单位冲激函数。由于

$$A = \lim_{\Delta \to 0} \frac{1}{\Delta} \cdot \Delta = 1$$

故

$$\int_{-\infty}^{\infty} \delta(t) \mathrm{d}(t) = 1$$

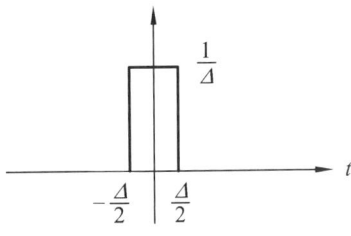

图 11-38 单位脉冲

单位冲激函数与 t 轴所包围的面积的大小称为该函数的强度，所以单位冲激函数的强度为 1。单位冲激函数的波形如图 11-39 所示，用带箭头的线段表示，箭头旁边标注的是它的强度。

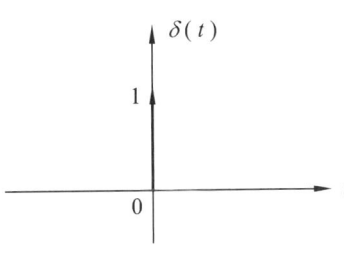

图 11-39 单位冲激函数

如果冲激函数为 $K\delta(t)$，则该冲激函数的强度为 K，如图 11-40 所示。图 11-41 所示波形则是一个延时的单位冲激函数，即

$$\delta(t - t_0) = \begin{cases} 0 & (t \neq t_0) \\ \infty & (t = t_0) \end{cases}$$

$$\int_{-\infty}^{\infty} \delta(t - t_0) \mathrm{d}t = 1$$

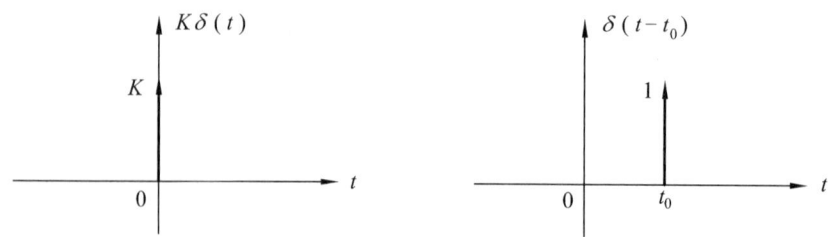

图 11-40 冲激函数　　　　图 11-41 延时的单位冲激函数

需要说明的是,单位冲激函数的积分上、下限也可以不是正、负无穷,只要积分的上、下限包围了函数存在的那一点,积分就等于 1,故有下面两式成立

$$\int_{0_-}^{0_+} \delta(t) \mathrm{d}t = 1$$

$$\int_a^b \delta(t) \mathrm{d}t = 1 \quad (a < 0 < b)$$

2. 单位冲激函数的主要特性

当一个连续函数 $f(t)$ 和单位冲激函数相乘时,由于 $t \neq 0$ 时 $\delta(t) = 0$,所以

$$f(t)\delta(t) = f(0)\delta(t) \tag{11-24}$$

故

$$\int_{-\infty}^{\infty} \delta(t) f(t) \mathrm{d}t = \int_{-\infty}^{\infty} \delta(t) f(0) \mathrm{d}t$$

$$= f(0) \int_{-\infty}^{\infty} \delta(t) \mathrm{d}t = f(0) \tag{11-25}$$

式(11-25)被称为筛选特性或采样特性。由此可推论得

$$\int_{-\infty}^{\infty} \delta(t-\tau) f(t) \mathrm{d}t = f(\tau) \tag{11-26}$$

式(11-25)和式(11-26)的积分限可缩小,且有

$$\int_a^b f(t)\delta(t) \mathrm{d}t = f(0) \quad (a < 0 < b)$$

$$\int_a^b f(t)\delta(t-\tau) \mathrm{d}t = f(\tau) \quad (a < \tau < b)$$

3. 单位冲激函数与单位阶跃函数的关系

由于

$$\int_{-\infty}^{t} \delta(\zeta) \mathrm{d}\zeta = \begin{cases} 0 \\ 1 \end{cases} \quad \begin{pmatrix} t < 0 \\ t > 0 \end{pmatrix} = \varepsilon(t)$$

所以

$$\frac{\mathrm{d}\varepsilon(t)}{\mathrm{d}t} = \delta(t) \tag{11-27}$$

$$\int_{-\infty}^{t} \delta(\zeta) \mathrm{d}\zeta = \varepsilon(t) \tag{11-28}$$

4. 电路中的冲激函数

图 11-42 所示电路，电容上原无储能，即 $u_C(0_-)=0$，当电源电压加到电容元件上后，不难得出电容电压为

$$u_C(t)=\varepsilon(t)$$

并且可知 $u_C(0_+)=1$，即电容电压发生了跳变，此时电容不再遵守 $u_C(0_+)=u_C(0_-)$ 的换路定则。而电容电流

$$i_C(t)=C\frac{du_C(t)}{dt}=C\delta(t)$$

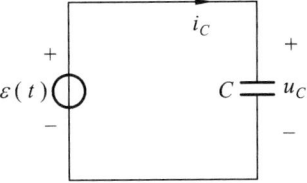

图 11-42 电容电压的跳变

即电容电流为冲激函数。换句话说，电容电压的跳变是冲激电流作用的结果。同理，当冲激电压作用于电感元件时，如图 11-43 所示电路，电感电流同样会发生跳变，且

$$i_L(0_+)=\frac{1}{L}\int_{-\infty}^{0_+}u_L dt=\frac{1}{L}\int_{-\infty}^{0_-}u_L dt+\frac{1}{L}\int_{0_-}^{0_+}u_L dt$$

$$=i_L(0_-)+\frac{1}{L}\int_{0_-}^{0_+}\delta(t)dt$$

$$=i_L(0_-)+\frac{1}{L}$$

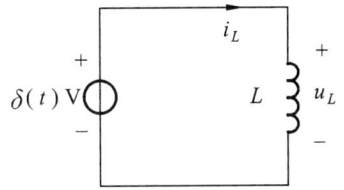

图 11-43 电感电流的跳变

当电感元件的初始储能为零，即 $i_L(0_-)=0$ 时

$$i_L(0_+)=\frac{1}{L}$$

因此，单位冲激电压使电感电流从 0 跳变到了 $1/L$。

5. 单位冲激响应

单位冲激响应是零状态网络对单位冲激信号的响应。单位冲激响应通常用 $h(t)$ 表示。下面介绍两种求解单位冲激响应的方法。

1) 零输入响应法

由于单位冲激函数只存在于 $t=0$ 的一瞬间，在 $t\geqslant 0_+$ 时其数值为零，所以当单位冲激激励作用于电路时，意味着单位冲激激励源在 $t=0$ 的一瞬间将能量储存到了动态元件上，之后的响应便是由动态元件上的储能来提供的，因此其响应的形式与零输入响应相同，故被称为零输入响应法。用零输入响应法求解单位冲激响应 $h(t)$ 的步骤为：

① 根据电路方程，求得 $u_C(0_+)$ 或 $i_L(0_+)$；

② 求解由 $u_C(0_+)$ 或 $i_L(0_+)$ 产生的零输入响应。

下面以图 11-44(a)所示电路为例说明该方法。

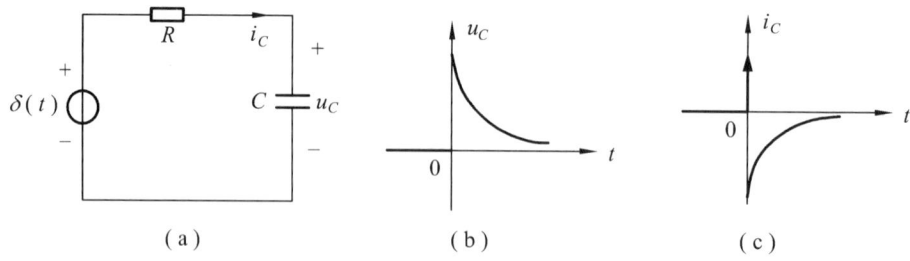

图 11-44 RC 电路的单位冲激响应

假设 $u_C(0_-)=0$，以电容电压 u_C 为变量，电路的 KVL 方程为

$$RC\frac{\mathrm{d}u_C}{\mathrm{d}t}+u_C=\delta(t)$$

对该方程做 0_- 到 0_+ 的积分，有

$$\int_{0_-}^{0_+}RC\frac{\mathrm{d}u_C}{\mathrm{d}t}\mathrm{d}t+\int_{0_-}^{0_+}u_C\mathrm{d}t=\int_{0_-}^{0_+}\delta(t)\mathrm{d}t$$

其中，$\int_{0_-}^{0_+}u_C\mathrm{d}t$ 部分只有当 u_C 为冲激函数时，其积分才有值。为此假设 u_C 为冲激函数，那么 $\frac{\mathrm{d}u_C}{\mathrm{d}t}$ 就是冲激函数的一次微分，将它们代入到电路的 KVL 方程中，显然方程不成立，也就是说以上假设是错误的，故电容电压只可能为有限值，因此积分 $\int_{0_-}^{0_+}u_C\mathrm{d}t$ 为零，从而得

$$RC[u_C(0_+)-u_C(0_-)]=1$$

所以
$$u_C(0_+)=\frac{1}{RC}$$

因此，电容电压的单位冲激响应为

$$u_C=h(t)=u_C(0_+)\mathrm{e}^{-t/(RC)}=\frac{1}{RC}\mathrm{e}^{-t/(RC)}\varepsilon(t)$$

而电容电流的单位冲激响应为

$$i_C=C\frac{\mathrm{d}u_C}{\mathrm{d}t}=-\frac{1}{R^2C}\mathrm{e}^{-t/(RC)}\varepsilon(t)+\frac{1}{R}\delta(t)$$

电容电压和电容电流的单位冲激响应波形如图 11-44(b)和(c)所示。

再如图 11-45 所示的 RL 电路，其 KCL 方程为

$$\frac{L}{R} \cdot \frac{di_L}{dt} + i_L = \delta(t)$$

对该方程做 0_- 到 0_+ 的积分，有

$$\int_{0_-}^{0_+} \frac{L}{R} \cdot \frac{di_L}{dt}dt + \int_{0_-}^{0_+} i_L dt = \int_{0_-}^{0_+} \delta(t)dt$$

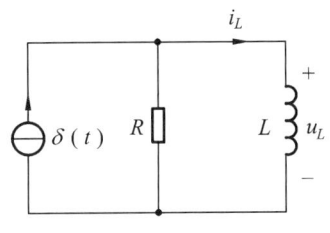

图 11-45 RL 电路的单位冲激响应

由于电感电流不可能为冲激函数，所以 $\int_{0_-}^{0_+} i_L dt = 0$，故上式积分得

$$\frac{L}{R}[i_L(0_+) - i_L(0_-)] = 1$$

所以

$$i_L(0_+) = \frac{R}{L}$$

因此，电感电流的单位冲激响应为

$$i_L = h(t) = \frac{R}{L}e^{-(R/L)t}\varepsilon(t)$$

电感电压的单位冲激响应为

$$u_L = -\frac{R^2}{L}e^{-(R/L)t}\varepsilon(t) + R\delta(t)$$

2) 利用单位阶跃响应求单位冲激响应

当单位阶跃信号作用于电路时，其响应为单位阶跃响应，且满足下式

$$\frac{ds(t)}{dt} + As(t) = B\varepsilon(t) \tag{11-29}$$

对于同一个电路，如将激励源换成单位冲激信号，则对应的响应即为单位冲激响应，且有

$$\frac{dh(t)}{dt} + Ah(t) = B\delta(t) \tag{11-30}$$

对式(11-29)两边做微分运算，不难得出

$$\frac{d}{dt} \cdot \frac{ds(t)}{dt} + A\frac{ds(t)}{dt} = B\delta(t) \tag{11-31}$$

比较式(11-30)和式(11-31)，可得

$$h(t) = \frac{ds(t)}{dt} \tag{11-32}$$

因此，单位阶跃响应的微分就是该电路的单位冲激响应。

例 11-15 电路如图 11-46 所示，已知 $i_L(0_-)=0$，求电感电流 $i_L(t)$ 和

电感电压 $u_L(t)$。

解法 1 零输入响应法。

建立关于电感电流的微分方程，有

$$\frac{di_L}{dt} + 2i_L = 5\delta(t)$$

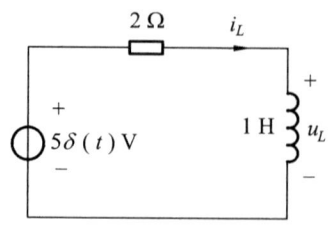

图 11-46　例 11-15 图

对方程两边积分求电感电流的初始值

$$\int_{0_-}^{0_+} \frac{di_L}{dt}dt + \int_{0_-}^{0_+} 2i_L dt = \int_{0_-}^{0_+} 5\delta(t)dt$$

由于电感电流不可能为冲激函数，所以有

$$i_L(0_+) - i_L(0_-) = 5$$

故

$$i_L(0_+) = 5 \text{ A}$$

由于时间常数

$$\tau = \frac{L}{R} = 0.5 \text{ s}$$

故电感电流　　　　$i_L(t) = 5e^{-2t}\varepsilon(t)$ A

电感电压　　　　$u_L(t) = L\dfrac{di_L}{dt} = [-10e^{-2t}\varepsilon(t) + 5\delta(t)]$ V

解法 2　$h(t) = \dfrac{ds(t)}{dt}$ 法。

设电感电流的单位阶跃响应为 $s_1(t)$，电感电压的单位阶跃响应为 $s_2(t)$，并且时间常数同前

$$\tau = \frac{L}{R} = 0.5 \text{ s}$$

根据三要素法得电感电流的单位阶跃响应为

$$s_1(t) = \frac{1}{2} + \left(0 - \frac{1}{2}\right)e^{-2t} = \frac{1}{2}(1 - e^{-2t})\varepsilon(t) \text{ A}$$

电感电压的单位阶跃响应为

$$s_2(t) = 0 + (1-0)e^{-2t} = e^{-2t}\varepsilon(t) \text{ V}$$

所以图 11-46 所示电路的电感电流

$$i_L(t) = 5\frac{ds_1(t)}{dt} = 5e^{-2t}\varepsilon(t) \text{ A}$$

电感电压　　　　$u_L(t) = 5\dfrac{ds_2(t)}{dt} = -10e^{-2t}\varepsilon(t) + 5e^{-2t}\delta(t)$

$$= [-10e^{-2t}\varepsilon(t) + 5\delta(t)] \text{ V}$$

§11-9 卷积积分法

1. 卷积积分

1) 用冲激函数的连续和表示输入信号

将输入信号 $f(t)$（连续信号）用等时间间隔的折线近似后如图 11-47 所示，那么各时间段的函数可视为幅值不等的矩形脉冲，矩形脉冲的描述式分别为

第 1 个脉冲 $\qquad f(0)[\varepsilon(t)-\varepsilon(t-\Delta\tau)]$

第 2 个脉冲 $\qquad f(\Delta\tau)[\varepsilon(t-\Delta\tau)-\varepsilon(t-2\Delta\tau)]$

$\qquad \vdots$

第 $(k+1)$ 个脉冲 $\qquad f(k\Delta\tau)\{\varepsilon(t-k\Delta\tau)-\varepsilon[t-(k+1)\Delta\tau]\}$

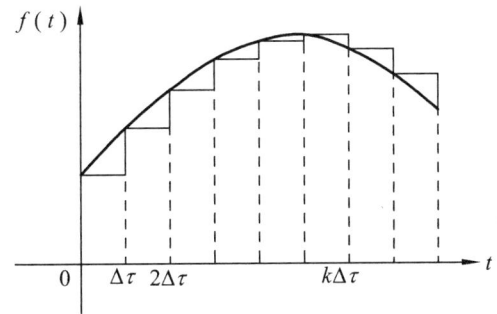

图 11-47 用折线近似输入 $f(t)$

当时间间隔逐渐变小并趋近于零时，有以下极限存在

$$\lim_{\Delta\tau\to 0}\frac{[\varepsilon(t)-\varepsilon(t-\Delta\tau)]}{\Delta\tau}\Delta\tau=\lim_{\Delta\tau\to 0}\delta(t)\Delta\tau$$

$$\lim_{\Delta\tau\to 0}\frac{\{\varepsilon(t-k\Delta\tau)-\varepsilon[t-(k+1)\Delta\tau]\}}{\Delta\tau}\Delta\tau=\lim_{\Delta\tau\to 0}\delta(t-k\Delta\tau)\Delta\tau$$

故连续信号 $f(t)$ 可近似表示为

$$f(t)\approx f(0)\delta(t)\Delta\tau+f(\Delta\tau)\delta(t-\Delta\tau)\Delta\tau+\cdots$$
$$+f(k\Delta\tau)\delta(t-k\Delta\tau)\Delta\tau+\cdots$$
$$=\sum_{k=0}^{n}f(k\Delta\tau)\delta(t-k\Delta\tau)\Delta\tau \qquad (11-33)$$

2) 电路的零状态响应是冲激响应的连续和

当外加激励源为 $\delta(t)$ 时，对应的零状态响应为 $h(t)$。

由于电路是线性的,根据线性电路的齐次性可知,外加激励源为 $f(k\Delta\tau)\Delta\tau \cdot \delta(t)$ 时的零状态响应为 $f(k\Delta\tau)\Delta\tau \cdot h(t)$。

再根据线性时不变电路的非时变性,可得外加激励源为 $f(k\Delta\tau)\Delta\tau \cdot \delta(t-k\Delta\tau)$ 时的零状态响应为 $f(k\Delta\tau)\Delta\tau \cdot h(t-k\Delta\tau)$,于是可知外加激励源为 $f(t) = \sum_{k=0}^{n} f(k\Delta\tau)\delta(t-k\Delta\tau)\Delta\tau$ 时,其零状态响应为

$$y_f(t) = \sum_{k=0}^{n} f(k\Delta\tau)h(t-k\Delta\tau)\Delta\tau \qquad (11-34)$$

当 $\Delta\tau \to 0$ 时,式(11-33)表达的函数已逼近原连续输入信号 $f(t)$,此时有 $\Delta\tau \to \mathrm{d}\tau$, $k\Delta\tau \to \tau$。因此当 $\Delta\tau \to 0$ 时,输入为 $f(t)$ 时的零状态响应便由式(11-34)推得为

$$y_f(t) = \int_0^t f(\tau)h(t-\tau)\mathrm{d}\tau = f(t) * h(t) \qquad (11-35)$$

在数学分析中,式(11-35)这种特殊的积分被称为卷积积分。因此任意激励 $f(t)$ 作用下的零状态响应就等于该激励与单位冲激响应的卷积积分。

式(11-35)是在 $f(t)$ 和 $h(t)$ 都是单边信号($t<0$ 时数值为零的信号)的情况下得到的卷积积分表达式。若 $f_1(t)$ 与 $f_2(t)$ 均为双边信号,求 $f_1(t)$ 与 $f_2(t)$ 的卷积积分时,其卷积积分的积分限将扩大到正、负无穷大,为

$$y(t) = f_1(t) * f_2(t) = \int_{-\infty}^{\infty} f_1(\tau)f_2(t-\tau)\mathrm{d}\tau \qquad (11-36)$$

2. 卷积积分运算中的基本规则

(1) 交换律

$$f_1(t) * f_2(t) = f_2(t) * f_1(t) \qquad (11-37)$$

(2) 分配律

$$f_1 * (f_2 + f_3) = f_1 * f_2 + f_1 * f_3 \qquad (11-38)$$

(3) 结合律

$$f_1 * (f_2 * f_3) = (f_1 * f_2) * f_3 \qquad (11-39)$$

3. 卷积积分的性质

(1) $\qquad f(t) * \delta(t) = f(t) \qquad (11-40)$

证 $\qquad f(t) * \delta(t) = \int_{-\infty}^{\infty} f(\tau)\delta(t-\tau)\mathrm{d}\tau$

$$= f(t)\int_{-\infty}^{\infty} \delta(t-\tau)\mathrm{d}\tau = f(t)$$

(2) $$f(t)*\varepsilon(t)=\int_{-\infty}^{t}f(\tau)\mathrm{d}\tau \qquad (11-41)$$

证 $$f(t)*\varepsilon(t)=\int_{-\infty}^{\infty}f(\tau)\varepsilon(t-\tau)\mathrm{d}\tau$$

由于在 $t-\tau<0$，即 $\tau>t$ 时，函数 $\varepsilon(t-\tau)$ 的数值为零，故

$$\int_{-\infty}^{\infty}f(\tau)\varepsilon(t-\tau)\mathrm{d}\tau=\int_{-\infty}^{t}f(\tau)\mathrm{d}\tau$$

所以 $$f(t)*\varepsilon(t)=\int_{-\infty}^{t}f(\tau)\mathrm{d}\tau$$

(3) 时移性

若 $$f_1(t)*f_2(t)=y(t)$$

则 $$f_1(t-T_1)*f_2(t-T_2)=y(t-T_1-T_2) \qquad (11-42)$$

证 $$f_1(t-T_1)*f_2(t-T_2)=\int_{-\infty}^{\infty}f_1(\tau-T_1)f_2(t-\tau-T_2)\mathrm{d}\tau$$

令 $\tau-T_1=x$，则 $\tau=x+T_1$，$\mathrm{d}\tau=\mathrm{d}x$，代入上式得

$$f_1(t-T_1)*f_2(t-T_2)=\int_{-\infty}^{\infty}f_1(x)f_2(t-T_1-T_2-x)\mathrm{d}x$$
$$=y(t-T_1-T_2)$$

4. 卷积积分的图解法

卷积积分的图解法充分反映了卷积积分的几何意义。以图 11-48(a)、(b) 所示的 $f_1(t)$ 与 $f_2(t)$ 的卷积积分为例，根据卷积积分式

$$y(t)=f_1(t)*f_2(t)=\int_{-\infty}^{\infty}f_1(\tau)f_2(t-\tau)\mathrm{d}\tau$$

可知卷积积分的图解法主要有以下几个步骤：

① 画出 $f_1(\tau)$ 与 $f_2(\tau)$ 的波形。将 $f_1(t)$ 与 $f_2(t)$ 波形的横坐标换成 τ 即可，如图 11-48(c)、(d)所示。

② 翻转 $f_2(\tau)$ 得 $f_2(-\tau)$ 的波形。将 $f_2(\tau)$ 以纵轴对称的形式进行翻转即可得波形 $f_2(-\tau)$，如图 11-48(e)所示。

③ 位移 $f_2(-\tau)$ 得 $f_2(t-\tau)$。将波形 $f_2(-\tau)$ 位移距离 t 即可得到波形 $f_2(t-\tau)$，当 $t>0$ 时波形右移；当 $t<0$ 时波形左移。图 11-48(f)所示波形为右移波形。

④ 将 $f_1(\tau)$ 与 $f_2(t-\tau)$ 相乘。

⑤ 计算乘积 $f_1(\tau)f_2(t-\tau)$ 与横轴包围的面积。乘积 $f_1(\tau)f_2(t-\tau)$ 与横轴包围的面积就是对乘积 $f_1(\tau)f_2(t-\tau)$ 的积分运算，由图 11-48(g)可知积

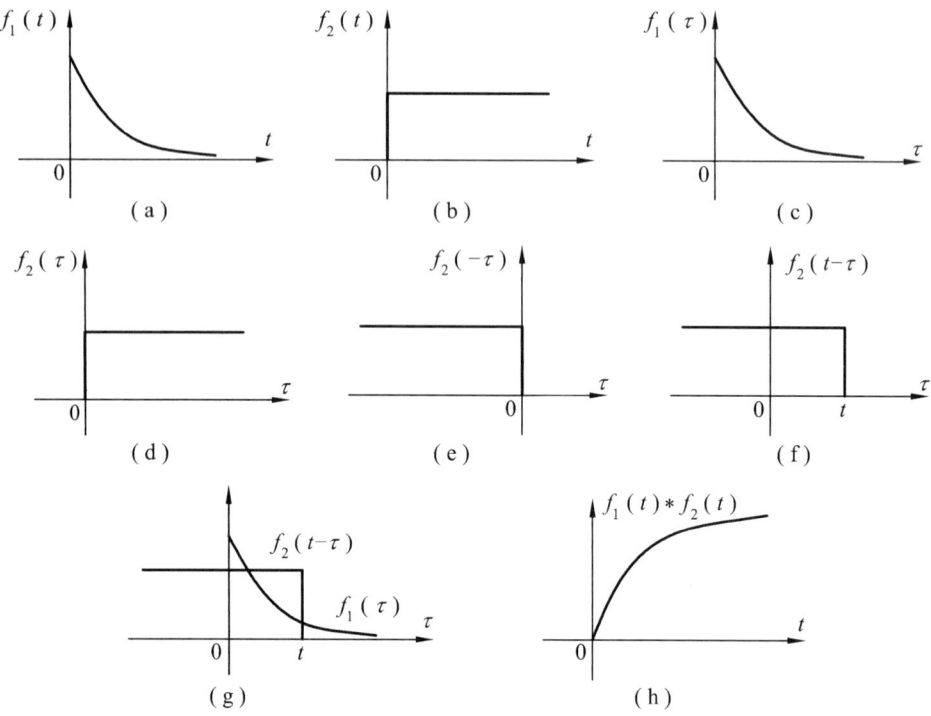

图 11-48 卷积积分的图解法

分的下线为 0、上线为 t，积分所得数值即为 t 时刻的卷积积分。

图 11-48(h)是卷积积分 $f_1(t) * f_2(t)$ 的波形曲线。由于卷积积分满足交换律，所以用图解法求卷积积分时，为运算简便起见，通常翻转较为简单的那个波形。

例 11-16 求 $f_1(t) * f_2(t)$。已知：$f_1(t) = \begin{cases} 2e^{-at} & (a>0, t>0) \\ 0 & (t<0) \end{cases}$，

$f_2(t) = \begin{cases} 1 & (1<t<2) \\ 0 & (其他) \end{cases}$。

解 依题意画出 $f_1(\tau)$、$f_2(-\tau)$ 的波形，如图 11-49(a)所示。

将波形 $f_2(-\tau)$ 位移距离 t，且 $-\infty < t < 1$ 时，$f_2(t-\tau)$ 与 $f_1(\tau)$ 的乘积为零，故

$$f_1 * f_2 = 0$$

当 $1 < t < 2$ 时，$f_2(t-\tau)$ 与 $f_1(\tau)$ 关系曲线如图 11-49(b)所示，由此可知

$$f_1 * f_2 = \int_0^{t-1} 2e^{-a\tau} d\tau = \frac{-2}{a} e^{-a\tau} \Big|_0^{t-1} = \frac{2}{a}(1 - e^{-a(t-1)})$$

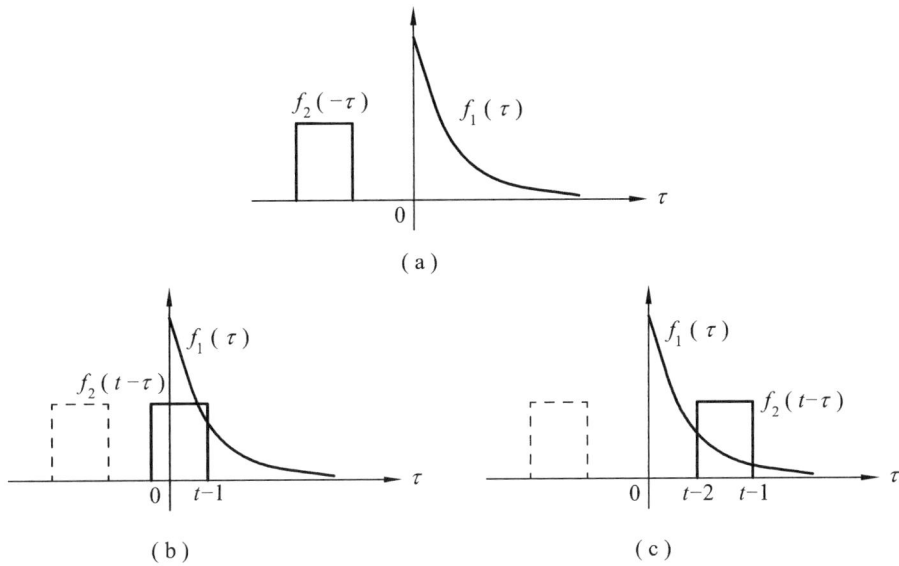

图 11-49 例 11-16 图

当 $t > 2$ 时，$f_2(t-\tau)$ 与 $f_1(\tau)$ 关系曲线如图 11-49(c) 所示，故

$$f_1 * f_2 = \int_{t-2}^{t-1} 2\mathrm{e}^{-\alpha\tau} \mathrm{d}\tau = \frac{2}{\alpha}(\mathrm{e}^{-\alpha(t-2)} - \mathrm{e}^{-\alpha(t-1)})$$

$$= \frac{2}{\alpha}\mathrm{e}^{-\alpha(t-1)}(\mathrm{e}^{\alpha} - 1)$$

因此，卷积积分 $f_1 * f_2$ 的结果可分段表示为

$$f_1 * f_2 = \begin{cases} 0 & (t<1) \\ \dfrac{2}{\alpha}(1-\mathrm{e}^{-\alpha(t-1)}) & (1<t<2) \\ \dfrac{2}{\alpha}\mathrm{e}^{-\alpha(t-1)}(\mathrm{e}^{\alpha}-1) & (t>2) \end{cases}$$

若将卷积积分 $f_1 * f_2$ 的结果用一个函数表示出来，可描述为

$$f_1 * f_2 = \frac{2}{\alpha}(1-\mathrm{e}^{-\alpha(t-1)}) \cdot [\varepsilon(t-1)-\varepsilon(t-2)] +$$

$$\frac{2}{\alpha}\mathrm{e}^{-\alpha(t-1)}(\mathrm{e}^{\alpha}-1)\varepsilon(t-2)$$

$$= \frac{2}{\alpha}(1-\mathrm{e}^{-\alpha(t-1)})\varepsilon(t-1) - \frac{2}{\alpha}(1-\mathrm{e}^{-\alpha(t-2)})\varepsilon(t-2)$$

该例题还可以通过卷积积分的性质进行求解，求解过程如下：

因为
$$f_1(t) * \varepsilon(t) = \int_0^t 2e^{-\alpha\tau} d\tau = -\frac{2}{\alpha} e^{-\alpha\tau} \Big|_0^t$$
$$= \frac{2}{\alpha}(1 - e^{-\alpha t})\varepsilon(t)$$

而
$$f_2(t) = \varepsilon(t-1) - \varepsilon(t-2)$$

根据卷积积分的时移性可知
$$f_1 * f_2 = \frac{2}{\alpha}(1 - e^{-\alpha(t-1)})\varepsilon(t-1) - \frac{2}{\alpha}(1 - e^{-\alpha(t-2)})\varepsilon(t-2)$$

两种方法求得的结果完全相同。

习 题 十 一

11-1 题11-1图所示电路原已达到稳态，当 $t=0$ 时开关 K 动作，求 $t=0_+$ 时各元件的电流和电压。

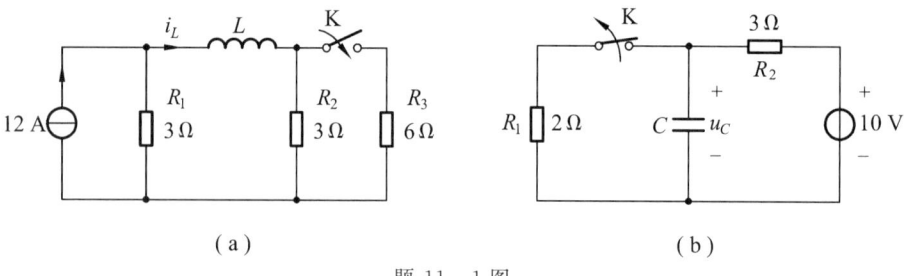

题 11-1 图

11-2 题11-2图所示电路原处于稳态，$t=0$ 时开关 K 闭合，求 $u_{C1}(0_+)$、$u_{C2}(0_+)$、$u_{L1}(0_+)$、$u_{L2}(0_+)$、$i(0_+)$。

11-3 题11-3图所示电路中，$t<0$ 时已达到稳态，$t=0$ 时开关 K 打开，求 $t=0_+$ 时的 u_C、i_C、i_L、i_1 和 i_2。

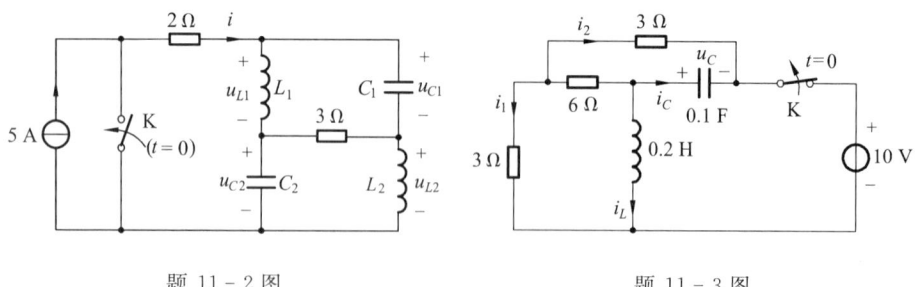

题 11-2 图　　　　　　　　题 11-3 图

11-4 求题 11-4 图所示电路的初始值 $u_C(0_+)$、$i_L(0_+)$、$i_R(0_+)$、$\left.\dfrac{\mathrm{d}i_L}{\mathrm{d}t}\right|_{0_+}$。开关 K 打开前电路处于稳态。

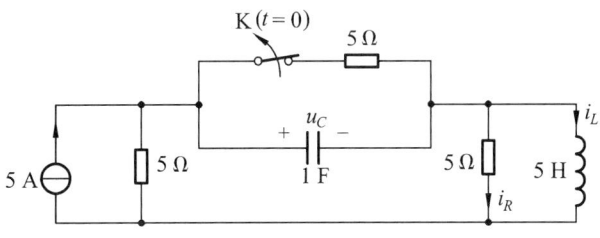

题 11-4 图

11-5 题 11-5 图所示电路原处于稳态,求开关 K 打开后瞬间的 $i_{L1}(0_+)$、$i_{L2}(0_+)$。

11-6 题 11-6 图所示电路原处于稳态且 $u_C(0_-)=5$ V、$u_S=10\sin(100t+30°)$ V,$t=0$ 时开关 K 闭合,求开关 K 闭合后的 $i_L(0_+)$、$u_L(0_+)$ 和 $i_C(0_+)$。

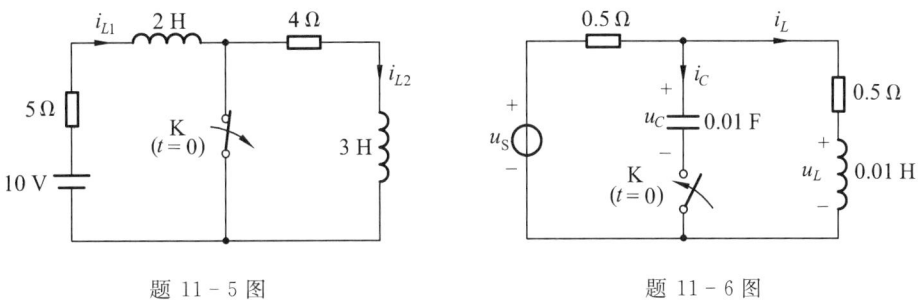

题 11-5 图　　　　　　　　题 11-6 图

11-7 题 11-7 图所示电路,开关在 $t=0$ 时打开,开关打开前电路为稳态。求 $t\geqslant 0$ 时的 u_C、i_C、i_R 和 u_1。

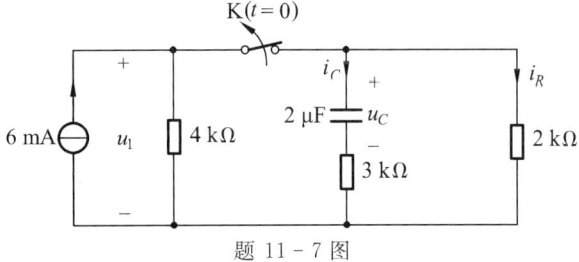

题 11-7 图

11-8 题 11-8 图所示电路。$t<0$ 时电路已处于稳态,$t=0$ 时开关 K 闭合。求使 $i_L(0.003)=0.001$ A 的电源电压 U_S 的值。

11-9 题 11-9 图所示电路,开关 K 闭合已很久,$t=0$ 时开关 K 打开,求 $t\geqslant 0$ 时的 $u_C(t)$ 和 $u_R(t)$。

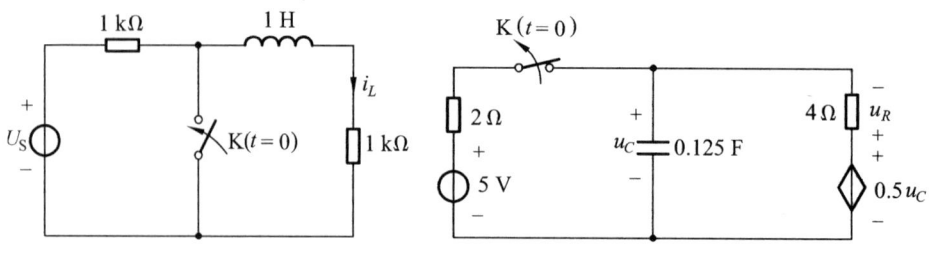

题 11-8 图　　　　　　　　　题 11-9 图

11-10　题 11-10 图所示电路。$t<0$ 时电容上无电荷,求开关 K 闭合后的 u_C、i_R。

11-11　题 11-11 图所示电路原处于稳态,求 $t \geqslant 0$ 时的 i_L 和 u_L。

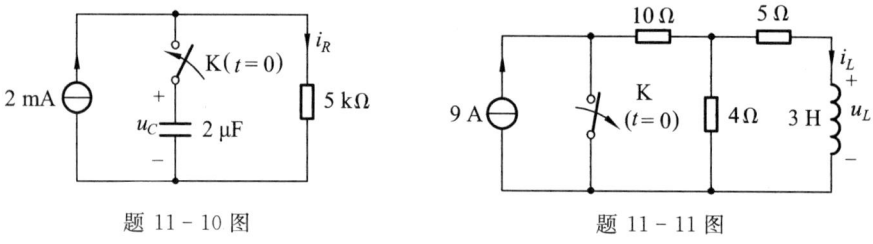

题 11-10 图　　　　　　　　　题 11-11 图

11-12　题 11-12 图所示电路,开关闭合前为稳态,求 $t \geqslant 0$ 的 u_C、i_C。

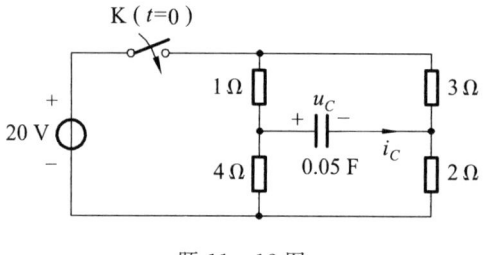

题 11-12 图

11-13　题 11-13 图所示电路原为稳态,$t=0$ 时 K 闭合,求 $t \geqslant 0$ 时的 $i_L(t)$、$u(t)$。

11-14　题 11-14 图所示电路,$t=0$ 时开关 K_1 闭合,$t=1$ s 时 K_2 闭合,求 $t \geqslant 0$ 时的电感电流 i_L,并给出 i_L 的曲线。

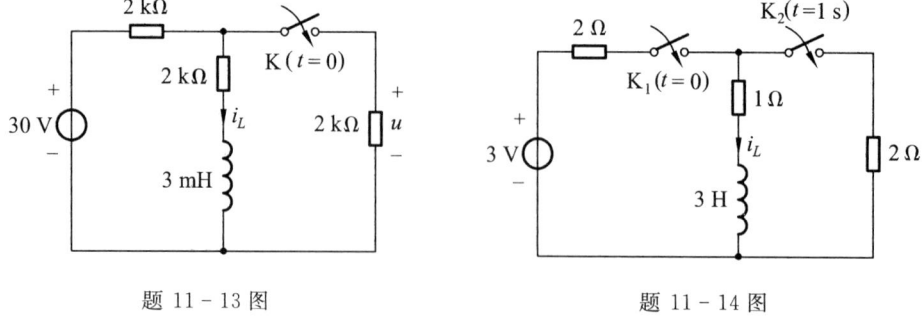

题 11-13 图　　　　　　　　　题 11-14 图

11-15 某一阶电路的电流响应 $i(t)$ 的曲线如题 11-15 图所示,写出它的数学表达式。

11-16 题 11-16 图所示电路。$t<0$ 时电路处于稳态,$t=0$ 时开关 K 闭合,求 $t\geq 0$ 时的 i_K。

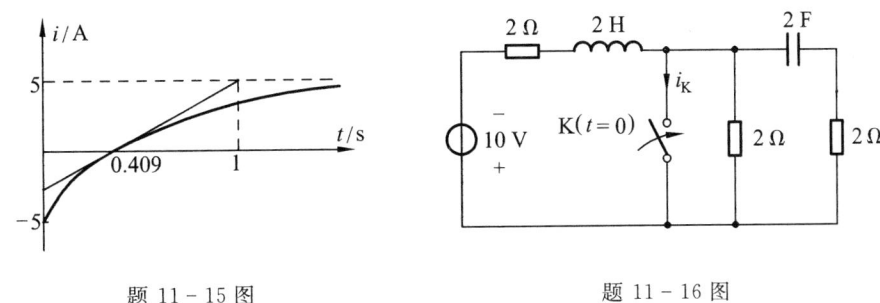

题 11-15 图   题 11-16 图

11-17 题 11-17 图所示电路,原处于稳态,$t=0$ 开关 K 闭合,求开关 K 闭合后的 u_C、i。

11-18 题 11-18 图所示电路原处于稳态,$t=0$ 时开关 K 打开,用时域法求图中标出的 u_C、$i_L(t\geq 0)$。

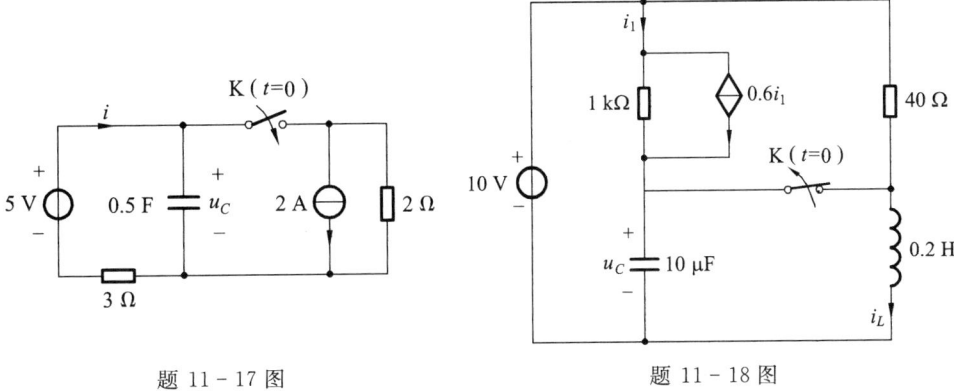

题 11-17 图   题 11-18 图

11-19 题 11-19 图所示电路,已知 $u_C(0_-)=0$,$u_S=10\sin(100t+\varphi)$ V,当 φ 取何值时电路立即进入稳态?

11-20 题 11-20 图所示电路,$t<0$ 时电路为稳态,$u_{C2}(0_-)=0$,$t=0$ 时开关 K 由 a 投向 b,求 $t\geq 0$ 时的 $u_{C1}(t)$ 和 $u_{C2}(t)$。

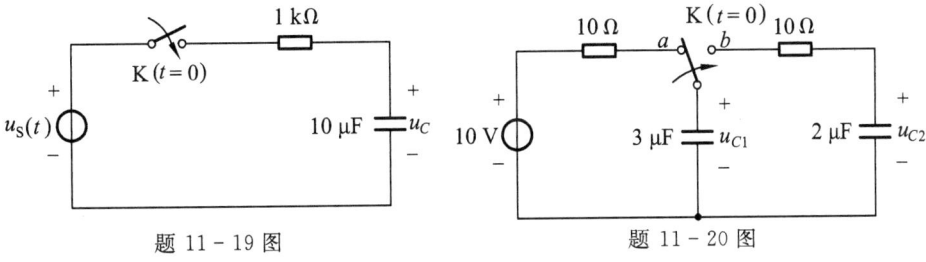

题 11-19 图   题 11-20 图

11-21 求题 11-21 图所示电路的时间常数 τ。

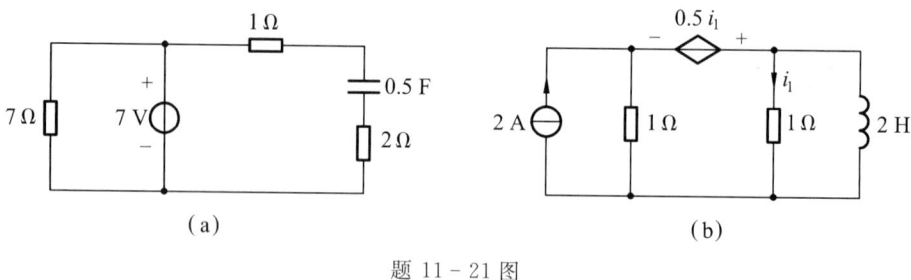

题 11-21 图

11-22 题 11-22 图所示电路原处于稳态，$t=0$ 时开关 K 打开，用三要素法求 $t \geq 0$ 时的 u_{ab}。

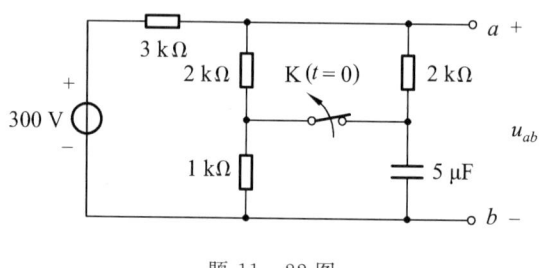

题 11-22 图

11-23 题 11-23 图所示电路中，开关闭合前已处于稳态，用三要素法求开关闭合后的 $u_C(t)$ 和 $i(t)$。

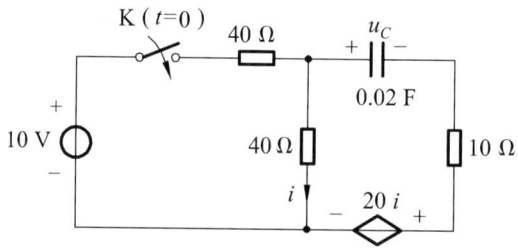

题 11-23 图

11-24 画出下列函数所表示的波形：

(1) $f_1(t) = 2t \cdot \varepsilon(t-2)$；

(2) $f_2(t) = \dfrac{\mathrm{d}}{\mathrm{d}t}\left[\cos\dfrac{\pi}{4}t \cdot \varepsilon(t)\right]$；

(3) $f_3(t) = \mathrm{e}^{-2t}\sin 4t \cdot \varepsilon(t)$。

11-25 用奇异函数描述题 11-25 图所示各波形。

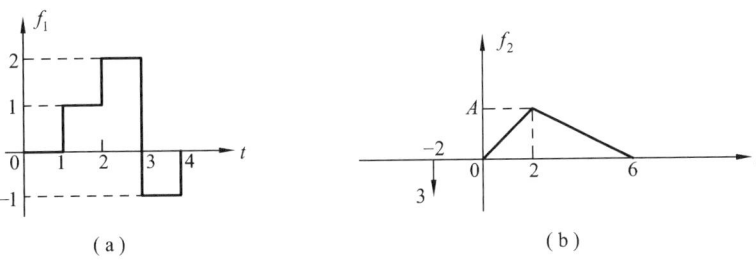

题 11-25 图

11-26 求解下列各式：

(1) $(t^2+5)\delta(t-1) = ?$

(2) $\int_{-\infty}^{\infty} (t^2+5)\delta(t-1)\mathrm{d}t = ?$

11-27 题 11-27 图所示电路中 $u_C(0_-)=2$ V，求 $u_C(0_+)$。

11-28 题 11-28 图所示电路中 $u_C(0_-)=0$。求 $t\geqslant 0$ 时的 $u_C(t)$ 和 $i_C(t)$。

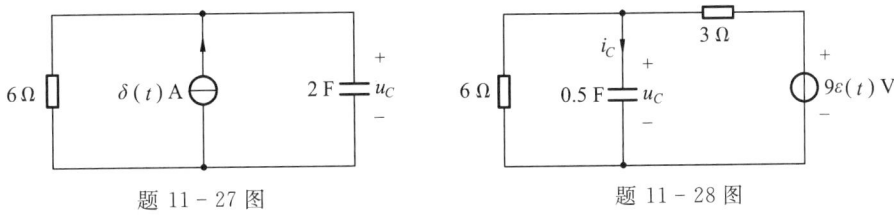

题 11-27 图　　　　　　　　题 11-28 图

11-29 零状态电路如题 11-29 图(a)所示，图(b)是电源 u_S 的波形，求电感电流 i_L（分别用分段形式和一个表达式来描述）。

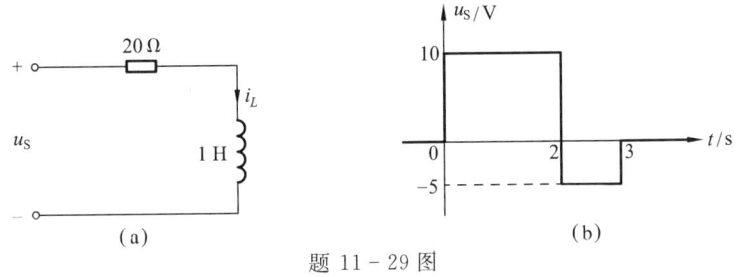

题 11-29 图

11-30 题 11-30 图(a)所示电路中 N_R 为纯电阻网络，其零状态响应 $u_C=(4-4\mathrm{e}^{-0.25t})$ V。如用 $L=2$ H 的电感代替电容，如图(b)所示，求零状态响应 i_L。

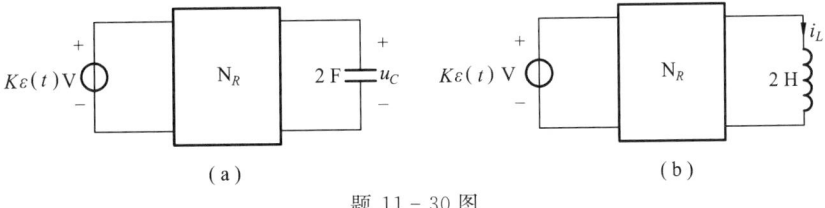

题 11-30 图

11-31　求题 11-31 图所示电路的电感电流 i_L。

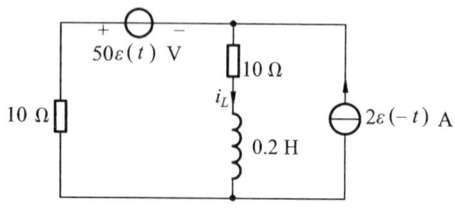

题 11-31 图

11-32　题 11-32 图所示电路,已知 $u_C(0_-)=0$,求 $u_C(t)$。

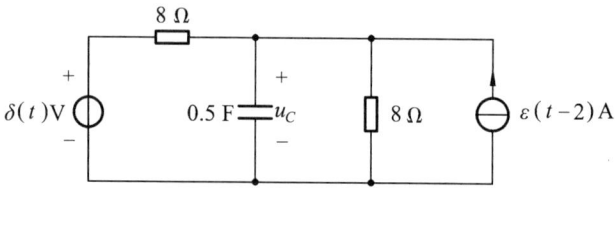

题 11-32 图

11-33　求题 11-33 图所示电路的电感电流 $i_L(t)$ 和电阻电压 $u_R(t)$。

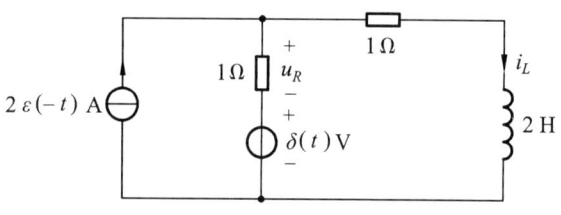

题 11-33 图

11-34　求题 11-34 图所示电路的零状态响应 $i_L(t)$ 和 $i(t)$。

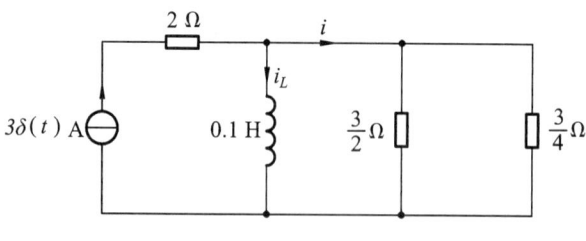

题 11-34 图

11-35 题 11-35 图所示电路。求零状态响应 $i_L(t)$。已知输入 $u_S = \varepsilon(t)$ V。

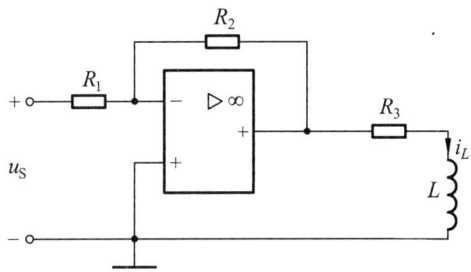

题 11-35 图

11-36 电路如题 11-36 图(a)所示，求：
(1) 电阻电压的单位冲激响应 $h(t)$；
(2) 如 u_S 的波形如题 11-36 图(b)所示，用卷积积分法求零状态响应 $u_R(t)$。

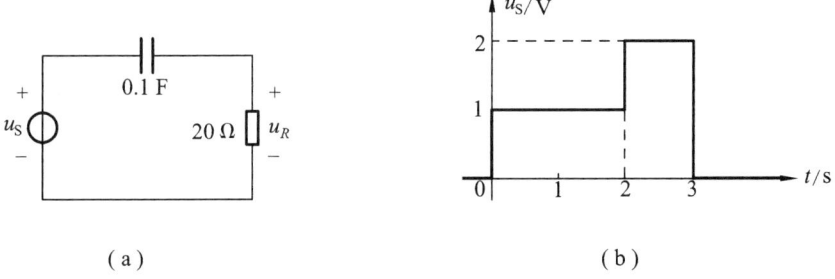

题 11-36 图

11-37 $f_1(t)$、$f_2(t)$ 的波形如题 11-37 图所示，用图解法求 $f_1 * f_2$。

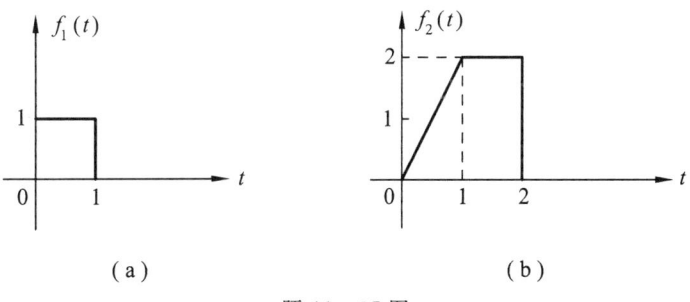

题 11-37 图

第十二章

二阶电路的时域分析

内容提要

用二阶微分方程描述的动态电路称为二阶电路。从电路的结构上来看，如果电路中有两个独立的动态元件，则可判别出该电路为二阶电路。本章介绍二阶电路的时域分析。内容包括：二阶电路的零输入响应；二阶电路的零状态响应和全响应；二阶电路的阶跃响应和冲激响应。

§12-1 二阶电路的零输入响应

当二阶电路的外加激励源为零时，由电路的初始储能引起的响应被称为二阶电路的零输入响应。下面通过一个简单的实例阐述如何用时域法分析、求解二阶电路的零输入响应。电路如图 12-1 所示，开关在换位前已达到稳态，$t=0$ 时，开关 K 换到位置 2。根据 KVL 列出换位后的电路方程，若以电感电流 i_L 为变量，则有

$$L\frac{\mathrm{d}i_L}{\mathrm{d}t}+Ri_L+\frac{1}{C}\int i_L\mathrm{d}t=0 \qquad (12-1)$$

对式(12-1)微分得

$$LC\frac{\mathrm{d}^2 i_L}{\mathrm{d}t^2}+RC\frac{\mathrm{d}i_L}{\mathrm{d}t}+i_L=0 \qquad (12-2)$$

若以电容电压 u_C 为变量，图 12-1 所示电路在 $t\geqslant 0$ 时的电路方程为

$$LC\frac{\mathrm{d}^2 u_C}{\mathrm{d}t^2}+RC\frac{\mathrm{d}u_C}{\mathrm{d}t}+u_C=0 \qquad (12-3)$$

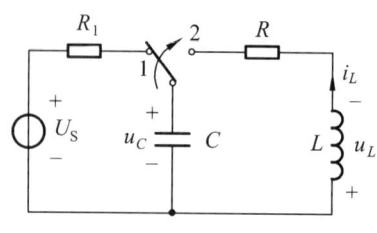
图 12-1 二阶电路的零输入响应

§12-1 二阶电路的零输入响应

由式(12-2)和式(12-3)可知，无论是以电感电流 i_L 作为变量，还是以电容电压 u_C 作为变量，建立起来的电路方程均为二阶微分方程，并且它们具有相同的特征方程，特征方程为

$$LCp^2+RCp+1=0 \tag{12-4}$$

其特征根为
$$p_{1,2}=-\frac{R}{2L}\pm\sqrt{\left(\frac{R}{2L}\right)^2-\frac{1}{LC}} \tag{12-5}$$

由此可得电容电压的零输入响应为

$$u_C=K_1 e^{p_1 t}+K_2 e^{p_2 t} \tag{12-6}$$

其中，K_1、K_2 为待定系数，由电路的初始条件确定。

由于图12-1所示电路在开关换位前已达到稳态，故

$$u_C(0_-)=U_S=U_0, \quad i_L(0_-)=0$$

根据换路定则得电路的初始条件为

$$u_C(0_+)=u_C(0_-)=U_S=U_0$$

$$\left.\frac{\mathrm{d}u_C(t)}{\mathrm{d}t}\right|_{t=0_+}=\frac{1}{C}i_L(0_+)=\frac{1}{C}i_L(0_-)=0$$

将初始条件代入式(12-6)得

$$\begin{cases}K_1+K_2=U_0\\K_1 p_1+K_2 p_2=0\end{cases}$$

解得
$$K_1=\frac{p_2 U_0}{p_2-p_1}, \quad K_2=\frac{-p_1 U_0}{p_2-p_1}$$

所以
$$u_C=\frac{U_0}{p_2-p_1}(p_2 e^{p_1 t}-p_1 e^{p_2 t}) \quad (t\geqslant 0) \tag{12-7}$$

由式(12-5)可知，电路的特征根由电路的结构以及元件的参数确定。对于图12-1所示电路，根据 R、L、C 取值的不同，其特征根有三种不同的形式，分别为不等实根、共轭根和重根，下面逐一进行讨论。

1. $R>2\sqrt{L/C}$（过阻尼状态）

当 $R>2\sqrt{L/C}$ 时，特征根 p_1，p_2 为两个不等实根，且为负。电容电压

$$u_C=\frac{U_0}{p_2-p_1}(p_2 e^{p_1 t}-p_1 e^{p_2 t}) \quad (t\geqslant 0)$$

由于 $\quad p_2<p_1$
故 $\quad e^{p_2 t}<e^{p_1 t}$
可得 $\quad p_2 e^{p_1 t}<p_2 e^{p_2 t}<p_1 e^{p_2 t}$
所以 $\quad p_2 e^{p_1 t}<p_1 e^{p_2 t}$

由此可知,任一时刻均有 $u_C>0(U_0>0$ 时),u_C 曲线如图 12-2 所示,是一个非振荡的放电过程,并称该电路此时工作在过阻尼状态。流过电容的电流也是流过电感的电流,为

$$i_L = C\frac{\mathrm{d}u_C}{\mathrm{d}t} = \frac{Cp_1p_2U_0}{p_2-p_1}(\mathrm{e}^{p_1 t} - \mathrm{e}^{p_2 t})$$

$$= \frac{U_0}{L(p_2-p_1)}(\mathrm{e}^{p_1 t} - \mathrm{e}^{p_2 t}) \qquad (t \geqslant 0)$$

由于 $\quad p_2 < p_1,\quad \mathrm{e}^{p_2 t} < \mathrm{e}^{p_1 t}$

所以,任何时刻均有 $i_L < 0$,且在 t_m 处 i_L 有极值,其变换曲线如图 12-2 所示。电感电压为

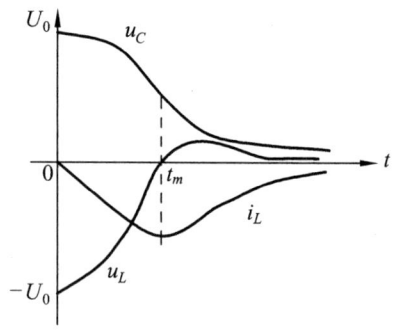

图 12-2 过阻尼状态的 u_C、i_L、u_L 变化曲线

$$u_L = L\frac{\mathrm{d}i_L}{\mathrm{d}t} = \frac{U_0}{p_2-p_1}(p_1\mathrm{e}^{p_1 t} - p_2\mathrm{e}^{p_2 t})$$

2. $R < 2\sqrt{L/C}$(欠阻尼状态)

这种情况下,特征根 p_1、p_2 为一对共轭复根。若令

$$\frac{R}{2L} = \alpha,\quad \sqrt{\frac{1}{LC}} = \omega_0,\quad \sqrt{\frac{1}{LC} - \left(\frac{R}{2L}\right)^2} = \sqrt{\omega_0^2 - \alpha^2} = \omega$$

则 $\qquad p_{1,2} = -\alpha \pm \mathrm{j}\omega = -\omega_0 \underline{/\mp \varphi}$

其中 $\qquad \varphi = \arctan\dfrac{\omega}{\alpha}$

由式(12-7)可推出电容电压

$$u_C = \frac{U_0}{p_2-p_1}(p_2\mathrm{e}^{p_1 t} - p_1\mathrm{e}^{p_2 t})$$

$$= \frac{U_0}{-2\mathrm{j}\omega}[-\omega_0\mathrm{e}^{\mathrm{j}\varphi}\mathrm{e}^{(-\alpha+\mathrm{j}\omega)t} + \omega_0\mathrm{e}^{-\mathrm{j}\varphi}\mathrm{e}^{(-\alpha-\mathrm{j}\omega)t}]$$

$$= \frac{U_0\omega_0}{\omega}\mathrm{e}^{-\alpha t}\left[\frac{\mathrm{e}^{\mathrm{j}(\omega t+\varphi)} - \mathrm{e}^{-\mathrm{j}(\omega t+\varphi)}}{2\mathrm{j}}\right]$$

$$= \frac{U_0\omega_0}{\omega}\mathrm{e}^{-\alpha t}\sin(\omega t+\varphi)$$

电感电流 $\qquad i_L = -\dfrac{U_0}{\omega L}\mathrm{e}^{-\alpha t}\sin\omega t$

电感电压 $\qquad u_L = \dfrac{U_0\omega_0}{\omega}\mathrm{e}^{-\alpha t}\sin(\omega t-\varphi)$

u_C、i_L、u_L 的变化曲线如图 12-3 所示。暂态过程为衰减振荡,其中 α 为衰减常数,此时电路的工作状态称为欠阻尼状态。

当 $R=0$ 时,不难知道此时

$$\alpha=0, \quad \omega=\omega_0=\frac{1}{\sqrt{LC}}$$

$$\varphi=\arctan\frac{\omega}{\alpha}=\frac{\pi}{2}$$

故有

$$u_C=U_0\sin\left(\omega t+\frac{\pi}{2}\right)$$

$$i_L=-U_0\sqrt{\frac{C}{L}}\cdot\sin\omega t$$

$$u_L=U_0\sin\left(\omega t-\frac{\pi}{2}\right)=-u_C$$

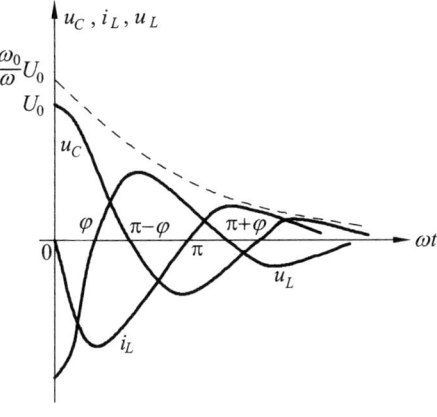

图 12-3 欠阻尼状态的 u_C、i_L、u_L 变化曲线

电路中各个变量的变化曲线为等幅振荡,称为无阻尼状态。

3. $R=2\sqrt{L/C}$(临界阻尼)

当 $R=2\sqrt{L/C}$ 时,特征根 $p_1=p_2=p=-\dfrac{R}{2L}=-\alpha$,为重根,称此时电路工作在临界阻尼状态。若将特征根代入式(12-7),电容电压的描述式为 0/0 型,因此利用罗必塔法则对其进行求解:

设 p_2 为变量,p_1 为定值,于是

$$\begin{aligned}
u_C &= U_0\lim_{p_2\to p_1}\frac{\mathrm{d}(p_2\mathrm{e}^{p_1 t}-p_1\mathrm{e}^{p_2 t})}{\mathrm{d}p_2}\Big/\frac{\mathrm{d}(p_2-p_1)}{\mathrm{d}p_2} \\
&= U_0\lim_{p_2\to p_1}\frac{\mathrm{e}^{p_1 t}-p_1 t\mathrm{e}^{p_2 t}}{1} \\
&= U_0(\mathrm{e}^{p_1 t}-p_1 t\mathrm{e}^{p_1 t}) \\
&= U_0(1+\alpha t)\mathrm{e}^{-\alpha t} \quad (t\geqslant 0)
\end{aligned}$$

$$i_L=C\frac{\mathrm{d}u_C}{\mathrm{d}t}=-\frac{U_0}{L}t\mathrm{e}^{-\alpha t} \quad (t\geqslant 0)$$

$$u_L=L\frac{\mathrm{d}i_L}{\mathrm{d}t}=-U_0(1-\alpha t)\mathrm{e}^{-\alpha t} \quad (t\geqslant 0)$$

由以上各式可做出临界阻尼状态下的电压、电流曲线,它们与过阻尼状态下的电压、电流曲线非常相似,也是非振荡的。

以上分析虽然是针对图 12-1 所示电路展开的，但对二阶电路零输入响应的分析具有普遍意义。现将二阶电路的零输入响应形式归纳如下：

① 当特征根 $p_1 \neq p_2$（不相等实根）时

$$\text{零输入响应} = K_1 e^{p_1 t} + K_2 e^{p_2 t} \qquad (12-8)$$

其中，K_1、K_2 为待定系数，由初始条件确定。

② 当特征根 $p_1 = p_2^*$（共轭复根）时，设

$$p_1 = -\alpha + j\omega, \quad p_2 = -\alpha - j\omega$$

则

$$\text{零输入响应} = K e^{-\alpha t} \sin(\omega t + \varphi)$$

$$\xrightarrow{\text{或}} e^{-\alpha t}(K_1 \sin\omega t + K_2 \cos\omega t) \qquad (12-9)$$

其中，K、φ 或者 K_1、K_2 为待定系数，由电路的初始条件确定。

③ 当特征根 $p_1 = p_2 = p$（重根）时

$$\text{零输入响应} = (K_1 + K_2 t) e^{pt} \qquad (12-10)$$

其中，K_1、K_2 为待定系数，由电路的初始条件确定。

例 12-1 电路如图 12-4 所示，求 $t \geq 0$ 的 u_C 和 i_L。已知 $L = 0.1$ H，$R = 2\ \Omega$，$C = 0.02$ F，$u_C(0_-) = 30$ V。

解 根据换路定则可知

$$u_C(0_+) = u_C(0_-) = 30\text{ V}$$
$$i_L(0_+) = i_L(0_-) = 0$$

根据 KVL 建立关于 u_C 的二阶微分方程

$$LC \frac{d^2 u_C}{dt^2} + RC \frac{du_C}{dt} + u_C = 0$$

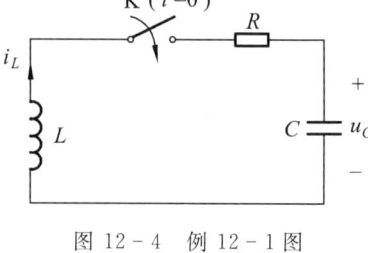

图 12-4 例 12-1 图

代入数据得

$$\frac{d^2 u_C}{dt^2} + 20 \frac{du_C}{dt} + 500 u_C = 0$$

特征方程为

$$p^2 + 20p + 500 = 0$$

特征根为

$$p_{1,2} = -10 \pm j20$$

所以

$$u_C(t) = K e^{-10t} \sin(20t + \varphi) \text{ V}$$

$$i_L = C \frac{du_C}{dt}$$
$$= C[-10 K e^{-10t} \sin(20t + \varphi) + 20 K e^{-10t} \cos(20t + \varphi)] \text{ A}$$

代入初始值后，得

$$\begin{cases} 30 = K \sin\varphi \\ 0 = -10 K \sin\varphi + 20 K \cos\varphi \end{cases}$$

解得

$$K = 33.54, \quad \varphi = 63.435°$$

所以 $u_C(t) = 33.54\mathrm{e}^{-10t}\sin(20t+63.435°)$ V

$$i_L = C\frac{\mathrm{d}u_C}{\mathrm{d}t}$$
$$= [-6.708\mathrm{e}^{-10t}\sin(20t+63.435°) + 13.416\mathrm{e}^{-10t}\cos(20t+63.435°)] \text{ A}$$
$$= -15\mathrm{e}^{-10t}\sin 20t \text{ A}$$

例 12-2 电路如图 12-5 所示。$R=2\ \Omega$，$L=\dfrac{1}{6}$ H，$C=0.01$ F，$i_S=3$ A。电路原来处于稳态，$t=0$ 时开关由位置 1 换到位置 2，求 $t\geqslant 0$ 时的 u_C、i_L。

解

（1）先求初值。$t<0$ 时电路处于稳态，所以
$$u_C(0_+) = u_C(0_-) = 0$$
$$i_L(0_+) = i_L(0_-) = i_S = 3 \text{ A}$$

（2）以 i_L 作为变量建立电路换路后的微分方程
$$LC\frac{\mathrm{d}^2 i_L}{\mathrm{d}t^2} + \frac{L}{R}\cdot\frac{\mathrm{d}i_L}{\mathrm{d}t} + i_L = 0$$

（3）求响应。特征方程
$$LCp^2 + \frac{L}{R}p + 1 = 0$$

即 $p^2 + 50p + 600 = 0$

解得 $p_1 = -20$，$p_2 = -30$

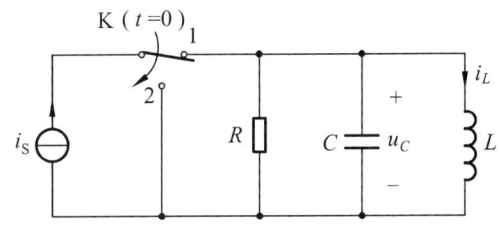

图 12-5 例 12-2 图

故 $i_L = K_1 \mathrm{e}^{-20t} + K_2 \mathrm{e}^{-30t}$ （$t\geqslant 0$）

$$u_C = L\frac{\mathrm{d}i_L}{\mathrm{d}t} = L(-20K_1 \mathrm{e}^{-20t} - 30K_2 \mathrm{e}^{-30t}) \quad (t\geqslant 0)$$

代入初始条件，得 $\begin{cases} 3 = K_1 + K_2 \\ 0 = -20K_1 - 30K_2 \end{cases}$

解得 $K_1 = 9$，$K_2 = -6$

所以 $i_L = (9\mathrm{e}^{-20t} - 6\mathrm{e}^{-30t})$ A （$t\geqslant 0$）

$$u_C = L\frac{\mathrm{d}i_L}{\mathrm{d}t} = (-30\mathrm{e}^{-20t} + 30\mathrm{e}^{-30t}) \text{ V} \quad (t\geqslant 0)$$

§12-2 二阶电路的零状态响应和全响应

二阶电路的零状态响应和全响应与一阶电路一样,如果电路的初始状态为零[即 $u_C(0_-)=0,i_L(0_-)=0$],仅由外加激励源引起的响应称为零状态响应;如果电路的初始状态和外加激励源均不为零,由二者共同产生的响应称为全响应。

1. 零状态响应

关于二阶电路的零状态响应的分析求解方法,下面通过图 12-6 所示电路加以介绍。

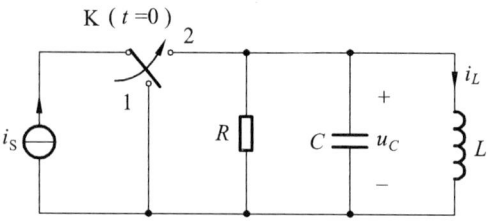

图 12-6 二阶电路的零状态响应

电路在 $t<0$ 时处于稳态,$t=0$ 时开关 K 由位置 1 换到位置 2,求 $t \geqslant 0$ 时的电感电流 $i_L(t)$。由于 $t<0$ 时,电路处于稳态,由此可知 $u_C(0_-)=0$、$i_L(0_-)=0$,即电路的初始状态为零,故该电路的响应为零状态响应。建立图 12-6 所示电路在 $t \geqslant 0$ 时的微分方程,得

$$LC\frac{\mathrm{d}^2 i_L}{\mathrm{d}t^2}+\frac{L}{R} \cdot \frac{\mathrm{d}i_L}{\mathrm{d}t}+i_L=i_S \tag{12-11}$$

这是二阶线性非齐次微分方程,其解由方程的特解和齐次微分方程的通解叠加得到

$$i_L(t)=i_{Lp}(t)+i_{Lh}(t) \tag{12-12}$$

其中,$i_{Lp}(t)$ 为方程的特解,其形式取决于外加激励源。当外加激励源为直流或正弦交流时,方程的特解也是直流或正弦交流,可视为电路的稳态解,故此时的特解还可以通过换路后的稳态电路进行求解。

$i_{Lh}(t)$ 是齐次微分方程的通解,其形式与二阶电路的零输入响应相同,即依特征根 p_1、p_2 的情况而定,当:

① $p_1 \neq p_2$ 且为实根,则

$$i_{Lh}(t)=K_1 \mathrm{e}^{p_1 t}+K_2 \mathrm{e}^{p_2 t}$$

② $p_1=p_2^*$(共轭),若 $p_1=-\alpha+\mathrm{j}\omega$,则

$$i_{L\text{h}}(t)=K\text{e}^{-at}\sin(\omega t+\varphi)\xrightarrow{\text{或}}\text{e}^{-at}(K_1\sin\omega t+K_2\cos\omega t)$$

③ $p_1=p_2=p$(重根)，则

$$i_{L\text{h}}(t)=(K_1+K_2t)\text{e}^{pt}$$

将零初始值 $i_L(0_+)=i_L(0_-)=0$ 和 $\left.\dfrac{\text{d}i_L}{\text{d}t}\right|_{0_+}=\dfrac{u_C(0_+)}{L}=\dfrac{u_C(0_-)}{L}=0$ 代入式(12-12)，便可确定待定系数，从而求得二阶电路的零状态响应。

例 12-3 图 12-7 所示电路，$t<0$ 时处于稳态，$t=0$ 时开关 K 由位置 b 换到位置 a。求 $t\geqslant 0$ 时的电容电压 $u_C(t)$ 和电感电流 $i_L(t)$。已知 $U_\text{S}=4$ V，$L=1$ H，$C=1$ F，$R=2$ Ω。

解 由题意可知

$$u_C(0_+)=u_C(0_-)=0$$
$$i_L(0_+)=i_L(0_-)=0$$

换路后的电路方程为

$$LC\dfrac{\text{d}^2u_C}{\text{d}t^2}+RC\dfrac{\text{d}u_C}{\text{d}t}+u_C=U_\text{S}$$

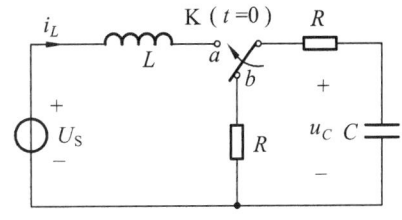

图 12-7 例 12-3 图

代入参数后，其特征方程为

$$p^2+2p+1=0$$

特征根为 $p_{1,2}=-1$

齐次方程的通解为

$$u_{C\text{h}}(t)=(K_1+K_2t)\text{e}^{-t}$$

由换路后的稳态电路可得电容电压的特解为

$$u_{C\text{p}}(t)=4\text{ V}$$

所以 $\quad u_C(t)=[(K_1+K_2t)\text{e}^{-t}+4]$ V $\quad(t\geqslant 0)$

代入初始值 $u_C(0_+)=0$，$\left.\dfrac{\text{d}u_C}{\text{d}t}\right|_{0_+}=\dfrac{i_L(0_+)}{C}=0$，得

$$\begin{cases}0=K_1+4\\ 0=K_2-K_1\end{cases}$$

解得 $\quad K_1=-4,\quad K_2=-4$

故 $\quad u_C(t)=[(-4-4t)\text{e}^{-t}+4]$ V $\quad(t\geqslant 0)$

$$i_L(t)=C\dfrac{\text{d}u_C(t)}{\text{d}t}=4t\text{e}^{-t}\text{ A}\quad(t\geqslant 0)$$

2. 全响应

二阶电路的全响应同样可分解为零输入响应和零状态响应两个部分，故有

$$\text{二阶电路的全响应} = \text{零输入响应} + \text{零状态响应}$$

即二阶电路的全响应可以通过二阶电路的零输入响应和零状态响应叠加求得。

另外，由于全响应情况下的电路方程与零状态响应的电路方程完全相同，所以二阶电路的全响应还可以采用与零状态响应相同的求解方法，只是在确定待定系数时代入的是非零初始值。

例 12 - 4 图 12 - 8 所示电路，已知 $U_{S1} = 5$ V，$U_{S2} = 10$ V，$R_1 = 4$ Ω，$R_2 = 6$ Ω，$L = 1$ H，$C = 0.25$ F，且 $t < 0$ 时电路处于稳态。$t = 0$ 时开关 K 由位置 1 换到位置 2，求换位后电容电压的变化规律。

解 $t < 0$ 时

$$i_L(0_-) = \frac{U_{S1}}{R_1 + R_2} = 0.5 \text{ A}$$

$$u_C(0_-) = \frac{R_2}{R_1 + R_2} U_{S1} = 3 \text{ V}$$

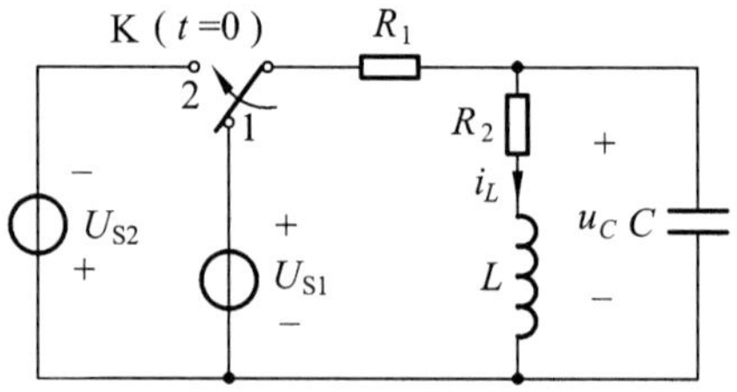

根据换路定则，有

$$i_L(0_+) = i_L(0_-) = 0.5 \text{ A}$$

$$u_C(0_+) = u_C(0_-) = 3 \text{ V}$$

$$\left.\frac{du_C}{dt}\right|_{0_+} = \frac{1}{C}\left[-i_L(0_+) - \frac{u_C(0_+) + U_{S2}}{R_1}\right] = -15 \text{ V/s}$$

图 12 - 8 例 12 - 4 图

$t \geq 0$ 时，依 KCL 得

$$C\frac{du_C}{dt} + i_L + \frac{u_C + U_{S2}}{R_1} = 0$$

即

$$i_L = -C\frac{du_C}{dt} - \frac{u_C + U_{S2}}{R_1} \tag{1}$$

依 KVL 得

$$u_C - L\frac{di_L}{dt} - R_2 i_L = 0 \tag{2}$$

将式(1)代入式(2)得

$$\frac{d^2 u_C}{dt^2} + 7 \times \frac{du_C}{dt} + 10 u_C = -60$$

特征方程 $\quad p^2 + 7p + 10 = 0$

则特征根 $\quad p_1 = -2, \quad p_2 = -5$

因此齐次方程的通解

$$u_{Ch}=K_1\mathrm{e}^{-2t}+K_2\mathrm{e}^{-5t}$$

方程的特解　　　$u_{Cp}=-\dfrac{R_2}{R_1+R_2}U_{S2}=-6\text{ V}$

所以　　　$u_C=u_{Ch}+u_{Cp}=K_1\mathrm{e}^{-2t}+K_2\mathrm{e}^{-5t}-6$

代入初始值,得　　$\begin{cases}K_1+K_2-6=3\\-2K_1-5K_2=-15\end{cases}$

解得　　　$K_1=10,\quad K_2=-1$

故电容电压的变化规律为

$$u_C=(10\mathrm{e}^{-2t}-\mathrm{e}^{-5t}-6)\text{ V}\qquad(t\geqslant 0)$$

§12-3　二阶电路的阶跃响应和冲激响应

二阶电路在零状态的情况下,由阶跃激励产生的响应称为二阶电路的阶跃响应;由冲激激励产生的响应称为二阶电路的冲激响应。

1. 阶跃响应

二阶电路的阶跃响应的求解方法与前面介绍的二阶电路的零状态响应的求解方法相同。

例 12-5　电路如图 12-9 所示。已知 $u_C(0_-)=0, i_L(0_-)=0, R=2\text{ Ω}$，$L=0.02\text{ H}, C=1\text{ F}, i_S=5\varepsilon(t)\text{ A}$。求 $i_L(t)$。

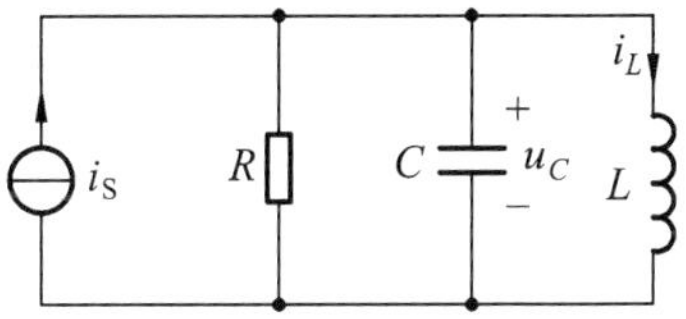

解　依 KCL 得

$$LC\dfrac{\mathrm{d}^2 i_L}{\mathrm{d}t^2}+\dfrac{L}{R}\cdot\dfrac{\mathrm{d}i_L}{\mathrm{d}t}+i_L=i_S$$

特征方程　　$0.02p^2+0.01p+1=0$

特征根　　　$p_{1,2}=-0.25\pm\mathrm{j}7.07$

故　　　$i_{Lh}=K\mathrm{e}^{-0.25t}\sin(7.07t+\varphi)$

特解　　　$i_{Lp}=5\text{ A}$

所以　　　$i_L=i_{Lh}+i_{Lp}=K\mathrm{e}^{-0.25t}\sin(7.07t+\varphi)+5$

初始值为　　$i_L(0_+)=i_L(0_-)=0$

$$\left.\dfrac{\mathrm{d}i_L}{\mathrm{d}t}\right|_{0_+}=\dfrac{u_C(0_+)}{L}=\dfrac{u_C(0_-)}{L}=0$$

图 12-9　例 12-5 图

代入初始值得
$$\begin{cases} 0 = K\sin\varphi + 5 \\ 0 = -0.25K\sin\varphi + 7.07K\cos\varphi \end{cases}$$

解得　　　　$K = -5$，$\varphi = 90°$

所以电感电流的阶跃响应为

$$i_L = [-5e^{-0.25t}\sin(7.07t + 90°) + 5]\varepsilon(t)$$
$$= (5 - 5e^{-0.25t}\cos 7.07t)\varepsilon(t) \text{ A}$$

2. 冲激响应

二阶电路冲激响应的求解方法同一阶电路一样，有两种：一是零输入响应法；二是利用单位阶跃响应对其微分求得单位冲激响应 $\left[h(t) = \dfrac{\mathrm{d}s(t)}{\mathrm{d}t}\right]$。

图 12 - 10 是一个零状态的二阶电路，下面讨论在单位冲激激励下电容电压的冲激响应。

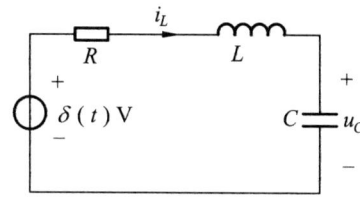

图 12 - 10　二阶电路的冲激响应

1) 零输入响应法

根据 KVL 得电路的方程为

$$LC\frac{\mathrm{d}^2 u_C}{\mathrm{d}t^2} + RC\frac{\mathrm{d}u_C}{\mathrm{d}t} + u_C = \delta(t) \quad (12-13)$$

对式(12 - 13)从 0_- 到 0_+ 积分，得

$$LC\left[\frac{\mathrm{d}u_C}{\mathrm{d}t}\bigg|_{t=0_+} - \frac{\mathrm{d}u_C}{\mathrm{d}t}\bigg|_{t=0_-}\right] + RC[u_C(0_+) - u_C(0_-)] + \int_{0_-}^{0_+} u_C \mathrm{d}t = 1$$

$$(12-14)$$

由于电容电压 u_C 不可能为冲激函数，所以 $\int_{0_-}^{0_+} u_C \mathrm{d}t = 0$；而电容电压 u_C 在 $t = 0$ 处也不可能有跳变（阶跃），否则式(12 - 13)不成立，故

$$u_C(0_+) = u_C(0_-) = 0$$

由式(12 - 14)可得

$$LC\frac{\mathrm{d}u_C}{\mathrm{d}t}\bigg|_{t=0_+} = 1$$

即

$$\frac{\mathrm{d}u_C}{\mathrm{d}t}\bigg|_{t=0_+} = \frac{1}{LC}$$

根据特征方程

$$LCp^2 + RCp + 1 = 0$$

得特征根 p_1、p_2。

以特征根为不等实根($p_1 \neq p_2$)为例，那么电容电压的冲激响应为

$$u_C = K_1 e^{p_1 t} + K_2 e^{p_2 t}$$

代入初值
$$\begin{cases} K_1 + K_2 = 0 \\ K_1 p_1 + K_2 p_2 = \dfrac{1}{LC} \end{cases}$$

解得
$$K_1 = \frac{-1/(LC)}{p_2 - p_1}, \quad K_2 = \frac{1/(LC)}{p_2 - p_1}$$

所以
$$u_C = \frac{-1/(LC)}{p_2 - p_1}(e^{p_1 t} - e^{p_2 t})\varepsilon(t)$$

2) $h(t) = \dfrac{ds(t)}{dt}$ 法

将图 12-10 所示电路激励换成单位阶跃信号，不难得出电容电压的单位阶跃为

$$s(t) = (1 + K_1 e^{p_1 t} + K_2 e^{p_2 t})\varepsilon(t)$$

代入零初始条件
$$\begin{cases} 1 + K_1 + K_2 = 0 \\ K_1 p_1 + K_2 p_2 = 0 \end{cases}$$

得待定系数
$$K_1 = \frac{-p_2}{p_2 - p_1}, \quad K_2 = \frac{p_1}{p_2 - p_1}$$

所以
$$s(t) = \left(1 + \frac{-p_2}{p_2 - p_1} e^{p_1 t} + \frac{p_1}{p_2 - p_1} e^{p_2 t}\right)\varepsilon(t)$$

故电容电压的冲激响应为

$$u_C(t) = h(t) = \frac{ds(t)}{dt} = \frac{-p_2 p_1}{p_2 - p_1}(e^{p_1 t} - e^{p_2 t})\varepsilon(t)$$

而
$$p_1 p_2 = \frac{1}{LC}$$

所以
$$u_C(t) = h(t) = \frac{-1/(LC)}{p_2 - p_1}(e^{p_1 t} - e^{p_2 t})\varepsilon(t)$$

习 题 十 二

12-1 题 12-1 图所示电路原处于稳态，$t=0$ 时开关 K 闭合，求 $u_C(0_+)$、$\left.\dfrac{du_C}{dt}\right|_{0_+}$、$i_L(0_+)$、$\left.\dfrac{di_L}{dt}\right|_{0_+}$。

12-2 电路如题 12-2 图所示,建立关于电感电流 i_L 的微分方程。

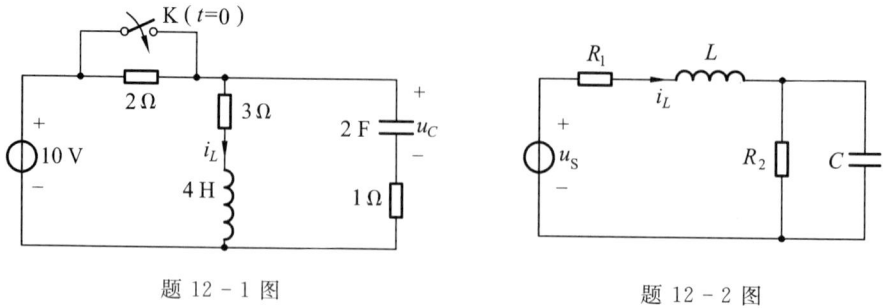

题 12-1 图　　　　　题 12-2 图

12-3 电路如题 12-3 图所示,建立关于 u_{C2} 的微分方程。

12-4 题 12-4 图所示电路中,已知 $u_C(0_-)=200$ V,$t=0$ 时开关闭合,求 $t \geqslant 0$ 时的 u_C。

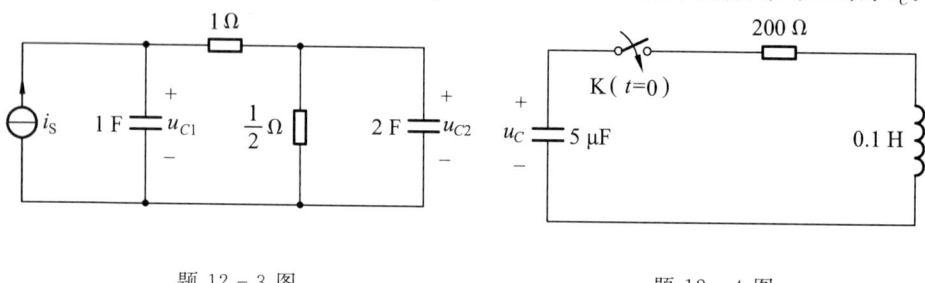

题 12-3 图　　　　　题 12-4 图

12-5 题 12-5 图所示电路原处于稳态,$t=0$ 时开关由位置 1 换到位置 2,求换位后的 $i_L(t)$ 和 $u_C(t)$。

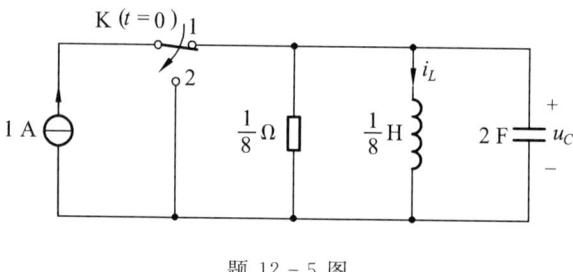

题 12-5 图

12-6 题 12-6 图所示电路为换路后的电路,电感和电容均有初始储能。问电阻 R_1 取何值使电路工作在临界阻尼状态?

12-7 题 12-7 图所示电路。$t<0$ 时电路为稳态,$t=0$ 时开关 K 打开,求开关打开后的 $u_C(t)$ 和 $i_L(t)$。

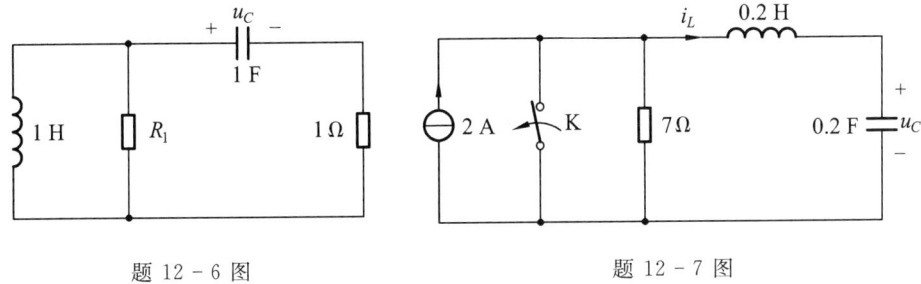

题 12-6 图　　　　　　　　题 12-7 图

12-8　题 12-8 图所示电路原处于稳态，$t=0$ 时开关 K 打开，求 $u_C(t)$、$u_L(t)$。

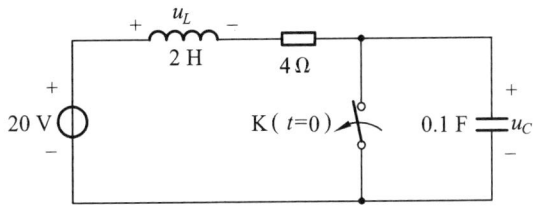

题 12-8 图

12-9　题 12-9 图所示电路为零状态电路，求 $u_C(t)$、$i_L(t)$。

12-10　求题 12-10 图所示电路的零状态响应 $u_C(t)$。已知电源 u_S 的取值分别为：
(1) $u_S = \varepsilon(t)$ V；　(2) $u_S = \delta(t)$ V。

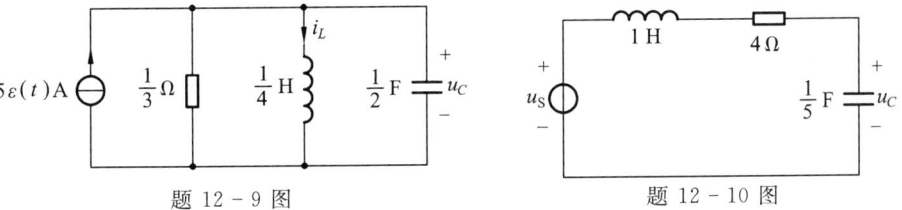

题 12-9 图　　　　　　　　题 12-10 图

12-11　求题 12-11 图所示电路的冲激响应 $u_C(t)$。

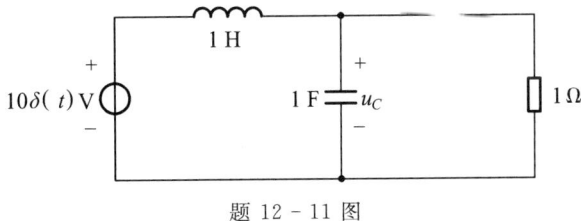

题 12-11 图

第 十 三 章

拉普拉斯变换及其应用

• ──── 内容提要 ──── •

本章介绍拉普拉斯变换及其应用。内容包括：拉普拉斯变换的定义；基本函数的拉普拉斯变换；拉普拉斯变换的基本性质；拉普拉斯逆变换；电路的复频域模型；基尔霍夫定律的复频域形式；线性动态电路的复频域分析方法；网络函数；网络函数的零点、极点分析。

§13-1 拉普拉斯变换

第十一章和第十二章用时域的方法求解了一阶、二阶电路的响应，对于直流和正弦信号激励的一阶电路还是很方便的，但如果激励源是任意函数，电路响应的求解就不方便了。另外，随着电路动态元件的增多，方程的阶数越高，用时域方法直接求解高阶微分方程比较困难。例如，研究多结点、多网孔高阶电路时，列写的是一系列微分方程，初始条件的确定和方程的求解就相当繁琐。

为了解决这些问题，本章介绍拉普拉斯变换这种数学工具，它广泛应用于线性时不变动态电路的分析。这种分析方法称为拉普拉斯变换法，也称为复频域分析法。

拉普拉斯变换法是线性时不变动态电路的一般分析方法，它提供了一种解决含初始条件电路问题的有效方法。与时域法相比，拉普拉斯变换法应用于更广泛的输入信号，激励源不只限于直流和正弦信号。对于复杂高阶电路，因为可以利用拉普拉斯变换将微分方程求解问题变换成代数方程求解，从而简化了运算；另外，拉普拉斯变换法研究的对象也不只是电路的稳态，它将动态电路的分析方法与电阻电路分析和正弦稳态电路的相量分析方法统一起来。所以拉普拉斯变换法是本书中涉及面最广的方法。

1. 拉普拉斯变换的定义

1) 拉普拉斯变换

一个定义在$(-\infty,\infty)$上的时间函数$f(x)$的拉普拉斯变换定义为

$$F(s) = \int_{-\infty}^{\infty} f(t) e^{-st} dt \qquad (13-1)$$

式(13-1)称为$f(t)$的双边拉普拉斯变换,其中s是一个复变量,$s=\sigma+j\omega$通常称为复频率,σ是使$f(t)$积分收敛而选定的常数,ω是角频率。推导这个积分需要掌握傅里叶变换的知识。通过式(13-1)完成积分运算后,结果就是s的函数,即可以将一般形式的时域函数$f(t)$变换为相应的复频域函数$F(s)$。拉普拉斯变换是函数$f(t)$从时域进入复频域$F(s)$的一种积分变换。

2) 拉普拉斯逆变换

拉普拉斯逆变换的定义为

$$f(t) = \frac{1}{2\pi j} \int_{\sigma-j\infty}^{\sigma+j\infty} F(s) e^{st} ds \qquad (13-2)$$

式(13-1)和式(13-2)这对方程称为双边拉普拉斯变换对,其中$F(s)$是$f(t)$的拉普拉斯正变换,而$f(t)$是$F(s)$的拉普拉斯逆变换,又可称$F(s)$为$f(t)$的象函数,$f(t)$为$F(s)$的原函数。用符号表示为

$$F(s) = \mathscr{L}[f(t)] \quad \text{和} \quad f(t) = \mathscr{L}^{-1}[F(s)]$$

通常采用双向箭头表示一对拉普拉斯变换对

$$f(t) \leftrightarrow F(s)$$

双边拉普拉斯变换能够处理从$-\infty$到∞整个时间区间内存在的函数。

3) 单边拉普拉斯变换

在许多电路问题的分析中,激励函数和响应函数并不是一直存在的,而是从某个特定的瞬间开始的,通常将这个起始时刻取为$t=0$。因此,对于在$t<0$时不存在的函数,或不关心其$t<0$时的取值的函数,可以将其看作是$f(t)\varepsilon(t)$。相应的拉普拉斯变换为

$$F(s) = \int_{-\infty}^{\infty} f(t)\varepsilon(t) e^{-st} dt = \int_{0_-}^{\infty} f(t) e^{-st} dt$$

即

$$F(s) = \int_{0_-}^{\infty} f(t) e^{-st} dt \qquad (13-3)$$

式(13-3)为 $f(t)$ 的单边拉普拉斯变换的定义式。

式(13-3)选择 0_- 作为积分下限,不仅保证了在 $t=0$ 时包含冲激函数,而且也便于在分析和计算时直接利用 0_- 作为初始条件。单边拉普拉斯变换是双边拉普拉斯变换的一种特殊情况,其逆变换的表达式保持不变,只是在计算时应注意,只有在 $t \geqslant 0$ 时才有意义。

由于单边拉普拉斯变换具有唯一性性质,从而大大简化了系统问题的分析,这对于线性动态系统非常重要。因此,下面讨论的都是单边拉普拉斯变换,单边拉普拉斯变换以后简称拉普拉斯变换。

2. 拉普拉斯变换存在的条件

要使函数 $f(t)$ 的拉普拉斯变换存在,则式(13-3)的积分 $\int_{0_-}^{\infty} f(t) e^{-st} dt$ 必须收敛,$f(t)$ 和 s 都应满足一定的条件。

如果函数 $f(t)$ 满足以下条件:

① 在 $t \geqslant 0$ 的任一有限区间内分段连续。

② 在 t 充分大时,满足不等式

$$|f(t)| \leqslant M e^{ct} \tag{13-4}$$

其中 M 和 c 为实常数。满足式(13-4)的 $f(t)$ 称为指数阶函数,则 $f(t)$ 的拉普拉斯变换 $F(s) = \int_{0_-}^{\infty} f(t) e^{-st} dt$ 存在,且 $F(s)$ 在 $\mathrm{Re}(s) = \sigma > c$ 的半平面上收敛。

证明 根据拉普拉斯变换的定义,代入 $s = \sigma + j\omega$,得

$$F(s) = \int_{0_-}^{\infty} f(t) e^{-st} dt = \int_{0_-}^{\infty} [f(t) e^{-\sigma t}] \cdot e^{-j\omega t} dt$$

因为 $|e^{-j\omega t}| = 1$,所以有

$$F(s) = \int_{0_-}^{\infty} f(t) e^{-st} dt \leqslant \int_{0_-}^{\infty} |f(t) e^{-st}| dt$$

$$= \int_{0_-}^{\infty} |f(t) e^{-\sigma t} e^{-j\omega t}| dt = \int_{0_-}^{\infty} |f(t) e^{-\sigma t}| dt$$

代入 $|f(t)| \leqslant M e^{ct}$,得

$$F(s) = \int_{0_-}^{\infty} f(t) e^{-st} dt \leqslant \int_{0_-}^{\infty} M e^{ct} e^{-\sigma t} dt$$

$$= \int_{0_-}^{\infty} M e^{-(\sigma-c)t} dt$$

$$= -\frac{M}{\sigma-c} e^{-(\sigma-c)t} \bigg|_{0}^{\infty} = \frac{M}{\sigma-c} \qquad (\sigma > c)$$

只要 $\sigma>c$,则积分 $\int_{0_-}^{\infty} Me^{-(\sigma-c)t} dt$ 收敛,于是 $F(s) = \int_{0_-}^{\infty} f(t)e^{-st} dt$ 收敛,所以 $f(t)$ 的拉普拉斯变换存在。

在电路分析中遇到的函数一般都满足这一条件。

§13-2　基本函数的拉普拉斯变换

下面根据拉普拉斯变换的定义给出几个基本函数的拉普拉斯变换。

1. 单位阶跃函数 $\varepsilon(t)$

$$\mathscr{L}[\varepsilon(t)] = \int_{0_-}^{\infty} \varepsilon(t)e^{-st} dt = \int_{0_-}^{\infty} e^{-st} dt = -\frac{1}{s}e^{-st}\Big|_{0_-}^{\infty}$$

$$= -\frac{1}{s}(0) + \frac{1}{s}(1) = \frac{1}{s} \quad (\mathrm{Re}(s) = \sigma > 0)$$

即 $\varepsilon(t) \leftrightarrow \dfrac{1}{s}$

2. 单位冲激函数 $\delta(t)$

$$\mathscr{L}[\delta(t)] = \int_{0_-}^{\infty} \delta(t)e^{-st} dt = \int_{0_-}^{\infty} \delta(t) dt = 1 \quad (\mathrm{Re}(s) = \sigma > -\infty)$$

即 $\delta(t) \leftrightarrow 1$

同理 $\mathscr{L}[\delta(t-t_0)] = \int_{0_-}^{\infty} \delta(t-t_0)e^{-st} dt = e^{-st_0}$

$\delta(t-t_0) \leftrightarrow e^{-st_0}$

3. 单边指数函数 $e^{-\alpha t}\varepsilon(t)$

$$\mathscr{L}[e^{-\alpha t}\varepsilon(t)] = \int_{0_-}^{\infty} e^{-\alpha t} e^{-st} dt = -\frac{1}{s+\alpha}e^{-(s+\alpha)t}\Big|_{0_-}^{\infty}$$

$$= \frac{1}{s+\alpha} \quad (\mathrm{Re}(s) = \sigma > -\alpha)$$

即 $e^{-\alpha t}\varepsilon(t) \leftrightarrow \dfrac{1}{s+\alpha}$

同理可得 $e^{j\omega t}\varepsilon(t) \leftrightarrow \dfrac{1}{s-j\omega}$

$e^{(\sigma+j\omega)t}\varepsilon(t) \leftrightarrow \dfrac{1}{s-(\sigma+j\omega)}$

4. 余弦函数 $\cos(\omega t)\varepsilon(t)$

因为
$$\cos(\omega t)\varepsilon(t)=\frac{1}{2}(e^{j\omega t}+e^{-j\omega t})\varepsilon(t)$$

而
$$e^{j\omega t}\varepsilon(t)\leftrightarrow\frac{1}{s-j\omega},\quad e^{-j\omega t}\varepsilon(t)\leftrightarrow\frac{1}{s+j\omega}$$

所以
$$\mathscr{L}[\cos(\omega t)\varepsilon(t)]=\mathscr{L}\left[\frac{1}{2}(e^{j\omega t}+e^{-j\omega t})\varepsilon(t)\right]$$
$$=\frac{1}{2}\left(\frac{1}{s-j\omega}+\frac{1}{s+j\omega}\right)=\frac{s}{s^2+\omega^2}$$

即
$$\cos(\omega t)\varepsilon(t)\leftrightarrow\frac{s}{s^2+\omega^2}$$

同理
$$\sin(\omega t)\varepsilon(t)\leftrightarrow\frac{\omega}{s^2+\omega^2}$$

5. t 的正幂次函数 $t^n\varepsilon(t)$（n 为正整数）

$$\mathscr{L}[t^n\varepsilon(t)]=\int_{0_-}^{\infty}t^n e^{-st}\,dt$$

根据分部积分法，令
$$u=t^n,\quad du=nt^{n-1}dt$$

及
$$dv=e^{-st}dt,\quad v=-\frac{e^{-st}}{s}$$

则
$$\mathscr{L}[t^n\varepsilon(t)]=\int_{0_-}^{\infty}t^n e^{-st}dt=t^n\left(-\frac{e^{-st}}{s}\right)\bigg|_{0_-}^{\infty}-\int_{0_-}^{\infty}\left(-\frac{e^{-st}}{s}\right)nt^{n-1}dt$$
$$=-\frac{t^n e^{-st}}{s}\bigg|_{0_-}^{\infty}+\frac{n}{s}\int_{0_-}^{\infty}t^{n-1}e^{-st}dt=\frac{n}{s}\int_{0_-}^{\infty}t^{n-1}e^{-st}dt$$

即
$$\mathscr{L}[t^n\varepsilon(t)]=\frac{n}{s}\mathscr{L}[t^{n-1}\varepsilon(t)]$$

$n=1$
$$\mathscr{L}[t\varepsilon(t)]=\int_{0_-}^{\infty}te^{-st}dt=-\frac{te^{-st}}{s}\bigg|_{0_-}^{\infty}-\int_{0_-}^{\infty}\left(-\frac{e^{-st}}{s}\right)dt$$
$$=\frac{1}{s}\left(\frac{1}{-s}e^{-st}\bigg|_{0_-}^{\infty}\right)=\frac{1}{s^2}$$

$n=2$
$$\mathscr{L}[t^2\varepsilon(t)]=\frac{2}{s}\mathscr{L}[t\varepsilon(t)]=\frac{2}{s}\cdot\frac{1}{s^2}=\frac{2}{s^3}$$

$n=3$
$$\mathscr{L}[t^3\varepsilon(t)]=\frac{3}{s}\mathscr{L}[t^2\varepsilon(t)]=\frac{3}{s}\cdot\frac{2}{s^3}=\frac{6}{s^4}$$

$$\vdots$$

$$\mathscr{L}[t^n\varepsilon(t)]=\frac{n!}{s^{n+1}}$$

注意，本章讨论的单边拉普拉斯变换是从 $t=0$ 开始积分的，因此，$t<0$ 区间的函数值与变换结果无关。相应地，在求拉普拉斯逆变换时，只能给出 $t \geqslant 0$ 范围的函数值。

实际常见的许多函数，大多可以用上述基本函数的线性组合表示。下面将常用函数的拉普拉斯变换列于表 13-1 中，以便查阅。

基本函数的拉普拉斯变换　　表 13-1

序 号	$f(t)$ （$t>0$）	$F(s)$
1	$\delta(t)$	1
2	$\delta(t-t_0)$	e^{-st_0}
3	$\varepsilon(t)$	$\dfrac{1}{s}$
4	t	$\dfrac{1}{s^2}$
5	t^n	$\dfrac{n!}{s^{n+1}}$
6	e^{-at}	$\dfrac{1}{s+a}$
7	$\cos(\omega t)$	$\dfrac{s}{s^2+\omega^2}$
8	$\sin(\omega t)$	$\dfrac{\omega}{s^2+\omega^2}$
9	$e^{-at}\cos(\omega t)$	$\dfrac{s+a}{(s+a)^2+\omega^2}$
10	$e^{-at}\sin(\omega t)$	$\dfrac{\omega}{(s+a)^2+\omega^2}$
11	te^{-at}	$\dfrac{1}{(s+a)^2}$
12	$t^n e^{-at}$	$\dfrac{n!}{(s+a)^{n+1}}$
13	$t\cos(\omega t)$	$\dfrac{s^2-\omega^2}{(s^2+\omega^2)^2}$
14	$t\sin(\omega t)$	$\dfrac{2\omega s}{(s^2+\omega^2)^2}$
15	$\sum\limits_{k=0}^{\infty}\delta(t-kT)$	$\dfrac{1}{1-e^{-Ts}}$
16	$\sum\limits_{k=0}^{\infty}f_T(t-kT)$	$\dfrac{1}{1-e^{-Ts}}F_T(s)$

§13-3 拉普拉斯变换的基本性质

利用拉普拉斯变换的性质可帮助我们不用定义就可得到拉普拉斯变换对，它们在实际应用中非常重要。

1. 线性性质

若 $f_1(t) \leftrightarrow F_1(s)$, $f_2(t) \leftrightarrow F_2(s)$

则 $a_1 f_1(t) + a_2 f_2(t) \leftrightarrow a_1 F_1(s) + a_2 F_2(s)$ （a_1、a_2 为常数） (13-5)

拉普拉斯变换是一种线性运算，由定义式很容易证明线性性质。

例 13-1 求 $\sin(\omega t)\varepsilon(t)$ 的象函数。

解 根据欧拉公式，有

$$\sin(\omega t)\varepsilon(t) = \frac{1}{2j}(e^{j\omega t} - e^{-j\omega t})\varepsilon(t)$$

而

$$e^{j\omega t}\varepsilon(t) \leftrightarrow \frac{1}{s-j\omega}$$

$$e^{-j\omega t}\varepsilon(t) \leftrightarrow \frac{1}{s+j\omega}$$

应用线性性质可得

$$\mathscr{L}[\sin(\omega t)\varepsilon(t)] = \mathscr{L}\left[\frac{1}{2j}(e^{j\omega t} - e^{-j\omega t})\varepsilon(t)\right]$$

$$= \frac{1}{2j}\left(\frac{1}{s-j\omega} - \frac{1}{s+j\omega}\right) = \frac{\omega}{s^2+\omega^2}$$

所以 $\sin(\omega t)\varepsilon(t) \leftrightarrow \dfrac{\omega}{s^2+\omega^2}$

2. 时移性质

若 $f(t)\varepsilon(t) \leftrightarrow F(s)$，则

$$f(t-t_0)\varepsilon(t-t_0) \leftrightarrow F(s)e^{-st_0} \tag{13-6}$$

时移性质表明，如果一个函数延时 t_0 秒，则象函数应乘以 e^{-st_0}。注意，$f(t-t_0)\varepsilon(t-t_0)$ 是信号 $f(t)\varepsilon(t)$ 延时 t_0 秒。单边拉普拉斯变换的时移性质仅对正的 t_0 值成立。

证明 根据拉普拉斯变换的定义，有

$$\mathscr{L}[f(t-t_0)\varepsilon(t-t_0)] = \int_{0_-}^{\infty} f(t-t_0)\varepsilon(t-t_0)e^{-st}\,dt \quad (t_0 \geqslant 0)$$

当 $t<t_0$ 时,$\varepsilon(t-t_0)=0$;当 $t>t_0$ 时,$\varepsilon(t-t_0)=1$,因此

$$\mathscr{L}[f(t-t_0)\varepsilon(t-t_0)]=\int_{t_{0-}}^{\infty}f(t-t_0)\mathrm{e}^{-st}\mathrm{d}t$$

令 $x=t-t_0$,则 $\mathrm{d}x=\mathrm{d}t$,$t=x+t_0$。当 $t\to t_0$ 时,$x\to 0$;当 $t\to\infty$ 时,$x\to\infty$。则

$$\mathscr{L}[f(t-t_0)\varepsilon(t-t_0)]=\int_{0-}^{\infty}f(x)\mathrm{e}^{-s(x+t_0)}\mathrm{d}x$$

$$=\mathrm{e}^{-st_0}\int_{0-}^{\infty}f(x)\mathrm{e}^{-sx}\mathrm{d}x=\mathrm{e}^{-st_0}F(s)$$

所以 $$f(t-t_0)\varepsilon(t-t_0)\leftrightarrow F(s)\mathrm{e}^{-st_0}$$

例 13-2 求下列函数的拉普拉斯变换:

(1)$\delta(t-t_0)$; (2)$\sin\omega(t-a)\varepsilon(t-a)$。

解

(1) 因为 $$\delta(t)\leftrightarrow 1$$

应用时移性质可得 $$\delta(t-t_0)\leftrightarrow \mathrm{e}^{-st_0}$$

(2) 因为 $$\sin(\omega t)\varepsilon(t)\leftrightarrow\frac{\omega}{s^2+\omega^2}$$

应用时移性质可得 $$\sin\omega(t-a)\varepsilon(t-a)\leftrightarrow\frac{\omega}{s^2+\omega^2}\mathrm{e}^{-as}$$

例 13-3 求图 13-1 所示函数 $f(t)$ 的拉普拉斯变换 $F(s)$。

解 根据图 13-1,$f(t)$ 的函数表达式为

$$f(t)=\frac{E}{t_0}t[\varepsilon(t)-\varepsilon(t-t_0)]$$

将 $f(t)$ 整理得

$$f(t)=\frac{E}{t_0}t\varepsilon(t)-\frac{E}{t_0}(t-t_0)\varepsilon(t-t_0)-E\varepsilon(t-t_0)$$

应用线性性质和时移性质可得

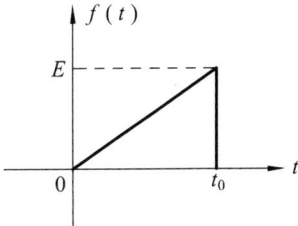

图 13-1 例 13-3 图

$$F(s)=\mathscr{L}[f(t)]$$
$$=\frac{E}{t_0}\cdot\frac{1}{s^2}-\frac{E}{t_0}\cdot\frac{1}{s^2}\mathrm{e}^{-st_0}-E\frac{1}{s}\mathrm{e}^{-st_0}=\frac{E}{s^2t_0}[1-(1+st_0)\mathrm{e}^{-st_0}]$$

例 13-4 设 $f(t)$ 是一个周期函数,如果用 $f_T(t)$ 表示 $f(t)$ 的第一个周期,且 $f_T(t)\leftrightarrow F_T(s)$,试证明周期函数 $f(t)$ 的拉普拉斯变换为

$$f(t)\leftrightarrow\frac{1}{1-\mathrm{e}^{-Ts}}F_T(s)$$

证明 $f_T(t)$ 为 $f(t)$ 的第一个周期,表示为

$$f_T(t) = \begin{cases} f(t) & (0 \leqslant t \leqslant T) \\ 0 & (\text{其他}) \end{cases}$$

则
$$f(t) = f_T(t) + f_T(t-T) + f_T(t-2T) + \cdots$$
$$= \sum_{k=0}^{\infty} f_T(t-kT) \quad (K \text{ 为整数})$$

若 $f_T(t) \leftrightarrow F_T(s)$,则

$$F(s) = F_T(s) + F_T(s)e^{-Ts} + F_T(s)e^{-2Ts} + \cdots$$
$$= F_T(s)(1 + e^{-Ts} + e^{-2Ts} + \cdots)$$
$$= \frac{1}{1-e^{-Ts}} F_T(s) \quad (|e^{-Ts}| < 1)$$

所以
$$f(t) = \sum_{k=0}^{\infty} f_T(t-kT) \leftrightarrow \frac{1}{1-e^{-Ts}} F_T(s) \quad (|e^{-Ts}| < 1)$$

3. 复频域位移

若 $f(t) \leftrightarrow F(s)$,则

$$f(t)e^{-at} \leftrightarrow F(s+a) \tag{13-7}$$

证明
$$\mathscr{L}[f(t)e^{-at}] = \int_{0_-}^{\infty} f(t)e^{-at}e^{-st}dt$$
$$= \int_{0_-}^{\infty} f(t)e^{-(s+a)t}dt$$
$$= F(s+a)$$

所以
$$f(t)e^{-at} \leftrightarrow F(s+a)$$

复频域位移性质表明,一个复频域信号 $F(s)$ 位移 a 得到 $F(s+a)$,则 $F(s+a)$ 的原函数等于 $f(t)$ 乘以 e^{-at},或 $f(t)e^{-at}$ 的象函数可以通过 $f(t)$ 的象函数 $F(s)$ 中 s 用 $s+a$ 替代得到。

例 13-5 利用复频域位移性质求下列函数的拉普拉斯变换:

(1) $f_1(t) = e^{-2t}\sin(\omega_0 t)\varepsilon(t)$; (2) $f_2(t) = te^{-2t}\varepsilon(t)$。

解

(1) 已知 $\sin(\omega_0 t)\varepsilon(t) \leftrightarrow \dfrac{\omega_0}{s^2+\omega_0^2}$

利用复频域位移性质 $f(t)e^{-at} \leftrightarrow F(s+a)$

所以 $e^{-2t}\sin(\omega_0 t)\varepsilon(t) \leftrightarrow \dfrac{\omega_0}{(s+2)^2+\omega_0^2}$

同理可以推导得 $\mathrm{e}^{-at}\cos(\omega_0 t)\varepsilon(t) \leftrightarrow \dfrac{s+a}{(s+a)^2+\omega_0^2}$

$\mathrm{e}^{-at}\sin(\omega_0 t)\varepsilon(t) \leftrightarrow \dfrac{\omega_0}{(s+a)^2+\omega_0^2}$

(2) 已知 $t\varepsilon(t) \leftrightarrow \dfrac{1}{s^2}$

利用复频域位移性质,得

$$t\mathrm{e}^{-2t}\varepsilon(t) \leftrightarrow \dfrac{1}{(s+2)^2}$$

同理可推广得 $t^2 \mathrm{e}^{-at}\varepsilon(t) \leftrightarrow \dfrac{2}{(s+a)^3}$

$$t^3 \mathrm{e}^{-at}\varepsilon(t) \leftrightarrow \dfrac{6}{(s+a)^4}$$

$$\vdots$$

$$t^n \mathrm{e}^{-at}\varepsilon(t) \leftrightarrow \dfrac{n!}{(s+a)^{n+1}}$$

4. 尺度变换

若 $f(t) \leftrightarrow F(s)$,则对于 $a>0$,有

$$f(at) \leftrightarrow \dfrac{1}{a} F\left(\dfrac{s}{a}\right) \tag{13-8}$$

证明 $\mathscr{L}[f(at)] = \displaystyle\int_{0_-}^{\infty} f(at)\mathrm{e}^{-st}\mathrm{d}t \quad (a>0)$

令 $x=at$,即 $t=\dfrac{x}{a}, \mathrm{d}t=\dfrac{1}{a}\mathrm{d}x$,则

$$\mathscr{L}[f(at)] = \int_{0_-}^{\infty} f(x)\mathrm{e}^{-\frac{s}{a}x}\dfrac{1}{a}\mathrm{d}x$$

$$= \dfrac{1}{a}\int_{0_-}^{\infty} f(x)\mathrm{e}^{-\frac{s}{a}x}\mathrm{d}x$$

$$= \dfrac{1}{a}F\left(\dfrac{s}{a}\right) \quad (a>0)$$

当 $f(t)$ 时移和尺度变换都有时,则

$$f(at-b)\varepsilon(at-b) \leftrightarrow \dfrac{1}{a}F\left(\dfrac{s}{a}\right)\mathrm{e}^{-s\frac{b}{a}} \quad (a>0, b>0)$$

例 13-6 已知 $f(t)=\mathrm{e}^{-2t}\sin(\omega_0 t)$,求 $\mathscr{L}[f(2t)]$ 和 $\mathscr{L}\left[f\left(\dfrac{t}{2}\right)\right]$。

解 由例 13-5 得

$$\mathscr{L}[f(t)]=\frac{\omega_0}{(s+2)^2+\omega_0^2}$$

根据尺度变换性质 $\quad f(at)\leftrightarrow\dfrac{1}{a}F\left(\dfrac{s}{a}\right)$

得 $\quad \mathscr{L}[f(2t)]=\dfrac{1}{2}F\left(\dfrac{s}{2}\right)=\dfrac{1}{2}\times\dfrac{\omega_0}{\left(\dfrac{s}{2}+2\right)^2+\omega_0^2}=\dfrac{2\omega_0}{(s+4)^2+4\omega_0^2}$

$$\mathscr{L}\left[f\left(\frac{t}{2}\right)\right]=2F(2s)=\frac{2\omega_0}{(2s+2)^2+\omega_0^2}$$

5. 时域微分性质

若 $f(t)\leftrightarrow F(s)$,则

$$\frac{\mathrm{d}f(t)}{\mathrm{d}t}\leftrightarrow sF(s)-f(0_-) \tag{13-9}$$

时域微分性质表明,时域中的一阶微分运算,对应于复频域中乘以 s 的运算,并计入 $f(0_-)$ 初始条件。

证明 $\quad \mathscr{L}\left[\dfrac{\mathrm{d}f(t)}{\mathrm{d}t}\right]=\displaystyle\int_{0_-}^{\infty}\dfrac{\mathrm{d}f(t)}{\mathrm{d}t}\mathrm{e}^{-st}\mathrm{d}t$

根据分部积分法,令

$$u=\mathrm{e}^{-st},\quad \mathrm{d}u=-s\mathrm{e}^{-st}\mathrm{d}t$$

及

$$\mathrm{d}v=\frac{\mathrm{d}f(t)}{\mathrm{d}t}\mathrm{d}t,\quad v=f(t)$$

则

$$\mathscr{L}\left[\frac{\mathrm{d}f(t)}{\mathrm{d}t}\right]=f(t)\mathrm{e}^{-st}\bigg|_{0_-}^{\infty}-\int_{0_-}^{\infty}f(t)(-s)\mathrm{e}^{-st}\mathrm{d}t$$

因为 $\lim\limits_{t\to\infty}f(t)\mathrm{e}^{-st}=0$ 是函数 $f(t)$ 可以求得拉普拉斯变换的条件,所以

$$\mathscr{L}\left[\frac{\mathrm{d}f(t)}{\mathrm{d}t}\right]=-f(0_-)+s\int_{0_-}^{\infty}f(t)\mathrm{e}^{-st}\mathrm{d}t$$

$$=-f(0_-)+sF(s)$$

时域微分性质可推广到二阶及二阶以上导数的拉普拉斯变换,即

$$\mathscr{L}\left[\frac{\mathrm{d}^2}{\mathrm{d}t^2}f(t)\right] = s\mathscr{L}\left[\frac{\mathrm{d}f(t)}{\mathrm{d}t}\right] - \frac{\mathrm{d}f(t)}{\mathrm{d}t}\bigg|_{t=0_-}$$

$$= s[sF(s) - f(0_-)] - f'(0_-)$$

$$= s^2 F(s) - sf(0_-) - f'(0_-)$$

$$\mathscr{L}\left[\frac{\mathrm{d}^n}{\mathrm{d}t^n}f(t)\right] = s^n F(s) - s^{n-1}f(0_-) - s^{n-2}f'(0_-) - \cdots - f^{(n-1)}(0_-)$$

$$= s^n F(s) - \sum_{r=0}^{n-1} s^{n-r-1} f^{(r)}(0_-)$$

若 $\quad f(0_-) = f'(0_-) = \cdots = f^{(n-1)}(0_-) = 0$

则 $$\mathscr{L}\left[\frac{\mathrm{d}^n}{\mathrm{d}t^n}f(t)\right] = s^n F(s)$$

例 13 - 7 试用时域微分性质求 $\cos(\omega t)$ 的象函数。

解 令 $f(t) = \sin(\omega t)$，则

$$F(s) = \frac{\omega}{s^2 + \omega^2}$$

因为 $\quad f(0_-) = 0, \quad \dfrac{\mathrm{d}f(t)}{\mathrm{d}t} = \omega\cos(\omega t)$

则 $$\cos(\omega t) = \frac{1}{\omega} \cdot \frac{\mathrm{d}\sin(\omega t)}{\mathrm{d}t} = \frac{1}{\omega} \cdot \frac{\mathrm{d}f(t)}{\mathrm{d}t}$$

根据时域微分性质得

$$\mathscr{L}[\cos(\omega t)] = \frac{1}{\omega}\mathscr{L}\left[\frac{\mathrm{d}f(t)}{\mathrm{d}t}\right] = \frac{1}{\omega}[sF(s) - f(0_-)]$$

$$= \frac{1}{\omega}\left[s\frac{\omega}{s^2 + \omega^2} - 0\right] = \frac{s}{s^2 + \omega^2}$$

6. 时域积分性质

若 $f(t) \leftrightarrow F(s)$，则

$$f^{(-1)}(t) = \int_{0_-}^{t} f(x)\mathrm{d}x \leftrightarrow \frac{F(s)}{s} \tag{13-10}$$

时域积分性质表明，时域中从 0_- 到 t 的积分运算，对应于复频域中除以 s 的运算。

证明 $$\mathscr{L}\left[\int_{0_-}^{t} f(x)\mathrm{d}x\right] = \int_{0_-}^{\infty}\left[\int_{0_-}^{t} f(x)\mathrm{d}x\right]\mathrm{e}^{-st}\mathrm{d}t$$

根据分部积分法，令

$$u = \int_{0_-}^{t} f(x)\mathrm{d}x, \quad \mathrm{d}u = f(t)\mathrm{d}t$$

及

$$\mathrm{d}v = \mathrm{e}^{-st}\mathrm{d}t, \quad v = -\frac{1}{s}\mathrm{e}^{-st}$$

则

$$\mathscr{L}\left[\int_{0_-}^{t} f(x)\mathrm{d}x\right] = \left[\int_{0_-}^{t} f(x)\mathrm{d}x\right]\left(-\frac{\mathrm{e}^{-st}}{s}\right)\bigg|_{0_-}^{\infty} - \int_{0_-}^{\infty}\left(-\frac{\mathrm{e}^{-st}}{s}\right)f(t)\mathrm{d}t$$

$$= 0 + \frac{1}{s}\int_{0_-}^{\infty} \mathrm{e}^{-st} f(t)\mathrm{d}t = \frac{F(s)}{s}$$

所以

$$\mathscr{L}\left[\int_{0_-}^{t} f(x)\mathrm{d}t\right] = \frac{F(s)}{s}$$

推广到 n 重积分：

$$f^{(-n)}(t) \leftrightarrow \frac{F(s)}{s^n}$$

例 13-8 试用时域积分性质求 $t\varepsilon(t)$ 的象函数。

解 令 $f(t) = \varepsilon(t)$，则

$$F(s) = \frac{1}{s}, \quad t\varepsilon(t) = \int_{0_-}^{t} f(x)\mathrm{d}x$$

根据时域积分性质得

$$\mathscr{L}[t\varepsilon(t)] = \mathscr{L}\left[\int_{0_-}^{t} f(x)\mathrm{d}x\right] = \frac{1}{s}F(s) = \frac{1}{s} \cdot \frac{1}{s} = \frac{1}{s^2}$$

同理，应用式(13-10)，得

$$\mathscr{L}\left[\frac{t^2}{2}\varepsilon(t)\right] = \mathscr{L}\left[\int_{0_-}^{t} t\varepsilon(t)\mathrm{d}t\right] = \frac{1}{s} \cdot \frac{1}{s^2}$$

即

$$\mathscr{L}[t^2\varepsilon(t)] = \frac{2!}{s^3}$$

$$\vdots$$

$$\mathscr{L}[t^n\varepsilon(t)] = \frac{n!}{s^{n+1}}$$

下面介绍初值定理和终值定理，根据这两个定理，可以通过对 $sF(s)$ 求极限来求得当 $t \to 0$ 和 $t \to \infty$ 时 $f(t)$ 的值，即 $f(t)$ 的初值和终值。

7. 初值定理

若 $f(t)$ 及 $\dfrac{\mathrm{d}f(t)}{\mathrm{d}t}$ 可以进行拉普拉斯变换，且 $f(t) \leftrightarrow F(s)$，则

$$\lim_{t \to 0_+} f(t) = f(0_+) = \lim_{s \to \infty} sF(s) \tag{13-11}$$

证明 由时域微分性质,有

$$\mathscr{L}\left[\frac{\mathrm{d}f(t)}{\mathrm{d}t}\right]=sF(s)-f(0_-)=\int_{0_-}^{\infty}\frac{\mathrm{d}f(t)}{\mathrm{d}t}\mathrm{e}^{-st}\mathrm{d}t$$

令 $s\to\infty$,将积分分成两部分

$$\lim_{s\to\infty}[sF(s)-f(0_-)]=\lim_{s\to\infty}\left[\int_{0_-}^{0_+}\frac{\mathrm{d}f(t)}{\mathrm{d}t}\mathrm{e}^{0}\mathrm{d}t+\int_{0_+}^{\infty}\frac{\mathrm{d}f(t)}{\mathrm{d}t}\mathrm{e}^{-st}\mathrm{d}t\right]$$

第二个积分在 $s\to\infty$ 时为 0,因为 $\lim\limits_{s\to\infty}\left[\dfrac{\mathrm{d}f(t)}{\mathrm{d}t}\mathrm{e}^{-st}\right]=0$。又由于 $f(0_-)$ 为常数,所以

$$\lim_{s\to\infty}[sF(s)]-f(0_-)=\lim_{s\to\infty}\left[\int_{0_-}^{0_+}\frac{\mathrm{d}f(t)}{\mathrm{d}t}\mathrm{d}t\right]=f(0_+)-f(0_-)$$

则

$$f(0_+)=\lim_{s\to\infty}sF(s)$$

注意,仅当 $F(s)$ 是严格真有理函数($m<n$)时,初值定理才成立,因为对于 $m\geqslant n$,$\lim\limits_{s\to\infty}sF(s)$ 不存在,这个定理也不适用。

8. 终值定理

若 $f(t)$ 及 $\dfrac{\mathrm{d}f(t)}{\mathrm{d}t}$ 可以进行拉普拉斯变换,且 $f(t)\leftrightarrow F(s)$,则

$$\lim_{t\to\infty}f(t)=\lim_{s\to 0}sF(s) \tag{13-12}$$

证明 同样,由时域微分性质,有

$$\mathscr{L}\left[\frac{\mathrm{d}f(t)}{\mathrm{d}t}\right]=sF(s)-f(0_-)=\int_{0_-}^{\infty}\frac{\mathrm{d}f(t)}{\mathrm{d}t}\mathrm{e}^{-st}\mathrm{d}t$$

令 $s\to 0$,有

$$\lim_{s\to 0}[sF(s)-f(0_-)]=\lim_{s\to 0}\left[\int_{0_-}^{\infty}\frac{\mathrm{d}f(t)}{\mathrm{d}t}\mathrm{e}^{-st}\mathrm{d}t\right]=\int_{0_-}^{\infty}\frac{\mathrm{d}f(t)}{\mathrm{d}t}\mathrm{d}t$$

将上式最后一项表示为 $t\to\infty$ 的形式:

$$\int_{0_-}^{\infty}\frac{\mathrm{d}f(t)}{\mathrm{d}t}\mathrm{d}t=\lim_{t\to\infty}\int_{0_-}^{t}\frac{\mathrm{d}f(x)}{\mathrm{d}x}\mathrm{d}x=\lim_{t\to\infty}[f(t)-f(0_-)]$$

则

$$\lim_{s\to 0}[sF(s)-f(0_-)]=\lim_{t\to\infty}[f(t)-f(0_-)]$$

由于 $f(0_-)$ 为常数,所以

$$\lim_{t\to\infty}f(t)=\lim_{s\to 0}sF(s)$$

注意,在使用终值定理时,需要确定 $t\to\infty$ 时 $f(\infty)$ 是否存在,或 $F(s)$ 的所

有极点是否都在 s 平面的左半平面（原点的极点除外）。

初值定理和终值定理可以用来验证拉普拉斯变换和逆变换的结果是否正确。

例如，利用初值定理求 $f(t)=\mathrm{e}^{-3t}\cos(5t)(t\to 0)$ 的值：

$$f(0_+)=\lim_{s\to\infty}sF(s)=\lim_{s\to\infty}s\frac{s+3}{(s+3)^2+25}$$

$$=\lim_{s\to\infty}\frac{s^2+3s}{s^2+6s+34}=1$$

而 $f(0_+)=\mathrm{e}^{-3t}\cos(5t)\big|_{t=0_+}=1$，与直接从 $\mathrm{e}^{-3t}\cos(5t)$ 求解的结果一致。

又如，利用终值定理求 $f(t)=\mathrm{e}^{-3t}\cos(5t)(t\to\infty)$ 的值：

$$f(\infty)=\lim_{s\to 0}sF(s)=\lim_{s\to 0}s\frac{s+3}{(s+3)^2+25}$$

$$=\lim_{s\to 0}\frac{s^2+3s}{s^2+6s+34}=0$$

而 $f(\infty)=\mathrm{e}^{-3t}\cos(5t)\big|_{t=\infty}=0$，与直接求解的结果一致。

9. 复频域微分

若 $f(t)\leftrightarrow F(s)$，则

$$t^n f(t)\leftrightarrow(-1)^n\frac{\mathrm{d}^n F(s)}{\mathrm{d}s^n}\qquad(n\text{ 为正整数})$$

常用形式：
$$tf(t)\leftrightarrow-\frac{\mathrm{d}F(s)}{\mathrm{d}s} \tag{13-13}$$

证明略。

10. 复频域积分

若 $f(t)\leftrightarrow F(s)$，则

$$\frac{f(t)}{t}\leftrightarrow\int_s^\infty F(\tau)\mathrm{d}\tau \tag{13-14}$$

证明略。

11. 时域卷积性质

若 $f_1(t)\leftrightarrow F_1(s),f_2(t)\leftrightarrow F_2(s)$，则

$$f_1(t)*f_2(t)\leftrightarrow F_1(s)F_2(s) \tag{13-15}$$

§13-3 拉普拉斯变换的基本性质

其中
$$f_1(t) * f_2(t) = \int_{0_-}^{t} f_1(\tau) f_2(t-\tau) \mathrm{d}\tau$$

证明略。

时域卷积性质说明时域中两函数的卷积,对应于复频域中两象函数的乘积。这个性质对线性动态电路的分析有重要的意义。

下面将拉普拉斯变换的性质列于表 13-2 中,以便查阅。

拉普拉斯变换的性质   表 13-2

序号	性质	信号	拉普拉斯变换
1	线性	$a_1 f_1(t) + a_2 f_2(t)$	$a_1 F_1(s) + a_2 F_2(s)$
2	时移	$f(t-t_0)\varepsilon(t-t_0)$ $(t_0>0)$	$F(s)\mathrm{e}^{-st_0}$
3	s 域平移	$f(t)\mathrm{e}^{-at}$	$F(s+a)$
4	尺度变换	$f(at)$ $(a>0)$	$\dfrac{1}{a}F\left(\dfrac{s}{a}\right)$
5	时域微分	$\dfrac{\mathrm{d}f(t)}{\mathrm{d}t}$	$sF(s) - f(0_-)$
5	时域微分	$\dfrac{\mathrm{d}^n}{\mathrm{d}t^n}f(t)$	$s^n F(s) - \sum_{r=0}^{n-1} s^{n-r-1} f^{(r)}(0_-)$
6	时域积分	$\int_{0_-}^{t} f(\tau)\mathrm{d}\tau$	$\dfrac{F(s)}{s}$
6	时域积分	$f^{(-n)}(t)$	$\dfrac{F(s)}{s^n}$
7	时域卷积	$f_1(t) * f_2(t)$	$F_1(s) F_2(s)$
8	复频域卷积	$f_1(t) f_2(t)$	$\dfrac{1}{2\pi \mathrm{j}} F_1(s) * F_2(s)$
9	初值定理	$\lim\limits_{t \to 0_+} f(t) = f(0_+) = \lim\limits_{s \to \infty} sF(s)$	
10	终值定理	$\lim\limits_{t \to \infty} f(t) = \lim\limits_{s \to 0} sF(s)$	
11	s 域积分	$tf(t)$	$-\dfrac{\mathrm{d}F(s)}{\mathrm{d}s}$
11	s 域积分	$t^n f(t)$	$(-1)^n \dfrac{\mathrm{d}^n F(s)}{\mathrm{d}s^n}$
12	s 域积分	$\dfrac{f(t)}{t}$	$\int_{s}^{\infty} F(\tau)\mathrm{d}\tau$

§13-4 拉普拉斯逆变换

如果已知象函数 $F(s)$，怎样得到时域原函数 $f(t)$？利用拉普拉斯逆变换的定义式(13-2)求原函数的计算涉及复变函数积分，比较复杂，所以一般避免使用。对一些常用信号，可以直接查拉普拉斯变换表来求原函数。

由于在电路理论中大多数实际关注的象函数 $F(s)$ 都是有理函数，即 s 的多项式之比，这样的函数可以先通过部分分式展开法将它们表示为简单函数之和，然后使用变换表和性质计算拉普拉斯逆变换。另外也可以利用计算机的计算方法来求解。

下面介绍拉普拉斯逆变换常用的一种方法——部分分式展开法。

通常 $F(s)$ 具有如下的有理分式形式：

$$F(s)=\frac{N(s)}{D(s)}=\frac{b_0 s^m+b_1 s^{m-1}+\cdots+b_{m-1}s+b_m}{a_0 s^n+a_1 s^{n-1}+\cdots+a_{n-1}s+a_n} \tag{13-16}$$

式中，$N(s)$ 是分子多项式，$D(s)$ 是分母多项式，a_i 和 b_i 为实数，m、n 为正整数。

当 $m<n$ 时，$F(s)$ 为有理真分式，可以直接应用部分分式展开法。若 $m\geqslant n$，$F(s)$ 称为有理假分式，必须先将 $F(s)$ 分解为多项式和有理真分式的和，即

$$F(s)=\frac{N(s)}{D(s)}=A(s)+\frac{N_0(s)}{D(s)}$$

对于其中的有理真分式 $\dfrac{N_0(s)}{D(s)}$，可用部分分式展开法求其原函数，而多项式 $A(s)$ 中的各项是冲激函数及其各阶导数，可直接求出。

例如，函数 $F(s)=\dfrac{s^3+5s^2+9s+7}{s^2+3s+2}$，利用除法运算将其分解为

$$F(s)=s+2+\frac{s+3}{s^2+3s+2}$$

将式(13-16)的分子、分母分解因式为

$$F(s)=\frac{N(s)}{D(s)}=\frac{b_0(s-z_1)(s-z_2)\cdots(s-z_m)}{a_0(s-p_1)(s-p_2)\cdots(s-p_n)} \tag{13-17}$$

对于 $F(s)=0$ 的 s 值，称为 $F(s)$ 的零点；对于 $F(s)=\infty$ 的 s 值，称为 $F(s)$ 的极点。当 $F(s)$ 是具有 $\dfrac{N(s)}{D(s)}$ 形式的有理分式时，则 $N(s)=0$ 的根 z_1、z_2、z_3、$\cdots$、z_m 就是 $F(s)$ 的零点，因为 $N(s)=0$ 可以推导出 $F(s)=0$；$D(s)=0$ 的根 p_1、p_2、p_3、$\cdots$、p_n 就是 $F(s)$ 的极点，因为 $D(s)=0$ 可以推出 $F(s)=\infty$。

部分分式展开法求解拉普拉斯逆变换的求解过程为：首先找出 $F(s)$ 的极点，然后将 $F(s)$ 展开成部分分式，最后使用变换表和性质求得 $f(t)$。

下面讨论当 $F(s)$ 为有理真分式（$n>m$）时的部分分式展开式。根据 $F(s)$ 极点的不同分为三种情况。

1. 单实数极点

假设 $F(s)$ 的极点为单实数极点，例如

$$F(s)=\frac{N(s)}{(s-p_1)(s-p_2)\cdots(s-p_n)}$$

其中，p_1、p_2、$\cdots$、p_n 为不同的实数根，则 $F(s)$ 的部分分式展开式为

$$F(s)=\frac{N(s)}{D(s)}=\frac{k_1}{s-p_1}+\frac{k_2}{s-p_2}+\cdots+\frac{k_n}{s-p_n} \tag{13-18}$$

式中，k_1、k_2、$\cdots$、k_n 为待定系数，可按以下方法确定：

方法 1： $\quad k_i=(s-p_i)F(s)\big|_{s=p_i}$

式 (13-18) 两边同时乘以 $(s-p_1)$，得到

$$(s-p_1)F(s)=k_1+\frac{k_2}{s-p_2}(s-p_1)+\cdots+\frac{k_n}{s-p_n}(s-p_1) \tag{13-19}$$

令 $s=p_1$，式 (13-19) 右边除了第一项 k_1 外，其余各项均为零，则有

$$k_1=(s-p_1)F(s)\big|_{s=p_1}$$

推广到第 i 项 k_i，有

$$k_i=(s-p_i)F(s)\big|_{s=p_i} \quad (i=1,2,\cdots,n)$$

方法 2： $\quad k_i=\dfrac{N(s)}{D'(s)}\bigg|_{s=p_i}$

因为 $\quad k_i=(s-p_i)F(s)\big|_{s=p_i}=\lim\limits_{s\to p_i}\dfrac{(s-p_i)N(s)}{D(s)}$

是 $\dfrac{0}{0}$ 型极限，由罗必达法则可求得

$$k_i=\lim_{s\to p_i}\frac{\dfrac{\mathrm{d}}{\mathrm{d}s}[(s-p_i)N(s)]}{\dfrac{\mathrm{d}}{\mathrm{d}s}[D(s)]}$$

$$=\lim_{s\to p_i}\frac{N(s)+(s-p_i)N'(s)}{D'(s)}=\frac{N(p_i)}{D'(p_i)}$$

所以
$$k_i = \frac{N(s)}{D'(s)}\bigg|_{s=p_i}$$

求出了各部分分式系数后,可以根据各部分分式的拉普拉斯逆变换和线性性质,求得原函数为

$$f(t) = \mathscr{L}^{-1}[F(s)] = \mathscr{L}^{-1}\left[\frac{k_1}{s-p_1} + \frac{k_2}{s-p_2} + \cdots + \frac{k_n}{s-p_n}\right]$$

$$= \mathscr{L}^{-1}\left[\frac{k_1}{s-p_1}\right] + \mathscr{L}^{-1}\left[\frac{k_2}{s-p_2}\right] + \cdots + \mathscr{L}^{-1}\left[\frac{k_n}{s-p_n}\right]$$

$$= k_1 e^{p_1 t} + k_2 e^{p_2 t} + \cdots + k_n e^{p_n t} \quad (t \geqslant 0)$$

例 13-9 求 $F(s) = \dfrac{6s^2 + 26s + 26}{(s+1)(s+2)(s+3)}$ 的拉普拉斯逆变换。

解 $F(s)$ 有三个单实数极点:$p_1 = -1, p_2 = -2, p_3 = -3$,则展开成部分分式

$$F(s) = \frac{6s^2+26s+26}{(s+1)(s+2)(s+3)} = \frac{k_1}{s+1} + \frac{k_2}{s+2} + \frac{k_3}{s+3}$$

$$k_1 = (s+1)F(s)\bigg|_{s=-1}$$

$$= (s+1)\frac{6s^2+26s+26}{(s+1)(s+2)(s+3)}\bigg|_{s=-1}$$

$$= \frac{6s^2+26s+26}{(s+2)(s+3)}\bigg|_{s=-1} = 3$$

同理 $k_2 = (s+2)F(s)\bigg|_{s=-2} = \dfrac{6s^2+26s+26}{(s+1)(s+3)}\bigg|_{s=-2} = 2$

$$k_3 = (s+3)F(s)\bigg|_{s=-3} = \frac{6s^2+26s+26}{(s+1)(s+2)}\bigg|_{s=-3} = 1$$

所以
$$F(s) = \frac{3}{s+1} + \frac{2}{s+2} + \frac{1}{s+3}$$

求逆变换得原函数为

$$f(t) = 3e^{-t} + 2e^{-2t} + e^{-3t} \quad (t \geqslant 0)$$

2. 极点存在共轭复数

假设 $F(s)$ 有一对共轭极点,例如

$$F(s) = \frac{a_1 s + a_0}{s^2 + b_1 s + b_0} + F_0(s) = F_1(s) + F_0(s)$$

式中，$F_0(s)$ 是 $F(s)$ 中不含复极点的部分，$F_1(s)$ 是 $F(s)$ 中含有复极点的部分，即

$$F_1(s)=\frac{a_1 s+a_0}{(s+\alpha-\mathrm{j}\omega)(s+\alpha+\mathrm{j}\omega)}$$

共轭极点出现在 $p_1=-\alpha+\mathrm{j}\omega$，$p_2=-\alpha-\mathrm{j}\omega$。下面用两种方法来求解：

方法 1：共轭极点为单极点，展开式系数的求法和单实数极点的求法相同，区别在于前者包含复数的代数运算。

$$F(s)=\frac{k_1}{s+\alpha-\mathrm{j}\omega}+\frac{k_2}{s+\alpha+\mathrm{j}\omega}+F_0(s)$$

$$k_1=(s+\alpha-\mathrm{j}\omega)F(s)\Big|_{s=-\alpha+\mathrm{j}\omega}$$

$$k_2=(s+\alpha+\mathrm{j}\omega)F(s)\Big|_{s=-\alpha-\mathrm{j}\omega}$$

由数学知识可知，共轭项的系数也一定是共轭的。假定 $k_1=|k_1|\mathrm{e}^{\mathrm{j}\theta_1}$，则 $k_2=k_1^*=|k_1|\mathrm{e}^{-\mathrm{j}\theta_1}$。如果将上式中共轭复数极点有关部分的逆变换用 $f_1(t)$ 表示，则

$$\begin{aligned}
f_1(t)&=\mathscr{L}^{-1}\left[\frac{k_1}{s+\alpha-\mathrm{j}\omega}+\frac{k_2}{s+\alpha+\mathrm{j}\omega}\right]\\
&=k_1\mathrm{e}^{(-\alpha+\mathrm{j}\omega)t}+k_1^*\mathrm{e}^{(-\alpha-\mathrm{j}\omega)t}\\
&=|k_1|\mathrm{e}^{\mathrm{j}\theta_1}\mathrm{e}^{-\alpha t}\mathrm{e}^{\mathrm{j}\omega t}+|k_1|\mathrm{e}^{-\mathrm{j}\theta_1}\mathrm{e}^{-\alpha t}\mathrm{e}^{-\mathrm{j}\omega t}\\
&=2|k_1|\mathrm{e}^{-\alpha t}\left[\frac{\mathrm{e}^{\mathrm{j}(\theta_1+\omega t)}+\mathrm{e}^{-\mathrm{j}(\theta_1+\omega t)}}{2}\right]\\
&=2|k_1|\mathrm{e}^{-\alpha t}\cos(\omega t+\theta_1)
\end{aligned}$$

方法 2：当极点有一对共轭复数 $(-\alpha\pm\mathrm{j}\omega)$ 时，实际常用的另外一种求解拉普拉斯逆变换的方法是配方法。配方法是指将这对共轭复数合并为一项 $(s+\alpha)^2+\omega^2$，再利用下面的结论，进行拉普拉斯逆变换。

$$\frac{s}{s^2+\omega^2}\leftrightarrow\cos(\omega t)\varepsilon(t)$$

$$\frac{\omega}{s^2+\omega^2}\leftrightarrow\sin(\omega t)\varepsilon(t)$$

$$\frac{s+\alpha}{(s+\alpha)^2+\omega^2}\leftrightarrow\mathrm{e}^{-\alpha t}\cos(\omega t)\varepsilon(t)$$

$$\frac{\omega}{(s+\alpha)^2+\omega^2}\leftrightarrow\mathrm{e}^{-\alpha t}\sin(\omega t)\varepsilon(t)$$

例 13-10 求 $F(s) = \dfrac{2}{s^2+2s+5}$ 的逆变换 $f(t)$。

解法 1
$$F(s) = \frac{2}{(s+1+j2)(s+1-j2)} = \frac{k_1}{s+1-j2} + \frac{k_2}{s+1+j2}$$

$$k_1 = (s+1-j2)F(s)\bigg|_{s=-1+j2} = \frac{2}{s+1+j2}\bigg|_{s=-1+j2} = -j\frac{1}{2}$$

$$k_2 = k_1^* = j\frac{1}{2}$$

则
$$F(s) = \frac{-j\dfrac{1}{2}}{s+1-j2} + \frac{j\dfrac{1}{2}}{s+1+j2}$$

所以
$$f(t) = -j\frac{1}{2}e^{(-1+j2)t} + j\frac{1}{2}e^{(-1-j2)t}$$

$$= \frac{1}{2}e^{-t}e^{j2t-j\frac{\pi}{2}} + \frac{1}{2}e^{-t}e^{-j2t+j\frac{\pi}{2}}$$

$$= e^{-t}\cos\left(2t-\frac{\pi}{2}\right) = e^{-t}\sin(2t) \quad (t\geqslant 0)$$

解法 2 配方法。利用

$$e^{-\alpha t}\cos(\omega t)u(t) \leftrightarrow \frac{s+\alpha}{(s+\alpha)^2+\omega^2}$$

$$e^{-\alpha t}\sin(\omega t)u(t) \leftrightarrow \frac{\omega}{(s+\alpha)^2+\omega^2}$$

将 $F(s)$ 表示为
$$F(s) = \frac{2}{s^2+2s+5} = \frac{2}{(s^2+2s+1)+4} = \frac{2}{(s+1)^2+2^2}$$

求得
$$f(t) = e^{-t}\sin(2t) \quad (t\geqslant 0)$$

3. 重极点

假设 $F(s)$ 有三重极点 $s=p_1$，例如

$$F(s) = \frac{N(s)}{(s-p_1)^3(s-p_2)} \quad (p_1 \neq p_2)$$

则 $F(s)$ 可展开为
$$F(s) = \frac{k_{11}}{(s-p_1)^3} + \frac{k_{12}}{(s-p_1)^2} + \frac{k_{13}}{s-p_1} + \frac{k_2}{s-p_2} \quad (13-20)$$

方程 (13-20) 两边乘以 $(s-p_1)^3$，则

$$(s-p_1)^3 F(s) = k_{11} + k_{12}(s-p_1) + k_{13}(s-p_1)^2 +$$
$$\frac{k_2}{s-p_2}(s-p_1)^3 \quad (13-21)$$

§13-4 拉普拉斯逆变换

所以 $k_{11}=(s-p_1)^3 F(s)\big|_{s=p_1}$

将方程式(13-21)两边对 s 求导

$$\frac{\mathrm{d}}{\mathrm{d}s}[(s-p_1)^3 F(s)] = k_{12} + 2k_{13}(s-p_1) + k_2 \frac{\mathrm{d}}{\mathrm{d}s}\left[\frac{(s-p_1)^3}{s-p_2}\right] \quad (13-22)$$

所以 $k_{12}=\dfrac{\mathrm{d}}{\mathrm{d}s}[(s-p_1)^3 F(s)]\big|_{s=p_1}$

将方程式(13-22)两边对 s 求导,再除以 2,则

$$k_{13}=\frac{1}{2}\times\frac{\mathrm{d}^2}{\mathrm{d}s^2}[(s-p_1)^3 F(s)]\big|_{s=p_1}$$

若为 m 阶重根,则

$$F(s)=\frac{k_{11}}{(s-p_1)^m}+\frac{k_{12}}{(s-p_1)^{m-1}}+\cdots+\frac{k_{1m}}{s-p_1}+$$

$$\frac{k_{m+1}}{s-p_{m+1}}+\cdots+\frac{k_n}{s-p_n}$$

其中
$k_{11}=(s-p_1)^m F(s)\big|_{s=p_1}$

$k_{12}=\dfrac{\mathrm{d}}{\mathrm{d}s}[(s-p_1)^m F(s)]\big|_{s=p_1}$

$k_{13}=\dfrac{1}{2}\times\dfrac{\mathrm{d}^2}{\mathrm{d}s^2}[(s-p_1)^m F(s)]\big|_{s=p_1}$

$\vdots$

$k_{1m}=\dfrac{1}{(m-1)!}\cdot\dfrac{\mathrm{d}^{m-1}}{\mathrm{d}s^{m-1}}[(s-p_1)^m F(s)]\big|_{s=p_1}$

按照上述方法求得 k_{11}、k_{12}、$\cdots$、k_{1m} 后,利用逆变换

$$\mathscr{L}^{-1}\left[\frac{1}{(s+a)^n}\right]=\frac{1}{(n-1)!}t^{n-1}\mathrm{e}^{-at}\varepsilon(t)$$

求得原函数。

例如,求 $F(s)=\dfrac{N(s)}{(s-p_1)^3(s-p_2)}$ 的原函数:

$$F(s)=\frac{N(s)}{(s-p_1)^3(s-p_2)}$$

$$=\frac{k_{11}}{(s-p_1)^3}+\frac{k_{12}}{(s-p_1)^2}+\frac{k_{13}}{s-p_1}+\frac{k_2}{s-p_2}$$

求得原函数为

$$f(t) = \mathscr{L}^{-1}[F(s)] = \mathscr{L}^{-1}\left[\frac{k_{11}}{(s-p_1)^3} + \frac{k_{12}}{(s-p_1)^2} + \frac{k_{13}}{s-p_1} + \frac{k_2}{s-p_2}\right]$$

$$= \mathscr{L}^{-1}\left[\frac{k_{11}}{(s-p_1)^3}\right] + \mathscr{L}^{-1}\left[\frac{k_{12}}{(s-p_1)^2}\right] + \mathscr{L}^{-1}\left[\frac{k_{13}}{s-p_1}\right] + \mathscr{L}^{-1}\left[\frac{k_2}{s-p_2}\right]$$

$$= \frac{k_{11}}{2!}t^2 e^{p_1 t} + k_{12} t e^{p_1 t} + k_{13} e^{p_1 t} + k_2 e^{p_2 t} \quad (t \geqslant 0)$$

例 13-11 求函数 $F(s) = \dfrac{s+4}{(s+1)(s+2)^3}$ 的逆变换。

解 将函数 $F(s)$ 展开成部分分式，即

$$F(s) = \frac{s+4}{(s+1)(s+2)^3} = \frac{k_{11}}{(s+2)^3} + \frac{k_{12}}{(s+2)^2} + \frac{k_{13}}{s+2} + \frac{k_2}{s+1}$$

其中

$$k_{11} = (s+2)^3 F(s)\bigg|_{s=-2} = \frac{s+4}{s+1}\bigg|_{s=-2} = -2$$

$$k_{12} = \frac{\mathrm{d}}{\mathrm{d}s}[(s+2)^3 F(s)]\bigg|_{s=-2} = \frac{\mathrm{d}}{\mathrm{d}s}\left[\frac{s+4}{s+1}\right]\bigg|_{s=-2} = \frac{-3}{(s+1)^2}\bigg|_{s=-2} = -3$$

$$k_{13} = \frac{1}{2} \times \frac{\mathrm{d}^2}{\mathrm{d}s^2}[(s+2)^3 F(s)]\bigg|_{s=-2} = \frac{1}{2} \times \frac{\mathrm{d}}{\mathrm{d}s}\left[\frac{-3}{(s+1)^2}\right]\bigg|_{s=-2}$$

$$= \frac{1}{2} \times \frac{6}{(s+1)^3}\bigg|_{s=-2} = -3$$

$$k_2 = (s+1)F(s)\bigg|_{s=-1} = \frac{s+4}{(s+2)^3}\bigg|_{s=-1} = 3$$

则

$$F(s) = \frac{s+4}{(s+1)(s+2)^3} = \frac{-2}{(s+2)^3} + \frac{-3}{(s+2)^2} + \frac{-3}{s+2} + \frac{3}{s+1}$$

所以

$$f(t) = (-2) \times \frac{1}{2} t^2 e^{-2t} - 3t e^{-2t} - 3e^{-2t} + 3e^{-t}$$

$$= -(t^2 + 3t + 3)e^{-2t} + 3e^{-t} \quad (t \geqslant 0)$$

下面讨论用部分分式展开法求解拉普拉斯逆变换时象函数 $F(s)$ 存在的一些特殊情况。

前面分析了当 $F(s)$ 为有理真分式（$m<n$）的情况，若 $F(s)$ 为非有理真分式（$m \geqslant n$），则先将非真分式化为真分式与多项式的和；另外，若 $F(s)$ 是含 e^{-s} 项的非有理式，可以利用拉普拉斯变换的时移性质来求解。通过以下例子来说明求解方法。

例 13-12 求函数 $F(s) = \dfrac{2s^3}{(s+1)(s^2+5s+6)}$ 的逆变换。

解法 1 将 $F(s)$ 分解为真分式与多项式的和。

$$F(s) = \frac{2s^3}{(s+1)(s^2+5s+6)} = \frac{2s^3}{s^3+6s^2+11s+6}$$

$$= 2 + \frac{k_1 s^2 + k_2 s + k_3}{s^3+6s^2+11s+6}$$

整理得

$$F(s) = \frac{2s^3 + (12+k_1)s^2 + (22+k_2)s + 12 + k_3}{s^3+6s^2+11s+6}$$

比较分子系数，求得

$$F(s) = 2 + \frac{-12s^2 - 22s - 12}{s^3+6s^2+11s+6}$$

再将真分式 $\dfrac{-12s^2-22s-12}{s^3+6s^2+11s+6}$ 按部分分式展开法分解得

$$\frac{-12s^2-22s-12}{s^3+6s^2+11s+6} = \frac{-1}{s+1} + \frac{16}{s+2} + \frac{-27}{s+3}$$

所以得

$$F(s) = 2 + \frac{-1}{s+1} + \frac{16}{s+2} + \frac{-27}{s+3}$$

解法 2 由长除法得

$$F(s) = 2 + \frac{-12s^2 - 22s - 12}{s^3+6s^2+11s+6}$$

再将真分式按部分分式展开法分解，得

$$F(s) = 2 + \frac{-1}{s+1} + \frac{16}{s+2} + \frac{-27}{s+3}$$

解法 3 系数 k_1、k_2 和 k_3 由 $F(s)$ 直接求解。

先将 $F(s)$ 分解为

$$F(s) = \frac{2s^3}{(s+1)(s^2+5s+6)} = 2 + \frac{k_1}{s+1} + \frac{k_2}{s+2} + \frac{k_3}{s+3}$$

式中

$$k_1 = (s+1)F(s)\bigg|_{s=-1} = \frac{2s^3}{(s+2)(s+3)}\bigg|_{s=-1} = -1$$

$$k_2 = (s+2)F(s)\bigg|_{s=-2} = \frac{2s^3}{(s+1)(s+3)}\bigg|_{s=-2} = 16$$

$$k_3 = (s+3)F(s)\bigg|_{s=-3} = \frac{2s^3}{(s+1)(s+2)}\bigg|_{s=-3} = -27$$

所以得 $$F(s)=2+\frac{-1}{s+1}+\frac{16}{s+2}+\frac{-27}{s+3}$$

则 $$f(t)=2\delta(t)-e^{-t}\varepsilon(t)+16e^{-2t}\varepsilon(t)-27e^{-3t}\varepsilon(t)$$

例 13-13 求函数 $F(s)=\dfrac{s+5+2e^{-3s}}{s^2+4s+3}$ 的逆变换。

解 $F(s)$分子含有指数项 e^{-3s}，表明存在延时因子，在这种情况下应该将$F(s)$中有延时因子和没有延时因子的项分开。e^{-3s}不参加部分分式运算，求解时利用时移性质。

$$F(s)=\frac{s+5+2e^{-3s}}{s^2+4s+3}=\frac{s+5}{s^2+4s+3}+\frac{2e^{-3s}}{s^2+4s+3}$$

其中
$$F_1(s)=\frac{s+5}{s^2+4s+3}=\frac{2}{s+1}+\frac{-1}{s+3}$$

$$F_2(s)=\frac{2}{s^2+4s+3}=\frac{1}{s+1}+\frac{-1}{s+3}$$

因此
$$f_1(t)=(2e^{-t}-e^{-3t})\varepsilon(t)$$

$$f_2(t)=(e^{-t}-e^{-3t})\varepsilon(t)$$

同时由于 $$F(s)=F_1(s)+F_2(s)e^{-3s}$$

由时移性质得 $$F_2(s)e^{-3s}\leftrightarrow f_2(t-3)$$

所以
$$f(t)=f_1(t)+f_2(t-3)$$
$$=(2e^{-t}-e^{-3t})\varepsilon(t)+(e^{-(t-3)}-e^{-3(t-3)})\varepsilon(t-3)$$

§13-5 电路的复频域模型

根据前面的分析，可以通过拉普拉斯变换将线性常系数微分方程转换成代数方程，从而简化微分方程的求解。不过这种方法需要列出电路的微分方程。为了避开微分方程的列写，可先将电路的时域模型转换为复频域模型，然后对复频域电路用时域电路的方法和定理建立代数方程，求出输出的拉普拉斯变换，最后通过拉普拉斯逆变换就可求得输出的时域解。这种分析方法称为复频域分析法，与正弦稳态电路的相量法类似。复频域分析法是求解线性动态电路的重要方法。

本节先分析基本元件 R、L、C 的电压、电流关系的复频域形式，得出基本元件的复频域模型，然后推导出基尔霍夫定律的复频域形式，引出复频域阻抗和导纳的概念。

1. 元件的复频域模型

1) 电阻元件

在关联参考方向下,电阻元件的电压、电流关系的时域形式为

$$u_R(t) = Ri_R(t)$$

两边同时取拉普拉斯变换,得电阻元件电压、电流关系的复频域形式为

$$U_R(s) = RI_R(s) \tag{13-23}$$

式(13-23)表明,电阻在复频域的等效电路仍然是一个电阻。

图 13-2 所示为电阻的时域和复频域电路。注意,从时域转到复频域,电阻不变。

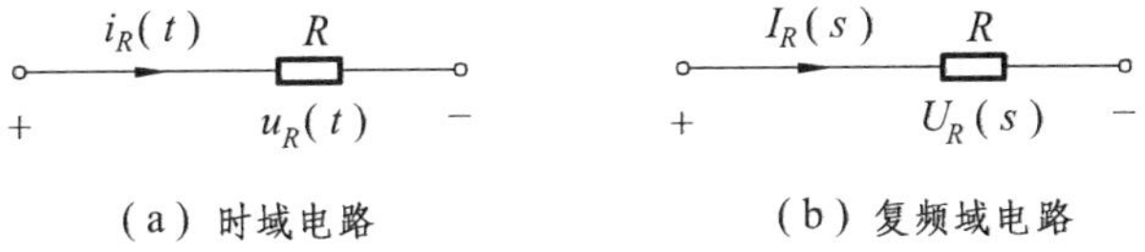

（a）时域电路　　（b）复频域电路

图 13-2　电阻

2) 电感元件

图 13-3(a)所示电感元件,初始电流为 $i_L(0_-)$,电感的端电压和电流的时域方程为

$$u_L(t) = L\frac{\mathrm{d}i_L(t)}{\mathrm{d}t}$$

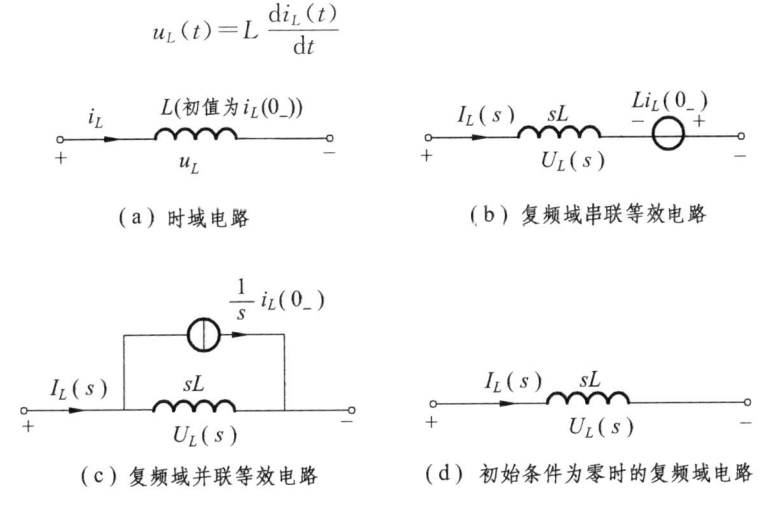

（a）时域电路　　（b）复频域串联等效电路

（c）复频域并联等效电路　　（d）初始条件为零时的复频域电路

图 13-3　电感

两边同时取拉普拉斯变换,得电感的复频域形式为

$$U_L(s)=L[sI_L(s)-i_L(0_-)]=sLI_L(s)-Li_L(0_-) \qquad (13-24)$$

式(13-24)表明,电感的端电压是一个与频率有关的项 $sLI_L(s)$ 减去常数项 $Li_L(0_-)$,所以可以将电感看成由两个单元组成的模型,如图 13-3(b)所示,复频域的电感模型由一个 sL 和一个电压源 $Li_L(0_-)$ 串联组成。式(13-24)中,sL 两端的电压为 $sLI_L(s)$,由初始状态 $i_L(0_-)$ 引起的附加项用电压源表示,$Li_L(0_-)$ 表示电感附加电压源的电压。其中 sL 具有阻抗的量纲,称为电感的复频域阻抗或运算阻抗。

由式(13-24)求得电流 $I_L(s)$ 为

$$I_L(s)=\frac{1}{sL}U_L(s)+\frac{i_L(0_-)}{s} \qquad (13-25)$$

式(13-25)表明,电感模型由一个阻抗 sL 和一个电流源 $\frac{i_L(0_-)}{s}$ 并联组成,如图 13-3(c)所示。其中 $\frac{1}{sL}$ 具有导纳的量纲,称为电感的复频域导纳或运算导纳,$\frac{i_L(0_-)}{s}$ 表示附加电流源的电流。图 13-3(c)所示的电路也可以通过求图 13-3(b)的等效电路获得,或根据时域方程 $i_L(t)=i_L(0_-)+\frac{1}{L}\int_{0_-}^{t}u_L(\xi)\mathrm{d}\xi$ 两边取拉普拉斯变换得到。

如果电感的初始电流为零,即 $i_L(0_-)=0$,则电感的复频域等效电路就简化为一个阻抗 sL,如图 13-3(d)所示。

电感的两种复频域模型是相互等效的。作复频域电路时可以采用图 13-3(b)所示的串联形式,也可以采用图 13-3(c)所示的并联形式,究竟使用哪个模型,要看哪个模型列出的方程更简单。采用回路分析法时,选用图 13-3(b)所示的等效电路较为方便;而采用结点分析法时,选用图 13-3(c)所示的等效电路较为方便。

3) 电容元件

图 13-4(a)所示电容元件,初始电压为 $u_C(0_-)$,电容的端电压和电流的时域方程为

$$u_C(t)=\frac{1}{C}\int_{-\infty}^{t}i_C(\tau)\mathrm{d}\tau$$

两边同时取拉普拉斯变换,得电容的复频域形式为

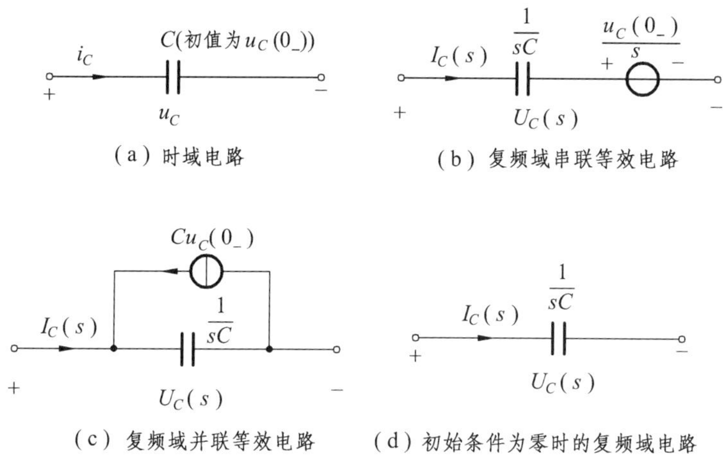

§13-5 电路的复频域模型

(a) 时域电路 (b) 复频域串联等效电路

(c) 复频域并联等效电路 (d) 初始条件为零时的复频域电路

图 13-4 电容

$$U_C(s) = \frac{1}{sC} I_C(s) + \frac{u_C(0_-)}{s} \tag{13-26}$$

如图 13-4(b) 所示，表明复频域的电容模型由一个 $\frac{1}{sC}$ 和一个电压源 $\frac{u_C(0_-)}{s}$ 串联组成，$\frac{1}{sC}$ 两端的电压为 $\frac{1}{sC} I_C(s)$。式(13-26)中由初始状态 $u_C(0_-)$ 引起的附加项用电压源表示，$\frac{u_C(0_-)}{s}$ 表示电容附加电压源的电压。其中 $\frac{1}{sC}$ 具有阻抗的量纲，称为电容的复频域阻抗或运算阻抗。

由式(13-26)求得电流 $I_C(s)$ 为

$$I_C(s) = sCU_C(s) - Cu_C(0_-) \tag{13-27}$$

图 13-4(c) 给出了满足式(13-27)的并联等效电路。其中 sC 具有导纳的量纲，称为电容的复频域导纳或运算导纳，$Cu_C(0_-)$ 表示附加电流源的电流。

如果电容的初始电压为零，即 $u_C(0_-) = 0$，则电容的复频域等效电路就简化为一个阻抗 $\frac{1}{sC}$，如图 13-4(d) 所示。

电容的两种复频域模型也是相互等效的，可以根据所用的电路分析方法选取适当的电路模型。

注意，当采用电感串联形式的 s 域模型时，附加电压源 $Li_L(0_-)$ 的参考方向和电流的参考方向为非关联参考方向；还应注意，时域电路中电感的端电压 u_L

对应于 s 域电路中的电压 $U_L(s)$,而 $U_L(s)$ 是 s 域阻抗 sL 的端电压与附加电压源 $Li_L(0_-)$ 的代数和,不要误认为 $U_L(s)$ 仅仅是阻抗 sL 的端电压。

当采用电容串联形式的 s 域模型时,附加电压源 $\dfrac{u_C(0_-)}{s}$ 的参考方向和电流的参考方向为关联参考方向;还应注意,时域电路中电容的端电压 u_C 对应于 s 域电路中的电压 $U_C(s)$,而 $U_C(s)$ 是 s 域阻抗 $\dfrac{1}{sC}$ 的端电压与附加电压源 $\dfrac{u_C(0_-)}{s}$ 的代数和。

在复频域电路中,电感和电容既可用复频域阻抗表示,也可用复频域导纳表示,例如电感可以用阻抗 sL 表示,也可用导纳 $\dfrac{1}{sL}$ 表示。

4) 耦合电感

图 13-5(a)所示耦合电感,电感 L_1 和 L_2 的初始电流分别为 $i_1(0_-)$ 和 $i_2(0_-)$,端电压和电流的时域方程为

$$u_1(t) = L_1 \frac{di_1(t)}{dt} + M \frac{di_2(t)}{dt}$$

$$u_2(t) = L_2 \frac{di_2(t)}{dt} + M \frac{di_1(t)}{dt}$$

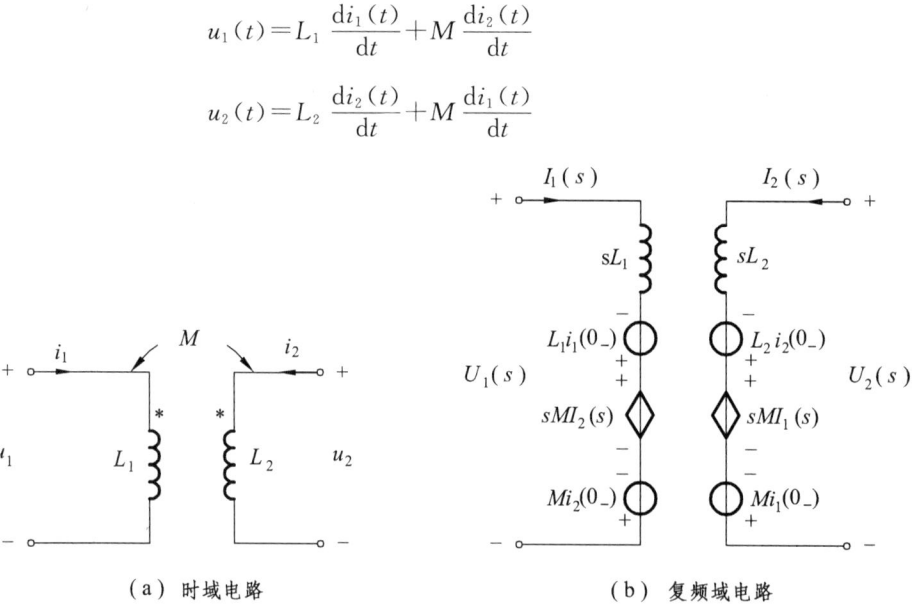

(a) 时域电路   (b) 复频域电路

图 13-5 耦合电感

两边同时取拉普拉斯变换,得耦合电感的复频域形式为

$$\begin{cases} U_1(s) = L_1[sI_1(s) - i_1(0_-)] + M[sI_2(s) - i_2(0_-)] \\ U_2(s) = L_2[sI_2(s) - i_2(0_-)] + M[sI_1(s) - i_1(0_-)] \end{cases}$$

§13-5 电路的复频域模型

即
$$\begin{cases} U_1(s) = sL_1 I_1(s) - L_1 i_1(0_-) + sMI_2(s) - Mi_2(0_-) \\ U_2(s) = sL_2 I_2(s) - L_2 i_2(0_-) + sMI_1(s) - Mi_1(0_-) \end{cases} \quad (13-28)$$

式中，sL_1 和 sL_2 为自感复频域阻抗或自感运算阻抗，sM 为互感复频域阻抗或互感运算阻抗，$L_1 i_1(0_-)$、$L_2 i_2(0_-)$ 和 $Mi_1(0_-)$、$Mi_2(0_-)$ 都是附加电压源，附加电压源的电压与电流 i_1、i_2 的参考方向有关。

根据式(13-28)画出的复频域等效电路如图 13-5(b)所示。

对含有耦合电感的电路也可以先用去耦法对电路去耦，例如，由图 13-6(a) 先得出去耦等效电路如图 13-6(b)所示，再根据图 13-6(b)电路得出复频域等效电路如图 13-6(c)所示。

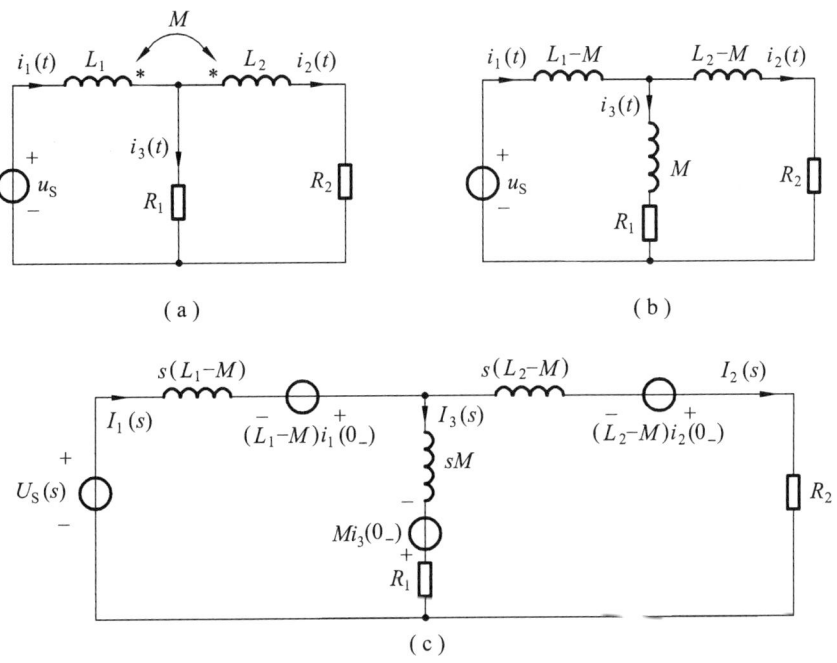

图 13-6 耦合电感的复频域电路

2. 基尔霍夫定律的复频域形式

基尔霍夫定律的时域描述为：

$$\text{KCL} \quad \text{对任一结点} \quad \sum i = 0$$

$$\text{KVL} \quad \text{对任一回路} \quad \sum u = 0$$

对以上两式取拉普拉斯变换,则基尔霍夫定律的复频域描述为

$$\sum I(s) = 0 \qquad (13-29)$$

$$\sum U(s) = 0 \qquad (13-30)$$

式(13-29)和式(13-30)分别称为 KCL、KVL 的复频域形式。

式(13-29)说明,在复频域电路中,对任一结点,流入或流出结点的电流象函数的代数和等于零;式(13-30)说明,在复频域电路中,沿任一回路电压象函数的代数和等于零。

基尔霍夫定律的复频域形式和时域形式在形式上是相同的,不同的是变量,前者以复频域象函数为变量,后者以时域函数为变量。基尔霍夫定律是分析和计算电路的基本依据,基尔霍夫定律的复频域形式则是复频域电路计算的基本依据。

3. 复频域阻抗和导纳

在正弦稳态分析中,将电阻、电感和电容统一看成阻抗或导纳来处理,阻抗和导纳可以将任何线性时不变正弦 RLC 电路变换成"等效的电阻电路",则计算电阻电路的公式和方法就可以完全用到正弦稳态分析中来。阻抗和导纳概念的引入对正弦稳态分析理论的发展有非常重要的作用。下面将这些概念推广到复频域,因为正弦稳态只是复频域的特殊情况。

由前面的分析可知,如果电感和电容中没有初始储能,对于每个无源元件,其伏安关系的复频域形式均为

$$U(s) = Z(s)I(s) \qquad (13-31)$$

式(13-31)称为复频域(s 域)的欧姆定律。其中 $Z(s)$ 是元件的复频域(s 域)阻抗或运算阻抗,定义为零状态元件电压 $U(s)$ 与电流 $I(s)$ 之比,即

$$Z(s) = \frac{U(s)}{I(s)} \qquad (13-32)$$

$Z(s)$ 具有阻抗的量纲。因此有:

电阻元件的阻抗 $\quad Z(s) = R$

电感元件的阻抗 $\quad Z(s) = sL$

电容元件的阻抗 $\quad Z(s) = \dfrac{1}{sC}$

阻抗的倒数是导纳,记为 $Y(s)$,定义为零状态元件电流 $I(s)$ 与电压 $U(s)$ 之比,即

$$Y(s)=\frac{I(s)}{U(s)} \tag{13-33}$$

$Y(s)$具有导纳的量纲,称为电路的复频域导纳或运算导纳。因此,电阻元件的导纳为$\frac{1}{R}$,电感元件的导纳为$\frac{1}{sL}$,电容元件的导纳为sC。

式(13-32)和式(13-33)定义的阻抗和导纳也可推广到零状态下的不含独立源的二端网络。s域中阻抗和导纳运算的规则与频域相同,因此,串、并联化简和△-Y转换对s域分析也同样适用。

§13-6 线性电路的复频域分析

由前面的讨论可知,将时域电路的每个元件变换成复频域模型,不改变各元件的连接关系,即与原电路具有相同的拓扑结构,整个电路就从时域电路变换到复频域电路。其中,电压源的电压和电流源的电流分别变换为象函数,电路符号不变;其他电路元件分别用复频域模型替代;电路中的电压和电流变量用其象函数表示。

因为在复频域电路中基尔霍夫定律和欧姆定律都成立,所以电阻电路的分析方法都可以用到复频域电路的分析中,即结点电压法、网孔电流法、电源变换法和戴维南等效、诺顿等效等分析方法都可以应用于复频域。

复频域分析方法(运算法)的步骤如下:

① 根据0_-等效电路,求出$u_C(0_-)$和$i_L(0_-)$,以确定复频域电路中反映初始条件的附加电源。

② 求激励源的拉普拉斯变换,得激励源的象函数。

③ 画出换路后的复频域电路(运算电路)。

④ 应用复频域形式的基尔霍夫定律和元件的电压电流关系,分析复频域电路,求出响应的象函数即复频域解。这里可以使用前面介绍的电阻电路分析的各种方法。

⑤ 运用拉普拉斯变换表和部分分式展开法,对响应的象函数进行拉普拉斯逆变换,确定待求响应的时域解。

通过以上步骤,可见复频域分析法和相量法思路相同。两者都为变换域分析法。相量法将正弦函数"变换"为相量,从而将线性电路的正弦稳态时微分方程的求解转换成以相量为变量的代数方程求解。复频域分析法将时域函数"变换"为象函数,将线性动态电路的时域微分方程的求解转换成以象函数为变量的代数方程求解。在零状态条件下,两者方程形式相同,只是用 s 取代 $j\omega$,但方程具有不同的意义。在非零状态条件下,电路复频域形式必须考虑初始条件的附加电源的作用。

下面通过实例说明复频域分析法在线性动态电路中的的应用。

例 13 - 14 如图 13-7(a)所示电路,$u_S = 40$ V,$i_S = 2$ A,$R = 10$ Ω,$L = 5$ H,$t < 0$ 时开关在 a 位,且电路处于稳态,$t = 0$ 时开关从 a 打向 b,求 $t \geqslant 0$ 的 $i(t)$。

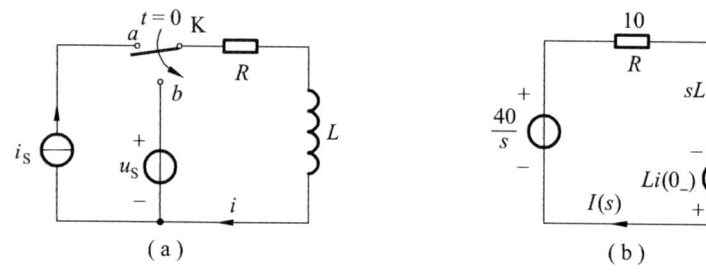

图 13-7 例 13-14 图

解

(1) 求电感电流的初始值为

$$i(0_-) = i_S = 2 \text{ A}$$

(2) 求电压源的拉普拉斯变换,得象函数为

$$\mathscr{L}[u_S] = \mathscr{L}[40] = \frac{40}{s}$$

(3) 画出图 13-7(a)所示电路的复频域模型如图 13-7(b)所示。

(4) 求出响应 $i(t)$ 的象函数。由复频域电路可得

$$I(s) = \frac{\frac{40}{s} + 10}{5s + 10} = \frac{2s + 8}{s(s + 2)}$$

此式为响应 $i(t)$ 的 s 域解。

(5) 求拉普拉斯逆变换。对 $I(s)$ 进行部分分式展开

$$I(s) = \frac{k_1}{s} + \frac{k_2}{s + 2}$$

部分分式系数为 $k_1 = \left.\frac{2s + 8}{s + 2}\right|_{s=0} = 4$, $k_2 = \left.\frac{2s + 8}{s}\right|_{s=-2} = -2$

求得象函数为

$$I(s) = \frac{4}{s} + \frac{-2}{s + 2}$$

对响应的象函数 $I(s)$ 进行拉普拉斯逆变换，确定响应的时域解 $i(t)$ 为
$$i(t)=\mathscr{L}^{-1}[I(s)]=4-2\mathrm{e}^{-2t}\ \mathrm{A}\quad(t\geqslant 0)$$
下面利用初值定理和终值定理来验证本例中 $I(s)$ 的 s 域表达式是否正确。

根据初值定理得
$$i(0_+)=\lim_{s\to\infty}sI(s)=\lim_{s\to\infty}s\frac{2s+8}{s(s+2)}=\lim_{t\to 0_+}i(t)=2\ \mathrm{A}$$
与前面计算出的初始值一致。

根据终值定理得
$$i(\infty)=\lim_{s\to 0}sI(s)=\lim_{s\to 0}s\frac{2s+8}{s(s+2)}=\lim_{t\to\infty}i(t)=4\ \mathrm{A}$$
由图 13-7(a) 所示电路可知，当 $t\to\infty$ 时，在直流电源作用下，电感相当于短路，所以 $i(\infty)=4\ \mathrm{A}$，这证明 s 域表达式是正确的。

初值定理和终值定理可以在求拉普拉斯逆变换前验证 s 域表达式的正确性。

本题也可以用第十一章的三要素法求解，并且很容易，但对于不能用三要素法求解的电路，复频域分析法就很重要。

例 13-15 求图 13-8(a) 所示电路中的 $u_C(t)$，已知 $u_S=10\mathrm{e}^{-t}\varepsilon(t)\ \mathrm{V}$，$i_S=2\delta(t)\ \mathrm{A}$，$R_1=R_2=10\ \Omega$，$C=0.1\ \mathrm{F}$，$u_C(0_-)=5\ \mathrm{V}$。

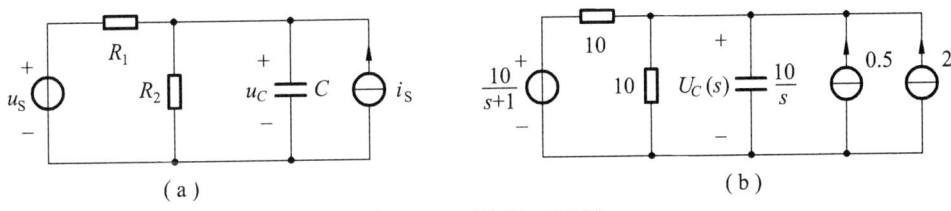

图 13-8 例 13-15 图

解

(1) 求激励源的象函数为
$$I_S(s)=\mathscr{L}[i_S]=2$$
$$U_S(s)=\mathscr{L}[u_S]=\mathscr{L}[10\mathrm{e}^{-t}\varepsilon(t)]=\frac{10}{s+1}$$

(2) 画出换路后的 s 域电路如图 13-8(b) 所示。图中电容采用并联形式的 s 域模型，附加电流源为 $Cu_C(0_-)=0.5$。

(3) 求 s 域的 $U_C(s)$。列写结点电压方程为

$$\left(\frac{1}{10}+\frac{1}{10}+\frac{s}{10}\right)U_C(s) = \frac{1}{10} \times \frac{10}{s+1} + 0.5 + 2$$

整理得
$$\frac{s+2}{10}U_C(s) = \frac{1}{s+1} + 2.5$$

所以
$$U_C(s) = \frac{25s+35}{(s+1)(s+2)} = \frac{k_1}{s+1} + \frac{k_2}{s+2}$$

部分分式系数为 $k_1 = (s+1)U_C(s)\Big|_{s=-1} = \frac{25s+35}{s+2}\Big|_{s=-1} = 10$

$k_2 = (s+2)U_C(s)\Big|_{s=-2} = \frac{25s+35}{s+1}\Big|_{s=-2} = 15$

求得象函数为
$$U_C(s) = \frac{10}{s+1} + \frac{15}{s+2}$$

（4）取逆变换得
$$u_C(t) = \mathscr{L}^{-1}[U_C(s)] = 10e^{-t} + 15e^{-2t} \text{ V} \quad (t \geqslant 0)$$

例 13-16 电路如图 13-9(a)所示，求 $u_C(t)$。

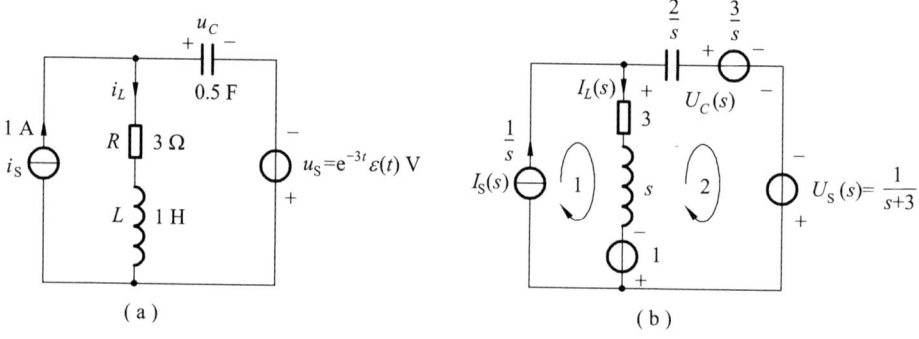

图 13-9 例 13-16 图

解

（1）确定初始值

$$i_L(0_-) = i_S = 1 \text{ A}$$
$$u_C(0_-) = Ri_L(0_-) = 3 \text{ V}$$

（2）求激励源的象函数

$$I_S(s) = \mathscr{L}[i_S] = \frac{1}{s}$$

$$U_S(s) = \mathscr{L}[u_S] = \mathscr{L}[e^{-3t}\varepsilon(t)] = \frac{1}{s+3}$$

（3）画出换路后的 s 域电路如图 13-9(b)所示。图中电容采用串联形式的

s 域模型,附加电压源为 $\dfrac{u_C(0_-)}{s}=\dfrac{3}{s}$;电感也采用串联形式的 s 域模型,附加电压源为 $Li_L(0_-)=1$。

(4) 求 s 域的 $U_C(s)$。列写回路电流方程为

$$\begin{cases} I_1(s)=I_S(s)=\dfrac{1}{s} \\ \left(sL+\dfrac{1}{sC}+R\right)I_2(s)-(sL+R)I_1(s)=-Li_L(0_-)-\dfrac{u_C(0_-)}{s}+U_S(s) \end{cases}$$

代入已知数据,整理得

$$(s^2+3s+2)\dfrac{1}{s}I_2(s)=\dfrac{1}{s+3}$$

所以

$$I_2(s)=\dfrac{s}{(s+3)(s+2)(s+1)}$$

由图 13-9 求得

$$U_C(s)=\dfrac{1}{sC}I_2(s)+\dfrac{u_C(0_-)}{s}=\dfrac{2}{(s+3)(s+2)(s+1)}+\dfrac{3}{s}$$

$$=\dfrac{k_1}{s+1}+\dfrac{k_2}{s+2}+\dfrac{k_3}{s+3}+\dfrac{3}{s}$$

部分分式系数为

$$k_1=\dfrac{2}{(s+2)(s+3)}\bigg|_{s=-1}=1,\quad k_2=\dfrac{2}{(s+1)(s+3)}\bigg|_{s=-2}=-2$$

$$k_3=\dfrac{2}{(s+1)(s+2)}\bigg|_{s=-3}=1$$

求得象函数为

$$U_C(s)=\dfrac{1}{s+1}+\dfrac{-2}{s+2}+\dfrac{1}{s+3}+\dfrac{3}{s}$$

(5) 取逆变换得

$$u_C(t)=\mathscr{L}^{-1}[U_C(s)]=\mathrm{e}^{-t}-2\mathrm{e}^{-2t}+\mathrm{e}^{-3t}+3 \text{ V}\quad (t\geqslant 0)$$

例 13-17 电路如图 13-10 所示,开关原来闭合,电路已达到稳态,求开关断开后电路中的 $i_1(t)$ 和 $u_C(t)$。

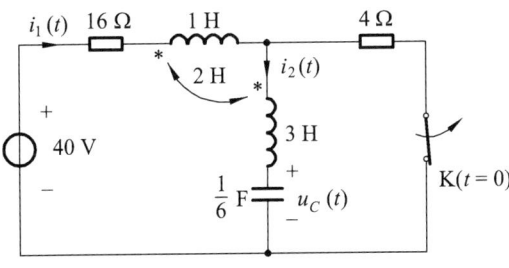

图 13-10 例 13-17 图(1)

解 去耦等效电路如图 13-11(a)所示。

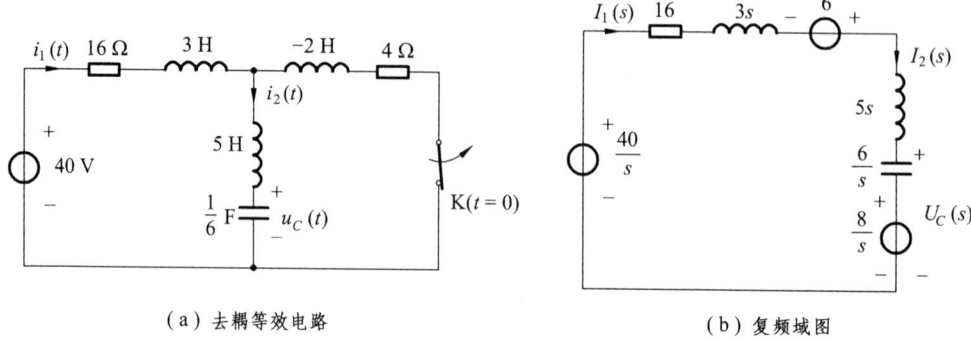

(a) 去耦等效电路　　　　　　　(b) 复频域图

图 13-11　例 13-17 图(2)

(1) 确定初始值

$$i_1(0_-) = \frac{40}{16+4} = 2 \text{ (A)}$$

$$i_2(0_-) = 0$$

$$u_C(0_-) = \frac{4}{16+4} \times 40 = 8 \text{ (V)}$$

(2) 求激励源的象函数

$$\mathscr{L}[40] = \frac{40}{s}$$

(3) 画出换路后的复频域电路如图 13-11(b)所示。图中电感采用串联形式的 s 域模型，3 H 的电感附加电压源为 $3i_1(0_-) = 6$ V，5 H 的电感附加电压源为 $5i_2(0_-) = 0$；电容也采用串联形式的 s 域模型，附加电压源为 $\frac{u_C(0_-)}{s} = \frac{8}{s}$。

(4) 求 s 域的 $I_1(s)$ 和 $U_C(s)$。由复频域电路得

$$I_1(s) = \frac{\frac{40}{s} + 6 - \frac{8}{s}}{3s + 5s + 16 + \frac{6}{s}}$$

整理得

$$I_1(s) = \frac{6s+32}{8s^2+16s+6} = \frac{\frac{3}{4}s+4}{s^2+2s+\frac{3}{4}} = \frac{\frac{3}{4}s+4}{(s+1.5)(s+0.5)}$$

$$= \frac{k_1}{s+1.5} + \frac{k_2}{s+0.5}$$

部分分式系数为 $k_1 = (s+1.5)I_1(s)\Big|_{s=-1.5} = \dfrac{0.75s+4}{s+0.5}\Big|_{s=-1.5}$

$$= -2.875 = -\dfrac{23}{8}$$

$$k_2 = (s+0.5)I_1(s)\Big|_{s=-0.5} = \dfrac{0.75s+4}{s+1.5}\Big|_{s=-0.5}$$

$$= 3.625 = \dfrac{29}{8}$$

所以

$$I_1(s) = \dfrac{-\dfrac{23}{8}}{s+1.5} + \dfrac{\dfrac{29}{8}}{s+0.5} = \dfrac{-2.875}{s+1.5} + \dfrac{3.625}{s+0.5}$$

$$U_C(s) = \dfrac{6}{s}I_1(s) + \dfrac{8}{s} = \dfrac{4.5s+24}{s(s+1.5)(s+0.5)} + \dfrac{8}{s}$$

$$= \dfrac{32}{s} + \dfrac{11.5}{s+1.5} + \dfrac{-43.5}{s+0.5} + \dfrac{8}{s} = \dfrac{40}{s} + \dfrac{11.5}{s+1.5} + \dfrac{-43.5}{s+0.5}$$

(5) 取逆变换得

$$i_1(t) = \mathscr{L}^{-1}[I_1(s)]$$
$$= (-2.875\mathrm{e}^{-1.5t} + 3.625\mathrm{e}^{-0.5t})\ \mathrm{A} \qquad (t \geqslant 0)$$

$$u_C(t) = \mathscr{L}^{-1}[U_C(s)]$$
$$= (40 + 11.5\mathrm{e}^{-1.5t} - 43.5\mathrm{e}^{-0.5t})\ \mathrm{V} \qquad (t \geqslant 0)$$

例 13-18 电路如图 13-12 所示,电容的初始储能为零。

求:(1) 端口 ab 左侧的复频域戴维南等效电路;

(2) 若在端口 ab 处接一个 1 H 电感和 2 Ω 电阻,求电流 $i(t)$ 的复频域表达式。

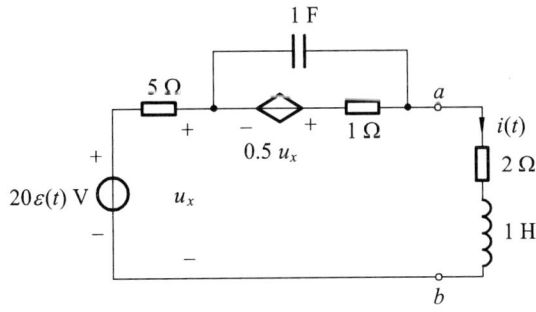

图 13-12 例 13-18 图(1)

解

(1) 求开路电压的复频域电路如图 13-13(a)所示。

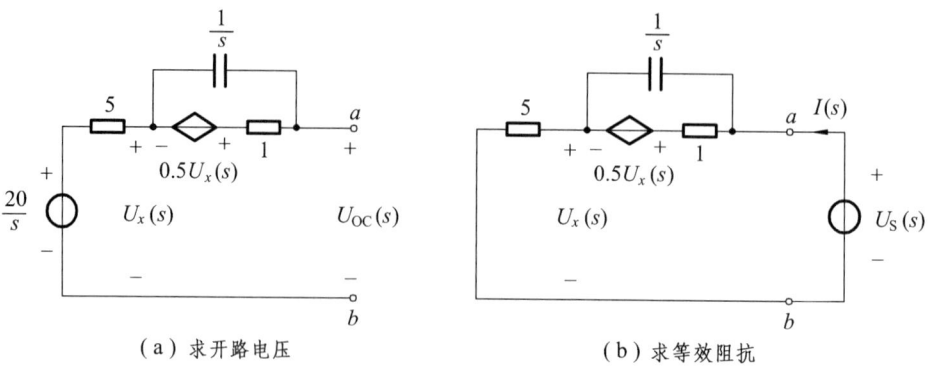

(a) 求开路电压 (b) 求等效阻抗

图 13-13 例 13-18 题图(2)

由 KVL 得 $U_{OC}(s) = \dfrac{\dfrac{1}{s}}{1+\dfrac{1}{s}} 0.5 U_x(s) + U_x(s)$

$$U_x(s) = \dfrac{20}{s}$$

解得 $U_{OC}(s) = \dfrac{1}{s+1} \times 0.5 \times \dfrac{20}{s} + \dfrac{20}{s} = \dfrac{20s+30}{s(s+1)}$

求复频域等效阻抗的复频域电路如图 13-13(b)所示,采用外加电源法。
由结点电压方程得

$$\left(\dfrac{1}{5} + 1 + s\right) U_x(s) - (1+s) U_S(s) = -0.5 U_x(s)$$

$$U_x(s) = 5 I(s)$$

求得复频域等效阻抗为

$$Z_{eq} = \dfrac{U_S(s)}{I(s)} = \dfrac{5s+8.5}{s+1}$$

端口 ab 左侧的复频域戴维南等效电路如图 13-14(a)所示。

(2) 在端口 ab 处接一个 1 H 电感和 2 Ω 电阻,等效电路如图 13-14(b)所示,电流 $i(t)$ 的复频域表达式为

$$I(s) = \dfrac{\dfrac{20s+30}{s(s+1)}}{s+2+\dfrac{5s+8.5}{s+1}} = \dfrac{20s+30}{s(s^2+8s+10.5)}$$

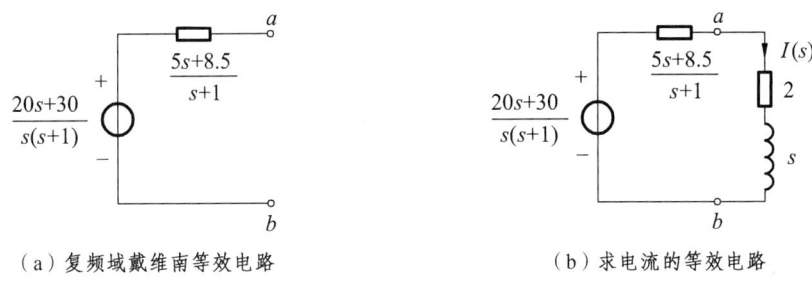

（a）复频域戴维南等效电路　　　　　（b）求电流的等效电路

图 13-14　例 13-18 题图(3)

§13-7　网 络 函 数

1. 网络函数的定义

设线性时不变电路的单一激励函数为 $f(t)$，零状态响应为 $y(t)$，对应的象函数分别为 $F(s)$ 和 $Y(s)$。网络函数定义为电路的零状态响应的象函数 $Y(s)$ 与激励的象函数 $F(s)$ 的比值，用 $H(s)$ 表示，即

$$H(s)=\frac{Y(s)}{F(s)} \tag{13-34}$$

则
$$Y(s)=H(s)F(s) \tag{13-35}$$

网络函数 $H(s)$ 是复频率 s 的函数，它把任意输入与零状态响应联系起来，式(13-35)表明，电路的零状态响应象函数 $Y(s)$ 等于激励的象函数 $F(s)$ 乘以网络函数 $H(s)$，如图 13-15 所示。

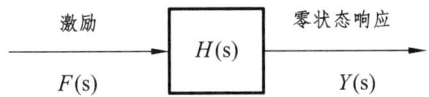

图 13-15　网络函数与激励和零状态响应的关系

网络函数与所定义的响应信号有关，例如，RLC 串联电路如图 13-16 所示。

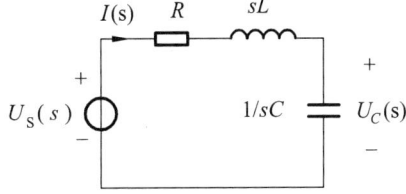

图 13-16　RLC 串联电路

若响应信号为电流 $I(s)$，则

$$H(s)=\frac{I(s)}{U_S(s)}=\frac{1}{R+sL+1/sC}=\frac{sC}{s^2LC+RCs+1} \quad (13-36)$$

若响应信号为电容电压 $U_C(s)$，则

$$H(s)=\frac{U_C(s)}{U_S(s)}=\frac{1/sC}{R+sL+1/sC}=\frac{1}{s^2LC+RCs+1}$$

由式(13-36)可见，网络函数仅与电路的拓扑结构和元件参数有关，与外加输入信号无关，即在任意输入激励下，电路的零状态响应的象函数 $Y(s)$ 与激励的象函数 $F(s)$ 的比值是一定的。电路的拓扑结构和元件参数确定以后，相应的网络函数就确定了，所以网络函数反映了电路的固有特性。

因为电路中可能含有多个激励源，定义的响应信号也可能不同，所以一个电路可能有多个网络函数。当电路含有多个激励源时，一个网络函数只能表示某个响应与某个激励的关系。

对于电路，根据激励和响应是否位于同一端口，网络函数分为驱动点函数和转移函数两大类。如果激励和响应位于同一端口，则网络函数称为驱动点函数；如果激励和响应不位于同一端口，则网络函数称为转移函数。

驱动点函数可分为驱动点阻抗和驱动点导纳两种。驱动点阻抗定义为同一端口的电压响应象函数与电流激励象函数之比。驱动点导纳定义为同一端口的电流响应象函数与电压激励象函数之比。

根据激励和响应是电压还是电流，转移函数分为四种：转移阻抗、转移导纳、电压转移比和电流转移比。

下面将网络函数的类型列于表 13-3 中。

网络函数的类型 表 13-3

$F(s)$	$Y(s)$	是否同一端口	$H(s)$
电流源	电压	是	驱动点阻抗
电压源	电流	是	驱动点导纳
电流源	电压	否	转移阻抗
电压源	电流	否	转移导纳
电压源	电压	否	电压转移比
电流源	电流	否	电流转移比

例 13 - 19 电路如图 13 - 17(a)所示。求网络函数 $H(s)=\dfrac{U_o(s)}{U_S(s)}$。

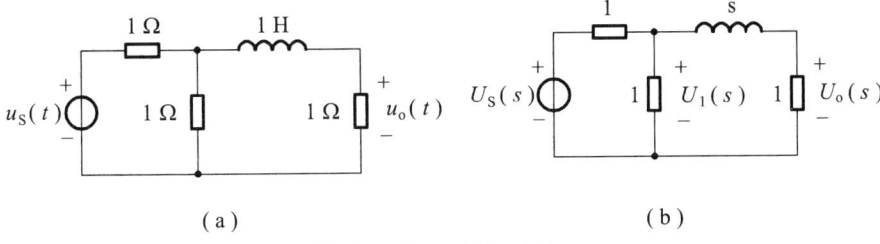

图 13 - 17 例 13 - 19 图

解 s 域电路如图 13 - 17(b)所示。由分压公式,得

$$U_o(s)=\frac{1}{s+1}U_1(s)$$

又

$$U_1(s)=\frac{\dfrac{(s+1)\times 1}{(s+1)+1}}{1+\dfrac{(s+1)\times 1}{(s+1)+1}}U_S(s)=\frac{s+1}{2s+3}U_S(s)$$

所以

$$U_o(s)=\frac{1}{2s+3}U_S(s)$$

得网络函数

$$H(s)=\frac{U_o(s)}{U_S(s)}=\frac{1}{2s+3}$$

2. 网络函数与单位冲激响应

下面讨论网络函数与单位冲激响应的关系。

单位冲激响应 $h(t)$ 是单位冲激函数 $\delta(t)$ 激励下的零状态响应。它是一种重要的零状态响应,从复频域来看,单位冲激响应 $h(t)$ 的重要意义更加明显。

设电路的激励源是单位冲激函数 $\delta(t)$,则激励象函数为

$$F(s)=\mathscr{L}[\delta(t)]=1$$

此时系统的零状态响应就是单位冲激响应 $h(t)$,响应象函数为

$$Y(s)=\mathscr{L}[h(t)]$$

则网络函数为

$$H(s)=\frac{Y(s)}{F(s)}=\frac{\mathscr{L}[h(t)]}{\mathscr{L}[\delta(t)]}=\mathscr{L}[h(t)]$$

可见

$$H(s)=\mathscr{L}[h(t)] \tag{13-37}$$

式(13 - 37)表明,网络函数等于单位冲激响应的拉普拉斯变换,即某一冲激响应的拉普拉斯变换等于该响应对激励的网络函数,或单位冲激响应等于网络

函数的拉普拉斯逆变换。单位冲激响应 $h(t)$ 与网络函数 $H(s)$ 是一对拉普拉斯变换对,这是一个联系线性时不变电路复频域与时域的重要关系式。

因此,可以根据单位冲激响应 $h(t)$ 来确定网络函数 $H(s)$,然后求得其他激励下的零状态响应;也可以通过在复频域中求网络函数 $H(s)$ 来求得电路的单位冲激响应 $h(t)$,这比在时域中根据微分方程求冲激响应要容易。

例 13-20 零状态电路如图 13-17 所示。求:(1) 单位冲激响应 $u_o(t)$;(2) 当 $u_S(t)=\varepsilon(t)$ V 时的响应 $u_o(t)$;(3) 当 $u_S(t)=2\cos(2t)$ V 时的响应 $u_o(t)$。

解 由例 13-19 可知,网络函数为

$$H(s) = \frac{U_o(s)}{U_S(s)} = \frac{1}{2s+3}$$

(1) 单位冲激响应 $u_o(t)$ 为

$$u_o(t) = h(t) = \mathscr{L}^{-1}[H(s)] = \mathscr{L}^{-1}\left[\frac{1}{2s+3}\right]$$

$$= \mathscr{L}^{-1}\left[\frac{1}{2} \times \frac{1}{s+1.5}\right] = \frac{1}{2}e^{-1.5t}\varepsilon(t)$$

(2) 当 $u_S(t)=\varepsilon(t)$ V 时,$U_S(s)=\dfrac{1}{s}$,则

$$U_o(s) = H(s)U_S(s) = \frac{1}{2s+3} \cdot \frac{1}{s} = \frac{k_1}{s} + \frac{k_2}{s+1.5}$$

部分分式系数为

$$k_1 = sU_o(s) = \frac{1}{2s+3}\bigg|_{s=0} = \frac{1}{3}$$

$$k_2 = \left(s+\frac{3}{2}\right)U_o(s) = \frac{1}{2s}\bigg|_{s=-\frac{3}{2}} = -\frac{1}{3}$$

$$U_o(s) = \frac{1}{2s+3} \cdot \frac{1}{s} = \frac{1/3}{s} + \frac{-1/3}{s+3/2}$$

取逆变换得

$$u_o(t) = \mathscr{L}^{-1}[U_o(s)] = \frac{1}{3}\varepsilon(t) - \frac{1}{3}e^{-1.5t}\varepsilon(t) \text{ V}$$

(3) 当 $u_S(t)=2\cos(2t)$ V 时,$U_S(s)=\dfrac{2s}{s^2+4}$,则

$$U_o(s) = H(s)U_S(s) = \frac{1}{2s+3} \cdot \frac{2s}{s^2+4} = \frac{1}{s+\dfrac{3}{2}} \cdot \frac{s}{s^2+4}$$

$$= \frac{k_1}{s+\dfrac{3}{2}} + \frac{k_2 s + k_3}{s^2+4}$$

$$k_1 = \left(s+\frac{3}{2}\right)U_o(s) = \frac{s}{s^2+4}\bigg|_{s=-\frac{3}{2}} = -\frac{6}{25}$$

比较系数得 $\quad k_2=\dfrac{6}{25},\quad k_3=\dfrac{16}{25}$

则
$$U_o(s)=\dfrac{-\dfrac{6}{25}}{s+\dfrac{3}{2}}+\dfrac{\dfrac{6}{25}s+\dfrac{16}{25}}{s^2+4}$$

$$=\dfrac{-\dfrac{6}{25}}{s+\dfrac{3}{2}}+\dfrac{6}{25}\times\dfrac{s}{s^2+4}+\dfrac{8}{25}\times\dfrac{2}{s^2+4}$$

取逆变换得 $\quad u_o(t)=\mathscr{L}^{-1}[U_o(s)]=\left(-\dfrac{6}{25}e^{-1.5t}+\dfrac{6}{25}\cos 2t+\dfrac{8}{25}\sin 2t\right)\varepsilon(t)\ \text{V}$

$$=\dfrac{2}{25}(-3e^{-1.5t}+3\cos 2t+4\sin 2t)\varepsilon(t)\ \text{V}$$

3. 网络函数的零、极点

由于单位冲激响应 $h(t)$ 与网络函数 $H(s)$ 是一对拉普拉斯变换对，所以可以从 $H(s)$ 的典型形式反映出 $h(t)$ 的内在性质。对于线性集中参数电路，网络函数 $H(s)$ 是 s 的有理函数，其分子多项式和分母多项式指明了其零点和极点的位置，从这些零、极点的分布情况可以确定系统时域响应的性质。

网络函数表示为

$$H(s)=\dfrac{Y(s)}{F(s)}=\dfrac{b_m s^m+b_{m-1}s^{m-1}+\cdots+b_1 s+b_0}{s^n+a_{n-1}s^{n-1}+\cdots+a_1 s+a_0}=\dfrac{N(s)}{D(s)} \quad (13-38)$$

设分子 $N(s)=0$ 的根为 $z_i(i=1,2,\cdots,m)$，设分母 $D(s)=0$ 的根为 $p_j(j=1,2,\cdots,n)$，有

$$H(s)=b_m\dfrac{(s-z_1)(s-z_2)\cdots(s-z_m)}{(s-p_1)(s-p_2)\cdots(s-p_n)}$$

简写为
$$H(s)=b_m\dfrac{\prod\limits_{i=1}^{m}(s-z_i)}{\prod\limits_{j=1}^{n}(s-p_j)} \quad (13-39)$$

因为当 $s=z_i$ 时，$H(s)=0$，故 $z_i(i=1,2,\cdots,m)$ 称为 $H(s)$ 的零点；因为当 $s=p_j$ 时，$H(s)\to\infty$，故 $p_j(j=1,2,\cdots,n)$ 称为 $H(s)$ 的极点。只要知道系统全部零点、极点和 b_m，就可以确定一个网络函数 $H(s)$。

以 s 的实部 σ 为横轴、虚部 $j\omega$ 为纵轴的坐标平面称为复平面，又称 s 平面。将 $H(s)$ 的所有零点用"○"、所有极点用"×"标注在 s 平面上，从而得到网络函数 $H(s)$ 的零、极点图。系统的零、极点可能是重阶的，在画零、极点图时，若有 n 重

零点或极点,则在相应的零、极点旁边标注(n)。

例 13-21 绘出网络函数 $H(s)=\dfrac{s(s-1)(s-3)}{(s+1)^2(s^2+3s+3)}$ 的零、极点图。

解 由 $N(s)=s(s-1)(s-3)$ 得零点为

$$z_1=0, \quad z_2=1, \quad z_3=3$$

由 $D(s)=(s+1)^2(s^2+3s+3)$ 得极点为

$$p_1=p_2=-1, \quad p_3=-\dfrac{3}{2}+\mathrm{j}\dfrac{\sqrt{3}}{2}, \quad p_4=-\dfrac{3}{2}-\mathrm{j}\dfrac{\sqrt{3}}{2}$$

绘出该系统的零、极点图如图 13-18 所示。

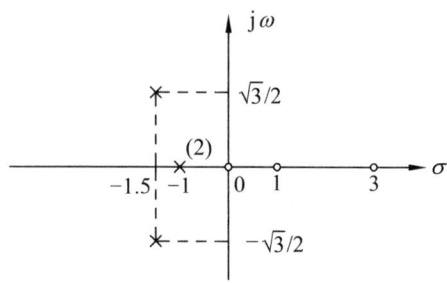

图 13-18 例 13-21 图

4. 网络函数的零、极点与单位冲激响应的关系

将 $H(s)$ 展开成部分分式(以单实数极点为例),得

$$H(s)=\dfrac{N(s)}{D(s)}=\dfrac{b_m s^m+b_{m-1}s^{m-1}+\cdots+b_1 s+b_0}{s^n+a_{n-1}s^{n-1}+\cdots+a_1 s+a_0}=\sum_{i=1}^{n}\dfrac{k_i}{s-p_i} \quad (13-40)$$

对上式两边取拉普拉斯逆变换得

$$h(t)=\mathscr{L}^{-1}[H(s)]=\mathscr{L}^{-1}\left[\sum_{i=1}^{n}\dfrac{k_i}{s-p_i}\right]=\sum_{i=1}^{n}k_i\mathrm{e}^{p_i t}\varepsilon(t) \quad (13-41)$$

则 $H(s)$ 的每一个极点 $p_i(i=1,2,\cdots,n)$ 对应冲激响应 $h(t)$ 中的一项 $\mathrm{e}^{p_i t}$。所以,网络函数 $H(s)$ 的极点决定了冲激响应 $h(t)$ 的变化规律、波形及系统稳定性。

1) 网络函数 $H(s)$ 的极点与冲激响应 $h(t)$ 的关系

下面讨论网络函数 $H(s)$ 的极点与冲激响应 $h(t)$ 和系统稳定性的关系。

(1) 极点位于 s 平面的左半平面

当 $H(s)$ 的极点为单极点 p_i 时,$\dfrac{1}{s-p_i}\leftrightarrow\mathrm{e}^{p_i t}\varepsilon(t)$,若极点位于 s 平面的负实轴上,即 p_i 为负实根时,对应的冲激响应 $\mathrm{e}^{p_i t}$ 为衰减的指数函数。如果所有的极点

均在负实轴上,则该系统稳定。

当 $H(s)$ 有一对共轭极点时,例如 p_i 与 p_i^* 为一对共轭极点 $\sigma \pm j\omega$,则

$$\frac{s-\sigma}{(s-\sigma)^2+\omega^2} \leftrightarrow e^{\sigma t}\cos(\omega t)\varepsilon(t)$$

对应的冲激响应为 $e^{\sigma t}\cos(\omega t)\varepsilon(t)$。若 $\text{Re}(p_i)=\sigma<0$,即极点位于 s 平面的左半平面,那么冲激响应 $e^{\sigma t}\cos(\omega t)\varepsilon(t)$ 为衰减的正弦函数,则系统稳定。

若重极点位于 s 平面的负实轴上,例如 $\dfrac{1}{(s-p_i)^2} \leftrightarrow te^{p_i t}\varepsilon(t)$,$p_i$ 为负实根时,对应的冲激响应 $te^{p_i t}\varepsilon(t)$ 为衰减函数,则系统稳定。

(2) 极点位于 s 平面的右半平面

若单极点位于 s 平面的正实轴上,即 p_i 为正实数时,则对应的响应 $e^{p_i t}$ 项为增长的指数函数。只要有一个极点为正实数,那么该系统不稳定。

当 $H(s)$ 有一对共轭极点时,例如 p_i 与 p_i^* 为一对共轭极点 $\sigma \pm j\omega$,若 $\text{Re}(p_i)=\sigma>0$,即极点位于 s 平面的右半平面,那么冲激响应 $e^{\sigma t}\cos(\omega t)\varepsilon(t)$ 为增长的正弦函数,则系统不稳定。

当 $H(s)$ 有重极点时,若 p_i 为正实根,例如 $\dfrac{1}{(s-p_i)^2}$ 对应的冲激响应 $te^{p_i t}\varepsilon(t)$ 为增长函数,则系统不稳定。

(3) 极点位于 s 平面的虚轴上

当 $H(s)$ 的极点为单极点 p_i 时,若极点位于 s 平面的原点,$\dfrac{1}{s} \leftrightarrow \varepsilon(t)$,对应的冲激响应为阶跃函数,则系统临界稳定。

当 $H(s)$ 有一对共轭极点时,例如 p_i 与 p_i^* 为一对共轭极点 $\sigma \pm j\omega$,若 $\text{Re}(p_i)=\sigma=0$,共轭极点位于 s 平面的虚轴上,则冲激响应 $\cos(\omega t)\varepsilon(t)$ 为等幅振荡的正弦函数,系统为临界稳定系统。

当 $H(s)$ 有重极点时,若重极点位于 s 平面的原点,$\dfrac{1}{s^2} \leftrightarrow t\varepsilon(t)$,…,$\dfrac{1}{s^{n+1}} \leftrightarrow \dfrac{1}{n!}t^n\varepsilon(t)$,对应的冲激响应为增长函数,则系统不稳定;若重极点是位于 s 平面的虚轴上的共轭极点,例如 $\dfrac{2\omega s}{(s^2+\omega^2)^2} \leftrightarrow t\sin(\omega t)\varepsilon(t)$,对应的冲激响应为幅值按线性增长的正弦振荡函数,则系统不稳定。

总之,如果所有极点满足 $\text{Re}(p_i)=\sigma<0$,即 $H(s)$ 的极点均位于 s 平面的左半平面,则 $h(t)$ 为衰减函数,则系统稳定。

若 $\text{Re}(p_i)=\sigma>0$(只要有一个极点),即 $H(s)$ 只要有一个极点位于 s 平面的

右半平面,则 $h(t)$ 为增长函数,系统不稳定;或者若 $\mathrm{Re}(p_i)=\sigma=0$,且在虚轴上有二阶(或以上)极点,则系统不稳定。

若 $\mathrm{Re}(p_i)=\sigma=0$(但不能有重极点),即 $H(s)$ 极点位于 s 平面虚轴上,且只有一阶,则 $h(t)$ 为非零数值或等幅振荡,系统临界稳定。

网络函数极点与冲激响应的关系如图 13 - 19 所示。

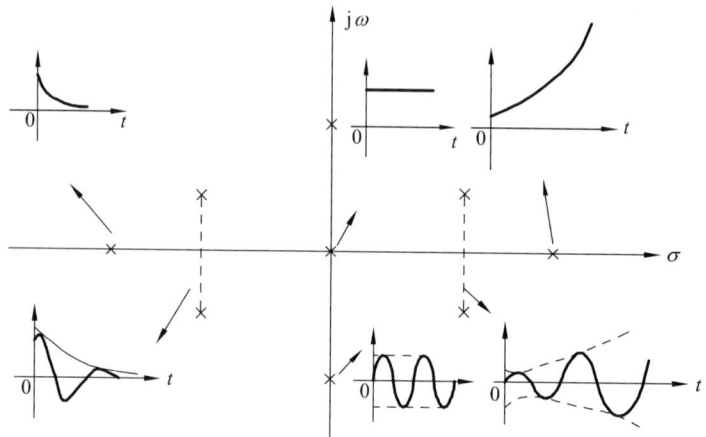

图 13 - 19　系统极点与冲激响应的关系

2) 网络函数 $H(s)$ 的零点与冲激响应 $h(t)$ 的关系

以上分析了 $H(s)$ 的极点与冲激响应 $h(t)$ 的对应关系,下面分析 $H(s)$ 的零点对冲激响应 $h(t)$ 的影响。

根据网络函数

$$H(s)=\frac{N(s)}{D(s)}=b_m\frac{(s-z_1)(s-z_2)\cdots(s-z_m)}{(s-p_1)(s-p_2)\cdots(s-p_n)}=\sum_{i=1}^{n}\frac{k_i}{s-p_i}$$

对应的冲激响应为

$$h(t)=\mathscr{L}^{-1}[H(s)]=\mathscr{L}^{-1}\left[\sum_{i=1}^{n}\frac{k_i}{s-p_i}\right]=\sum_{i=1}^{n}k_i\mathrm{e}^{p_it}\varepsilon(t)$$

式中,k_i 是按部分分式展开法求得的系数,即

$$\begin{aligned}k_i&=(s-p_i)H(s)\Big|_{s=p_i}\\&=b_m\frac{(p_i-z_1)(p_i-z_2)\cdots(p_i-z_m)}{(p_i-p_1)\cdots(p_i-p_{i-1})(p_i-p_{i+1})\cdots(p_i-p_n)}\end{aligned}\quad(13-42)$$

由此式可知,k_i 的值不仅受极点 p_i 的影响,而且与全部零点和极点的值有关。

综上所述,零点只影响 k_i 的大小,而不影响 $h(t)$ 的变化规律。极点决定了冲激响应 $h(t)$ 的变化规律、波形及系统稳定性。零点和极点共同决定冲激响应的幅值。

习 题 十 三

13-1 求下列函数的象函数：

(1) $t\varepsilon(t-1)$；

(2) $2\delta(t-2)-t\varepsilon(t)$；

(3) $t\cos(\omega t)$；

(4) $e^{-t}[\varepsilon(t)-\varepsilon(t-2)]$；

(5) $\sin(\pi t)\varepsilon(t-1)$；

(6) $t^2 e^{-3t}$；

(7) $\delta(3t-2)$；

(8) $\cos(\omega t+45°)$；

(9) $\dfrac{\mathrm{d}}{\mathrm{d}t}(e^{-\sigma t}\sin\omega t)$；

(10) $t e^{-(t-2)}\varepsilon(t-1)$。

13-2 求下列各函数的原函数：

(1) $\dfrac{s+4}{s^2+5s+6}$；

(2) $\dfrac{2s-1}{s^2+4s+13}$；

(3) $\dfrac{s^2+6s+6}{s(s+2)(s+3)}$；

(4) $\dfrac{1}{s(s^2+1)}$；

(5) $\dfrac{s^3}{(s+1)^3}$；

(6) $\dfrac{3s+5}{s^2+3s+2}(1-e^{-s})$；

(7) $\dfrac{5s}{(s+2)(s^2+2s+5)}$；

(8) $\dfrac{1}{1+e^{-s}}$。

13-3 画出题 13-3 图所示电路的复频域电路。

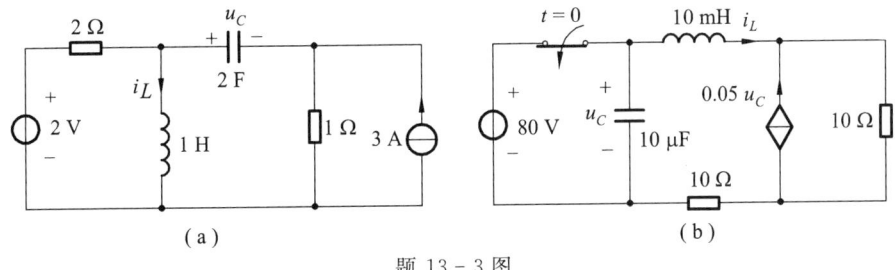

题 13-3 图

13-4 电路如题 13-4 图所示，开关原打开，电路已达稳定状态。$t=0$ 时开关闭合，求当 $t\geqslant 0$ 时流过开关的电流 $i(t)$。

13-5 如题 13-5 图所示电路，开关原打开，已达稳定状态。$t=0$ 时开关闭合，求当 $t\geqslant 0$ 时的 $u(t)$。

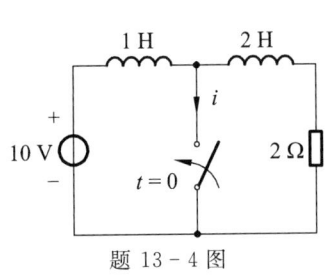

题 13-4 图

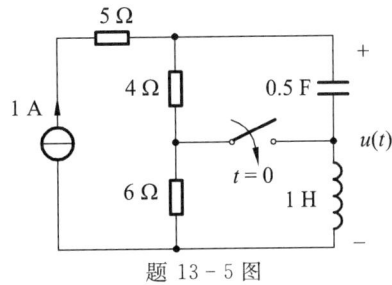

题 13-5 图

13-6 电路如题13-6图所示,开关原闭合,已达稳定状态,$t=0$时开关打开,求当$t \geqslant 0$时的$i(t)$和$u_L(t)$。

13-7 电路如题13-7图所示,开关原打开,已达稳定状态。$t=0$时开关闭合。试用复频域法求$u_C(t)$。

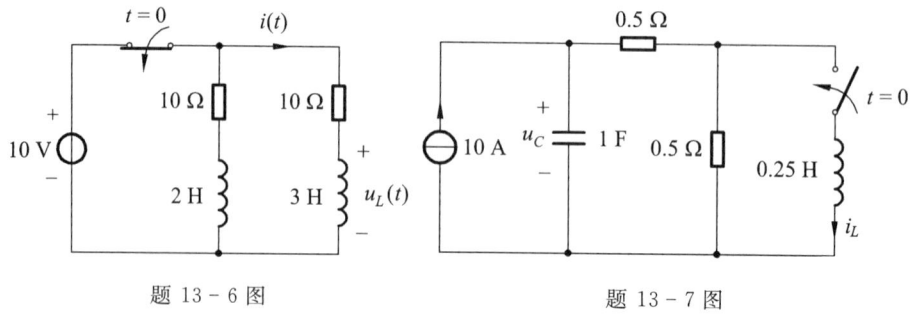

题13-6图　　　　　　　　题13-7图

13-8 电路如题13-8图所示,换路前已达稳定状态。$t=0$时开关打开,试用复频域法求$i(t)$和$u_L(t)$。

13-9 如题13-9图所示电路,开关原闭合,已达稳定状态。$t=0$时开关打开,求当$t \geqslant 0$时的$i_1(t)$。

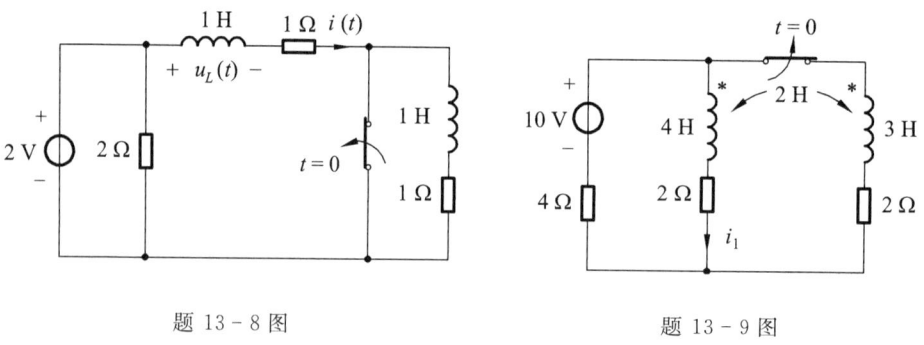

题13-8图　　　　　　　　题13-9图

13-10 如题13-10图所示电路,已知电容初始储能为零,在$t=0$时开关闭合,求当$t \geqslant 0$时的$u_C(t)$和$i(t)$。

13-11 如题13-11图所示电路,换路前开关在a位,已达稳定状态。$t=0$时开关从a打向b,求当$t \geqslant 0$时的$u_C(t)$。

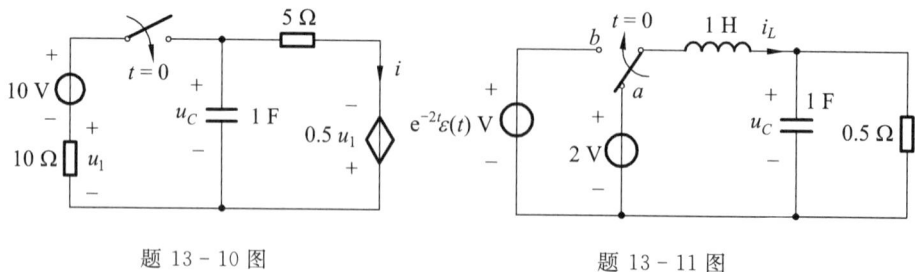

题13-10图　　　　　　　　题13-11图

13-12 如题 13-12 图所示电路,已知 $u_S(t)=3\delta(t)$,初始条件 $u_C(0_-)=0, i_L(0_-)=0$。求当 $t \geqslant 0$ 时的 $u_C(t)$。

13-13 电路如题 13-13 图所示,已知 $u_S(t)=2\sqrt{2}\sin(200t+45°)$ V,$t=0$ 时开关打开,求当 $t \geqslant 0$ 时的 $u_C(t)$。

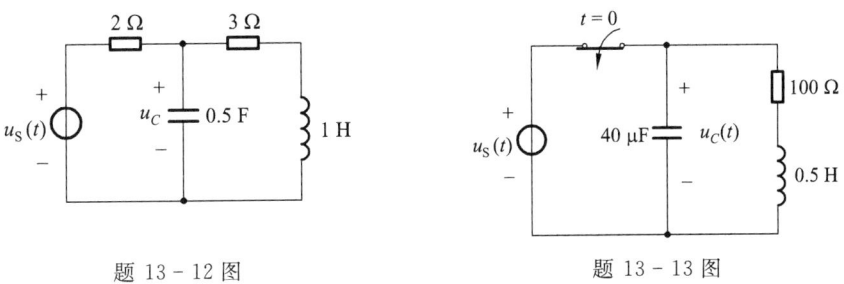

题 13-12 图 题 13-13 图

13-14 电路如题 13-14 图所示,开关原打开,电路已达稳定状态。$t=0$ 时开关闭合,求当 $t \geqslant 0$ 时的 $i(t)$。

13-15 如题 13-15 图所示电路,已知 $u_S(t)=40t\varepsilon(t)$ V,初始条件 $u_C(0_-)=0$,$i_L(0_-)=0$。求当 $t \geqslant 0$ 时的 $u_C(t)$。

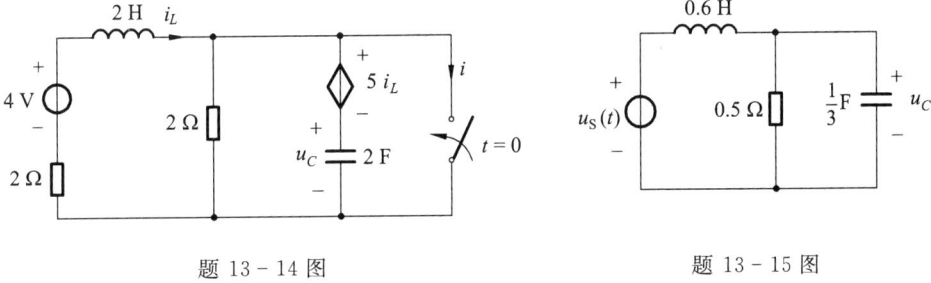

题 13-14 图 题 13-15 图

13-16 题 13-16 图所示电路原已达稳定状态。$t=0$ 时开关闭合,求当 $t \geqslant 0$ 时的 $u_C(t)$。

13-17 如题 13-17 图所示电路,开关动作前电路已达稳定状态。$t=0$ 时开关打开,求当 $t \geqslant 0$ 时的 $u_C(t)$ 和 $i(t)$。

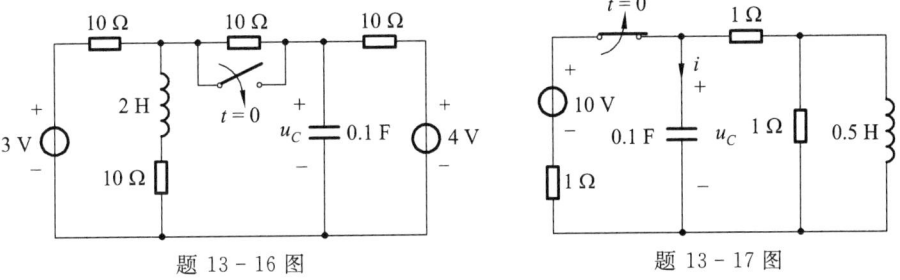

题 13-16 图 题 13-17 图

13-18 电路如题 13-18 图所示,开关原打开,电路已达稳定状态。$t=0$ 时开关闭合,求当 $t \geqslant 0$ 时的 $i_1(t)$ 和 $i_2(t)$。

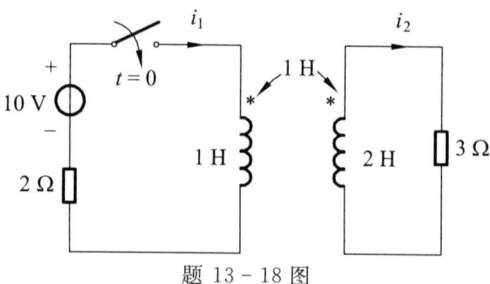

题 13-18 图

13-19 如题 13-19 图(a)所示电路,初始状态为零。激励源如题 13-19 图(b)所示,求零状态响应 $i(t)$。

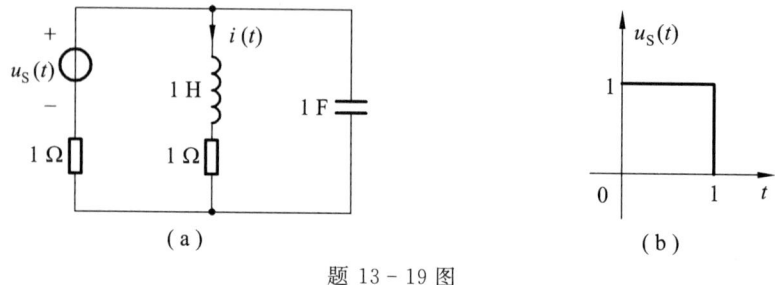

题 13-19 图

13-20 如题 13-20 图所示电路,开关动作前电路已达稳定状态。$t=0$ 时开关打开,求当 $t \geqslant 0$ 时的电流 $i(t)$。

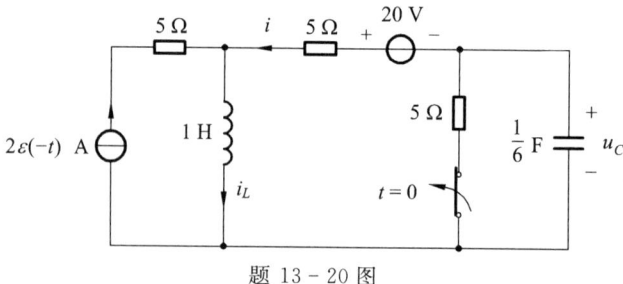

题 13-20 图

13-21 如题 13-21 图所示电路,开关动作前电路已达稳定状态。$t=0$ 时开关闭合,求当 $t \geqslant 0$ 时的电压 $u_L(t)$。

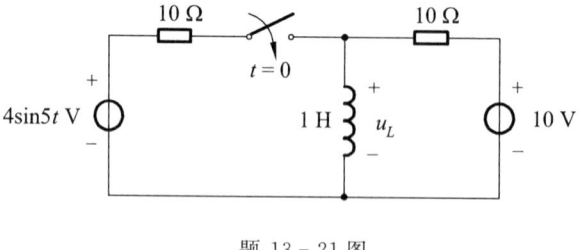

题 13-21 图

13-22 如题 13-22 图所示电路,开关动作前电路已达稳定状态。$t=0$ 时开关打开,求当 $t \geqslant 0$ 时的电流 $i(t)$。

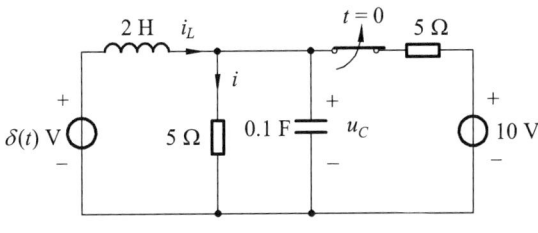

题 13-22 图

13-23 电路如题 13-23 图所示,求 $u_C(t)$ 和 $i_C(t)$。

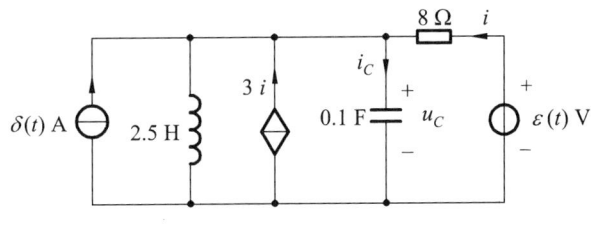

题 13-23 图

13-24 电路如题 13-24 图所示,求:

(1) 输入阻抗的表达式;

(2) 网络函数 $H(s) = \dfrac{U_2(s)}{U_1(s)}$。

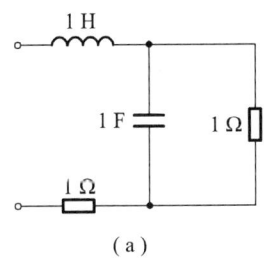   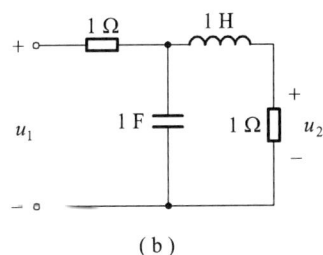

(a)   (b)

题 13-24 图

13-25 电路如题 13-25 图所示,图中 $u_S(t) = 6e^{-2t}\varepsilon(t)$ V,求:

(1) 对电流 $i(t)$ 的网络函数;

(2) 电流 $i(t)$。

13-26 如题 13-26 图(a)所示电路,初始条件 $u_C(0_-)=0$,激励如图(b)所示。求:

(1) 网络函数 $H(s) = \dfrac{U(s)}{I_S(s)}$;　(2) 零状态响应 $u(t)$。

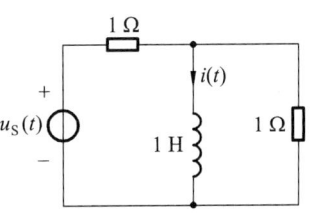

题 13-25 图

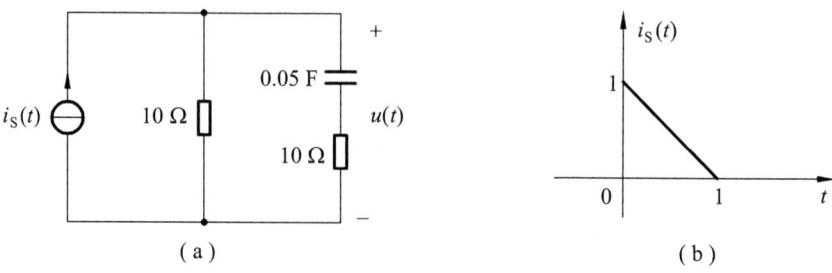

题 13-26 图

13-27 电路如题 13-27 图所示,求网络函数 $H(s)=\dfrac{U_o(s)}{U_S(s)}$。

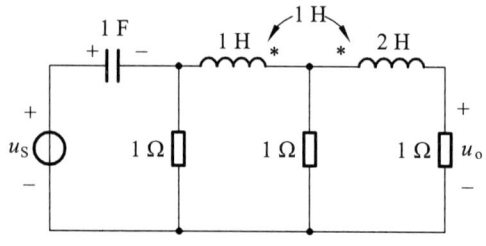

题 13-27 图

13-28 已知线性电路的单位冲激响应为 $h(t)=(e^{-t}+3e^{-3t})\varepsilon(t)$,求:
(1) 网络函数 $H(s)$,并绘出零极点图;
(2) 电路的单位阶跃响应。

13-29 已知线性电路的单位阶跃响应为 $s(t)=(5e^{-2t}+2e^{-5t})\varepsilon(t)$,求:
(1) 单位冲激响应 $h(t)$ 和网络函数 $H(s)$;
(2) 若电路的零状态响应为 $y_f(t)=(5e^{-2t}-5e^{-5t}-6te^{-2t})\varepsilon(t)$,求输入信号 $f(t)$。

13-30 如题 13-30 图所示电路,网络 N 是线性网络,零输入响应 $u_x(t)=10e^{-2t}$ V;当 $u_S(t)=5\varepsilon(t)$ V 时,全响应 $u_o(t)=(5e^{-t}+5e^{-2t})$ V。求当 $u_S(t)=12e^{-5t}\varepsilon(t)$ V 时,全响应 $u_o(t)=?$

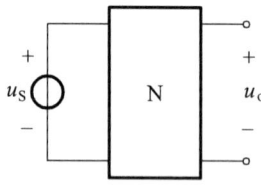

题 13-30 图

第 十 四 章

状 态 方 程

———————— 内 容 提 要 ————————

本章介绍状态方程。内容包括：电路的状态变量及状态方程；状态方程的建立；状态方程的复频域解法。

§14-1 电路的状态变量及状态方程

1. 电路的状态及状态变量

动态电路中各电压、电流都是随时间变化的物理量。所以，电路中的变量，就是指各支路(元件)上的电压、电流，以及电容的电荷、电感的磁链。它们都可以表示为时间函数形式。

在前面分析一阶、二阶电路时，除了电路结构、参数及外加激励外，我们还必须知道电路中电容电压 u_C 和电感电流 i_L 的初始值。只有知道了 u_C、i_L 的初始值，才能够求得"积分常数"，从而确定换路后电路中各响应的时间函数表达式。我们将 u_C、i_L 的初始值称为电路的初始状态，只要知道了一个已知电路的初始状态以及换路后作用于电路的外加激励，就可以确定该电路换路后的任一响应。

那么，什么是一般定义上的电路的状态呢？我们在已知电路中选取一些电压、电流(或电荷、磁链)构成一个变量组。若给定 $t=t_0$ 时这组变量的值，以及 $t \geqslant t_0$ 时的外加激励，就能够完全确定电路在 $t \geqslant t_0$ 时的任一响应，这称为对电路性能的完全描述。

电路在 $t=t_0$ 时刻的状态，是指能完全描述电路性能的最小变量组在这一时刻的值。这个变量组中的每一个变量，称为状态变量。

从以上定义可以看出，状态变量组中的每一个变量都是必不可少的，必须是独立的,它不可能用组内其他变量及激励的线性组合来表达。而电路中其他任意一个电压或电流,都可以用状态变量和激励来表示。

若一个电路中有 n 个状态变量 $x_1(t)$、$x_2(t)$、$\cdots$、$x_n(t)$,它们构成一个有 n 个元素的状态变量组,数学上可表示为一个 n 维列向量,称为电路的状态矢量 $\boldsymbol{X}(t)$,记为

$$\boldsymbol{X}(t)=\begin{bmatrix} x_1(t) \\ x_2(t) \\ \vdots \\ x_n(t) \end{bmatrix} \tag{14-1}$$

一个电路可以选出多种不同的状态矢量,但其中最容易选取的是由电容电压 u_C、电感电流 i_L 构成的状态矢量。通过前面的学习我们已经知道,u_C、i_L 确实能满足状态变量的基本定义。所以,一般将电路中各独立电容的电压 u_C、各独立电感的电流 i_L 作为一组状态变量。有的情况下,也可以将电容电荷 $q(t)$ 与电感磁链 $\psi(t)$ 作为状态变量。

例 14-1 在图 14-1 所示的电路中选取一组状态变量,并将其余各电压、电流以状态变量与激励的线性组合表示出来。

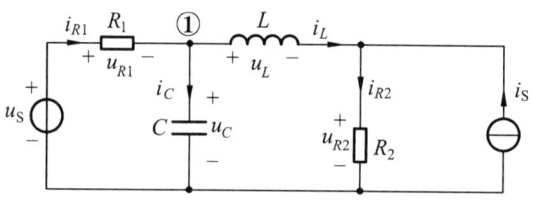

图 14-1 例 14-1 图

解 以 u_C、i_L 为状态变量,记为

$$\boldsymbol{X}=\begin{bmatrix} u_C \\ i_L \end{bmatrix}$$

则有

$$u_{R1}=u_S-u_C, \qquad i_{R1}=\frac{1}{R_1}u_S-\frac{1}{R_1}u_C$$

$$u_{R2}=R_2 i_L+R_2 i_S, \qquad i_{R2}=i_L+i_S$$

$$u_L=u_C-R_2 i_L-R_2 i_S, \quad i_C=\frac{1}{R_1}u_S-\frac{1}{R_1}u_C-i_L$$

2. 电路的状态方程及输出方程

在前面关于电路初始值问题的讨论中,我们已经知道,若已知状态变量 u_C、

i_L 在某任意时刻 t_0 的值,结合激励在该时刻的值,就可以确定电路中任一电压、电流在这一时刻的响应值。所以,如果我们能够明确状态变量和激励的时间函数形式,就可以得出电路中任一响应的函数形式。

先求得状态变量,再求其余响应——这就是状态变量分析法的基本思路。用状态变量分析法求解动态电路有两个步骤,需建立和求解两组方程。

1) 关于状态变量与时间关系的状态方程

以电路中各独立的 u_C、i_L 为状态变量,建立将各 i_C、u_L 用状态变量与激励表达的方程,其中:$i_C = C\dfrac{du_C}{dt}$,$u_L = L\dfrac{di_L}{dt}$。经整理后,可得一组将 $\dfrac{du_C}{dt}$ 或 $\dfrac{di_L}{dt}$ 以状态变量和激励表示的方程,这组联立方程即为电路的状态方程。其中每一个方程中只含有一个状态变量的一阶微分。

对于一个有 n 个状态变量 x_1、x_2、$\cdots$、x_n,有 m 个激励 f_1、f_2、$\cdots$、f_m 的电路,其状态方程可表示为

$$\begin{cases} \dot{x}_1 = a_{11}x_1 + a_{12}x_2 + \cdots + a_{1n}x_n + b_{11}f_1 + \cdots + b_{1m}f_m \\ \dot{x}_2 = a_{21}x_1 + a_{22}x_2 + \cdots + a_{2n}x_n + b_{21}f_1 + \cdots + b_{2m}f_m \\ \vdots \qquad \vdots \qquad \vdots \qquad \vdots \qquad \vdots \qquad \vdots \\ \dot{x}_n = a_{n1}x_1 + a_{n2}x_2 + \cdots + a_{nn}x_n + b_{n1}f_1 + \cdots + b_{nm}f_m \end{cases} \quad (14-2)$$

式中,a、b 为常系数;$\dot{x}_1$ 表示状态变量 x_1 的一阶微分,余类推。

矩阵形式为

$$\begin{bmatrix} \dot{x}_1 \\ \dot{x}_2 \\ \vdots \\ \dot{x}_n \end{bmatrix} = \begin{bmatrix} a_{11} & a_{12} & \cdots & a_{1n} \\ a_{21} & a_{22} & \cdots & a_{2n} \\ \vdots & \vdots & & \vdots \\ a_{n1} & a_{n2} & \cdots & a_{nn} \end{bmatrix} \begin{bmatrix} x_1 \\ x_2 \\ \vdots \\ x_n \end{bmatrix} + \begin{bmatrix} b_{11} & \cdots & b_{1m} \\ b_{21} & \cdots & b_{2m} \\ \vdots & & \vdots \\ b_{n1} & \cdots & b_{nm} \end{bmatrix} \begin{bmatrix} f_1 \\ \vdots \\ f_m \end{bmatrix}$$

$$(14-3)$$

简写为 $$\dot{\boldsymbol{X}} = \boldsymbol{A}\boldsymbol{X} + \boldsymbol{B}\boldsymbol{F} \qquad (14-4)$$

其中,$\boldsymbol{X}$ 为状态矢量;$\dot{\boldsymbol{X}} = \begin{bmatrix} \dot{x}_1 \\ \dot{x}_2 \\ \vdots \\ \dot{x}_n \end{bmatrix}$ 为状态变量的一阶微分矢量;$\boldsymbol{F} = \begin{bmatrix} f_1 \\ \vdots \\ f_m \end{bmatrix}$ 为输入矢量;$\boldsymbol{A}$、$\boldsymbol{B}$ 为系数矩阵,并且

$$A = \begin{bmatrix} a_{11} & a_{12} & \cdots & a_{1n} \\ a_{21} & a_{22} & \cdots & a_{2n} \\ \vdots & \vdots & & \vdots \\ a_{n1} & a_{n2} & \cdots & a_{nn} \end{bmatrix}, \quad B = \begin{bmatrix} b_{11} & \cdots & b_{1m} \\ b_{21} & \cdots & b_{2m} \\ \vdots & & \vdots \\ b_{n1} & \cdots & b_{nm} \end{bmatrix}$$

状态方程是一个一阶线性微分方程组，求解状态方程便可得到状态变量的时间函数形式。

2) 关于输出变量(响应)与状态变量及激励之间关系的输出方程

将输出变量以状态变量及激励的线性组合表示即为输出方程。若有 k 个输出变量，输出方程一般表示为

$$\begin{aligned} y_1 &= c_{11}x_1 + c_{12}x_2 + \cdots + c_{1n}x_n + d_{11}f_1 + \cdots + d_{1m}f_m \\ y_2 &= c_{21}x_1 + c_{22}x_2 + \cdots + c_{2n}x_n + d_{21}f_1 + \cdots + d_{2m}f_m \\ &\vdots \\ y_k &= c_{k1}x_1 + c_{k2}x_2 + \cdots + c_{kn}x_n + d_{k1}f_1 + \cdots + d_{km}f_m \end{aligned} \quad (14-5)$$

其中，y 代表输出变量；c、d 为常系数。

矩阵形式为

$$\begin{bmatrix} y_1 \\ y_2 \\ \vdots \\ y_k \end{bmatrix} = \begin{bmatrix} c_{11} & c_{12} & \cdots & c_{1n} \\ c_{21} & c_{22} & \cdots & c_{2n} \\ \vdots & \vdots & & \vdots \\ c_{k1} & c_{k2} & \cdots & c_{kn} \end{bmatrix} \begin{bmatrix} x_1 \\ x_2 \\ \vdots \\ x_n \end{bmatrix} + \begin{bmatrix} d_{11} & \cdots & d_{1m} \\ d_{21} & \cdots & d_{2m} \\ \vdots & & \vdots \\ d_{k1} & \cdots & d_{km} \end{bmatrix} \begin{bmatrix} f_1 \\ \vdots \\ f_m \end{bmatrix}$$
$$(14-6)$$

简写为 $\quad\quad Y = CX + DF \quad\quad (14-7)$

式中，$Y = \begin{bmatrix} y_1 \\ y_2 \\ \vdots \\ y_k \end{bmatrix}$ 为输出矢量；C、D 为系数矩阵，且

$$C = \begin{bmatrix} c_{11} & c_{12} & \cdots & c_{1n} \\ c_{21} & c_{22} & \cdots & c_{2n} \\ \vdots & \vdots & & \vdots \\ c_{k1} & c_{k2} & \cdots & c_{kn} \end{bmatrix}, \quad D = \begin{bmatrix} d_{11} & \cdots & d_{1m} \\ d_{21} & \cdots & d_{2m} \\ \vdots & & \vdots \\ d_{k1} & \cdots & d_{km} \end{bmatrix}$$

输出方程是一组代数方程，或者说是一组代数表达式。

状态变量法是分析动态电路的一种重要方法，它具有如下优点：

① 对于含有多个独立储能元件的较复杂电路，只需建立、求解一组联立的一阶微分方程，这比求解高阶微分方程相对容易，而且也更适合于多输入、

多输出电路的求解；

② 状态方程具有标准矩阵形式，便于用计算机编程求解；

③ 可推广到对非线性网络的分析。

状态变量法最大的特点还在于它阐明了电路的外加激励（输入变量）、状态变量、输出变量三者之间的关系，即电路运动的外因、内因与结果之间的关系。它不但让我们看到电路的输出变化过程，也让我们清楚地了解到电路内部情况的变化过程，所以这个方法又称为"内部描述法"。

§14-2　状态方程的建立

建立状态方程是状态变量分析法的关键一步，有很多种方法。本节介绍其中三种常用基本方法。

1. 直观法

此法又称为"电容结点-电感回路法"。

首先，取电路中各独立电容的电压 u_C、各独立电感的电流 i_L 为电路的状态变量。

所谓独立，是指其中任何一个 u_C 或 i_L 都不可能用其他电容电压或电感电流及电流激励的线性组合来表示。如果电路中有以下情况，就会存在非独立的电容与电感：

① 与理想电压源并联的电容为非独立的；

② 与理想电流源串联的电感为非独立的；

③ 若全部由电容与电压源构成的回路中有 n 个电容，只有 $(n-1)$ 个独立，可以任意指定一个为非独立电容。例如，图 14-2 所示电路中，$u_{C3}=u_S-u_{C1}+u_{C2}$，三个电容中有两个是独立的，C_3 非独立。

④ 若全部由电感支路与电流源支路构成的结点（或割集）上有 m 个电感，只有 $(m-1)$ 个是独立的。例如，图 14-3 所示电路中，$i_{L3}=i_S+i_{L1}-i_{L2}$，三个电感中只有两个是独立的。

只有被确认是独立的电容电压或电感电流才能作为状态变量。

对每个独立电容，选取它所连接的一个结点，建立 KCL 方程。方程中含有该电容的电流 i_C，而 $i_C = C\dfrac{du_C}{dt}$。若将此方程中所有非状态变量代换为状态

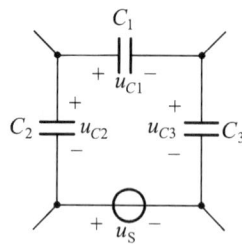
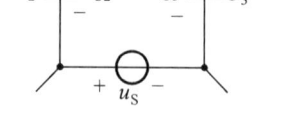

图 14-2 电容与电压源构成的电路　　图 14-3 电感与电流源构成的电路

变量和激励,再加以整理,便可得到一个关于 $\dfrac{\mathrm{d}u_C}{\mathrm{d}t}$ 的方程。注意,这个方程中只能含有一个独立电容电压的一阶微分,所以为避免麻烦,应该选择只接有一个电容的结点建立方程。

对每个独立电感,找出一个包含它的回路,回路中也应该只含有这一个电感。对这个回路建立 KVL 方程,其中必然含有 $u_L = L\dfrac{\mathrm{d}i_L}{\mathrm{d}t}$。将方程中所有非状态变量代换为状态变量与激励,经整理,可得到一个关于 $\dfrac{\mathrm{d}i_L}{\mathrm{d}t}$ 的方程。

最后,联立所得方程,或将其表示为矩阵形式,即得到电路的状态方程。

下面举例说明建立状态方程的基本步骤和具体过程。

例 14-2　电路如图 14-1 所示,列出电路的状态方程以及关于 u_{R1}、u_{R2} 及 u_L 的输出方程。

解　列状态方程:

(1) 取 u_C、i_L 为状态变量。

(2) 建立关于①结点的 KCL 方程

$$i_C = i_{R1} - i_L$$

代换后得

$$C\dfrac{\mathrm{d}u_C}{\mathrm{d}t} = \dfrac{1}{R_1}u_S - \dfrac{1}{R_1}u_C - i_L$$

整理,得

$$\dfrac{\mathrm{d}u_C}{\mathrm{d}t} = -\dfrac{1}{R_1 C}u_C - \dfrac{1}{C}i_L + \dfrac{1}{R_1 C}u_S$$

(3) 选取由 L、C、R_2 构成的回路建立 KVL 方程

$$u_L = u_C - u_{R2}$$

代换后得

$$L\dfrac{\mathrm{d}i_L}{\mathrm{d}t} = u_C - R_2 i_L - R_2 i_S$$

整理,得

$$\dfrac{\mathrm{d}i_L}{\mathrm{d}t} = \dfrac{1}{L}u_C - \dfrac{R_2}{L}i_L - \dfrac{R_2}{L}i_S$$

（4）联立，得状态方程

$$\begin{cases} \dfrac{du_C}{dt} = -\dfrac{1}{R_1 C} u_C - \dfrac{1}{C} i_L + \dfrac{1}{R_1 C} u_S \\ \dfrac{di_L}{dt} = \dfrac{1}{L} u_C - \dfrac{R_2}{L} i_L - \dfrac{R_2}{L} i_S \end{cases}$$

矩阵形式

$$\begin{bmatrix} \dot{u}_C \\ \dot{i}_L \end{bmatrix} = \begin{bmatrix} -\dfrac{1}{R_1 C} & -\dfrac{1}{C} \\ \dfrac{1}{L} & -\dfrac{R_2}{L} \end{bmatrix} \begin{bmatrix} u_C \\ i_L \end{bmatrix} + \begin{bmatrix} \dfrac{1}{R_1 C} & 0 \\ 0 & -\dfrac{R_2}{L} \end{bmatrix} \begin{bmatrix} u_S \\ i_S \end{bmatrix}$$

输出方程

$$\begin{cases} u_{R1} = -u_C + u_S \\ u_{R2} = R_2 i_L + R_2 i_S \\ u_L = u_C - R_2 i_L - R_2 i_S \end{cases}$$

矩阵形式

$$\begin{bmatrix} u_{R1} \\ u_{R2} \\ u_L \end{bmatrix} = \begin{bmatrix} -1 & 0 \\ 0 & R_2 \\ 1 & -R_2 \end{bmatrix} \begin{bmatrix} u_C \\ i_L \end{bmatrix} + \begin{bmatrix} 1 & 0 \\ 0 & R_2 \\ 0 & -R_2 \end{bmatrix} \begin{bmatrix} u_S \\ i_S \end{bmatrix}$$

例 14-3 电路如图 14-4 所示。已知：$R_1 = R_2 = 2\ \Omega, L = 1\ \text{H}, C_1 = 1\ \text{F}, C_2 = \dfrac{1}{2}\ \text{F}$，列出电路的状态方程以及关于 i_{C1}、i_{C2} 及 i_1 的输出方程。

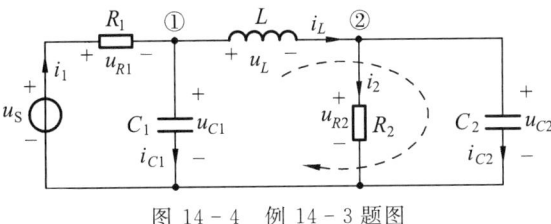

图 14-4 例 14-3 题图

解 电路中各电容、电感都是独立的。以 u_{C1}、u_{C2}、i_L 为状态变量，记为

$$\boldsymbol{X} = \begin{bmatrix} u_{C1} \\ u_{C2} \\ i_L \end{bmatrix}$$

对结点①，有

$$i_{C1} = C_1 \dfrac{du_{C1}}{dt} = i_1 - i_L = \dfrac{u_S - u_{C1}}{R_1} - i_L$$

即

$$\dfrac{du_{C1}}{dt} = -\dfrac{1}{R_1 C_1} u_{C1} - \dfrac{1}{C_1} i_L + \dfrac{1}{R_1 C_1} u_S = -\dfrac{1}{2} u_{C1} - i_L + \dfrac{1}{2} u_S$$

对结点②，有

$$i_{C2}=C_2\frac{\mathrm{d}u_{C2}}{\mathrm{d}t}=i_L-i_2=i_L-\frac{u_{C2}}{R_2}$$

即

$$\frac{\mathrm{d}u_{C2}}{\mathrm{d}t}=-\frac{1}{R_2C_2}u_{C2}+\frac{1}{C_2}i_L=-u_{C2}+2i_L$$

对图示回路，有

$$u_L=L\frac{\mathrm{d}i_L}{\mathrm{d}t}=u_{C1}-u_{C2}$$

即

$$\frac{\mathrm{d}i_L}{\mathrm{d}t}=\frac{1}{L}u_{C1}-\frac{1}{L}u_{C2}=u_{C1}-u_{C2}$$

整理，可得状态方程

$$\begin{bmatrix}\dot{u}_{C1}\\ \dot{u}_{C2}\\ \dot{i}_L\end{bmatrix}=\begin{bmatrix}-\frac{1}{2}&0&-1\\ 0&-1&2\\ 1&-1&0\end{bmatrix}\begin{bmatrix}u_{C1}\\ u_{C2}\\ i_L\end{bmatrix}+\begin{bmatrix}\frac{1}{2}\\ 0\\ 0\end{bmatrix}u_S$$

又有

$$i_{C1}=\frac{u_S-u_{C1}}{R_1}-i_L=-\frac{1}{2}u_{C1}-i_L+\frac{1}{2}u_S$$

$$i_{C2}=i_L-\frac{u_{C2}}{R_2}=-\frac{1}{2}u_{C2}+i_L$$

$$i_1=\frac{u_S-u_{C1}}{R_1}=-\frac{1}{2}u_{C1}+\frac{1}{2}u_S$$

得输出方程为

$$\begin{bmatrix}i_{C1}\\ i_{C2}\\ i_1\end{bmatrix}=\begin{bmatrix}-\frac{1}{2}&0&-1\\ 0&-\frac{1}{2}&1\\ -\frac{1}{2}&0&0\end{bmatrix}\begin{bmatrix}u_{C1}\\ u_{C2}\\ i_L\end{bmatrix}+\begin{bmatrix}\frac{1}{2}\\ 0\\ \frac{1}{2}\end{bmatrix}u_S$$

2. 观察法

观察法又称为电容割集-电感回路法。它可以看作是直观法的一种改进方法。

如果一个电容，它两端的结点上都连接有其他电容，那么无论取其中哪一个结点建立 KCL 方程，方程中都含有两个电容电压的一阶微分，而要消去其中不要的那一个将十分麻烦。为避免出现这类问题，可以不对电容结点，而是对电容割集建立 KCL 方程，以使方程中只含有一个电容电压的一阶微分。由此，我们将引入电路的拓扑图进行分析讨论，得出一种改进方法。

首先，画出电路的拓扑图，选一个树。选树应遵循以下原则：

① 树支选择优先顺序：a. 独立电容支路；b. 电压源支路；c. 电阻支路等。
② 连支选择优先顺序：a. 独立电感支路；b. 电流源支路；c. 电阻支路等。

然后，分别建立包含单个电容的基本割集的 KCL 方程和包含单个电感的基本回路的 KVL 方程，再经代换、整理，得到状态方程。

例 14-4 列出图 14-5(a)所示电路的状态方程。

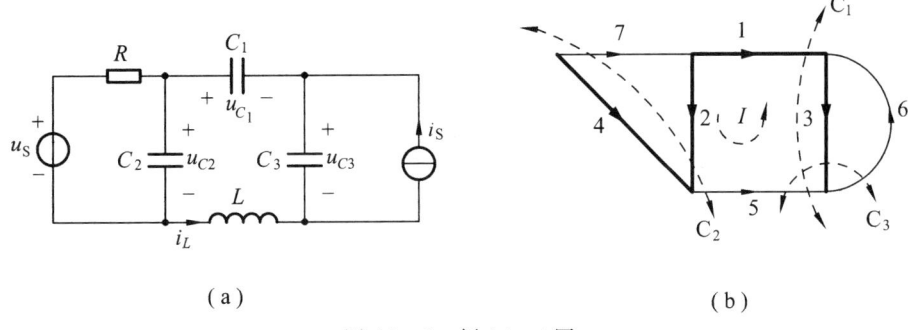

图 14-5 例 14-4 图

解 电容 C_1、C_2、C_3 及电感 L 都是独立的。以 u_{C1}、u_{C2}、u_{C3} 及 i_L 为状态变量，画出电路的拓扑图，如图 14-5(b)所示。以电容 C_1、C_2、C_3 及电压源 u_S 支路为树支，以电感 L、电流源 i_S 及电阻 R 支路为连支，标出各电容基本割集与电感基本回路如图 14-5(b)所示。列割集与回路方程

割集 C_1： $C_1 \dfrac{\mathrm{d}u_{C1}}{\mathrm{d}t} = -i_L$

割集 C_2： $C_2 \dfrac{\mathrm{d}u_{C2}}{\mathrm{d}t} = i_7 + i_L = -\dfrac{1}{R}u_{C2} + i_L + \dfrac{1}{R}u_S$

割集 C_3： $C_3 \dfrac{\mathrm{d}u_{C3}}{\mathrm{d}t} = -i_L + i_S$

回路 I： $L \dfrac{\mathrm{d}i_L}{\mathrm{d}t} = u_{C1} - u_{C2} + u_{C3}$

整理，可得状态方程

$$\begin{bmatrix} \dot{u}_{C1} \\ \dot{u}_{C2} \\ \dot{u}_{C3} \\ \dot{i}_L \end{bmatrix} = \begin{bmatrix} 0 & 0 & 0 & -\dfrac{1}{C_1} \\ 0 & -\dfrac{1}{RC_2} & 0 & \dfrac{1}{C_2} \\ 0 & 0 & 0 & -\dfrac{1}{C_3} \\ \dfrac{1}{L} & -\dfrac{1}{L} & \dfrac{1}{L} & 0 \end{bmatrix} \begin{bmatrix} u_{C1} \\ u_{C2} \\ u_{C3} \\ i_L \end{bmatrix} + \begin{bmatrix} 0 & 0 \\ \dfrac{1}{RC_2} & 0 \\ 0 & \dfrac{1}{C_3} \\ 0 & 0 \end{bmatrix} \begin{bmatrix} u_S \\ i_S \end{bmatrix}$$

例 14-5 电路如图 14-6(a)所示。设电路中 L、C 原来就有储能，用观

察法列出电路的状态方程。

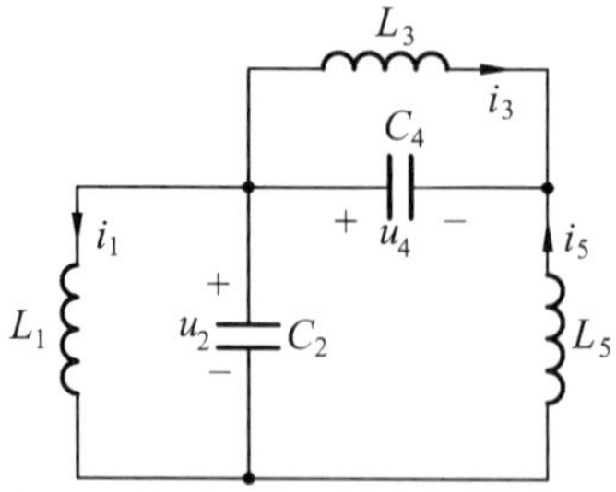

(a)

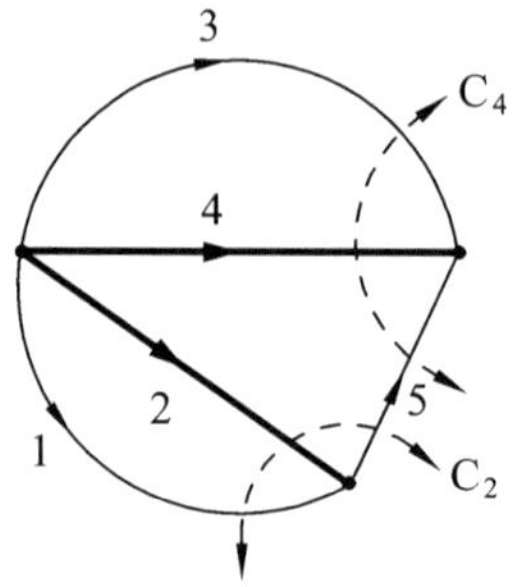

(b)

图 14－6 例 14－5 图

解 电路中所有电容、电感都是独立的。以各电容电压、电感电流为状态变量，状态矢量为

$$\boldsymbol{X}=[i_1 \quad u_2 \quad i_3 \quad u_4 \quad i_5]^{\mathrm{T}}$$

画出电路拓扑图如图 14－6(b)所示。以支路 2、4 为树支，支路 1、3、5 为连支，建立以下方程。

(1) KCL 方程

割集 C_2： $C_2\dfrac{\mathrm{d}u_2}{\mathrm{d}t}=i_5-i_1$

割集 C_4： $C_4\dfrac{\mathrm{d}u_4}{\mathrm{d}t}=-i_3-i_5$

(2) KVL 方程

基本回路 1： $L_1\dfrac{\mathrm{d}i_1}{\mathrm{d}t}=u_2$

基本回路 3： $L_3\dfrac{\mathrm{d}i_3}{\mathrm{d}t}=u_4$

基本回路 5： $L_5\dfrac{\mathrm{d}i_5}{\mathrm{d}t}=-u_2+u_4$

整理，得状态方程为

$$\begin{bmatrix}\dot{i}_1\\ \dot{u}_2\\ \dot{i}_3\\ \dot{u}_4\\ \dot{i}_5\end{bmatrix}=\begin{bmatrix}0 & \dfrac{1}{L_1} & 0 & 0 & 0\\ -\dfrac{1}{C_2} & 0 & 0 & 0 & \dfrac{1}{C_2}\\ 0 & 0 & 0 & \dfrac{1}{L_3} & 0\\ 0 & 0 & -\dfrac{1}{C_4} & 0 & \dfrac{1}{C_4}\\ 0 & -\dfrac{1}{L_5} & 0 & \dfrac{1}{L_5} & 0\end{bmatrix}\begin{bmatrix}i_1\\ u_2\\ i_3\\ u_4\\ i_5\end{bmatrix}$$

3. 叠加法

叠加法是一种利用替代定理和叠加定理来列写状态方程的方法。显然这种方法只适用于线性电路。

具体方法和步骤为：

① 选独立的 u_C、i_L 为状态变量。

② 应用替代定理。以独立电压源替代电容，电源电压为 u_C；以独立电流源替代电感，电源电流为 i_L。

③ 应用叠加定理。让激励电源、替代电压源 u_C、替代电流源 i_L 各自单独作用，分别求得相应产生的 i_C 及 u_L 分量，然后叠加求得总的 i_C 及 u_L 的表达式。

④ 整理 i_C、u_L 表达式，得状态方程。

例 14 - 6 电路如图 14 - 7(a)所示，试列出其状态方程。

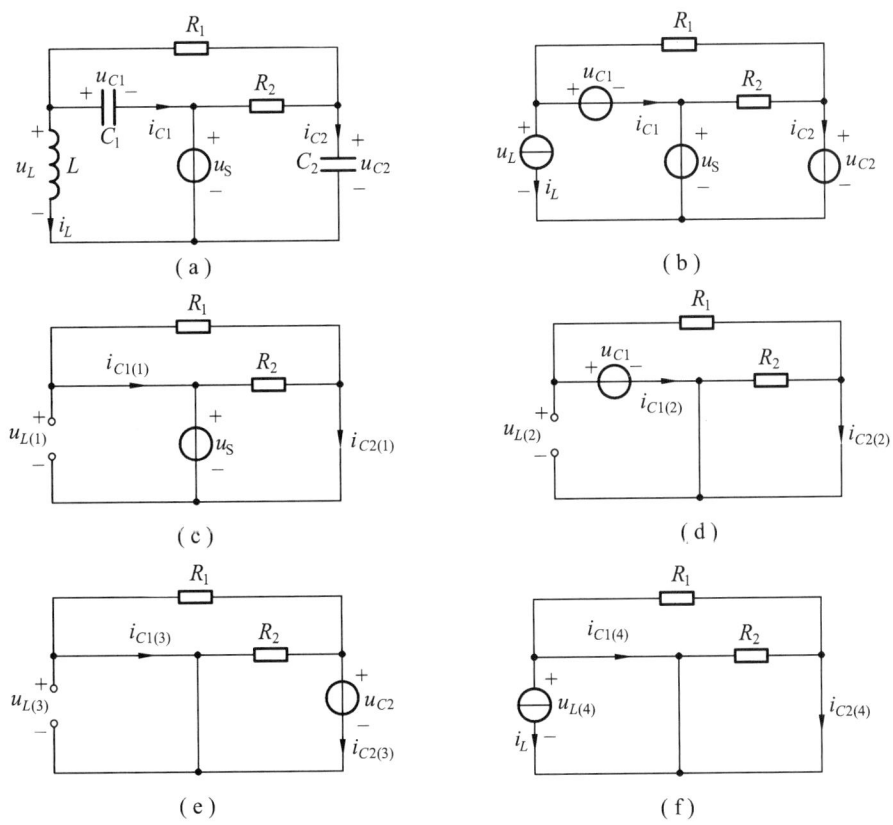

图 14 - 7 例 14 - 6 图

解 以 u_{C1}、u_{C2} 及 i_L 为状态变量。以电压源 u_{C1}、u_{C2} 分别替代电容 C_1、C_2，电流源 i_L 替代电感 L，如图 14-7(b)所示。

令电压源 u_S 单独作用，如图 14-7(c)所示，有

$$i_{C1(1)} = -\frac{1}{R_1}u_S, \quad i_{C2(1)} = \left(\frac{1}{R_1}+\frac{1}{R_2}\right)u_S, \quad u_{L(1)} = u_S$$

令电压源 u_{C1} 单独作用，如图 14-7(d)所示，有

$$i_{C1(2)} = -\frac{1}{R_1}u_{C1}, \quad i_{C2(2)} = \frac{1}{R_1}u_{C1}, \quad u_{L(2)} = u_{C1}$$

令电压源 u_{C2} 单独作用，如图 14-7(e)所示，有

$$i_{C1(3)} = \frac{1}{R_1}u_{C2}, \quad i_{C2(3)} = \left(-\frac{1}{R_1}-\frac{1}{R_2}\right)u_{C2}, \quad u_{L(3)} = 0$$

令电流源 i_L 单独作用，如图 14-7(f)所示，有

$$i_{C1(4)} = -i_L, \quad i_{C2(4)} = 0, \quad u_{L(4)} = 0$$

由叠加定理，得

$$i_{C1} = C_1\frac{du_{C1}}{dt} = -\frac{1}{R_1}u_{C1} + \frac{1}{R_1}u_{C2} - i_L - \frac{1}{R_1}u_S$$

$$i_{C2} = C_2\frac{du_{C2}}{dt} = +\frac{1}{R_1}u_{C1} + \left(-\frac{1}{R_1}-\frac{1}{R_2}\right)u_{C2} + \left(\frac{1}{R_1}+\frac{1}{R_2}\right)u_S$$

$$u_L = L\frac{di_L}{dt} = u_{C1} + u_S$$

状态方程为

$$\begin{bmatrix}\dot{u}_{C1}\\ \dot{u}_{C2}\\ \dot{i}_L\end{bmatrix} = \begin{bmatrix}-\dfrac{1}{R_1C_1} & \dfrac{1}{R_1C_1} & -\dfrac{1}{C_1}\\ \dfrac{1}{R_1C_2} & -\dfrac{1}{R_1C_2}-\dfrac{1}{R_2C_2} & 0\\ \dfrac{1}{L} & 0 & 0\end{bmatrix}\begin{bmatrix}u_{C1}\\ u_{C2}\\ i_L\end{bmatrix} + \begin{bmatrix}-\dfrac{1}{R_1C_1}\\ \dfrac{1}{R_1C_2}+\dfrac{1}{R_2C_2}\\ \dfrac{1}{L}\end{bmatrix}u_S$$

例 14-7 电路如图 14-8(a)所示。列出电路的状态方程。

解 确定状态变量：电容 C_2 与电压源 u_S 并联，$u_{C2} = u_S$，为非独立变量。由 KCL 推论，可知 $i_{L1} = i_{L2}$，这两个电感电流只有一个是独立的。所以，选取 u_{C1} 和 i_{L1} 为状态变量，即

$$\boldsymbol{X} = \begin{bmatrix}u_{C1}\\ i_{L1}\end{bmatrix}$$

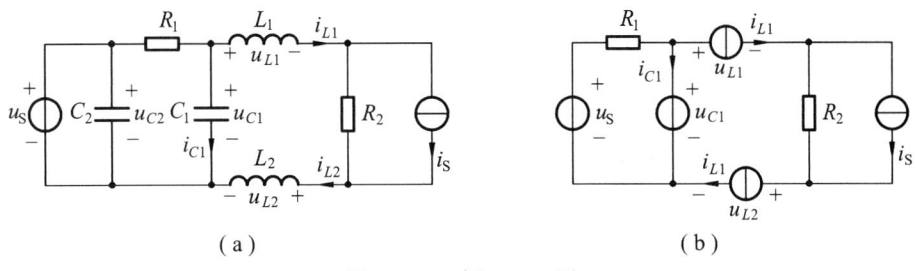

图 14-8 例 14-7 图

原电路的替代等效电路如图 14-8(b)所示。图中：

① 因电容 C_1 与电压源 u_S 并联，在替代等效电路中作为多余元件处理(去掉)。

② L_1、L_2 流过同一电流 i_{L1}，虽各自以一电流源替代，但它们不可以各自单独作用，实为一体，电压也合并计算。由叠加定理可得

$$i_{C1} = C_1 \frac{du_{C1}}{dt} = -\frac{1}{R_1}u_{C1} - i_L + \frac{1}{R_1}u_S$$

$$u_{L1} + u_{L2} = (L_1 + L_2)\frac{di_{L1}}{dt} = u_{C1} - R_2 i_L + R_2 i_S$$

整理，得状态方程

$$\begin{bmatrix} \dot{u}_{C1} \\ \dot{i}_{L1} \end{bmatrix} = \begin{bmatrix} -\dfrac{1}{R_1 C_1} & -\dfrac{1}{C_1} \\ \dfrac{1}{L_1 + L_2} & -\dfrac{R_2}{L_1 + L_2} \end{bmatrix} \begin{bmatrix} u_{C1} \\ i_{L1} \end{bmatrix} + \begin{bmatrix} \dfrac{1}{R_1 C_1} & 0 \\ 0 & \dfrac{R_2}{L_1 + L_2} \end{bmatrix} \begin{bmatrix} u_S \\ i_S \end{bmatrix}$$

以上介绍的三种方法各有特点。简单来说，直观法与观察法的确直观、明了。但是其中对非状态变量的代换有可能十分困难；而叠加法不存在对非状态变量的代换问题，但过程比较繁琐。

§14-3 状态方程的复频域解法

对状态方程 $\dot{\boldsymbol{X}} = \boldsymbol{AX} + \boldsymbol{BF}$ 等式两边取拉氏变换

$$\mathscr{L}[\dot{\boldsymbol{X}}] = \mathscr{L}[\boldsymbol{AX}] + \mathscr{L}[\boldsymbol{BF}]$$

得 $\quad s\boldsymbol{X}(s) - \boldsymbol{X}(0) = \boldsymbol{AX}(s) + \boldsymbol{BF}(s)$ (14-8)

整理 $\quad s\boldsymbol{X}(s) - \boldsymbol{AX}(s) = \boldsymbol{X}(0) + \boldsymbol{BF}(s)$

$(s\boldsymbol{1} - \boldsymbol{A})\boldsymbol{X}(s) = \boldsymbol{X}(0) + \boldsymbol{BF}(s)$ (14-9)

其中，$\boldsymbol{X}(0)$ 为初始状态矢量；$\boldsymbol{1}$ 为单位矩阵，与 $\boldsymbol{A}$ 同阶。

所以 $\quad \boldsymbol{X}(s) = (s\boldsymbol{1} - \boldsymbol{A})^{-1}\boldsymbol{X}(0) + (s\boldsymbol{1} - \boldsymbol{A})^{-1}\boldsymbol{BF}(s)$

$= \boldsymbol{\Phi}(s)\boldsymbol{X}(0) + \boldsymbol{\Phi}(s)\boldsymbol{BF}(s)$ (14-10)

$$\boldsymbol{\Phi}(s)=(s\mathbf{1}-\boldsymbol{A})^{-1} \qquad (14-11)$$

式(14-11)为预解矩阵。

$\boldsymbol{X}(s)$是状态方程的复频域解,即状态矢量的复频域形式。

对$\boldsymbol{X}(s)$求拉氏反变换,即可得状态方程的时域解

$$\begin{aligned}\boldsymbol{X}(t)&=\mathscr{L}^{-1}[\boldsymbol{X}(s)]\\&=\mathscr{L}^{-1}[\boldsymbol{\Phi}(s)\boldsymbol{X}(0)]+\mathscr{L}^{-1}[\boldsymbol{\Phi}(s)\boldsymbol{B}\boldsymbol{F}(s)]\end{aligned} \qquad (14-12)$$

其中,$\mathscr{L}^{-1}[\boldsymbol{\Phi}(s)\boldsymbol{X}(0)]$只与电路的初始状态有关,是零输入响应分量;$\mathscr{L}^{-1}[\boldsymbol{\Phi}(s)\boldsymbol{B}\boldsymbol{F}(s)]$只与电路的外加激励有关,是零状态响应分量。

例 14-8 已知一个电路的状态方程为

$$\begin{bmatrix}\dot{u}_1\\ \dot{u}_2\end{bmatrix}=\begin{bmatrix}-1 & 2\\ 0 & -2\end{bmatrix}\begin{bmatrix}u_1\\ u_2\end{bmatrix}+\begin{bmatrix}1\\ 0\end{bmatrix}u_\mathrm{S}$$

初始状态为 $\boldsymbol{X}(0)=\begin{bmatrix}u_1(0_-)\\ u_2(0_-)\end{bmatrix}=\begin{bmatrix}0\\ 1\end{bmatrix}\mathrm{V}$

求电路的零输入响应。

解 因 $\boldsymbol{A}=\begin{bmatrix}-1 & 2\\ 0 & -2\end{bmatrix}$,所以

$$(s\mathbf{1}-\boldsymbol{A})=\begin{bmatrix}s & 0\\ 0 & s\end{bmatrix}-\begin{bmatrix}-1 & 2\\ 0 & -2\end{bmatrix}=\begin{bmatrix}s+1 & -2\\ 0 & s+2\end{bmatrix}$$

预解矩阵

$$\begin{aligned}\boldsymbol{\Phi}(s)&=(s\mathbf{1}-\boldsymbol{A})^{-1}=\begin{bmatrix}s+1 & -2\\ 0 & s+2\end{bmatrix}^{-1}\\&=\frac{1}{(s+1)(s+2)}\begin{bmatrix}s+2 & 2\\ 0 & s+1\end{bmatrix}\end{aligned}$$

零输入响应的复频域形式为

$$\begin{aligned}\boldsymbol{\Phi}(s)\boldsymbol{X}(0)&=\frac{1}{(s+1)(s+2)}\begin{bmatrix}s+2 & 2\\ 0 & s+1\end{bmatrix}\begin{bmatrix}0\\ 1\end{bmatrix}\\&=\frac{1}{(s+1)(s+2)}\begin{bmatrix}2\\ s+1\end{bmatrix}=\begin{bmatrix}\dfrac{2}{(s+1)(s+2)}\\ \dfrac{1}{s+2}\end{bmatrix}\\&=\begin{bmatrix}\dfrac{2}{s+1}-\dfrac{2}{s+2}\\ \dfrac{1}{s+2}\end{bmatrix}\end{aligned}$$

所以电路的零输入响应为

$$\mathscr{L}^{-1}[\boldsymbol{\Phi}(s)\boldsymbol{X}(0)] = \mathscr{L}^{-1}\begin{bmatrix} \dfrac{2}{s+1} - \dfrac{2}{s+2} \\ \dfrac{1}{s+2} \end{bmatrix}$$

$$= \begin{bmatrix} 2\mathrm{e}^{-t} - 2\mathrm{e}^{-2t} \\ \mathrm{e}^{-2t} \end{bmatrix} \mathrm{V} = \begin{bmatrix} u_{1x} \\ u_{2x} \end{bmatrix} \quad (t \geqslant 0)$$

例 14-9 电路如图 14-9 所示。已知：直流电流源 $I_S = 3$ A，阶跃电压源 $u_S = 4\varepsilon(t)$ V，$L_1 = 1$ H，$L_2 = 2$ H，$R_1 = 2$ Ω，$R_2 = 4$ Ω。用状态变量分析法求 i_{L1}、i_{L2} 及 u_{R1}、u_{R2}。

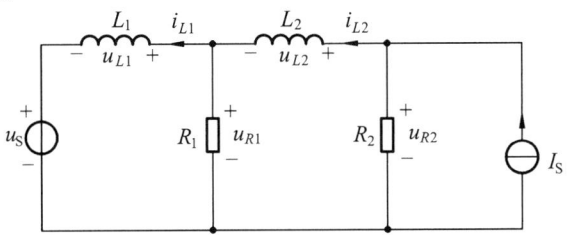

图 14-9 例 14-9 图

解 以 i_{L1}、i_{L2} 为状态变量，即 $\boldsymbol{X} = \begin{bmatrix} i_{L1} \\ i_{L2} \end{bmatrix}$。

当 $t = 0_-$ 时，$u_S(0_-) = 0$，有 $i_{L1}(0_-) = i_{L2}(0_-) = 3$ A，即 $\boldsymbol{X}(0) = \begin{bmatrix} 3 \\ 3 \end{bmatrix}$ A。

由 KVL，有

$$u_{L1} = L_1 \frac{\mathrm{d}i_{L1}}{\mathrm{d}t} = u_{R1} - u_S, \quad u_{L2} = L_2 \frac{\mathrm{d}i_{L2}}{\mathrm{d}t} = u_{R2} - u_{R1}$$

而 $\quad u_{R1} = R_1(i_{L2} - i_{L1}), \quad u_{R2} = R_2(I_S - i_{L2})$

整理，得状态方程

$$\begin{bmatrix} \dot{i}_{L1} \\ \dot{i}_{L2} \end{bmatrix} = \begin{bmatrix} -\dfrac{R_1}{L_1} & \dfrac{R_1}{L_1} \\ \dfrac{R_1}{L_2} & -\dfrac{R_1 + R_2}{L_2} \end{bmatrix} \begin{bmatrix} i_{L1} \\ i_{L2} \end{bmatrix} + \begin{bmatrix} -\dfrac{1}{L_1} & 0 \\ 0 & \dfrac{R_2}{L_2} \end{bmatrix} \begin{bmatrix} u_S \\ I_S \end{bmatrix}$$

(14-13)

输出方程 $\quad \begin{bmatrix} u_{R1} \\ u_{R2} \end{bmatrix} = \begin{bmatrix} -R_1 & R_1 \\ 0 & -R_2 \end{bmatrix} \begin{bmatrix} i_{L1} \\ i_{L2} \end{bmatrix} + \begin{bmatrix} 0 & 0 \\ 0 & R_2 \end{bmatrix} \begin{bmatrix} u_S \\ I_S \end{bmatrix}$ (14-14)

将参数代入式(14-13),得

$$\begin{bmatrix} \dot{i}_{L1} \\ \dot{i}_{L2} \end{bmatrix} = \begin{bmatrix} -2 & 2 \\ 1 & -3 \end{bmatrix} \begin{bmatrix} i_{L1} \\ i_{L2} \end{bmatrix} + \begin{bmatrix} -1 & 0 \\ 0 & 2 \end{bmatrix} \begin{bmatrix} 4\varepsilon(t) \\ 3 \end{bmatrix}$$

由状态方程的复频域解法

$$\boldsymbol{\Phi}(s) = (s\mathbf{1} - \mathbf{A})^{-1} = \left(\begin{bmatrix} s & 0 \\ 0 & s \end{bmatrix} - \begin{bmatrix} -2 & 2 \\ 1 & -3 \end{bmatrix} \right)^{-1}$$

$$= \begin{bmatrix} s+2 & -2 \\ -1 & s+3 \end{bmatrix}^{-1} = \frac{1}{s^2+5s+6-2} \begin{bmatrix} s+3 & 2 \\ 1 & s+2 \end{bmatrix}$$

$$= \frac{1}{(s+1)(s+4)} \begin{bmatrix} s+3 & 2 \\ 1 & s+2 \end{bmatrix}$$

则有

$$\begin{bmatrix} I_{L1}(s) \\ I_{L2}(s) \end{bmatrix} = \frac{1}{(s+1)(s+4)} \begin{bmatrix} s+3 & 2 \\ 1 & s+2 \end{bmatrix} \begin{bmatrix} 3 \\ 3 \end{bmatrix} +$$

$$\frac{1}{(s+1)(s+4)} \begin{bmatrix} s+3 & 2 \\ 1 & s+2 \end{bmatrix} \begin{bmatrix} -1 & 0 \\ 0 & 2 \end{bmatrix} \begin{bmatrix} \dfrac{4}{s} \\ \dfrac{3}{s} \end{bmatrix}$$

$$= \begin{bmatrix} \dfrac{3s+15}{(s+1)(s+4)} \\ \dfrac{3s+9}{(s+1)(s+4)} \end{bmatrix} + \begin{bmatrix} \dfrac{-4s}{(s+1)(s+4)s} \\ \dfrac{6s+8}{(s+1)(s+4)s} \end{bmatrix}$$

$$= \begin{bmatrix} \dfrac{4}{s+1} + \dfrac{-1}{s+4} \\ \dfrac{2}{s+1} + \dfrac{1}{s+4} \end{bmatrix} + \begin{bmatrix} \dfrac{-\dfrac{4}{3}}{s+1} + \dfrac{\dfrac{4}{3}}{s+4} \\ \dfrac{-\dfrac{2}{3}}{s+1} + \dfrac{-\dfrac{4}{3}}{s+4} + \dfrac{2}{s} \end{bmatrix}$$

$$= \begin{bmatrix} \dfrac{\dfrac{8}{3}}{s+1} + \dfrac{\dfrac{1}{3}}{s+4} \\ \dfrac{\dfrac{4}{3}}{s+1} + \dfrac{-\dfrac{1}{3}}{s+4} + \dfrac{2}{s} \end{bmatrix}$$

所以

$$\begin{bmatrix} i_{L1} \\ i_{L2} \end{bmatrix} = \mathscr{L}^{-1}\left\{\begin{bmatrix} I_{L1}(s) \\ I_{L2}(s) \end{bmatrix}\right\} = \begin{bmatrix} \dfrac{8}{3}e^{-t} + \dfrac{1}{3}e^{-4t} \\ 2 + \dfrac{4}{3}e^{-t} - \dfrac{1}{3}e^{-4t} \end{bmatrix} \text{A} \quad (t \geqslant 0)$$

将数据代入式(14-14),得

$$\begin{bmatrix} u_{R1} \\ u_{R2} \end{bmatrix} = \begin{bmatrix} -2 & 2 \\ 0 & -4 \end{bmatrix}\begin{bmatrix} \dfrac{8}{3}e^{-t} + \dfrac{1}{3}e^{-4t} \\ 2 + \dfrac{4}{3}e^{-t} - \dfrac{1}{3}e^{-4t} \end{bmatrix} + \begin{bmatrix} 0 & 0 \\ 0 & 4 \end{bmatrix}\begin{bmatrix} 4\varepsilon(t) \\ 3 \end{bmatrix}$$

$$= \begin{bmatrix} 4 - \dfrac{8}{3}e^{-t} - \dfrac{4}{3}e^{-4t} \\ -8 - \dfrac{16}{3}e^{-t} + \dfrac{4}{3}e^{-4t} \end{bmatrix} + \begin{bmatrix} 0 \\ 12 \end{bmatrix}$$

$$= \begin{bmatrix} 4 - \dfrac{8}{3}e^{-t} - \dfrac{4}{3}e^{-4t} \\ 4 - \dfrac{16}{3}e^{-t} + \dfrac{4}{3}e^{-4t} \end{bmatrix} \text{V} \quad (t \geqslant 0)$$

习 题 十 四

14-1 电路如题14-1图所示。请各选定一组状态变量,并将其他图中标出的电压、电流用状态变量及激励的线性组合表示。

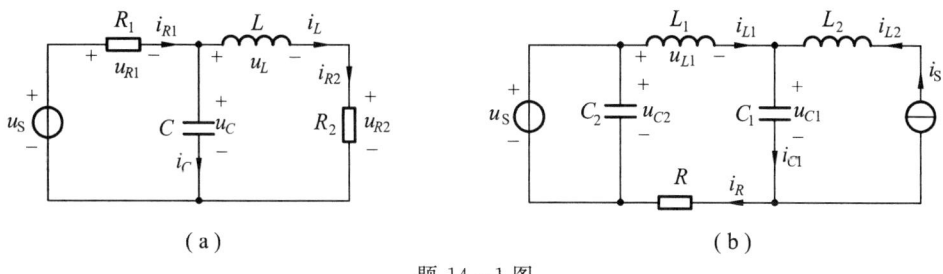

题 14-1 图

14-2 列出题14-1图(a)、(b)中两电路的状态方程。

14-3 电路如题14-3图所示,试借助拓扑图,列出状态方程并写出关于 i_{R1}、i_{R2} 的输出方程。

14-4 电路如题14-4图所示。

(1) 画出电路的拓扑图,写出状态方程;

(2) 再用叠加法写出电路的状态方程。

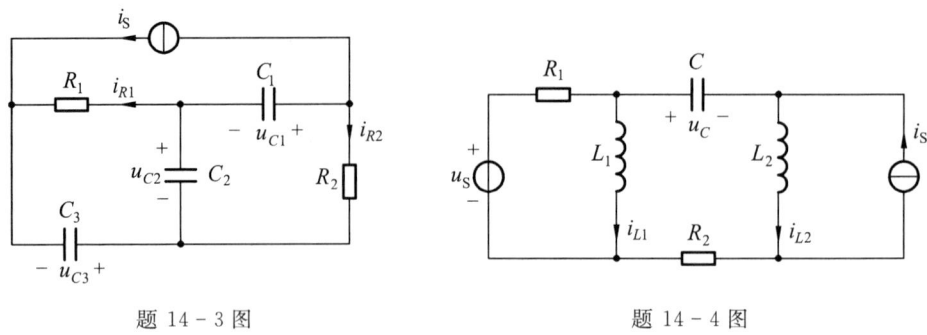

题 14-3 图　　　　　　　　题 14-4 图

14-5　电路如题 14-5 图所示，写出其状态方程及关于 i_1、i_2、i_3 的输出方程。

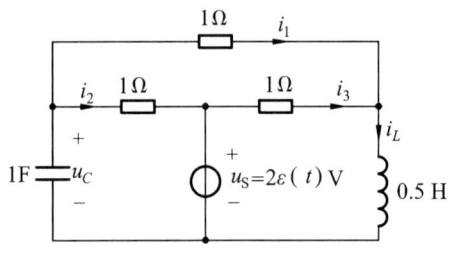

题 14-5 图

14-6　已知电路的状态方程为

$$\begin{bmatrix} \dot{u}_1 \\ \dot{u}_2 \end{bmatrix} = \begin{bmatrix} -1 & 0 \\ 1 & -2 \end{bmatrix} \begin{bmatrix} u_1 \\ u_2 \end{bmatrix} + \begin{bmatrix} 1 \\ 0 \end{bmatrix} u_S$$

初始条件为

$$\begin{bmatrix} u_1(0_-) \\ u_2(0_-) \end{bmatrix} = \begin{bmatrix} 1 \\ 2 \end{bmatrix} \text{V}$$

求电路的零输入响应。

14-7　在题 14-1 图(a)中，若 $C=1$ F、$L=1$ H、$R_1=1$ Ω、$R_2=3$ Ω、$u_S=4\varepsilon(t)$ V、$u_C(0_-)=1$ V、$i_L(0_-)=1$ A。求 $t \geq 0$ 时的 $u_C(t)$、$i_L(t)$ 及 u_{R1}、u_{R2}。

第 十 五 章

非线性电阻电路

———— 内容提要 ————

前面各章分析的电路均为线性电路。当电路中含有非线性元件时,该电路被称为非线性电路。本章仅对非线性电阻电路加以分析讨论。由于存在非线性电阻元件,所以以往在线性电路中的一些分析方法、定理不再适用,但基尔霍夫电流定律(KCL)、电压定律(KVL)在非线性电阻电路中仍然成立。本章主要介绍几种非线性电阻电路的常用分析方法,如图解法、分段线性化法和小信号分析法等。

§15-1 非线性电阻元件

当电阻元件的伏安特性不是过原点的直线时,该元件被称为非线性电阻元件。非线性电阻元件的电路符号如图 15-1 所示。由于非线性电阻元件不再满足欧姆定律,其伏安特性一般通过电压 u 和电流 i 的函数关系或曲线来描述,通常为

$$f(u,i)=0 \qquad (15-1)$$

若非线性电阻两端的电压是电流的单值函数,即

$$u=f(i) \qquad (15-2)$$

则称该非线性电阻为流控型,如充气二极管,其伏安特性曲线如图 15-2 所示。若非线性电阻的电流是电压的单值函数,即

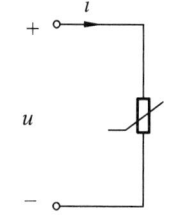

图 15-1 非线性电阻的电路符号

$$i=g(u) \qquad (15-3)$$

则称该非线性电阻为压控型,隧道二极管就是典型的压控型非线性电阻元件,其

伏安特性曲线如图 15-3 所示。普通 PN 结二极管的伏安特性如图 15-4(b) 所示，属于"单调型"，既可以视为压控型，也可以当作流控型。

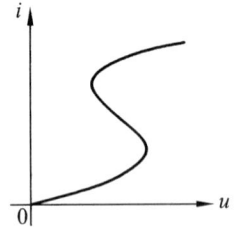
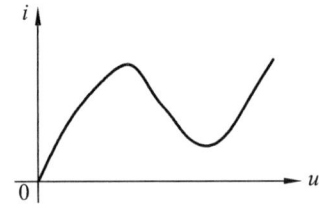

图 15-2 充气二极管的伏安特性　　　　图 15-3 隧道二极管的伏安特性

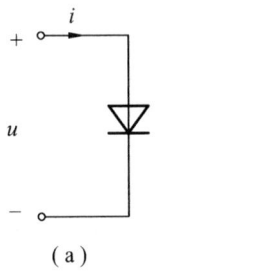
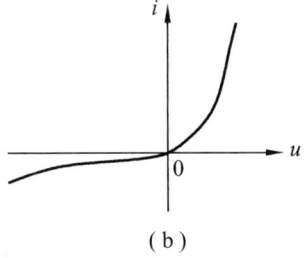

图 15-4 普通 PN 结二极管的电路符号及其伏安特性

非线性电阻在任意一个工作点上都有两类电阻，分别为静态电阻和动态电阻。静态电阻的定义为，工作点 Q 处电压 u 与电流 i 之比，即

$$R=\frac{u}{i}\bigg|_{U_Q,I_Q} \tag{15-4}$$

动态电阻的定义为工作点 Q 处电压对电流的导数，即

$$R_d=\frac{\mathrm{d}u}{\mathrm{d}i}\bigg|_{U_Q,I_Q} \tag{15-5}$$

§15-2 非线性电阻电路的图解法

图解法主要用于简单非线性电阻电路的分析，具体又可分为曲线相加法和曲线相交法。

1. 曲线相加法

1) 电阻 R_1 与 R_2 串联

当非线性电阻 R_1 与 R_2（这里的 R_1、R_2 代表两个不同的电阻元件，不是电阻的阻值)串联时,如图 15-5(a)所示,由 KCL 可知,流过非线性电阻 R_1 和 R_2 的电流相等,即 $i_1=i_2=i$。若非线性电阻 R_1 与 R_2 的伏安特性是流控型,且它们的解析式分别为 $u_1=f_1(i_1)$、$u_2=f_2(i_2)$,则根据 KVL 可得 R_1 与 R_2 串联后的伏安特性为

$$u=u_1+u_2=f_1(i)+f_2(i) \tag{15-6}$$

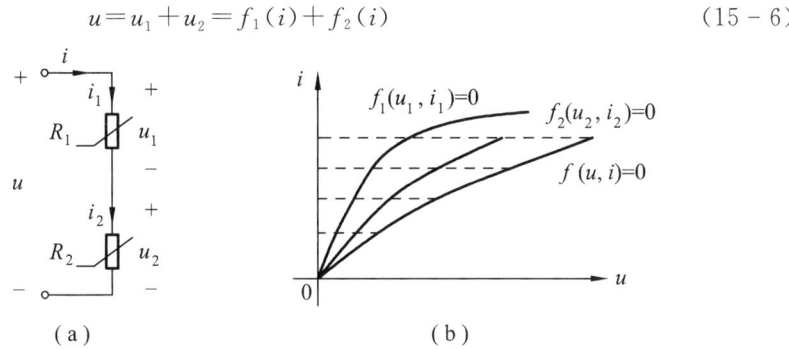

图 15-5 非线性电阻的串联

非线性电阻 R_1 和 R_2 中,至少有一个的伏安特性为压控型,或非线性电阻 R_1 和 R_2 的伏安特性无法用解析式表达,而只能用曲线 $f_1(u_1,i_1)=0$、$f_2(u_2,i_2)=0$ 描述时,R_1 与 R_2 串联后的伏安特性 $f(u,i)=0$ 可以通过做图的方法得到,如图 15-5(b)所示,即在同一电流值下将对应曲线的电压值 u_1、u_2 相加。

2) 两电阻 R_1、R_2 并联

图 15-6(a)所示是非线性电阻 R_1 与 R_2 的并联电路,不难知道非线性电阻 R_1 和 R_2 两端的电压与端口电压相等,即 $u_1=u_2=u$。若非线性电阻 R_1 与 R_2 的伏安特性是压控型,且它们的解析式分别为 $i_1=f_1(u_1)$、$i_2=f_2(u_2)$,则根据 KCL 可得非线性电阻 R_1 与 R_2 并联后的伏安特性为

$$i=i_1+i_2=f_1(u)+f_2(u) \tag{15-7}$$

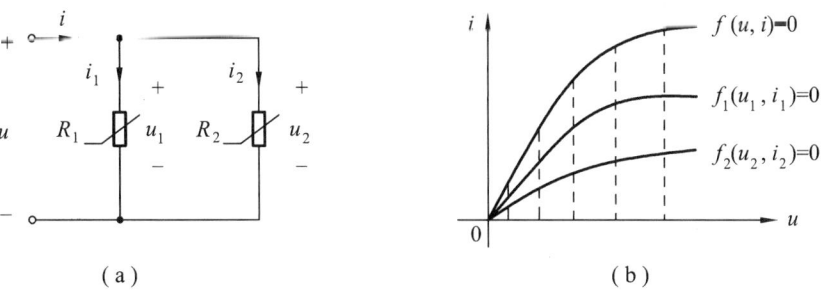

图 15-6 非线性电阻的并联

当然，也可以通过做图的方法求得非线性电阻 R_1 与 R_2 并联后端口的伏安特性，如图 15-6(b)所示，即在同一电压值下将对应曲线的电流值 i_1、i_2 相加。显然非线性电阻 R_1、R_2 的串联与并联在电路结构以及分析方法上均具有对偶性。

例 15-1 求图 15-7(a)所示电路端口的伏安特性。其中电压源 $U_S>0$；D 为理想二极管，其伏安特性如图 15-7(b)所示。

解 画出电压源 U_S 的伏安特性如图 15-7(c)所示。由于理想二极管 D 与电压源 U_S 串联，所以将图 15-7(b)和图 15-7(c)所示曲线在共有的电流区域内沿电压轴方向相加，即可得到两元件串联后端口处的伏安特性曲线，如图 15-7(d)所示。

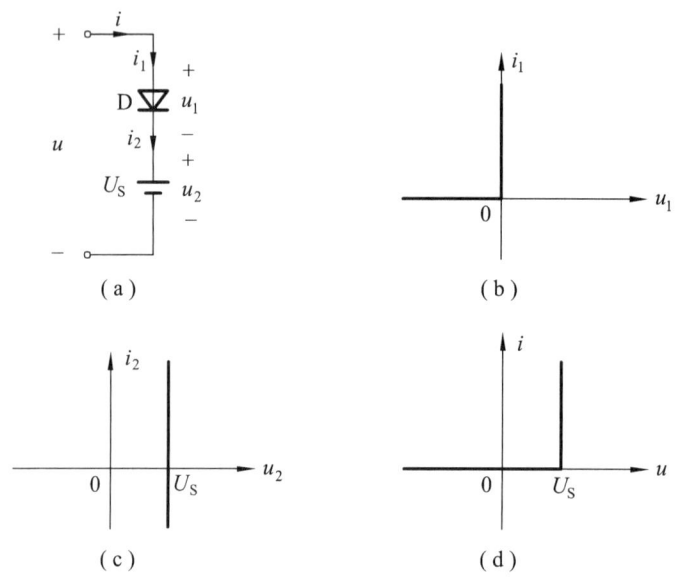

图 15-7 例 15-1 图

例 15-2 求图 15-8(a)所示电路端口处的伏安特性。其中，电压源 $U_S>0$，D 为理想二极管，R 为线性电阻。

解 由于电压源 U_S 和理想二极管 D 的串联支路与例 15-1 所示电路完全相同，故该支路的伏安特性曲线求解过程同例 15-1（这里略），其结果如图 15-8(b)所示。线性电阻 R 的伏安特性曲线如图 15-8(c)所示，图 15-8(b)可视为某一非线性电阻的伏安特性曲线，它们并联后，其伏安特性曲线可通过图 15-8(b)和图 15-8(c)所示曲线在电流轴方向相加求得，如图 15-8(d)所示。

§15-2 非线性电阻电路的图解法

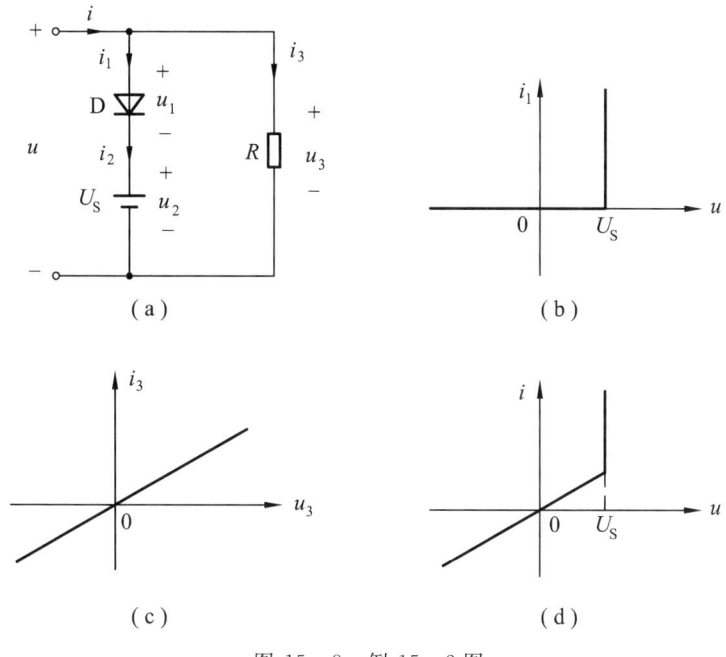

图 15-8 例 15-2 图

2. 曲线相交法

如图 15-9(a)所示的简单非线性电阻电路。其中，U_S 为直流电压源，R_0 为线性电阻，R 为非线性电阻，求非线性电阻的电压 u 和电流 i。若非线性电阻 R 为压控型的，则它的伏安特性可描述为

$$i=g(u) \tag{1}$$

假设非线性电阻 R 的伏安特性曲线如图 15-9(b)所示。对非线性电阻左侧电路建立 KVL 方程，有

$$u=U_S-R_0 i \tag{2}$$

通常把依据式(2)所画的直线称为负载线，如图 15-9(c)所示。联立方程(1)、(2)便可求得非线性电阻的电压和电流。由于求得的解既满足方程(1)又满足方程(2)，所以用图解方式求解就是求图 15-9(c)所示两曲线的交点 Q，该交点被称为静态工作点，对应的电压、电流通常用 U_Q、I_Q 表示。如果非线性电阻 R 的伏安曲线如图 15-9(d)所示，则交点为 Q_1、Q_2 和 Q_3，意味着该电路理论上有三个静态工作点。但由于实际电路中存在寄生电容、寄生电感等动态元件，所以真正的静态工作点只有一个，进一步的分析讨论这里略。

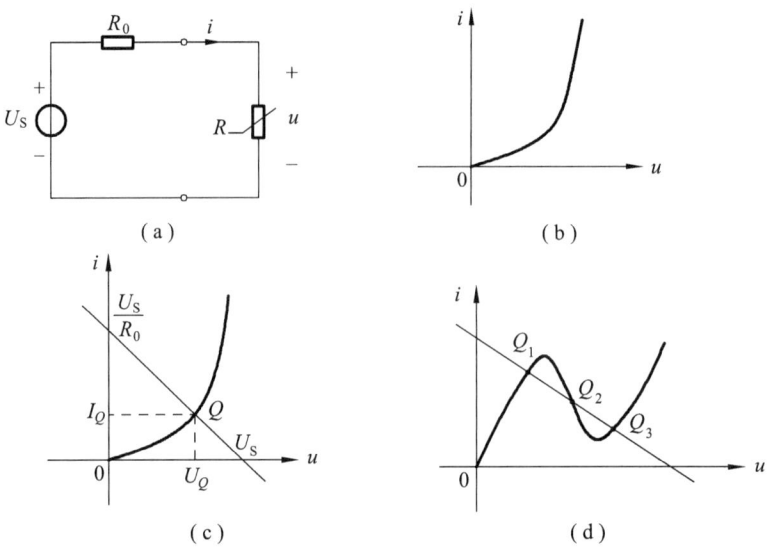

(a)　　　　　　　　　(b)

(c)　　　　　　　　　(d)

图 15-9　非线性电阻电路的曲线相交法

例 15-3　电路如图 15-10(a)所示,非线性电阻的伏安特性为 $i=0.5u^2$,求电流 i 和 i_1。

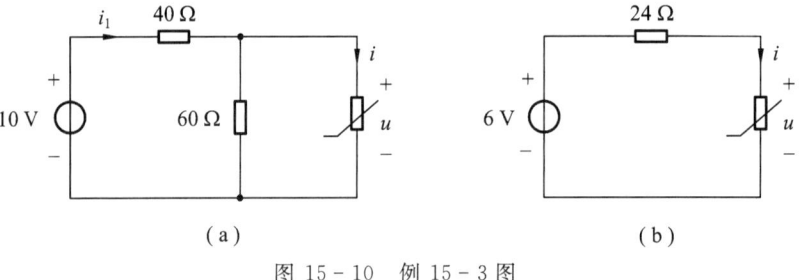

(a)　　　　　　　　　(b)

图 15-10　例 15-3 图

解　求电流 i 时,将图 15-10(a)所示电路等效为图 15-10(b)所示的简化电路,由非线性电阻左侧电路得

$$u=-24i+6 \tag{1}$$

而非线性电阻满足方程

$$i=0.5u^2 \tag{2}$$

将式(1)代入式(2)得

$$288i^2-145i+18=0$$

由此解得

$$i=\begin{cases}0.281\text{ A}\\0.222\text{ A}\end{cases},\quad u=\begin{cases}-0.75\text{ V}\\0.667\text{ V}\end{cases}$$

回原电路[图 15-10(a)]求电流 i_1 得

$$i_1 = \begin{cases} \dfrac{10-(-0.75)}{40} = 0.269 \text{ A} \\ \dfrac{10-0.667}{40} = 0.233 \text{ A} \end{cases}$$

所以电路的解为 $i = 0.281$ A, $i_1 = 0.269$ A

及 $i = 0.222$ A, $i_1 = 0.233$ A

§15-3   非线性电阻电路的分段线性化法(折线法)

非线性电阻电路的分段线性化法又称为折线法,其分析方法是用若干段直线近似非线性电阻的伏安特性曲线,从而采用线性电路的分析手段进行求解。

1. 分段线性化

一个 P-N 结二极管的电压、电流参考方向如图 15-11(a)所示,其伏安特性如图 15-11(b)中曲线所示,用两条直线可以近似代替原曲线,两条直线分别为线段①和线段②[见图 15-11(b)中折线]。若需要提高曲线的近似程度,增加折线的段数即可。图 15-11(c)所示是理想二极管的伏安特性。

作为隧道二极管的伏安特性,若用三条直线来近似的话,如图 15-12 所示,分别为线段①、线段②和线段③。

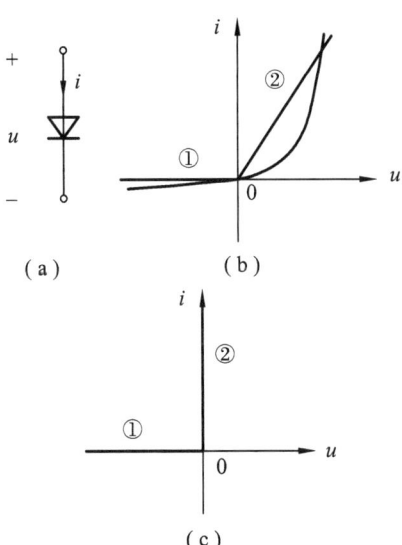
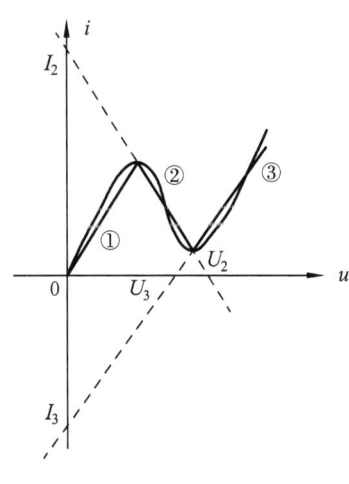

图 15-11   P-N 结二极管的分段线性近似   图 15-12   隧道二极管的伏安特性的分段线性化

2. 分段线性化等效电路

将非线性电阻的伏安特性分段线性化后,就每条直线段而言,均可用线性元件来等效。如图 15-11(b)中的线段①,因其电流始终为零,故可等效为开路($R=\infty$),如图 15-13(a)所示;而线段②是过原点的一条直线,故可等效为线性电阻,其阻值为 $R=\dfrac{u}{i}>0$,如图 15-13(b)所示。

图 15-11(c)所示的理想二极管伏安特性的线段①($R=\infty$)和线段②($R=0$)的等效电路如图 15-14(a)、(b)所示。图 15-12 所示的二极管伏安特性分段线性化后,线段①等效为线性电阻 R_1,且 $R_1>0$,如图 15-15(a)所示;将线段②延长,交电压轴于 U_2 处、交电流轴于 I_2 处,故线段②可等效为电阻 R_2 与电压源 U_2 的串联电路或者电阻 R_2 与电流源 I_2 的并联电路,且 $R_2<0$,如图 15-15(b)所示;同理,将线段③延长,交电压轴于 U_3 处、交电流轴于 I_3 处,故线段③可等效为电阻 R_3 与电压源 U_3 的串联电路或者电阻 R_3 与电流源 I_3 的并联电路,且 $R_3>0$,如图 15-15(c)所示。

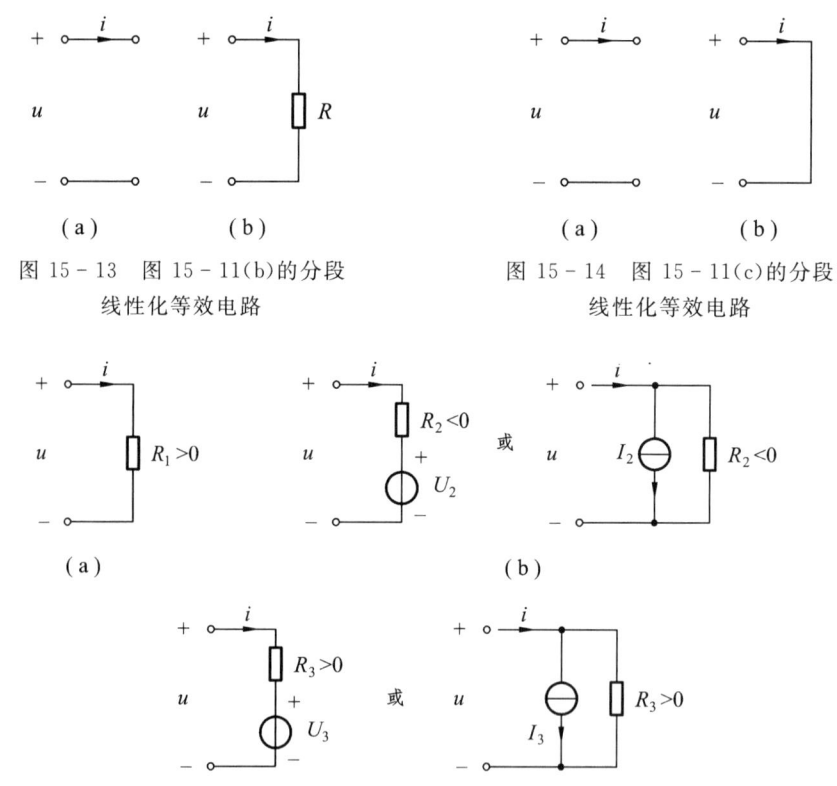

图 15-13　图 15-11(b)的分段线性化等效电路

图 15-14　图 15-11(c)的分段线性化等效电路

图 15-15　图 15-12 的分段线性化等效电路

下面举例说明分段线性化法的求解过程。

例 15-4 非线性电阻的伏安特性如图 15-16(b)所示，且 $u>0$。求图 15-16(a)所示电路中电压 u 和电流 i 的值。

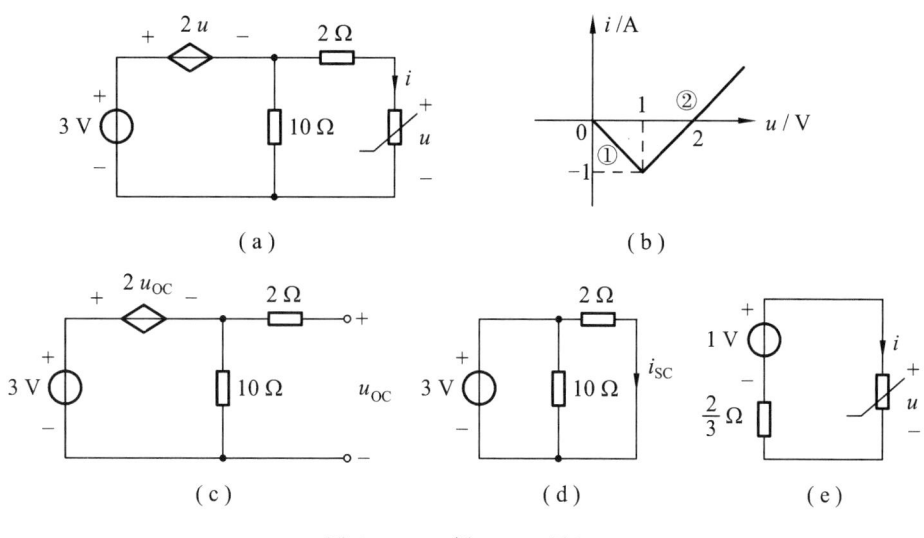

图 15-16 例 15-4 图(1)

解 先求出非线性电阻左侧电路的戴维南等效电路，其中求解开路电压的等效电路如图 15-16(c)所示，根据 KVL 得

$$u_{OC} = -2u_{OC} + 3$$

求解得 $\quad u_{OC} = 1 \text{ V}$

再根据开短路法求等效电阻，求解短路电流的等效电路如图 15-16(d)所示，不难得到短路电流为

$$i_{SC} = \frac{3}{2} \text{ A}$$

于是等效电阻 $\quad R_0 = \dfrac{u_{OC}}{i_{SC}} = \dfrac{2}{3} \text{ }\Omega$

简化后的等效电路如图 15-16(e)所示。

首先假设非线性电阻工作在图 15-16(b)的第①段，其等效电路是阻值为 $-1 \text{ }\Omega$ 的线性电阻，如图 15-17(a)所示，并可求解得

$$i = \frac{1}{\dfrac{2}{3} - 1} \text{ A} = -3 \text{ A}$$

但由于该电流值没有落在相应的线段①上，所以它不是电路的解。

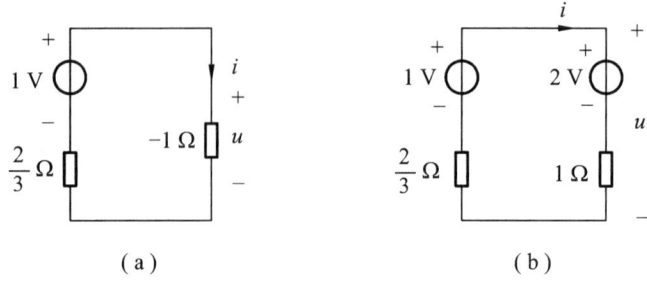

图 15-17 例 15-4 图(2)

再假设非线性电阻工作在第②段,其等效电路是一个 1 Ω 电阻与 2 V 电压源的串联电路,如图 15-17(b)所示,电流求解得

$$i = \frac{1-2}{\frac{2}{3}+1} \text{ A} = -0.6 \text{ A}$$

电压为
$$u = 2 + 1 \times i = 1.4 \text{ V}$$

经检验,该电流和电压的值落在了相应的线段②上,所以是电路的解。

综上所述,该电路的解为
$$u = 1.4 \text{ V}, \quad i = -0.6 \text{ A}$$

例 15-5 非线性电阻 R_1、R_2 的伏安特性分别如图 15-18(b)、(c)所示。求图 15-18(a)所示非线性电阻 R_1 的电流 i_1 和电压 u_1。

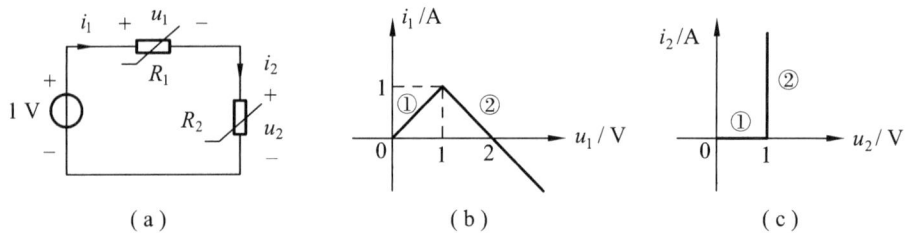

图 15-18 例 15-5 图

解 当电路中含有多个非线性电阻元件时,仍可采用分段线性化法,只是对非线性电阻的每种线段组合都要进行分析讨论。例如,本例题有两个非线性电阻,且每个非线性电阻均有两条折线,因此线段的组合共有 4 种,对于每一种线段组合经过分析求解后,均应将结果代入电路求出每个非线性电阻上的电压和电流,并加以判别。如果工作点都落在了相应的折线区域内,该解是电路的真实解;但只要有一个非线性电阻的解没有落在相应折线区域内,则可判别

它不是电路的解。

(1) 代入线段组合(1,1),即假设非线性电阻 R_1 工作在线段①,R_2 也工作在线段①。将对应的线性等效电路代入,如图 15-19(a)所示,解得

$$i_1=0, \quad u_1=0$$

而
$$i_2=0, \quad u_2=1 \text{ V}$$

由于 R_1 和 R_2 的解均落在了相应的线段①上,所以是电路的解。

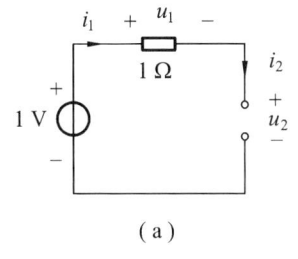

(a)

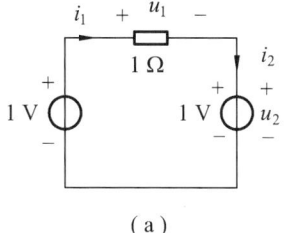

(a)

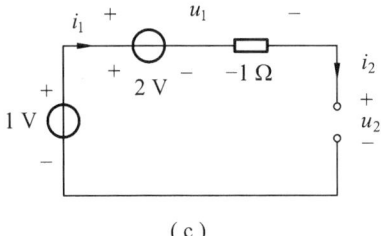

(c)

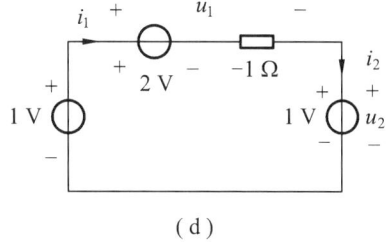

(d)

图 15-19 例 15-5 图

(2) 代入线段组合(1,2)。等效电路如图 15-19(b)所示,并解得

$$i_1=0, \quad u_1=0$$

而
$$i_2=0, \quad u_2=1 \text{ V}$$

经判断,该组解同样落在了相应的线段上,所以是电路的解。

(3) 代入线段组合(2,1)。等效电路如图 15-19(c)所示,并解得

$$i_1=0, \quad u_1=2 \text{ V}$$

而
$$i_2=0, \quad u_2=-1 \text{ V}$$

由于非线性电阻 R_2 上的解没有落在相应的线段①上,所以不是电路的解。

(4) 代入线段组合(2,2)。等效电路如图 15-19(d)所示,并解得

$$i_1=\frac{1-2-1}{-1}\text{ A}=2\text{ A}, \quad u_1=-1\times i_1+2=0$$

由于非线性电阻 R_1 上的解没有落在相应的线段②上,所以不是电路的解。综上分析可知,电路的解为

$$i_1 = 0, \quad u_1 = 0$$

§15-4 非线性电阻电路的小信号分析法

在电子电路分析中,经常会遇到这样的非线性电阻电路,它有两种激励源,其中一种是直流激励源,为电路工作提供"偏置",即静态工作点;另一种激励源是时变的,且与直流激励源相比其幅值很小。对于这类非线性电阻电路,小信号分析法是一种非常简便实用的分析方法。

图 15-20(a)所示电路,R_0 为线性电阻,R 为非线性电阻,电路有两个电源,分别是直流电压源 U_S 和小信号时变电压源 $u_S(t)$,且 $|u_S(t)| \ll U_S$。根据 KVL 可知

$$U_S + u_S(t) = R_0 i(t) + u(t) \tag{15-8}$$

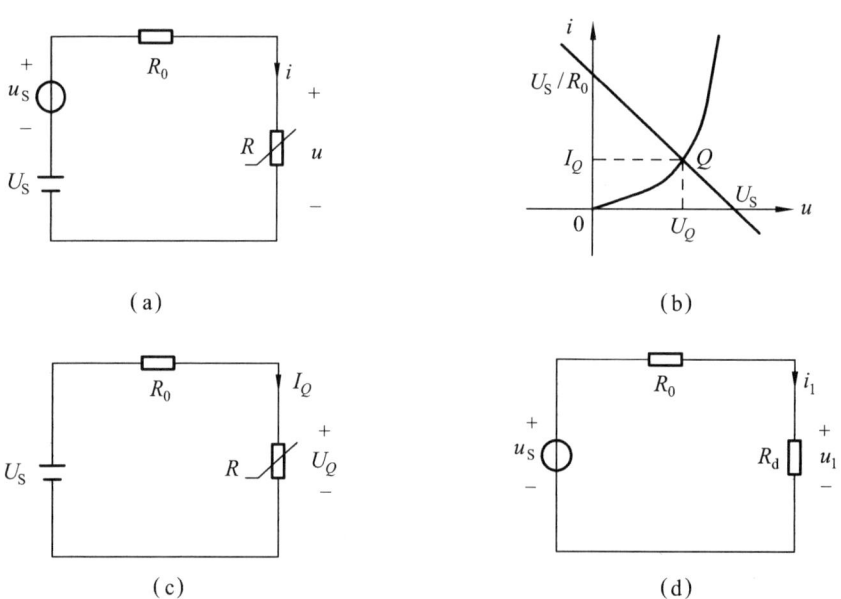

图 15-20 非线性电阻电路的小信号分析法

当电路中小信号时变电压源 $u_S(t) = 0$ 时,根据曲线相交法不难求得直流电压源 U_S 作用下的静态工作点(U_Q, I_Q),如图 15-20(b)所示。由于 $|u_S(t)| \ll U_S$,所以电路的解 $u(t)$、$i(t)$ 在静态工作点 Q 附近的小区域内变化,可近似描述为

§15-4 非线性电阻电路的小信号分析法

$$u(t)=U_Q+u_1(t) \tag{15-9}$$
$$i(t)=I_Q+i_1(t) \tag{15-10}$$

式中，$u_1(t)$、$i_1(t)$ 是电源 $u_S(t)$ 在静态工作点 Q 附近产生的微小偏移。

设非线性电阻的伏安特性为

$$i(t)=f[u(t)]$$

那么
$$i(t)=I_Q+i_1(t)=f[u(t)]=f[U_Q+u_1(t)]$$

将 $i(t)$ 在静态工作点附近作泰勒级数展开，并忽略一阶以上高阶导数项，得

$$I_Q+i_1(t) \approx f(U_Q)+\frac{\mathrm{d}f}{\mathrm{d}u}\bigg|_{U_Q} \cdot u_1(t)$$

由此可知
$$i_1(t) \approx \frac{\mathrm{d}f}{\mathrm{d}u}\bigg|_{U_Q} \cdot u_1(t)$$

其中
$$\frac{\mathrm{d}f}{\mathrm{d}u}\bigg|_{U_Q}=\frac{1}{R_\mathrm{d}}$$

为静态工作点 Q 处的动态电阻的倒数，所以

$$u_1(t)=R_\mathrm{d} i_1(t)$$

由此总结小信号分析法的求解过程如下：

① 令 $u_S(t)=0$，求得非线性电阻 R 上的静态工作点 (U_Q, I_Q)，电路如图 15-20(c) 所示。

② 将非线性电阻 R 等效为静态工作点处的动态电阻，动态电阻为

$$R_\mathrm{d}=\frac{\mathrm{d}u}{\mathrm{d}i}\bigg|_{(U_Q, I_Q)}$$

令 $U_S=0$，在 $u_S(t)$ 的作用下，求得 R 上的 $u_1(t)$ 和 $i_1(t)$，如图 15-20(d) 所示，得

$$u_1=\frac{R_\mathrm{d}}{R_0+R_\mathrm{d}}u_S(t), \quad i_1=\frac{1}{R_0+R_\mathrm{d}}u_S(t)$$

③ 由于 $|u_S(t)| \ll U_S$，所以电路的解为

$$u(t)=U_Q+u_1(t), \quad i(t)=I_Q+i_1(t)$$

例 15-6 图 15-21(a) 所示电路中，非线性电阻的伏安特性为 $u=i^2$ ($i>0$)，电源 $U_S=8$ V，$u_S=0.2\sin 2t$ V，求 u 和 i。

解 对图 15-21(a) 所示电路化简后等效为图 15-21(b) 所示电路。

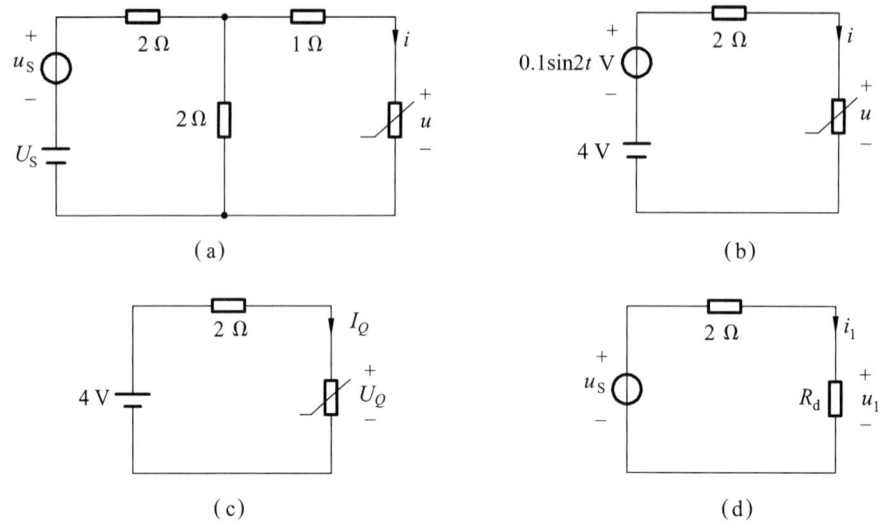

图 15-21 例 15-6 图

(1) 直流电源作用时,电路如图 15-21(c)所示,依 KVL 得

$$2I_Q + I_Q^2 - 4 = 0$$

解得

$$I_Q = (-1 \pm \sqrt{5}) \text{ A}$$

因为 $i > 0$,所以取

$$I_Q = (-1 + \sqrt{5}) \text{ A} = 1.24 \text{ A}$$

代入非线性电阻的伏安特性,得

$$U_Q = 1.53 \text{ V}$$

(2) 交流电源作用时,动态电阻

$$R_d = \frac{du}{di}\bigg|_{i=1.24 \text{ A}} = 2i\big|_{i=1.24 \text{ A}} = 2.48 \text{ }\Omega$$

等效电路如图 15-21(d)所示,并可解得

$$i_1 = \frac{0.1\sin2t}{2+2.48} \text{ A} = 0.022\sin2t \text{ A}$$

$$u_1 = 0.055\sin2t \text{ V}$$

所以

$$i = I_Q + i_1 = (1.24 + 0.022\sin2t) \text{ A}$$

$$u = U_Q + u_1 = (1.53 + 0.055\sin2t) \text{ V}$$

习 题 十 五

15-1 某非线性电阻的伏安特性为 $u=2i+5i^2$,求该电阻在工作点 $I_Q=0.2$ A 处的静态电阻和动态电阻。

15-2 画出题 15-2 图所示电路端口的伏安特性曲线。其中 D 为理想二极管,并假设 $U_S>0$、$I_S>0$。

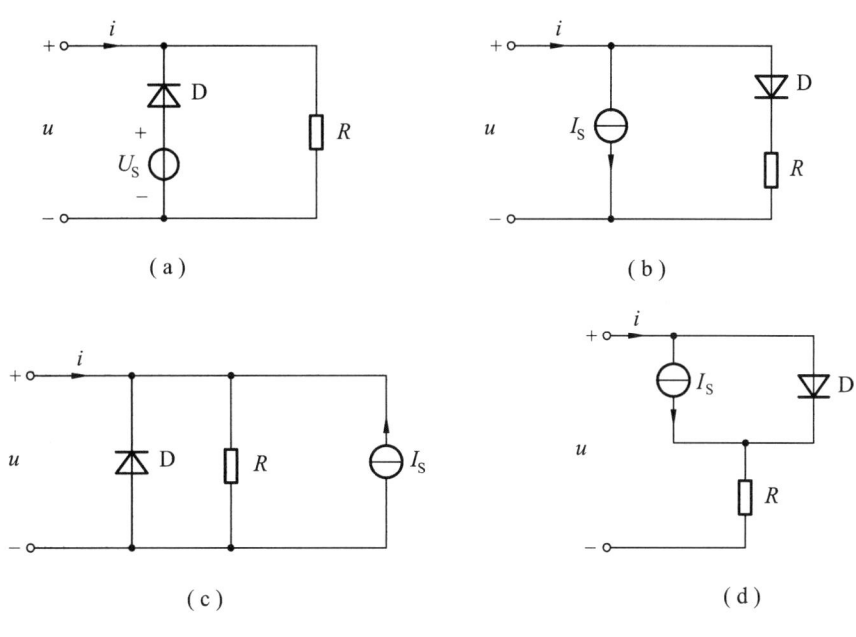

题 15-2 图

15-3 求非线性电阻 R_1 和 R_2 串联后的伏安特性。R_1 和 R_2 的伏安特性如题 15-3 图(b)和(c)所示。

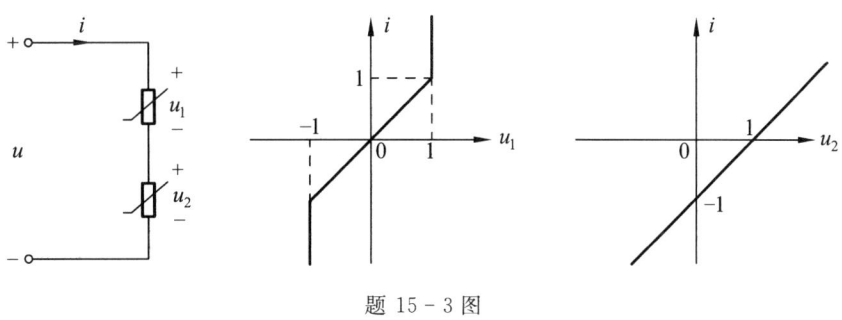

题 15-3 图

15-4 电路如题 15-4 图(a)所示，非线性电阻的伏安特性曲线如图(b)所示，用图解法求 u 和 i 的值。

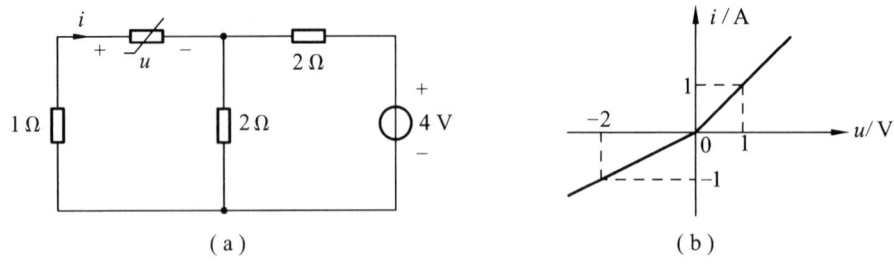

题 15-4 图

15-5 电路如题 15-5 图(a)所示，非线性电阻的伏安特性为 $u=i^2(i>0)$，求 u 和 i 的值。

15-6 一个二端网络的伏安特性如题 15-6 图所示，画出各段的等效电路。

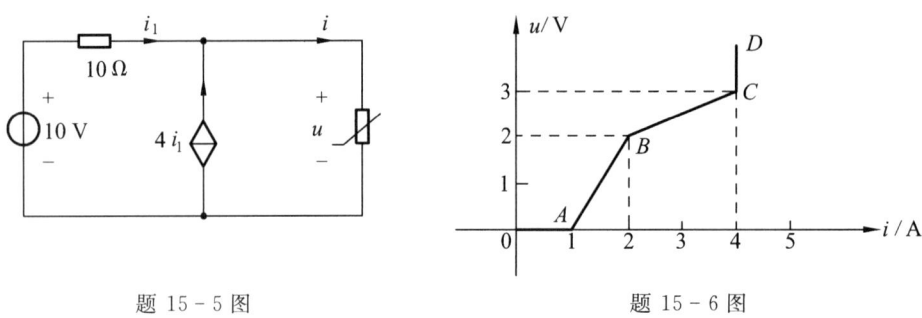

题 15-5 图　　　　　　题 15-6 图

15-7 题 15-7 图所示电路。用分段线性化法求 u 和 i 的值。非线性电阻的伏安特性曲线如图(b)所示。

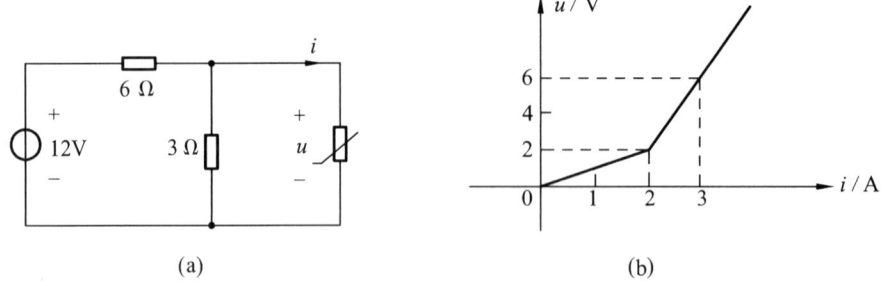

题 15-7 图

15-8 题 15-8 图所示电路中,两个非线性电阻的伏安特性分别如图(b)和(c)所示,求 u_2 和 i_2 的值。

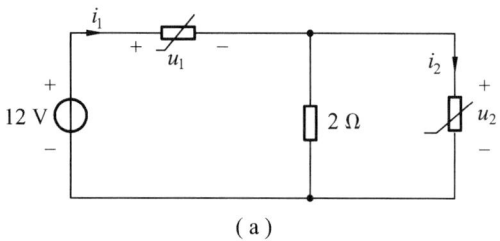

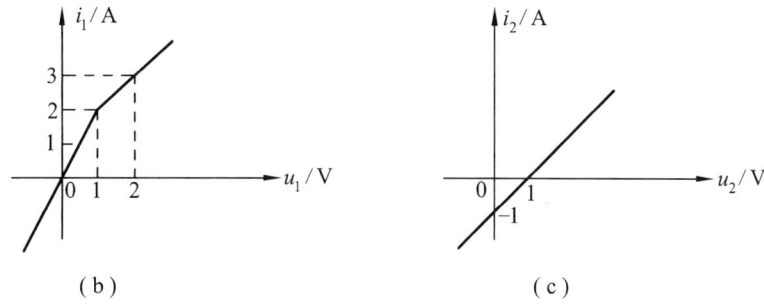

题 15-8 图

15-9 题 15-9 图中非线性电阻的伏安特性为 $i=\left(u+\dfrac{1}{3}u^3\right)$ A,交流激励源 $i_S(t)=60\cos200t$ mA,求 u 和 i 的值。

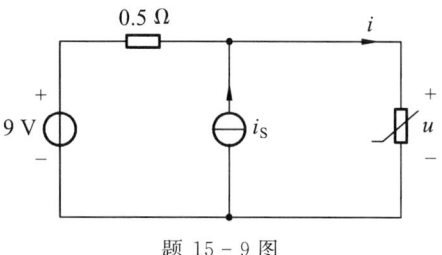

题 15-9 图

习 题 部 分 答 案

第 一 章

1-1 20 W, 6 W, 10 W, −12 W。

1-2 50 V, −25 V, −20 V。

1-3 $i_C = \begin{cases} -0.5 \text{ A} & (0<t<1 \text{ s}) \\ 0.5 \text{ A} & (1 \text{ s}<t<2 \text{ s}) \\ 0 & (\text{其他}) \end{cases}$ $i_L = \begin{cases} t^2 \text{ A} & (0 \leqslant t<1 \text{ s}) \\ (-t^2+4t-2) \text{ A} & (1 \text{ s} \leqslant t<2 \text{ s}) \\ 2 \text{ A} & (t \geqslant 2 \text{ s}) \end{cases}$。

1-4 $\dfrac{L_1 L_2}{L_1+L_2}$, C_1+C_2。

1-5 (a) $5\sin 2t$ V; (b) $(-4+2t)$ V $(t \geqslant 0)$。

1-6 $u_{R_1}=AR_1\sin\omega t$; $u_L=A\omega L\cos\omega t$; $i_C=-BC\alpha e^{-\alpha t}$; $i_{R_2}=-\dfrac{B}{R_2}e^{-\alpha t}$。

1-7 5 A, 0.5 A, −5.5 A, 2 A, 2.5 A, 3 A。

1-8 3.5 A, 50 Ω。

1-9 −3 W, 18 W。

1-10 应选 50 W, 49.042 W。

1-11 −4 A。

1-12 (1) 15 V, 5 V; (2) 15 V。

1-13 4 Ω。

1-14 −2 A, −1 A, 4 A, 3 A。

1-15 7 A, −4.5 A, 11.5 A。

1-16 1.4 V, −3 A, 3.8 W。

1-17 0, −4 A, 1 Ω, 2 Ω

第 二 章

2-1 K 打开时, Ⓐ = 6 A; K 闭合时, Ⓐ = 5 A。

2-2 $U_S=12$ V, $R_1=20$ Ω。

2-3 K 闭合时, $R_i=8$ Ω; K 打开时, $R_i=\dfrac{90}{11}$ Ω。

2 - 4 $R_{ab}=17.08\ \Omega$, $R_{cd}=15\ \Omega$。

2 - 5 (a) 3.733 kΩ； (b) 9 Ω； (c) 12.667 Ω； (d) 22 Ω。

2 - 6 (a) 1.25 R； (b) $\frac{3}{4}$ R。

2 - 7 (a) 4 V,3 Ω； (b) 5 V,1 Ω； (c) 3 A； (d) 6 V,7Ω； (e) 72 V,13 Ω； (f) 6 V,3 Ω。

2 - 8 $\frac{10}{3}$ V。

2 - 9 -0.25 A。

2 - 10 $\frac{12}{7}$ Ω。

2 - 11 (a) 4 V,1 Ω； (b) $u_S, R_2+\frac{R_1}{1+gR_1}$。

2 - 12 电流源：20 W，电压源：25.32 W。

2 - 13 2.35 Ω。

2 - 14 1.5 Ω, 4 A。

2 - 15 0, 0.56 A。

第 三 章

3 - 2 $P_{10V}=10$ W。 　　　　**3 - 5** $u_1=8.77$ V。

3 - 6 1.05 V, 0.15 A。 　　　　**3 - 7** 21 V, 35 V。

3 - 9 -7.3 V。　　　　　　　　**3 - 10** 3.74 V, 5.39 A。

3 - 11 -8 A。　　　　　　　　 **3 - 12** 0.4 V。

3 - 13 $u_a=4.53$ V, $u_d=4.13$ V。 **3 - 14** 0.26 A。

3 - 15 4 V。 　　　　　　　　　 **3 - 16** -3 A, 2.4 A。

3 - 17 -2 A, 10 V。 　　　　　**3 - 22** -0.2 A。

3 - 23 -0.33 A, -2.17 A, 30 V。 **3 - 24** 3.2 A。

3 - 25 5 Ω。 　　　　　　　　 **3 - 26** 0.5 A。

3 - 28 -11.69 V, 1.56 A。 　　 **3 - 29** 48.57 V。

第 四 章

4 - 1 23 V。 　　　　　　　　　 **4 - 2** 3 A。

4 - 3 0.5 A。 　　　　　　　　　**4 - 4** -3 W, 18 W。

4 - 6 7.25 A。

4 - 7 9 V, 4 Ω； 4.8 V, 6.4 Ω； 6 V, 4 Ω； -7 V, -1 Ω。

4 - 8 6 V, 6 Ω。　　　　　　　**4 - 9** 23 W。

4 - 10 3 V, 1.5 Ω。　　　　　 **4 - 11** 16 V, 4 Ω。

4-12 $-\dfrac{16}{3}$ V。

4-13 2.4 V, 6.4 Ω。

4-14 6 Ω, 6 W。

4-15 2 Ω。

4-16 2 V。

4-17 0.8 Ω。

4-18 0.5 A。

4-19 −0.5 A。

4-20 −3 V。

4-21 5 A。

4-22 55 V。

第 五 章

5-1 为同相比例放大器,$u_o = 1.5\sin 2t$ V。

5-2 $u_o = 1.8$ V。

5-3 $u_o = -0.4$ V, $i_o = -0.3$ mA。

5-4 电压比 $\dfrac{u_L}{u_S} = -\dfrac{1}{6}$。

5-5 $R_1 = \dfrac{R_3}{3} = \dfrac{2}{3}$ kΩ, $R_2 = \dfrac{R_3}{2} = 1$ kΩ。

5-6 $u_o = 3u_{i1} + \dfrac{3}{2}u_{i2}$。

5-7 $u_o = -1.5\cos 10t$ V。

5-8 电压比 $\dfrac{u_o}{u_i} = -\dfrac{3}{8}$。

5-9 电压比 $u_o/u_i = 5.5$。

5-10 戴维南等效电路:开路电压 $u_{ab} = 0.9$ V,等效电阻 $R_{eq} = 15$ kΩ。

5-11 $u_o = 12u_{i1} + 4u_{i2}$。

第 六 章

6-1 $\dfrac{I_{1m}}{\sqrt{6}}$, $\sqrt{k}I_{2m}$, $\dfrac{U_{1m}}{\sqrt{2}}$, $\dfrac{U_{2m}}{2}$。

6-9 $100\underline{/-36.87°}$ Ω, $(64.52+j75.6)$ Ω。

6-12 容性。

6-13 8 A, 10 V。

6-14 $3\underline{/-30°}$ Ω, 0.866, 20.78 W, −12 var, $24\underline{/-30°}$ V·A, 24 V·A。

6-16 $22.36\underline{/-26.565°}$ V。

6-17 (2) $8.485\underline{/45°}$ V, $6\underline{/0°}$ A。

6-18 (2) $R = 30$ Ω, $L = 0.127$ H。

6-19 176 μF。

6-20 $0.85\underline{/11.31°}$ A。

6-21 $(5+j5)$ A, $(500-j1500)$ V·A。

6-22 192.31 Ω, 103.45 μF。

6-23 4 Ω, 3 Ω, 3 Ω。

6-24 $3.71\underline{/-15.95°}$ V, $2.47\underline{/-15.95°}$ Ω; $18\underline{/30°}$ V。

6-25 8.66 Ω, 15.9 mH, 318.3 μF。

6-26　$Z=(3+\text{j}5)\ \Omega$, $P_{\max}=0.75$ W。

6-27　6.4 A, 15.6 V, 100 W。

6-28　(1) 20.284 μF; (2) $Z=(4-\text{j}10)\ \Omega$, $P_{\max}=6.25$ W。

6-31　4 Ω, 4 Ω。

6-32　$\dfrac{1}{2\pi\sqrt{L_2 C}}$。

6-33　$-\text{j}60.4\ \Omega$, $32+\text{j}30.2\ \Omega$。

6-34　795.8 Hz。

6-35　$9.12\underline{/-57.9°}$ V, $2.53\underline{/-91.6°}$ mA。

6-36　$1.94\underline{/41.12°}$ mA。

第 七 章

7-2　(a) $\begin{cases} u_1 = L_1\dfrac{\text{d}i_1}{\text{d}t} - M\dfrac{\text{d}i_2}{\text{d}t} \\ u_2 = -L_2\dfrac{\text{d}i_2}{\text{d}t} + M\dfrac{\text{d}i_1}{\text{d}t} \end{cases}$; (c) $\begin{cases} \dot{U}_1 = -\text{j}\omega L_1 \dot{I}_1 + \text{j}\omega M \dot{I}_2 \\ \dot{U}_2 = \text{j}\omega L_2 \dot{I}_2 - \text{j}\omega M \dot{I}_1 \end{cases}$。

7-3　(b) $\text{j}\left[\omega\dfrac{L_1 L_2 - M^2}{L_1 + L_2 - 2M} - \dfrac{1}{\omega C}\right]$; (c) $R + \text{j}\omega\left(L_1 - \dfrac{M^2}{L_2}\right)$。

7-4　$i_1 = \sqrt{2}\cos(10^3 t - 15°)$ A, $i_2 = 0$。

7-5　$\dot{U} = 6.67\underline{/30°}$ V, $\dot{I} = 0.943\underline{/-15°}$ A。

7-7　(1) $\dot{I} = 2.23\underline{/-51.34°}$ A, $\dot{I}_1 = 1.184\underline{/-19.34°}$ A; (2) $C = 0.0697$ F。

7-8　$1.56\sqrt{2}\cos(\omega t - 128.56°)$ A, 24.4 W。

7-9　$i_1 = 0.895\sqrt{2}\sin(10^3 t + 26.565°)$ A。

7-10　$2\sqrt{2}\underline{/-45°}$ A, $1000\underline{/180°}$ V。

7-11　0.333 W。

7-12　(a) $(19+\text{j}32)\ \Omega$; (b) $(200+\text{j}100)\ \Omega$; (c) $(15-\text{j}48)\ \Omega$; (d) 7.2 Ω。

7-13　$n = 5$。

7-14　$-11.566\underline{/30.7°}$ A。

7-15　$1.41\underline{/45°}$ A。

第 八 章

8-1　$\dot{I}_A = 19.7\underline{/-63.4°}$ A, $\dot{I}_B = 19.7\underline{/-183.4°}$ A, $\dot{I}_C = 19.7\underline{/56.6°}$ A。
　　　$\dot{U}_A = 220\underline{/0°}$ V, $\dot{U}_B = 220\underline{/-120°}$ V, $\dot{U}_C = 220\underline{/120°}$ V。

8-2　(1) $6.85\underline{/-16.8°}$ A, $6.85\underline{/-136.8°}$ A, $6.85\underline{/103.2°}$ A, $\dot{I}_O = 0$ A;
　　　(2) $355.9\sqrt{2}\cos(314t + 61.4°)$ V。

8-3 $\dot{U}_A = 220\underline{/0°}$ V, $11\sqrt{2}\underline{/-45°}$ A, $11\sqrt{2}\underline{/-165°}$ A, $11\sqrt{2}\underline{/75°}$ A, $\frac{11\sqrt{2}}{\sqrt{3}}\underline{/-15°}$ A, $\frac{11\sqrt{2}}{\sqrt{3}}\underline{/-135°}$ A, $\frac{11\sqrt{2}}{\sqrt{3}}\underline{/105°}$ A。

8-4 472.7 V。

8-5 0.064 H, $19.05\underline{/-60°}$ A, $46.67\underline{/-45°}$ A。

8-6 78981.5 W, 59236 var, 98726.9 V·A。

8-7 (1) $15.79\underline{/-21.04°}$ A, $15.79\underline{/-141.04°}$ A, $15.79\underline{/98.96°}$ A, 0 A;
(2) $338.31\underline{/23°}$ V; (3) 8975.91 W。

8-8 (1) 32.3 kW, 65.5 A, cos41.7°; (2) 400 μF, 电容 Y 形连接。

8-9 (1) $16.12\underline{/-47.97°}$ A, $8.14\underline{/-39.84°}$ A, $8.14\underline{/-56.06°}$ A, $4.7\underline{/170.16°}$ A;
(2) 7123 W。

8-10 $36.54\underline{/53.13°}$ Ω, 2124.68 W。

8-11 $I_l = 117.15$ A, $I_p = 67.71$ A。

8-12 1942.16 W, 1737.8 W, 2348.55 W。

8-13 (1) 0.87, $22\underline{/29.5°}$ Ω; (2) 380 V, $17.3\underline{/30.5°}$ A, $17.3\underline{/-29.5°}$ A, $30\underline{/-179.5°}$ A(取 $\dot{U}_{BC} = 380\underline{/0°}$ V)。

8-14 $22\underline{/0°}$ A, $-22\underline{/-30°}$ A, $-22\underline{/30°}$ A; $-16.2\underline{/0°}$ A; 4840 W。

8-15 162.8 V, 63.3 A。

第 九 章

9-1 (a) $a_0 = \frac{U_m}{2}$, $b_k = 0$;
(b) $a_0 = 0.637 U_m$, $b_k = 0$;
(c) $a_0 = 0$, $a_k = 0$, $b_{2k} = 0$ ($k = 1, 2, 3, \cdots$);
(d) $a_0 = 0$, $b_k = 0$, $a_{2k} = 0$ ($k = 1, 2, 3, \cdots$)。

9-2 (1) $U = 7.07$ V, $U_0 = 6.37$ V;
(2) $U = 11.36$ V, $U_0 = 10$ V。

9-3 10 W; 25.8 W。

9-4 $i = [20\sin\omega t + 25.63\sin(3\omega t + 69.44°) + 24.52\sin(5\omega t + 78.23°)]$ A;
$I = 28.79$ A; $P = 253$ W。

9-5 $i_1(t) = [2 + 18.57\sqrt{2}\cos(\omega_1 t - 21.8°) + 6.4\sqrt{2}\cos(3\omega_1 t - 20.19°)]$ A;
$i_2(t) = [5.55\sqrt{2}\cos(\omega_1 t - 56.31°) + 4.47\sqrt{2}\cos(3\omega_1 t - 56.57°)]$ A;
$i(t) = [2 + 20.44\sqrt{2}\cos(\omega_1 t - 6.4°) + 8.61\sqrt{2}\cos(3\omega_1 t - 10.17°)]$ A;
$I_1 = 19.74$ A; $I_2 = 7.13$ A; $I = 22.27$ A; $P_{R1} = 1949$ W。

9-6 $i_1 = [0.5 + 0.68\sqrt{2}\cos(\omega t + 19.34°) + 0.5\sqrt{2}\cos 3\omega t]$ A;

$i_2 = [0.5 + 0.42\sqrt{2}\cos(\omega t - 32°)]$ A; $P = 13.92$ W。

9-7 $i = \left[\dfrac{\sqrt{2}}{3}\cos(2t - 45°) - \dfrac{\sqrt{2}}{3}\cos(0.5t + 45°)\right]$ A; $P_1 = 0.167$ W; $P_2 = 0.167$ W。

9-8 50.35 V; 7.74 A; 359.45 W;

$i(t) = [7.44\sqrt{2}\sin(\omega t + 39.4°) + 2.12\sqrt{2}\sin 3\omega t]$ A。

9-9 $R = 48\ \Omega$; $C = 166\ \mu\text{F}$。

9-10 $U_{ab} = 451.22$ V; $i = [6.96\sqrt{2}\cos(\omega t - 18.4°) + 1.18\sqrt{2}\cos(3\omega t - 15°)]$ A;

$P = 1452.92$ W。

9-11 $u_R(t) = [0.5 + \sqrt{2}\sin(1.5t + 45°) + \sqrt{2}\sin(2t + 36.87°)]$ V; $P = 3.75$ W。

9-12 $C_1 = 0.089\ \mu\text{F}$; $C_2 = 0.011\ \mu\text{F}$; $i_1(t) = [5 + 8.67\cos(3000t - 11°)]$ A;

$i_2(t) = 20\cos 1000t$ A; $i_3(t) = 2.23\cos(3000t + 48°)$ A。

9-13 $u_2(t) = [80\sqrt{2}\sin(1000t + 36.9°) + 30\sqrt{2}\sin 2000t]$ V。

9-14 $i_3(t) = [-5 + 5\sqrt{2}\sin(3\omega t - 90°)]$ A; $I_3 = 5\sqrt{2}$ A; $P = 1000$ W。

9-15 $C_1 = 9.39\ \mu\text{F}$; $C_2 = 75.10\ \mu\text{F}$。

9-16 $L_1 = 2$ H; $L_2 = 0.13$ H。

第 十 章

10-1 (a) 是；(b) 否。

10-2 (a) $\mathbf{Z} = \begin{bmatrix} 3 & 1 \\ 1 & 3 \end{bmatrix}\ \Omega$, $\mathbf{Y} = \begin{bmatrix} \dfrac{3}{8} & -\dfrac{1}{8} \\ -\dfrac{1}{8} & \dfrac{3}{8} \end{bmatrix}$ S;

(b) $\mathbf{Z} = \dfrac{R}{3}\begin{bmatrix} 5 & 4 \\ 4 & 5 \end{bmatrix}$;

(c) $\mathbf{Z} = \begin{bmatrix} 7 & 5 \\ 3 & 8 \end{bmatrix}\ \Omega$;

(d) $\mathbf{Z} = \begin{bmatrix} \text{j}\left(\omega L - \dfrac{1}{\omega C}\right) & -\text{j}\dfrac{1}{\omega C} \\ -\text{j}\dfrac{1}{\omega C} & -\text{j}\dfrac{1}{\omega C} \end{bmatrix}$。

10-3 (a) $\mathbf{Z} = \begin{bmatrix} 0 & R \\ -R & 0 \end{bmatrix}$; (b) $\mathbf{Y} = \begin{bmatrix} \dfrac{5}{12} & -\dfrac{1}{6} \\ \dfrac{11}{6} & \dfrac{4}{15} \end{bmatrix}$ S。

10-4 (a) $\mathbf{T} = \begin{bmatrix} 1 & Z \\ 0 & 1 \end{bmatrix}$, $\mathbf{H} = \begin{bmatrix} Z & 1 \\ -1 & 0 \end{bmatrix}$;

(b) $T=\begin{bmatrix} 1 & 0 \\ j\omega C & 1 \end{bmatrix}$, $H=\begin{bmatrix} 0 & 1 \\ -1 & j\omega C \end{bmatrix}$;

(c) $T=-\dfrac{1}{M}\begin{bmatrix} L_1 & j\omega(L_1L_2-M^2) \\ \dfrac{1}{j\omega} & L_2 \end{bmatrix}$, $H=\dfrac{1}{L_2}\begin{bmatrix} j\omega(L_1L_2-M^2) & -M \\ M & \dfrac{1}{j\omega} \end{bmatrix}$;

(d) $T=\begin{bmatrix} \dfrac{1}{2} & \dfrac{1}{2} \\ \dfrac{3}{8} & \dfrac{3}{8} \end{bmatrix}$, $H=\begin{bmatrix} \dfrac{4}{3} & 0 \\ -\dfrac{8}{3} & 1 \end{bmatrix}$。

10-5 (1) 非互易，其余互易。

10-6 $\begin{bmatrix} \dfrac{5}{3} & \dfrac{178}{3} \\ \dfrac{1}{24} & \dfrac{25}{12} \end{bmatrix}$。

10-8 $Z_{in}=2.07\ \Omega$。

10-9 $U_1=1$ V，$U_2=2$ V。

10-10 (1) $T=\begin{bmatrix} 2 & 30 \\ 0.1 & 2 \end{bmatrix}$；(2) $U_2=\dfrac{24}{23}$ V。

10-11 $R=0.561\ \Omega$，$L=0.067$ H。

10-12 $T=\begin{bmatrix} -\dfrac{2}{3} & -\dfrac{4}{3} \\ -\dfrac{1}{3} & -\dfrac{5}{3} \end{bmatrix}$。

10-13 $u_1=-12\mathrm{e}^{-2t}$ V。

10-14 $2.53\ \mu\mathrm{F}$。

10-16 $N_1:N_2=g_2:g_1$。

第 十 一 章

11-1 (a) $i_L(0_+)=6$ A，$u_L(0_+)=6$ V； (b) $u_C(0_+)=4$ V，$i_C(0_+)=2$ A。

11-2 $u_{C1}(0_+)=15$ V，$u_{C2}(0_+)=15$ V，$u_{L1}(0_+)=-15$ V，$u_{L2}(0_+)=-15$ V，$i(0_+)=0$。

11-3 $u_C(0_+)=-10$ V，$i_C(0_+)=\dfrac{2}{3}$ A，$i_L(0_+)=\dfrac{2}{3}$ A，$i_1(0_+)=-\dfrac{2}{3}$ A，$i_2(0_+)=-\dfrac{2}{3}$ A。

11-4 $u_C(0_+)=12.5$ V，$i_L(0_+)=2.5$ A，$i_R(0_+)=0$，$\left.\dfrac{\mathrm{d}i_L}{\mathrm{d}t}\right|_{0_+}=0$。

11-5 $i_{L1}(0_+)=i_{L2}(0_+)=0.8$ A。

11-6 $i_L(0_+)=-1.83$ A，$u_L(0_+)=5.915$ V，$i_C(0_+)=1.83$ A。

习题部分答案

11 - 7 $u_C = 8e^{-100t}$ V, $i_R = -i_C = 1.6e^{-100t}$ mA, $u_1 = 24$ V。

11 - 8 40.17 V。

11 - 9 $u_C = 4e^{-t}$ V, $u_R = -2e^{-t}$ V。

11 - 10 $u_C = 10(1-e^{-100t})$ V, $i_R = 2(1-e^{-100t})$ mA。

11 - 11 $i_L = 4(1-e^{-3t})$ A, $u_L = 36e^{-3t}$ V。

11 - 12 $(8-8e^{-10t})$ V, $4e^{-10t}$ A。

11 - 13 $u(t) = (10-2.5e^{-10^6 t})$ V。

11 - 14 $i_L = \begin{cases} (1-e^{-t}) \text{ A} & (0 \leqslant t < 1 \text{ s}) \\ (0.75-0.118e^{-2(t-1)/3}) \text{ A} & (t \geqslant 1 \text{ s}) \end{cases}$

11 - 15 $i = (5-10e^{-t/0.591})$ A。

11 - 16 $i_k = (-2.5e^{-t/4} - 5 + 2.5e^{-t})$ A。

11 - 17 $(-0.4+5.4e^{-\frac{t}{0.6}})$ V, $(1.8-1.8e^{-\frac{t}{0.6}})$ A。

11 - 19 $\varphi = 45°$。

11 - 21 (a) $\tau = 1.5$ s; (b) $\tau = 3$ s。

11 - 22 $u_{ab} = (150-38.6e^{-57.1t})$ V。

11 - 23 $(2.5-2.5e^{-\frac{t}{0.4}})$ V, $(125-62.5e^{-\frac{t}{0.4}})$ mA。

11 - 27 $u_C(0_+) = 2.5$ V。

11 - 28 $u_C = (6-6e^{-t})\varepsilon(t)$ V, $i_C = 3e^{-t}\varepsilon(t)$ A。

11 - 29 $i_L = \begin{cases} 0.5(1-e^{-20t}) \text{ A} & (0 \leqslant t < 2 \text{ s}) \\ (-0.25+0.75e^{-20(t-2)}) \text{ A} & (2 \text{ s} \leqslant t < 3 \text{ s}); \\ -0.25e^{-20(t-3)} \text{ A} & (t \geqslant 3 \text{ s}) \end{cases}$

$i_L = [0.5(1-e^{-20t})\varepsilon(t) - 0.75(1-e^{-20(t-2)})\varepsilon(t-2) + 0.25(1-e^{-20(t-3)})\varepsilon(t-3)]$ A。

11 - 30 $i_L = (2-2e^{-t})$ A。

11 - 31 $i_L = [\varepsilon(-t) + (-2.5+3.5e^{-100t})\varepsilon(t)]$ A。

11 - 32 $u_C(t) = \left[\frac{1}{4}e^{-t/2}\varepsilon(t) + 4(1-e^{-(t-2)/2})\varepsilon(t-2)\right]$ V。

11 - 33 $i_L(t) = [\varepsilon(-t) + 1.5e^{-t}\varepsilon(t)]$ A, $u_R(t) = [\varepsilon(-t) - 1.5e^{-t}\varepsilon(t)]$ V。

11 - 34 $i_L(t) = 15e^{-5t}\varepsilon(t)$ A, $i(t) = [3\delta(t) - 15e^{-5t}\varepsilon(t)]$ A。

11 - 35 $i_L(t) = \left(-\frac{R_2}{R_1 R_3} + \frac{R_2}{R_1 R_3}e^{-(R_3/L)t}\right)\varepsilon(t)$ A。

11 - 37 $f_1 * f_2 = \begin{cases} 0 & (t<0) \\ t^2 & (0 \leqslant t<1) \\ -t^2+4t-2 & (1 \leqslant t<2) \\ -2t+6 & (2 \leqslant t<3) \\ 0 & (t \geqslant 3) \end{cases}$。

第 十 二 章

12 - 1 $u_C(0_+)=6$ V, $\left.\dfrac{du_C}{dt}\right|_{0_+}=2$ V/s, $i_L(0_+)=2$ A, $\left.\dfrac{di_L}{dt}\right|_{0_+}=1$ A/s。

12 - 2 $LC\dfrac{d^2 i_L}{dt^2}+\left(R_1 C+\dfrac{L}{R_2}\right)\dfrac{di_L}{dt}+\left(1+\dfrac{R_1}{R_2}\right)i_L=C\dfrac{du_S}{dt}+\dfrac{1}{R_2}u_S$。

12 - 3 $2\dfrac{d^2 u_{C2}}{dt^2}+5\dfrac{du_{C2}}{dt}+2u_{C2}=i_S$。

12 - 4 $u_C=200\sqrt{2}e^{-10^3 t}\cdot\sin\left(10^3 t+\dfrac{\pi}{4}\right)$ V。

12 - 5 $(e^{-2t}+2te^{-2t})$ A, $-0.5te^{-2t}$ V。

12 - 6 $R_1=\dfrac{1}{3}$ Ω。

12 - 7 $u_C=(-14.1e^{-0.73t}+0.3e^{-34.27t}+14)$ V。

12 - 8 $u_C=(-20e^{-t}\cos 2t+15e^{-t}\cdot\sin 2t+20)$ V, $u_L=-25e^{-t}\sin 2t$ V。

12 - 9 $u_C=(5e^{-2t}-5e^{-4t})$ V。

12 - 11 $u_C=\dfrac{20}{\sqrt{3}}e^{-\frac{1}{2}t}\sin\dfrac{\sqrt{3}}{2}t\cdot\varepsilon(t)$ V。

第 十 三 章

13 - 1 (1) $\dfrac{e^{-s}}{s^2}+\dfrac{e^{-s}}{s}$; (2) $2e^{-2s}-\dfrac{1}{s^2}$;

(3) $\dfrac{s^2-\omega^2}{(s^2+\omega^2)^2}$; (4) $\dfrac{1}{s+1}(1-e^{-(2+2s)})$;

(5) $-\dfrac{\pi e^{-s}}{s^2+\pi^2}$; (6) $\dfrac{2}{(s+3)^3}$;

(7) $\dfrac{1}{3}e^{-\frac{2}{3}s}$; (8) $\dfrac{\sqrt{2}}{2}\cdot\dfrac{s-\omega}{s^2+\omega^2}$;

(9) $\dfrac{s\omega}{(s+\sigma)^2+\omega^2}$; (10) $\dfrac{s+2}{(s+1)^2}e^{(1-s)}$。

13 - 2 (1) $2e^{-2t}-e^{-3t}$; (2) $2e^{-2t}\cos 3t-\dfrac{5}{3}e^{-2t}\sin 3t$;

(3) $1+e^{-2t}-e^{-3t}$; (4) $1-\cos t$;

(5) $\delta(t)-\left(\dfrac{1}{2}t^2-3t+3\right)e^{-t}\varepsilon(t)$;

习题部分答案　　　401

(6) $e^{-2t}\varepsilon(t)+2e^{-t}\varepsilon(t)-e^{-2(t-1)}\varepsilon(t-1)-2e^{-(t-1)}\varepsilon(t-1)$；

(7) $-2e^{-2t}+2e^{-t}\cos2t+\dfrac{3}{2}e^{-t}\sin2t$；

(8) 周期函数的周期是 2，第一个周期表示为 $f_0(t)=\delta(t)-\delta(t-1)$。

13-4 $i(t)=(5+10t-5e^{-t})$ A　$(t\geqslant 0)$。

13-5 $u(t)=(4+6e^{-\frac{1}{2}t}+6e^{-6t})$ V　$(t\geqslant 0)$。

13-6 $i(t)=\dfrac{1}{5}e^{-4t}$ A　$(t\geqslant 0)$，$u_L(t)=\left(-\dfrac{12}{5}\delta(t)-\dfrac{12}{5}e^{-4t}\right)$ V　$(t\geqslant 0)$。

13-7 $u_C(t)=[5+5e^{-t}(\cos t+\sin t)]$ V　$(t\geqslant 0)$。

13-8 $i(t)=1$ A　$(t\geqslant 0)$，$u_L(t)=-\delta(t)$ V　$(t\geqslant 0)$。

13-9 $i_1(t)=\left(\dfrac{5}{3}-\dfrac{1}{6}e^{-\frac{3}{2}t}\right)$ A　$(t\geqslant 0)$。

13-10 $u_C(t)=(5-5e^{-\frac{2}{5}t})$ V　$(t\geqslant 0)$，$i(t)=\left(\dfrac{1}{2}-\dfrac{3}{2}e^{-\frac{2}{5}t}\right)$ A　$(t\geqslant 0)$。

13-11 $u_C(t)=(e^{-t}+3te^{-t}+e^{-2t})$ V　$(t\geqslant 0)$。

13-12 $u_C(t)=3e^{-2t}(\cos t+\sin t)$ V　$(t\geqslant 0)$。

13-13 $u_C(t)=e^{-100t}(2\cos200t+\sin200t)$ V　$(t\geqslant 0)$。

13-14 $i(t)=[4\delta(t)+2\varepsilon(t)+9e^{-t}\varepsilon(t)]$ A。

13-15 $u_C(t)=(50e^{-t}-2e^{-5t}+40t-48)\varepsilon(t)$ V。

13-16 $U_C(s)=\dfrac{3s^2+20s+35}{s(s^2+7s+15)}$。

13-17 $u_C(t)=e^{-3t}(5\cos t-35\sin t)$ V　$(t\geqslant 0)$，$i(t)=e^{-3t}(-5\cos t+10\sin t)$ A　$(t\geqslant 0)$。

13-18 $i_1(t)=(5-2e^{-t}-3e^{-6t})$ A　$(t\geqslant 0)$，$i_2(t)=(2e^{-t}-2e^{-6t})$ A　$(t\geqslant 0)$。

13-19 $i(t)=\left[\dfrac{1}{2}(1-e^{-t}\cos t-e^{-t}\sin t)\varepsilon(t)-\right.$
$\left.\dfrac{1}{2}(1-e^{-(t-1)}\cos(t-1)-e^{-(t-1)}\sin(t-1))\varepsilon(t-1)\right]$ A

13-20 $i(t)=2(e^{-2t}+e^{-3t})$ A　$(t\geqslant 0)$。

13-21 $u_L(t)=(-e^{-5t}+\cos5t+\sin5t)$ V　$(t\geqslant 0)$。

13-22 $i(t)=-\dfrac{3}{2}e^{-t}\sin2t$ A　$(t\geqslant 0)$。

13-23 $u_C(t)=\left(-\dfrac{5}{3}e^{-t}+\dfrac{35}{3}e^{-4t}\right)\varepsilon(t)$ V，$i_C(t)=\left(\delta(t)+\dfrac{1}{6}e^{-t}-\dfrac{14}{3}e^{-4t}\right)$ A　$(t\geqslant 0)$。

13-24 (1) $Z(s)=\dfrac{s^2+2s+2}{s+1}$；　　(2) $H(s)=\dfrac{1}{s^2+2s+2}$。

13-25 (1) $H(s)=\dfrac{1}{2s+1}$；　　(2) $i(t)=2(e^{-\frac{1}{2}t}-e^{-2t})\varepsilon(t)$ A。

13-26 (1) $H(s)=\dfrac{5s+10}{s+1}$；

(2) $u(t)=[(-10t+15-10e^{-t})\varepsilon(t)+(10(t-1)-5+5e^{-(t-1)})\varepsilon(t-1)]$ V。

13-27 $H(s)=\dfrac{s}{s^2+2s+3}$。

13-28 (1) $H(s)=\dfrac{4s+6}{s^2+4s+3}$; (2) $s(t)=(2-e^{-t}-e^{-3t})\varepsilon(t)$。

13-29 (1) $h(t)=(-10e^{-2t}-10e^{-5t})\varepsilon(t)+7\delta(t)$, $H(s)=\dfrac{7s^2+29s}{s^2+7s+10}$;

(2) $f(t)=0.6(e^{-2t}-e^{-\frac{29}{7}t})\varepsilon(t)$。

13-30 $u_o(t)=(-3e^{-t}+18e^{-2t}-5e^{-5t})$ V $(t\geqslant 0)$。

第 十 四 章

14-1 图(a): 状态变量为 u_C、i_L;

$i_{R1}=\dfrac{1}{R_1}u_S-\dfrac{1}{R_1}u_C$, $u_{R1}=u_S-u_C$;

$i_{R2}=i_L$, $u_{R2}=R_2 i_L$;

$i_C=\dfrac{1}{R_1}u_S-\dfrac{1}{R_1}u_C-i_L$, $u_L=u_C-R_2 i_L$。

图(b): 状态变量为 u_{C1}、i_{L1};

$u_{C2}=u_S$, $i_{L2}=i_S$, $i_{C1}=i_{L1}+i_S$;

$u_{L1}=u_S-u_{C1}-Ri_{L1}$, $i_R=i_{L1}$。

14-2 (a) $\begin{bmatrix} \dot{u}_C \\ \dot{i}_L \end{bmatrix}=\begin{bmatrix} -\dfrac{1}{R_1 C} & -\dfrac{1}{C} \\ \dfrac{1}{L} & -\dfrac{R_2}{L} \end{bmatrix}\begin{bmatrix} u_C \\ i_L \end{bmatrix}+\begin{bmatrix} \dfrac{1}{R_1 C} \\ 0 \end{bmatrix} u_S$;

(b) $\begin{bmatrix} \dot{u}_{C1} \\ \dot{i}_{L1} \end{bmatrix}=\begin{bmatrix} 0 & \dfrac{1}{C_1} \\ -\dfrac{1}{L_1} & -\dfrac{R}{L_1} \end{bmatrix}\begin{bmatrix} u_{C1} \\ i_{L1} \end{bmatrix}+\begin{bmatrix} 0 & \dfrac{1}{C_1} \\ \dfrac{1}{L_1} & 0 \end{bmatrix}\begin{bmatrix} u_S \\ i_S \end{bmatrix}$。

14-3 状态方程:

$\begin{bmatrix} \dot{u}_{C1} \\ \dot{u}_{C2} \\ \dot{u}_{C3} \end{bmatrix}=\begin{bmatrix} -\dfrac{1}{R_2 C_1} & -\dfrac{1}{R_2 C_1} & 0 \\ -\dfrac{1}{R_2 C_2} & -\dfrac{1}{R_2 C_2}-\dfrac{1}{R_1 C_2} & -\dfrac{1}{R_1 C_2} \\ 0 & -\dfrac{1}{R_1 C_3} & -\dfrac{1}{R_1 C_3} \end{bmatrix}\begin{bmatrix} u_{C1} \\ u_{C2} \\ u_{C3} \end{bmatrix}+\begin{bmatrix} -\dfrac{1}{C_1} \\ -\dfrac{1}{C_2} \\ -\dfrac{1}{C_3} \end{bmatrix} i_S$;

输出方程:

$\begin{bmatrix} i_{R1} \\ i_{R2} \end{bmatrix}=\begin{bmatrix} 0 & \dfrac{1}{R_1} & \dfrac{1}{R_1} \\ \dfrac{1}{R_2} & \dfrac{1}{R_2} & 0 \end{bmatrix}\begin{bmatrix} u_{C1} \\ u_{C2} \\ u_{C3} \end{bmatrix}$。

14-4 $\begin{bmatrix} \dot{u}_C \\ \dot{i}_{L1} \\ \dot{i}_{L2} \end{bmatrix}=\begin{bmatrix} 0 & 0 & \dfrac{1}{C} \\ 0 & -\dfrac{R_1}{L_1} & -\dfrac{R_1}{L_1} \\ -\dfrac{1}{L_2} & -\dfrac{R_1}{L_2} & -\dfrac{R_1+R_2}{L_2} \end{bmatrix}\begin{bmatrix} u_C \\ i_{L1} \\ i_{L2} \end{bmatrix}+\begin{bmatrix} 0 & -\dfrac{1}{C} \\ \dfrac{1}{L_1} & \dfrac{R_1}{L_1} \\ \dfrac{1}{L_2} & \dfrac{R_1+R_2}{L_2} \end{bmatrix}\begin{bmatrix} u_S \\ i_S \end{bmatrix}$。

14 - 5 状态方程：

$$\begin{bmatrix} \dot{u}_C \\ \dot{i}_L \end{bmatrix} = \begin{bmatrix} -\dfrac{3}{2} & -\dfrac{1}{2} \\ 1 & -1 \end{bmatrix} \begin{bmatrix} u_C \\ i_L \end{bmatrix} + \begin{bmatrix} \dfrac{3}{2} \\ 1 \end{bmatrix} 2\varepsilon(t);$$

输出方程：

$$\begin{bmatrix} i_1 \\ i_2 \\ i_3 \end{bmatrix} = \begin{bmatrix} \dfrac{1}{2} & \dfrac{1}{2} \\ 1 & 0 \\ -\dfrac{1}{2} & \dfrac{1}{2} \end{bmatrix} \begin{bmatrix} u_C \\ i_L \end{bmatrix} + \begin{bmatrix} -\dfrac{1}{2} \\ -1 \\ \dfrac{1}{2} \end{bmatrix} 2\varepsilon(t)_{\circ}$$

14 - 6 $\begin{bmatrix} u_{1x} \\ u_{2x} \end{bmatrix} = \begin{bmatrix} \mathrm{e}^{-t} \\ \mathrm{e}^{-t} + \mathrm{e}^{-2t} \end{bmatrix}$ V ($t \geqslant 0$)。

14 - 7 $\begin{bmatrix} u_C \\ i_L \end{bmatrix} = \begin{bmatrix} 3 - 2\mathrm{e}^{-2t} - 2t\mathrm{e}^{-2t} & \mathrm{V} \\ 1 - 2t\mathrm{e}^{-2t} & \mathrm{A} \end{bmatrix}$ ($t \geqslant 0$);

$\begin{bmatrix} u_{R1} \\ u_{R2} \end{bmatrix} = \begin{bmatrix} 1 + 2\mathrm{e}^{-2t} + 2t\mathrm{e}^{-2t} \\ 3 - 6t\mathrm{e}^{-2t} \end{bmatrix}$ V ($t \geqslant 0$)。

第 十 五 章

15 - 1 $R = 3\ \Omega$, $R_\mathrm{d} = 4\ \Omega_{\circ}$

15 - 4 -1 V, -0.5 A。

15 - 5 $u = 5.38$ V, $i = 2.32$ A。

15 - 7 $\dfrac{4}{3}$ V, $\dfrac{4}{3}$ A。

15 - 8 $u_2 = 5.6$ V, $i_2 = 4.6$ A。

15 - 9 $u = (3 + 0.005\cos 200t)$ V, $i = (12 + 0.05\cos 200t)$ A。

参 考 文 献

[1] 李警路. 电路分析. 北京:中国铁道出版社,1991.
[2] 邱关源. 电路. 北京:高等教育出版社,1996.
[3] 姚仲兴. 电路分析导论. 杭州:浙江大学出版社,1988.
[4] 周孔章. 电路原理. 北京:高等教育出版社,1984.
[5] 李瀚荪. 电路分析基础. 北京:高等教育出版社,1993.